U0185644

面向新工科的电工电子信息基础课程系列教材

教育部高等学校电工电子基础课程教学指导分委员会推荐教材

信息安全技术

罗俊海　编著

清华大学出版社

北　京

内 容 简 介

本书系统全面地讲述了信息安全的基础理论和相关技术。全书共11章，在注重知识的系统性、全面性和前沿性的同时详细讲述了数论基础、密码学基础理论、安全保障模型与体系、安全认证技术、访问控制技术、安全风险评估、安全应急处理，安全集成、安全运维以及云原生安全。本书知识脉络清晰，讲解深入浅出，内容新颖全面，覆盖了当前信息安全领域的主要研究内容，有助于读者学习信息安全技术的基本理论。

本书既可作为高等院校信息安全或网络空间安全专业的基础教材，也可作为计算机科学与工程、信息与通信工程专业的本科高年级学生或研究生的入门教材或参考书，还适合作为信息安全服务或工程专业技术人员的参考书或培训用书。

图书在版编目(CIP)数据

信息安全技术/罗俊海编著.—北京：清华大学出版社，2024.1
面向新工科的电工电子信息基础课程系列教材
ISBN 978-7-302-65225-0

Ⅰ.①信…　Ⅱ.①罗…　Ⅲ.①信息安全－安全技术－高等学校－教材　Ⅳ.①TP309

中国国家版本馆CIP数据核字(2024)第019890号

责任编辑：文　怡
封面设计：王昭红
责任校对：胡伟民
责任印制：丛怀宇

出版发行：清华大学出版社
网　　址：https://www.tup.com.cn，https://www.wqxuetang.com
地　　址：北京清华大学学研大厦A座　　**邮　　编**：100084
社 总 机：010-83470000　　**邮　　购**：010-62786544
投稿与读者服务：010-62776969，c-service@tup.tsinghua.edu.cn
质量反馈：010-62772015，zhiliang@tup.tsinghua.edu.cn
课件下载：https://www.tup.com.cn，010-83470236
印 装 者：三河市龙大印装有限公司
经　　销：全国新华书店
开　　本：185mm×260mm　　**印　　张**：23.5　　**字　　数**：590千字
版　　次：2024年2月第1版　　**印　　次**：2024年2月第1次印刷
印　　数：1～1500
定　　价：79.00元

产品编号：099152-01

前言

随着信息化的快速发展，网络安全问题更加突出，对网络安全人才建设不断提出新的要求。网络空间的竞争，归根结底是人才的竞争。为实施国家安全战略，加快网络空间安全高层次人才培养，实现网络强国，培养和造就信息安全人才队伍是关键。从总体上看，我国网络安全人才还存在数量缺口较大、能力素质不高、结构不尽合理等问题，与维护国家网络安全、建设网络强国的要求不相适应。加快人才培养是一项长期性、全局性和战略性任务。2015 年，国务院批准设置网络空间安全一级学科，这是加强信息安全教育的一个重大举措。

信息安全是一门涉及数学与应用数学、统计学、计算机科学与技术、航空航天工程、电子信息工程等多种专业的综合性新兴学科。不少高校陆续开设了网络空间安全专业。目前关于信息安全的教材比较多，每本教材在内容和结构等方面各有不同。编者基于多年的工作经验和教学实践，对信息安全相关知识点进行了重构和梳理，致力做好本版教材，满足学生的用书需求。

本书在编著过程中特别遵循了以下思路或原则。

(1) 体系完整、结构合理，建立恰当的信息安全体系结构，有利于培养学生的思维逻辑。

(2) 适应面广，能够满足网络空间安全、网络工程、通信工程等相关专业对信息安全领域课程的教材需求，为学生进一步学习和研究提供指导。

(3) 立体配套。除主教材外，还配有 PPT 电子教案、习题、教学大纲与教学视频，从而也适合挑战班、项目班、混合班等教改班级的学生使用。

(4) 内容先进，重点突出，版本更新及时，讲述通用基础知识的同时紧跟科学技术的新发展。

本书共 11 章，第 1～6 章是信息安全的基础理论部分。第 1 章概括介绍信息安全基本概念、安全事件、网络攻击、信息安全涉及内容、相关的法律法规与标准制定、AI＋网络安全；第 2 章主要介绍信息安全数学基础，包括整除、同余、模运算、群、环和域等知识，其目的是强调信息安全数学基础在信息安全中的应用，注重算法的可解释性和形象化；第 3 章密码学基础理论是信息安全技术的基础，以密码学发展的过程为线索，着重介绍替代密码、置换密码、对称密码、非对称密码和密码管理等理论；第 4 章介绍信息安全保障中的模型和安全体系结构，构建信息安全保障范畴和内容；第 5 章安全认证技术，实现对消息和身份认证，突出 Hash 函数、消息认证、数字签名、零信任、安全协议等关键技术，是实现业务安全和数据完整性的首要技术，也是建立安全和可信的网络环境、实现身份认证和消息认证、保障

前言

网络空间安全的技术之一；第6章关于访问控制技术，包括能够准许或限制用户对数据信息的访问能力及范围，控制对关键资源的访问，防止非法用户的侵入或者合法用户的不慎操作造成破坏等，讲解了经典访问控制技术模型及云计算环境下的访问控制技术。

第7章从风险出发，开展风险识别、风险分析和风险评价过程，构建安全风险评估内容，厘清资产、威胁、脆弱性和安全措施之间的关系，为防范和化解信息安全风险，将风险控制在可接受的水平，最大限度地保障信息安全提供科学依据。

第8章介绍安全应急处理，包括安全事件分类与分级、安全应急处理阶段、应急关键技术和重保安全应急处理等内容。

第9章讲述安全集成准备、安全集成技术、安全集成管理，结合项目管理理论阐述安全集成范围、进度、成本、质量、资源、沟通、风险和供应链等基础知识，指导安全集成项目。

第10章讲述安全运维，重点讨论安全运维模型、云安全运维和远程运维，同时介绍安全运维的内容、服务模式和生命周期。

第11章面向传统安全的边界保护转化到云原生安全，开展云原生技术、安全威胁分析的讨论，对风险进行发掘和重构后，设计新的安全功能，实现安全机制融合于云原生系统里的应用。

本书编著过程中得到电子科技大学普通本科教育高质量教材建设计划项目的重点资助，在此表示衷心的感谢。同时，感谢清华大学出版社的领导和编辑，特别感谢文怡老师这几年对我的信任和理解。

为使概念、原理论述清晰、准确且反映主要研究成果，本书在编著过程中引用和参考了一批国内外学术教材、专著和论文，在此向参考文献的所有作者表示深深谢意。如有引用不当，请多多包涵。同时，也要感谢所有关心本书出版的各位专家学者和朋友。

目前，信息安全数学基础、密码学、空天地一体化网络安全、工业安全、物联网安全、无人系统安全、数据安全、内容安全、隐私保护、AI安全等都是热门方向。单从信息安全技术角度编著信息安全方面的内容非常困难，而且任何一个章节都可以单独成为一本教材。因此，并未对本书中有些知识，如操作系统安全、软件安全、恶意代码等进行全面深入的讨论，如读者需进一步深入研究相关内容，请参考相关教材或专著。

尽管编者尽最大努力阐述信息安全相关的技术，但是由于信息安全技术发展迅速，加之编者水平有限，书中难免存在不足之处，恳请广大读者批评指正。

罗俊海

2023年11月

目录

目录

目录

目录

目录

目录

目录

第1章 绪论

信息是社会发展的重要战略资源。信息安全问题已成为亟待解决、影响国家大局和长远利益的重大关键问题。信息安全保障能力是综合国力、经济竞争实力和生存能力的重要组成部分，是世纪之交世界各国奋力攀登的制高点。信息安全一旦出现问题，将会全方位地危及我国的政治、军事、经济、文化及社会生活的各个方面，使国家处于信息战和高度经济金融风险的威胁之中。

1.1 信息安全概述

1.1.1 基本概念

信息：对客观世界中各种事物的运动状态和变化的反映，是客观事物之间相互联系和相互作用的表征，表现的是客观事物运动状态和变化的实质内容。ISO/IECTR13335《IT安全管理指南》(GMITS)给出的信息是通过在数据上施加某些约定而赋予这些数据的特殊含义。1928年，哈特莱(Hartley)认为信息是选择通信符号的方式，用选择自由度计量这种信息的大小。1948年，香农(Shannon)认为信息是用来减少随机不确定性的东西。1948年，维纳(Wiener)认为信息是人们在适应外部世界和这种适应反作用于外部世界的过程中，与外部世界进行互相交换的内容名称。1975年，朗高(Longo)认为信息反映了事物的形式、关系和差别，它包含在事物的差异之中，而不在事物本身。1988年，我国信息论专家钟义信在《信息科学原理》一书中把信息定义为事物的运动状态和状态变化的方式，并通过引入约束条件推导了信息的概念体系，对信息进行了完整和准确的描述。

数据：任何以电子或者其他方式对信息的记录。数据的表现形式有文字、数值、图形、图像、音频、视频等。

安全：对某一系统，据以获得机密性、完整性、可用性、可控性、不可抵赖性以及可靠性的性质。

风险：对目标的不确定性影响。影响是指与期望的偏离(正向的或反向的)。不确定性是对事态及其结果或可能性的相关信息、理解或知识缺乏的状态(即使是部分的)。风险常被表示为潜在的事态的后果(包括情形的改变)及其发生可能性的组合。正确运用控制措施能降低组织面临的风险，控制包含管理控制、技术控制和物理控制。管理控制因为通常是面向管理的，所以经常被称为“软控制”。安全文档、风险管理、人员安全和培训都属于管理控制。技术控制也称为逻辑控制，由软件和硬件(如防火墙、入侵检测系统，以及加密、身份识别和身份验证机制等)组成。物理控制用来保护设备、人员和资源，保安、锁、围墙和照明都属于物理控制。正确运用这些控制措施才能为组织提供深度防御。

寻求措施保护环境安全时，需要理解安全控制措施的功能。安全控制措施功能具体如下。

(1) 预防性：避免意外事件的发生。

(2) 检测性：帮助识别意外活动和潜在入侵者。

(3) 纠正性：意外事件发生后修补组件或系统。

(4) 威慑性：威慑潜在的攻击者。

(5) 恢复性：使环境恢复到正常的操作状态。

(6) 补偿性：能提供可替代的控制方法。

脆弱性：可能被一个或多个威胁利用的资产或控制的弱点。它是一种软件、硬件、过程或人为缺陷。脆弱性可能是在服务器上运行的某个服务、未安装补丁的应用程序或操作系统、没有限制的无线访问点、防火墙上的某个开放端口、任何人都能够进入服务器机房的松懈安防或者服务器和工作站上未实施的密码管理。

攻击：企图破坏、泄露、篡改、损伤、窃取、未授权访问或未授权使用资产的行为。

暴露：造成损失的实例。脆弱性能够导致组织遭受破坏。如果密码管理极为松懈，也没有实施相关的密码规则，组织的用户密码就可能会被破解并在未授权状况下使用。如果没有人监管组织的规章制度，不预先采取预防火灾的措施，组织就可能遭受毁灭性的火灾。控制或对策能够消除(或降低)潜在的风险。对策可以是软件配置、硬件设备或措施，它能够消除脆弱性或者降低威胁主体利用脆弱性的可能性。对策的实例包括强密码管理、防火墙、安保、访问控制机制、加密和安全意识培训。

威胁：可能对系统或组织造成危害的不期望事件的潜在因素。

信息安全：ISO/IEC 27001 将信息安全定义为数据处理系统建立和采用的技术和管理的安全保护，为的是保护计算机硬件、软件和数据不因偶然或恶意的原因而遭到破坏、更改和泄露，使系统能够连续、正常运行。随着网络与信息技术的不断发展，信息安全的内涵与属性不断延伸发展。相应地，信息安全技术也推陈出新，具体反映在物理安全、运行安全、数据安全、内容安全、信息内容对抗等不同层面上。

信息安全风险：特定威胁利用单个或一组资产脆弱性的可能性以及由此可能给组织带来的损害。在信息安全管理体系的语境下，信息安全风险可被表示为对信息安全目标的不确定性影响。信息安全风险与威胁利用信息资产或信息资产组的脆弱性对组织造成危害的潜力相关。

信息系统安全保障：信息系统生命周期中，通过对信息系统的风险分析，制定并执行相应的安全保障策略，从技术、管理、工程和人员等方面提出安全保障要求，确保信息系统的保密性、完整性和可用性，将安全风险降低到可接受的程度，保障系统实现组织机构的使命。

1.1.2 安全属性

安全属性是关于主体、用户(包括外部信息技术产品)客体、信息、会话和/或资源，用于界定安全功能要求(SFR)，且其值用于实施 SFR 的性质。用于实施安全策略，与主体、客体相关的信息。

信息安全旨在确保信息的机密性、完整性和可用性(Confidentiality, Integrity, Availability, CIA)。下面以用户 A 和用户 B 的通信过程为例介绍这三个特性。

(1) 机密性：确保未授权的用户不能够获取信息的内容，即用户 A 发出的信息只有用户 B 能够收到。即使网络黑客 C 截获了该信息，也无法理解信息的内容，从而不能随意使用该信息。一旦网络黑客C了解了该信息的确切含义，则说明网络黑客C破坏了该信息的机密性。确保在数据处理的交叉点上都实施了必要级别的安全保护并阻止未经授权的信息披露。数据存储到网络内部的系统和设备、数据传输以及数据到达目的地之后，这种级别的保密都应该发挥作用。

(2) 完整性：确保信息的真实性，即信息在生成、传输、存储和使用过程中不应被未授权用户篡改。若网络黑客C截获了用户A发出的信息，并且篡改了信息内容，则说明网络黑客C破坏了信息的真实性。硬件、软件和通信机制只有协同工作，才能正确地维护和处理数据，并且能够在不被意外更改的情况下将数据传输至预期的目的地。应当保护系统与网络免受外界的干扰和污染。实施和提供这种安全属性的系统环境能够确保攻击者或用户错误不会对系统或数据的完整性造成损害。当攻击者在系统中加入恶意代码、逻辑炸弹或后门时，系统的完整性就会被破坏。严格的访问控制、入侵检测和散列运算可以抗击这些威胁。用户也会经常错误地影响系统或数据的完整性。当然，内部用户也可能做出故意的恶意行为。例如，用户在不经意间删除了配置文件，或者在数据处理应用程序中输入了错误值。

(3) 可用性：确保信息资源随时可以提供服务，即授权用户可以根据需要随时获得所需的信息。也就是说，保证用户A能够顺利地发送信息，用户B能够顺利地接收信息。网络设备、计算机和应用程序应当提供充分的功能，从而能够在接受的性能级别以可预计的方式运行。它们能够以一种安全而快速的方式从崩溃中恢复，生产活动就不会受到负面影响。应该采取必要的保护措施消除来自内部或外部的威胁，这些威胁会影响所有业务处理元素的可用性及工作效率。

信息安全旨在保证信息的这三个特性不被破坏。构建安全系统的难点之一是在相互矛盾的三个特性中找到一个最佳平衡点。例如，在安全系统中只要禁止所有用户读取一个特定的对象，就能够轻易地保护此对象的机密性。但是，这种方式使系统变得不安全，因为它不能够满足授权用户访问该对象的可用性要求。也就是说，有必要在机密性和可用性之间找到平衡点。但是，仅找到平衡点是不够的，实际上这三个特性既相互独立，也相互重叠，甚至彼此不相容，如对机密性的保护会严重地限制可用性。

CIA三元组对应的一些安全控制措施如表1-1所示。

表1-1　安全控制措施

安全属性	安全控制措施
可用性	独立冗余磁盘阵列(RAID) 群集 负载均衡 冗余数据和电源线 软件和数据备份 磁盘映像 异地备用设施 回滚功能 故障切换配置

续表

安全属性	安全控制措施
完整性	散列(数据完整性) 配置管理(系统完整性) 变更控制(进程完整性) 访问控制(物理的和技术的) 软件数字签名 传输循环冗余校验(CRC)
机密性	加密静止数据(整个磁盘、数据库加密) 加密传输数据(互联网协议安全(IPsec)、传输层安全(TLS)、点对点隧道协议(PPTP)、安全壳(SSH) 访问控制(物理的和技术的)

不同的信息系统承担着不同类型的业务,因此,除了上面的三个基本特性以外,有更加详细的具体需求,由可靠性、不可抵赖性和可控性三个属性来保证。

(1) 可靠性:网络信息系统能够在规定条件下和规定的时间内完成规定的功能的特性。可靠性是系统安全的最基本要求之一,是所有网络信息系统的建设和运行目标。

(2) 不可抵赖性:信息的不可抵赖性,也称为不可否认性。在网络信息系统的信息交互过程中,确保参与者的真实同一性,即所有参与者都不可能否认或抵赖曾经完成的操作和承诺。利用信息源证据可以防止发信方不真实地否认已发送信息,利用递交接收证据可以防止收信方事后否认已经接收的信息。

(3) 可控性:对信息具有管理、支配能力的属性,能够根据授权规则对信息进行有效掌握和控制,使得管理者有效地控制信息的行为和使用,符合系统运行目标。可控性是人们对信息的传播路径、范围及其内容所具有的控制能力,如不允许不良内容通过公共网络进行传输,使信息在合法用户的有效掌控之中。

1.1.3 信息安全发展阶段

信息安全发展与信息技术的发展和用户的需求是密不可分的。目前,信息安全大致分为以下发展阶段。

1. 通信安全阶段

通信安全阶段始于20世纪40年代,面对电话、电报、传真等信息交换中存在的安全问题,人们强调的是信息的保密性。这一阶段对信息安全理论和技术的研究只侧重于密码技术(简称为通信保密安全),重点是通过密码技术解决通信保密问题,保证数据的保密性和完整性。对其安全的主要威胁是搭线窃听和密码学分析,主要保护措施是加密技术,主要标志是1949年香农发表的《保密通信的信息理论》。

2. 计算机安全阶段

计算机安全阶段始于20世纪70年代,重点是确保计算机系统中硬件、软件,以及正在处理、存储、传输信息的机密性、完整性和可用性。对其安全的主要威胁扩展到非法访问、恶意代码、脆弱口令等,主要保护措施是安全操作系统设计技术,主要标志是1985年美国国防部公布的《可信计算机系统评估准则》(TCSEC,橘皮书),它将操作系统的安全级别分为4类7个级别(D、C1、C2、B1、B2、B3、A),后补充红皮书TNI(1987)和紫皮书TDI (1991)等,构成彩虹系列。

3. 信息系统安全阶段

信息系统安全阶段曾被称为计算机网络阶段,始于20世纪80年代,指通过采取必要的措施,防范对网络及网络中传递的信息的攻击、入侵、干扰、破坏和非法使用以及意外事故,使网络处于稳定可靠运行的状态,保障网络中信息及数据的保密性、完整性、可用性的能力。对其安全的主要威胁发展到网络入侵、恶意代码破坏、信息对抗的攻击等,主要保护措施是防火墙、防恶意代码软件、漏洞扫描、入侵检测、PKI、VPN、安全管理等,主要标志是《信息技术安全性评估通用准则》,此准则即通常所说的通用准则(Common Criteria,CC),后转变为国际标准ISO/IEC 15408,我国等同采纳此国际标准为国家标准GB/T 18336。

4. 信息安全保障阶段

信息安全保障阶段始于20世纪90年代后期,重点放在保障国家信息基础设施不被破坏,确保信息基础设施在受到攻击的前提下能够最大限度地发挥作用。其主要标志是《信息保障技术框架》(IATF)。在信息保障的概念中,人、技术和管理被称为信息保障三大要素。其中,人是信息保障的基础,信息系统是人建立的,同时也是为人服务的,受人的行为影响。因此,信息保障依靠专业知识强、安全意识高的专业人员。技术是信息保障的核心,任何信息系统都存在一些安全隐患。因此,必须正视威胁和攻击,依靠先进的信息安全技术,综合分析安全风险,实施适当的安全防护措施,达到保护信息系统的目的。管理是信息保障的关键,没有完善的信息安全管理规章制度及法律法规,就无法保障信息安全。每个信息安全专业人员都应该遵守相关制度及法律法规,在许可的范围内合理地使用信息系统,才能保证信息系统的安全。信息保障是对信息、信息系统和业务的安全属性及功能、效率进行保障的动态行为过程。它运用源于人、管理、技术等因素所形成的保护能力、检测能力、反应能力和恢复能力,在信息和系统生命周期全过程的各个状态下,保证信息内容、计算环境、边界与连接、网络基础设施的真实性、可用性、完整性、保密性、可控性、不可否认性等安全属性,从而保障应用服务的效率和效益,促进信息、信息系统和业务的可持续健康发展。

5. 网络空间安全阶段

随着互联网的不断发展,传统的物理世界和虚拟世界相互连接和融合,构成了网络空间(Cyberspace)。伴随电子商务、电子政务、云计算、物联网、大数据处理、人工智能(Artificial Intelligence,AI)等大型应用信息系统相继出现并广泛应用,对信息安全提出了更新更高的要求。网络信息技术催生国家安全疆域的扩展,网络空间安全已上升到国家安全的范畴。各国持续加强网络空间安全顶层设计、加速网络空间军事竞争、加快网络安全技术赋能,网络强国建设已经从“粗放式”发展延伸至“精细化”耕耘的新阶段。其主要标志是《网络安全法》和《国家网络空间安全战略》。

信息安全的发展历程如表 1-2 所示。

表 1-2 信息安全的发展历程

阶段	时间	特点	标志
通信安全阶段	20 世纪 40 年代	通过密码技术解决通信保密问题	《保密通信的信息理论》
计算机安全阶段	20 世纪 70 年代	确保计算机系统中硬件、软件及正在处理、存储、传输信息的机密性、完整性和可用性	《可信计算机系统评估准则》
信息系统安全阶段/计算机网络阶段	20 世纪 80 年代	强调网络、网络中传递的信息的机密性、完整性、可控性、可用性	《信息技术安全性评估通用准则》
信息安全保障阶段	20 世纪 90 年代后期	保障信息、信息系统和业务的可持续性	《信息保障技术框架》
网络空间安全阶段	21 世纪 20 年代	网络空间安全已上升到国家安全的范畴	《国家网络空间安全战略》

1.1.4 安全策略

尽管系统安全受到威胁，但是采取恰当的防护措施能有效地保护信息系统的安全。安全策略是为了保障规定级别下的系统安全而制定且必须遵守的一系列准则与规定。它考虑到入侵者可能发起的任何攻击以及为使系统免遭入侵和破坏而采取的措施。实现信息安全，不但依靠先进的技术，而且依靠严格的安全管理、法律约束和安全教育。安全策略主要包括以下策略。

(1) 物理安全策略。计算机信息和其他用于存储、处理或传输信息的物理设施，如硬件、磁介质、电缆等，易受到物理破坏，同时也不可能完全消除这些风险。因此，应该将这些信息及物理设施放置于适当的环境中并在物理上给予保护，使之免受安全威胁和环境危害。

(2) 运行管理策略。为避免信息遭受人为过失、窃取、欺骗、滥用的风险，应加强计算机信息系统运行管理，提高系统安全性和可靠性，减少恶意攻击及各类故障带来的负面效应，全体相关人员都应该了解计算机及系统的网络与信息安全需求，建立行之有效的系统运行维护机制和相关制度。例如，建立健全中心机房管理制度、信息设备操作使用规程、信息系统维护制度、网络通信管理制度、应急响应制度等。

(3) 信息安全策略。为保护存储信息的安全性、完整性、可用性，保护系统中的信息免受恶意的或偶然的篡改、伪造和窃取，有效控制内部泄密的途径和防范来自外部的破坏，可借助数据异地容灾备份、密文存储、设置访问权限、身份识别、局部隔离等策略提高安全防范水平。在设计系统时，应选用相对成熟、稳定和安全的系统软件并保持与提供商的密切接触，通过官方网站或合法渠道，密切关注其漏洞及补丁发布情况，争取“第一时间”下载补丁软件，弥补不足。

(4) 恶意代码防护策略。恶意代码防范包括预防和检查恶意代码(包括实时扫描、过滤和定期检查)，主要内容包括控制恶意代码入侵途径，安装可靠的防恶意代码软件，对系统进行实时检测和过滤，及时更新恶意代码库，详细记录。防恶意代码软件的安装和使用由信息安全管理员执行。

(5) 身份鉴别和访问控制策略。为了保护系统中信息不被非授权地访问、操作或破坏,必须对信息系统实行控制访问。采用有效的口令保护机制,包括规定口令的长度、有效期、口令规则。应保障用户登录和口令的安全,用户选择和使用密码时应参考良好的安全惯例,严格设置对重要服务器、网络设备的访问权限。

(6) 安全审计策略。安全审计活动和风险评估应当定期执行,特别是在系统建设前或系统进行重大变更之前必须进行风险评估。应定期进行信息安全审计和信息安全风险评估,并形成文档化的信息安全审计报告和风险评估报告。

1.1.5 信息安全特征

了解和掌握信息安全特征,对提高信息安全认识,掌握信息安全发展特点,研发信息安全新设备,制定与安全威胁、安全风险相适应的安全策略,从而提高系统信息安全的安全系数具有重要意义。信息安全主要有以下特征。

(1) 信息安全的整体性。信息安全不仅涉及技术手段问题,而且涉及管理制度方面的问题,同时还与法律法规、行业管理和思想教育紧密相连。在信息安全建设时,从架构上需要整体设计,全面思考和整体建设,要求从环境、技术、策略、管理制度等方面进行全方位建设,仅仅进行单方面的安全设备建设是不能实现的。管理建设成本最低,通过管理可实现部分安全目标。管理手段不能实现的安全目标,可通过安全设备等技术手段实现。可通过技术措施与人工管理相结合来共同实现安全目标。

(2) 信息安全的相对性。信息安全建设无论多么完善,其技术设备建设和管理制度的建设只能在一定时期保证网络的安全,不能保证长久安全。管理制度条款的完善性也是相对的,特别是需要每个相关人员落实制度,存在瑕疵的现象是非常普遍的,也就是说管理制度的有效性同样存在相对性。防范措施和手段只能在一定时期保证信息安全,不能长久和绝对地保证信息安全。因此,信息安全具有相对性。

(3) 信息安全的全球性和社会性。有网络便存在网络安全问题,存在网络攻击和被攻击,存在信息保护和窃取、系统破坏和保护的问题。使用计算机的每个人都可能成为信息安全的受害者,也有可能成为破坏他人系统、窃取他人信息的入侵者。个人是这样,团体是这样,国家同样是这样。因此,信息安全关系到全球,涉及全社会,具有全球性和社会性。

(4) 信息安全的动态性。信息安全技术具备时效性、敏感性、竞争性和对抗性。安全的保护与破坏、盗取反盗取、攻击与拦截始终是一对矛盾的两个方面。因此安全形势是动态变化的,安全设备和策略也是动态变化的,而且要能够及时更新手段和应对策略。

(5) 信息安全与运行效率的对立统一。网络安全系统的建设一方面是保护网络不被攻击、破坏,信息不被窃取、篡改,保证网络系统的正常运行,这是信息安全系统的主要目的;另一方面是由于信息安全系统的建设,技术措施和策略的建立,制约了网络运行的速度和效率,信息系统的应用受到限制和制约,使网络的运行和应用付出了代价。

(6) 信息安全具有法律法规性。要保证计算机网络安全,保证网络的信息安全,保护国家信息安全、国家秘密安全和保护国家安全,就必须要有法律作保障,用法律打击那些攻击和破坏国家、团体、个人网络,窃取国家秘密、商业秘密和个人秘密的犯罪分子,通过法律震慑那些企图破坏信息安全的不稳定分子,使其不敢轻举妄动。法律是保障网络信息安全的基础和根本,行政管理法规是实现网络安全的具体行政管理依据,安全设备检测和认证制度是实现网络安全产品技术手段可靠性的保障。推行涉及国家秘密信息系统分级保护建设是实现国家秘密安全的主要制度措施,推行非涉密信息系统等级保护建设是实现非涉密信息系统安全的主要制度措施。法律法规和具体管理制度建设构成了网络信息安全的法律保障体系。

1.2 安全事件因素

1.2.1 脆弱性

脆弱性是指信息系统的硬件资源、通信资源、软件及信息资源等,由于在硬件、软件、协议的具体实现或系统安全策略上存在的缺陷和不足,从而使系统受到破坏、更改、泄露和功能失效处于异常状态甚至崩溃瘫痪等。可以从以下三个层面进行分析。

(1) 硬件组件层面:硬件组件安全隐患多源于设计,主要表现为物理安全方面的问题。

(2) 软件组件层面:软件组件的安全隐患来源于设计和软件工程实施中遗留的问题,比如,软件设计中的疏忽,软件设计中不必要的功能冗余,软件设计部按信息系统安全等级要求进行模块化设计,软件工程实现中造成的软件系统内部逻辑混乱。

(3) 网络和通信协议层面:网络和安全设备作为网络通信基础设施,其硬件性能、可靠性以及网络架构设计在一定程度上决定了数据传输的效率。带宽或硬件性能不足会带来延迟过大、服务稳定性差等风险,也更容易造成因拒绝服务攻击导致业务中断等严重影响;架构设计得不合理,如设备单点故障,可能造成严重的可用性问题。交换机、路由器、防火墙等网络基础设施及其本身运行软件也会存在一定的设计缺陷。安全风险主要有数据库系统漏洞、操作系统和应用系统编码漏洞等,将会导致此类设备在运行期间极易受到黑客攻击。网络通信协议带来的风险更多地体现在协议层设计缺陷方面,特别是安全通信协议,可能会对网络安全造成严重影响。

1.2.2 安全威胁

根据威胁和攻击来源可分内部威胁和外部威胁。信息系统内部工作人员越权操作、违规操作或其他不当操作可能造成重大安全事故。内部管理不严造成信息系统安全管理失控,信息体系内部缺乏健全管理制度或制度执行不力给内部工作人员违规和犯罪留下余地。同时,操作员安全配置不当造成的安全漏洞,用户口令选择不慎,用户将自己的账号随意转借他人或与别人共享等都会对网络安全带来威胁。从外部对信息系统进行威胁和攻击的实体主要有黑客、信息间谍、计算机犯罪人员等。这是网络面临的最大威胁,攻击者的攻击和计算机犯罪就属于这一类。网络攻击手段越来越隐蔽、攻击技术越来越先进、攻击范围越来越广、攻击工具随处可得、攻击实施简单易行,这些都为防范网络攻击带来了巨大的挑战。

人为的恶意攻击分为被动攻击和主动攻击。被动攻击试图获取或利用系统的信息,但并不影响系统资源,而主动攻击则试图改变系统资源或影响系统运行。被动攻击的特性是对传输进行窃听和监测。攻击者的目标是获得传输信息,信息内容的泄露和流量分析都属于被动攻击。信息内容泄露攻击很容易理解,电话、电子邮件消息和传输的文件都可能含有敏感或秘密的信息。假设我们已设法隐藏了消息内容或其他信息流量,攻击者即使截获了消息也无法从消息中获得信息。加密是隐藏内容的常用技巧。但是,即使我们对消息进行了恰当的加密保护,攻击者仍具有可能获取这些消息的一些模式。攻击者可以确定通信主机的身份和位置,观察到传输消息的频率和长度,能利用这些信息来判断通信的某些性质。被动攻击不涉及对数据的更改,因此很难觉察。通常,信息流在正常发送和接收时,收发双方都不会意识到有第三方已获取了消息或流量模式。但是,可以使用加密方法阻止攻击者的这种攻击。因此,应对被动攻击的重点是预防而非检测。

主动攻击包括对数据流进行修改或伪造数据流,具体分为伪装、重放、消息修改和拒绝服务。伪装是指某实体假装成其他实体。伪装攻击通常还包含其他形式的主动攻击。例如,截获认证信息,并在认证信息完成合法验证之后进行传输,无权限的实体就可通过伪装成有权限的实体获得额外的权限。重放是指攻击者未经授权将截获的信息再次发送。消息修改是指未经授权修改合法消息的部分,或延迟消息的传输,或改变消息的顺序,被动攻击虽然难以被检测到,但是可以预防。由于物理通信设施、软件和网络自身潜在弱点的多样性,主动攻击难以绝对预防,所以重点是检测并从攻击造成的破坏或延迟中恢复过来。如果对主动攻击的检测有威慑效果,那么在某种程度上也可以阻止主动攻击。常见威胁包括以下10种。

1. 拒绝服务攻击

拒绝服务攻击的目的是摧毁系统的部分乃至全部进程,或者非法抢占系统的计算资源,导致程序或服务不能运行,系统不能为合法用户提供正常的服务。目前最有杀伤力的拒绝服务攻击是网络上的分布式拒绝服务(DDoS)攻击。

2. 假冒攻击

假冒是指某个实体通过出示伪造的凭证来冒充其他主体,从而攫取授权用户的权利。身份识别机制本身的漏洞,以及身份识别参数在传输、存储过程中的泄露通常是导致假冒攻击的根源。例如,假冒者窃取了用户身份识别中使用的用户名/口令后,非常容易欺骗身份识别机构。

假冒攻击可分为重放、伪造和代替三种。重放是指攻击者未经授权将截获的信息再次发送。伪造攻击是指提供冒充主体身份的信息,以获得对系统及其服务的访问权限。代替攻击是指通过分析截获的消息构造一种难以辨别真伪的身份信息取代原来的消息,破坏正常的访问行为。

3. 旁路攻击

旁路攻击是指攻击者利用系统设计和实现中的缺陷或安全上的脆弱之处获得对系统的局部或全部控制权进行非授权访问。例如，缓冲区溢出攻击就是因为系统软件缺乏边界检查，使得攻击者能够激活自己预定的进程，获得对计算机的超级访问权限。旁路攻击一旦获得对系统的全部控制权，带来的损失是不可低估的。

4. 非授权访问

非授权访问是指未经授权的实体获得了访问网络资源的机会，并有可能篡改信息资源。如果非法用户通过某种手段获得了对用户信息的非授权访问，那么它又成为进一步假冒攻击或旁路攻击的基础。以下情况属于非授权访问：

(1) 没有授权登录主机的非法用户通过本地或远程非法登录主机，访问到主机中的资源；

(2) 通过植入木马病毒，采集用户私密信息，并将私密信息发送给非法用户；

(3) 通过设置后门程序，允许窃密者远程控制用户主机，访问用户主机中的资源。

5. 恶意程序

恶意程序通常是指带有攻击意图所编写的一段程序。按照是否需要宿主，以及是否具有自我复制(传播)能力，恶意程序可以分为四类，如表1-3所示。

表1-3 恶意程序分类

自我复制能力	需要宿主	无需宿主
不能自我复制	不感染的依附性恶意代码	不感染的独立性恶意代码
能够自我复制	可感染的依附性恶意代码	可感染的独立性恶意代码

主要的恶意代码有以下三种。

(1) 特洛伊木马(Trojan Horse)：简称木马，是指伪装成有用的软件，当它被执行时，往往会启动一些隐藏的恶意进程，实现预定的攻击。木马大多是以客户/服务程序模式为基础，通常由一个攻击者控制的客户端程序和一个(或多个)运行在被控计算机端的服务端程序组成。木马具有有效性、隐蔽性、顽固性、易植入性等特点。例如，木马文本编辑软件与一般的文本编辑软件看似相同，但它会启动一个进程将用户的数据复制到一个隐藏的秘密文件中，植入木马的攻击者就可以阅读到此秘密文件。

(2) 病毒(Virus)：编制或者在程序中插入的破坏功能或者破坏数据，影响使用并且能够自我复制的一组指令或者程序代码。病毒具有独特的复制能力，可以很快地蔓延，而且难以根除。它们能附着在各种类型的文件上，当文件被复制或从一个用户传送到另一个用户时，病毒就随之蔓延。病毒的危害有两方面：一是病毒可以包含一些直接破坏性的代码；二是病毒传播过程会占用计算机的计算和存储资源，造成系统瘫痪。病毒的感染动作受触发机制的控制，病毒触发机制还会控制病毒的破坏动作。病毒程序一般由感染模块、触发模块、破坏模块和主控模块组成。

(3) 蠕虫(Worm)：其可独立运行并能把自身的一个包含所有功能的版本传播到另外的计算机中。蠕虫根据传播和运作方式分为主机蠕虫和网络蠕虫。主机蠕虫的所有部分均包含在其所运行的计算机中，利用网络连接仅仅是为了将自身复制到其他计算机中。网络蠕虫由许多部分(称为段)组成，而且每个部分运行在不同的计算机中，并且使用网络的目的是进行各个部分之间的通信以及传播。蠕虫在功能上可以分为基本功能模块和扩展功能模块，实现了基本功能模块的蠕虫程序就能完成复制传播流程，而包含扩展功能模块的蠕虫程序，则具有更强的生存力和破坏力。

6. 漏洞类攻击

系统硬件或者软件存在某种形式的安全方面的脆弱性，这种脆弱性即漏洞，后果是非法用户未经授权获得访问权或提高访问权限，针对扫描器发现的网络系统漏洞实施相应攻击。

7. 探测类攻击

探测类攻击主要是收集目标系统的各种与网络安全有关的信息，为入侵提供帮助。其主要包括扫描技术、体系结构刺探、系统信息服务收集等。

8. 社会工程学攻击

社会工程学是使用计谋和假情报去获得密码和其他敏感信息的科学。研究一个站点的策略之一就是尽可能多地了解这个组织的个体，因此黑客不断试图寻找更加精妙的方法，试图从他们希望渗透的组织那里获得信息。社会工程攻击通常以交谈、欺骗、假冒或口语用字等方式从合法用户中套取敏感信息。

9. 高级持续性威胁

高级持续性威胁(Advanced Persistent Threat，APT)是指利用先进的攻击手段对特定目标进行长期持续性网络攻击。APT 相对于其他攻击形式更高级和先进，其高级性主要体现在 APT 发动攻击之前需要对攻击对象的业务流程和目标系统进行精确收集。在收集过程中，APT 攻击会主动挖掘被攻击对象受信系统和应用程序的漏洞，利用这些漏洞组建攻击者所需的网络，并利用 0day 漏洞进行攻击。APT 攻击多数为国家或大组织行为。

10. 网络钓鱼

网络钓鱼(Phishing)是一种通过假冒可信方，以欺骗手段获取敏感个人信息的攻击方式。目前，网络钓鱼综合利用社会工程攻击技巧和现代多种网络攻击手段，以达到欺骗意图。典型的网络钓鱼方法是，网络钓鱼者利用欺骗性的电子邮件和伪造的网站来进行诈骗活动，诱骗访问者提供信用卡号、账户和口令、社保编号等一些个人信息，以谋求不正当利益。例如，网络钓鱼攻击者构造一封所谓“安全提醒”邮件发给客户，然后让客户点击虚假网站，填写敏感的个人信息，从而获取受害者的个人信息并非法利用。

1.3 网络攻击

1.3.1 网络攻击方法

网络攻击是指危害网络系统安全属性的行为。危害行为导致网络系统的机密性、完整性、可用性、可控性、真实性、抗抵赖性等受到破坏。网络攻击由攻击者发起，攻击者应用一定的攻击工具（包括攻击策略与方法）对目标网络系统进行（合法与非法的）攻击，达到攻击者预定的攻击效果。常见攻击方法有以下三种。

1. 攻击树方法

攻击树方法起源于故障树分析方法，故障树分析方法主要用于系统风险分析和系统可靠性分析，后扩展为软件故障树，用于辅助识别软件设计和实现中的错误。Schneicr 首先基于软件故障树方法提出了攻击树的概念，用 AND－OR 形式的树结构对目标对象进行网络安全威胁分析。

攻击树方法可以用来进行渗透测试或建立防御机制。攻击树的优点：能够采取专家头脑风暴法，并且将这些意见融合到攻击树中；能够进行费效分析或者概率分析；能够建模应对非常复杂的攻击场景。攻击树的缺点：由于树结构的内在限制，攻击树不能用来建模多重尝试攻击、时间依赖及访问控制等场景；不能用来建模循环事件；对于现实中的大规模网络，攻击树方法处理起来将会特别复杂。

2. MITRE ATT&CK 方法

MITRE 根据真实观察到的网络攻击数据提炼形成攻击矩阵方法 MITRE ATT&CK（Adversarial Tactics Techniques and Common Knowledge），该方法把攻击活动抽象为初始访问（Initial Access）、执行（Execution）、持久化（Persistence），特权提升（Privilege Escalation）、躲避防御（Defense Evasion）、凭据访问（Credential Access）发现（Discovery）、横向移动（Lateral Movement）、收集（Collection）、指挥和控制（Commandant and Control）、外泄（Exfiltration）、影响（Impact），然后给出攻击活动的具体实现方式（详见 MITRE 官方地址链接）。基于 MITRE ATT&CK 常见的应用场景主要有网络红蓝对抗模拟、网络安全渗透测试、网络防御差距评估、网络威胁情报收集等。

3. 网络杀伤链方法

洛克希德·马丁公司提出的网络杀伤链（Kill Chain）方法将网络攻击活动分成目标侦测（Reconnaissance）、武器构造（Weaponization）、载荷投送（Delivery）、漏洞利用（Exploitation）、安装植入（Installation）、指挥和控制（Command and Control）、目标行动（Actions on Objectives）七个阶段。

随着网络信息技术的普及与应用发展，越来越多的人能够使用和接触网络，可从互联网上学习攻击方法并下载黑客工具。网络信息环境受到黑客、犯罪、工业间谍、普通用户、超级用户、管理员、恐怖组织等攻击者的威胁。攻击者的攻击从以前的单机系统为主转变到以网络及信息运行环境为主。攻击者通过制定攻击策略，使用各种各样的工具组合，甚至由软件程序自动完成目标攻击。

1.3.2 网络攻击环节

安全攻击一般分为破坏攻击和渗透攻击，主要包括准备环节、实施环节和善后环节。

1. 准备环节

(1) 确定攻击目标：攻击者在进行一次完整的攻击之前，首先要确定攻击要达到的目的，即给受侵者造成什么样的后果。常见的攻击目的有破坏性和入侵性。破坏性攻击是指只破坏攻击目标，使之不能正常工作，但不能随意控制目标上的系统运行。入侵性攻击是指攻击者一旦掌握了一定的权限甚至是管理员权限，就可以对目标做任何动作，包括破坏性质的攻击。

(2) 信息收集：包括目标的操作系统类型及版本，相关软件的类型、版本，以及相关的社会信息。

(3) 服务分析：探测目标主机所提供的服务，相应端口是否开放，以及各服务所使用的软件版本类型，如利用 Telnet 或 Nmap 等工具扫描端口或扫描服务。

(4) 系统分析：确定目标主机采用何种操作系统。

(5) 漏洞分析：分析确认目标主机中可以被利用的漏洞，可手动分析，也可使用软件分析。

2. 实施环节

作为破坏性攻击，利用工具发动攻击即可。作为入侵性攻击，往往首先需要利用收集到的信息找到系统漏洞，然后利用漏洞获取尽可能高的权限。包括三个过程：预攻击探测，为进一步入侵提供有用信息；口令破解与攻击提升权限；实施攻击，如缓冲区溢出、拒绝服务、后门、木马、病毒。

3. 善后环节

入侵成功后，攻击者为了能长时间地保留和巩固对系统的控制权，一般会留下后门。此外，攻击者为了自身的隐蔽性，须进行相应的善后工作——隐藏踪迹。攻击者在获得系统最高管理员权限之后就可以任意修改系统中的文件，所以黑客想隐匿自己的踪迹，最简单的方法是删除日志文件。

1.4 信息安全涉及的内容

1.4.1 物理安全

物理安全是指保护计算机设备设施(网络及通信线路)免遭地震、水灾、火灾等环境事故和人为操作失误或错误及各种计算机犯罪行为破坏。各种设备的物理安全是保证整个信息系统安全的前提。

环境安全是指对系统所处环境的安全保护，如保障设备的运行环境的温度和湿度，尽量减少烟尘，不间断电源保障等。系统硬件由电子设备、机电设备和光磁材料组成，这些设备的可靠性和安全性与环境条件有着密切的关系。如果环境条件不能满足设备对环境的使用要求，物理设备的可靠性和安全性就会降低，造成数据或程序出错、破坏，加速元器件老化，缩短机器寿命，或发生故障使系统不能正常运行，甚至危及设备和人员的安全。环境安全技术是确保物理设备安全、可靠运行的技术、要求、措施和规范的总和，主要包括机房安全设计和机房环境安全措施。

传统意义上的物理安全包括设备安全、环境安全(设施安全)以及介质安全。设备安全技术要素包括设备的标志和标记、防止电磁信息泄露、抗电磁干扰、电源保护,以及设备振动、碰撞、冲击适应性等。环境安全技术要素包括机房场地选择、机房屏蔽、动环系统、供配电系统、综合布线、区域防护等。介质安全技术要素包括介质安全以及介质数据安全。上述物理安全涉及的安全技术解决了设备设施、介质的硬件条件引发的信息系统物理安全威胁问题。从系统的角度看,这一层面的物理安全是狭义的物理安全,是物理安全最基本的内容。广义的物理安全还应包括由软件、硬件、操作人员组成的整体信息系统的物理安全,即系统物理安全。

物理安全面临自然、环境和技术故障等非人为因素的威胁和人员失误及恶意攻击等人为因素的威胁。这些威胁通过破坏系统的保密性(如电磁泄漏类威胁)、完整性(如各种自然灾害类威胁)、可用性(如技术故障类威胁)威胁信息的安全。威胁因素可分为人为因素和环境因素。根据威胁的动机,人为因素又可分为恶意和非恶意两种。环境因素包括自然界不可抗的因素和其他物理因素。物理安全主要包括以下威胁。

(1) 自然灾害:主要包括鼠蚁虫害、洪灾、火灾、地震等。

(2) 电磁环境影响:主要包括断电、电压波动、静电、电磁干扰等。

(3) 物理环境影响:主要包括灰尘、潮湿、温度等。

(4) 软硬件影响:设备硬件故障、通信链中断、系统本身或软件缺陷对信息系统安全可用造成的影响。

(5) 物理攻击:主要包括物理接触、物理破坏、盗窃。

1.4.2 网络通信安全

网络通信安全指采用网络技术、管理和控制等措施,保证网络通信系统和信息的保密性、完整性、可用性、可控性和可审查性受到保护。ISO/IEC27032《网络空间安全指南》给出网络安全定义,是指对网络的设计、实施和运营等过程中的信息及其相关系统的安全保护。网络通信安全问题主要体现在网络通信系统、网络服务协议和网络通信设备所面临的威胁及风险。

互联网创建初期只用于计算和科学研究,其设计及技术基础并不安全。现代互联网的快速发展和广泛应用使其具有了开放性、国际性和自由性等特点,导致网络通信系统出现了一些安全风险和隐患。其主要因素通常包括网络开放性隐患多、网络共享风险大、系统结构复杂有漏洞、身份认证难、传输路径与节点隐患多、信息高度聚集易受攻击、国际竞争加剧等。常用的互联网服务安全包括 Web 浏览服务安全、文件传输协议(FTP)服务安全、E-mail 服务安全、远程登录(Telnet)安全、域名系统(DNS)域名安全和设备的实体安全。网络运行机制依赖网络协议,不同节点间信息交换根据约定机制通过协议数据单元实现。TCP/IP 协议在设计初期没考虑安全问题,只注重异构网的互联,因此互联网的广泛应用使网络通信系统面临的安全威胁和风险增大。互联网基础协议 TCP/IP、FTP、E-mail、远程过程调用(RPC)和网络文件系统(NFS)等存在安全漏洞且开放。攻击通常采用的手段：利用目前网络通信系统以及各种网络软件的漏洞，比如基于 TCP/IP 协议本身的不完善、操作系统的缺陷等；防火墙设置不当；电子欺诈；拒绝服务（包括 DDoS）；网络病毒；使用黑客工具软件；利用用户安全意识薄弱，比如口令设置不当；直接将口令文件放在系统；等等。

1.4.3 计算环境安全

计算环境安全包括系统安全（主机安全）、数据库安全、应用安全和数据安全等。

系统安全方面主要表现在三方面：一是操作系统缺陷带来的不安全因素，主要包括身份认证、访问控制、系统漏洞等；二是操作系统的安全配置问题；三是病毒对操作系统的威胁。应用层的安全问题主要由提供服务所采用的应用软件和数据的安全性产生，包括 Web 服务、电子邮件系统、DNS 等，以及病毒对系统的威胁。操作系统安全是指操作系统及其运行的安全，通过其对软/硬件资源的整体进行有效控制，并对所管理的资源提供安全保护。操作系统是网络系统中最基本、最重要的系统软件，在设计与开发过程中会无法避免地遗留漏洞和隐患，主要包括操作系统体系结构和研发漏洞、创建进程的隐患、服务及设置的风险、配置和初始化错误等。

数据库安全方面不仅包括网络应用系统的安全，而且包括网络系统最关键的数据（信息）安全，需要确保业务数据资源的安全可靠和正确有效，确保数据的安全性、完整性和并发控制。数据库存在的不安全因素包括非法用户窃取数据资源，以及授权用户超出权限进行数据访问、更改和破坏等。

应用安全性方面主要考虑尽可能建立安全的系统平台，而且通过专业的安全工具不断发现漏洞、修补漏洞，提高系统的安全性。信息的安全性涉及机密信息泄露、未经授权的访问、破坏信息的完整性和可用性、假冒等。因此，必须对计算机用户进行身份认证；必须对重要信息的通信进行授权和传输加密。采用多层次的访问控制与权限控制手段对数据安全保护，采用加密技术保证网络传输信息（包括管理员口令与账户、上传信息等）的机密性与完整性。

数据安全性方面对数据资产进行全面梳理并确立适当的数据安全分级。数据分级管理是建立统一、完善的数据生命周期安全保护框架的基础工作，能够为制定有针对性的数据安全管控措施提供支撑。数据安全具有两个含义：一是数据本身的安全，主要是指采用现代密码算法对数据进行主动保护，如数据保密、数据完整性、双向强身份认证等；二是数据防护的安全，主要是采用现代信息存储手段对数据进行主动防护，如通过磁盘阵列、数据备份、异地容灾等手段保证数据的安全。

1.4.4 区域边界安全

网络实现了不同系统的互联互通，然而在现实环境中往往需要根据不同的安全需求对系统进行切割、对网络进行划分，形成不同系统的网络边界或不同等级保护对象的边界。其主要对象为系统边界和区域边界等，涉及的安全控制点包括边界防护、访问控制、入侵防范、恶意代码和垃圾邮件防范、安全审计、可信验证。

1.4.5 管理安全

管理安全是指对组成信息系统安全的物理安全、系统安全、网络安全和应用安全的管理，是保证安全内容达到确定目标在管理方面所采取措施的总称。管理安全通过对工程管理和运行管理来实现。工程管理是指为确保开发的信息安全系统达到确定的安全目标，对整个开发过程实施的管理。运行管理是指为确保信息安全系统达到设计的安全目标，对其运行过程所实施的管理。

管理安全与安全技术保护措施共同构成信息安全保护体系。通过管理制度落实信息安全措施，是在技术设备和财力还不能满足要求的部分实施保护的措施，是落实技术手段功能，补充技术手段不能实现的功能的制度措施。

安全管理包括管理机构、管理人员、管理制度、运行维护管理制度、应急响应计划等。

1.5 法律法规和标准

1.5.1 常见法律法规

1.《中华人民共和国网络安全法》

2016年11月7日，第十二届全国人民代表大会常务委员会第二十四次会议通过《中华人民共和国网络安全法》。该法是为了保障网络安全，维护网络空间主权和国家安全、社会公共利益，保护公民、法人和其他组织的合法权益，促进经济社会信息化健康发展而制定的。《中华人民共和国网络安全法》是我国第一部全面规范网络空间安全管理方面问题的基础性法律，是我国网络空间法治建设的重要里程碑，是依法治理网络、化解网络风险的法律重器，是让互联网在法治轨道上健康运行的重要保障。《中华人民共和国网络安全法》于2017年6月1日施行。

我国在《中华人民共和国网络安全法》实施之后，相继颁布了《中华人民共和国数据安全法》《中华人民共和国个人信息保护法》《关键信息基础设施安全保护条例》等法律法规，出台了《网络安全审查办法》《云计算服务安全评估办法》等政策文件，建立了网络安全审查、云计算服务安全评估、数据安全管理、个人信息保护等一批重要制度，制定发布了300余项网络安全领域国家标准，基本构建起网络安全政策法规体系的“四梁八柱”。2022年9月12日，国家互联网信息办公室发布关于修改《中华人民共和国网络安全法》的决定(征求意见稿)。

2.《中华人民共和国密码法》

2019年10月26日，第十三届全国人民代表大会常务委员会第十四次会议通过《中华人民共和国密码法》。该法旨在规范密码应用和管理，促进密码事业发展，保障网络与信息安全，维护国家安全和社会公共利益，保护公民、法人和其他组织的合法权益。《中华人民共和国密码法》是中国密码领域的综合性和基础性法律，是总体国家安全观框架下国家安全法律体系的重要组成部分，其颁布实施将极大提升密码工作的科学化、规范化、法治化水平，有力促进密码技术进步、产业发展和规范应用，切实维护国家安全、社会公共利益以及公民、法人和其他组织的合法权益，同时也将为密码部门提高“三服务”能力提供坚实的法治保障。《中华人民共和国密码法》于2020年1月1日施行。

3.《中华人民共和国数据安全法》

2021年6月10日，第十三届全国人大常委会第二十九次会议表决通过《中华人民共和国数据安全法》。《中华人民共和国数据安全法》作为我国数据安全领域的基础性法律，涵盖总则、数据安全与发展、数据安全制度、数据安全保护义务、政务数据安全与开放、法律责任等方面，旨在规范数据处理活动，保障数据安全，促进数据开发利用，保护个人、组织的合法权益，维护国家主权、安全和发展利益。《中华人民共和国数据安全法》确立了数据分类分级管理，数据安全审查，数据安全风险评估、监测预警和应急处置等基本制度；明确了相关主体依法依规开展数据活动，建立健全了数据安全管理制度，加强了风险监测和及时处置数据安全事件等义务和责任，通过严格规范数据处理活动，切实加强数据安全保护。《中华人民共和国数据安全法》于2021年9月1日施行。

4.《中华人民共和国个人信息保护法》

2021年8月20日，第十三届全国人大常委会第三十次会议表决通过《中华人民共和国个人信息保护法》。《中华人民共和国个人信息保护法》涵盖总则、个人信息处理规则、个人信息跨境提供的规则、个人在个人信息处理活动中的权利、个人信息处理者的义务、履行个人信息保护职责的部门、法律责任等方面，旨在保护个人信息权益，规范个人信息处理活动，促进个人信息合理利用，标志着我国个人信息保护立法体系进入新的阶段。《中华人民共和国个人信息保护法》建立了以“告知—同意”为核心的个人信息处理规则，全面规制个人信息处理各环节、全流程；明确了个人信息处理活动中的个人权利；强化了个人信息处理者的保护义务；完善了社会热议的敏感个人信息采集、大数据杀熟、个人信息跨境流动、未成年人信息保护、大型网络平台义务、国家机关处理个人信息等相关制度；明确了网络身份认证公共服务。《中华人民共和国个人信息保护法》于2021年11月1日施行。

5.《关键信息基础设施安全保护条例》

2021年7月30日，国务院发布《关键信息基础设施安全保护条例》。《关键信息基础设施安全保护条例》涵盖总则、关键信息基础设施认定、运营者责任义务、保障和促进、法律责任等方面，旨在保障关键信息基础设施安全，维护网络安全。《关键信息基础设施安全保护条例》提出，履行个人信息和数据安全保护责任，建立健全个人信息和数据安全保护制度。条例明确了重点行业和领域重要网络设施、信息系统属于关键基础设施，国家对关键基础设施实行重点保护，采取措施，监测、防御、处置来源于境内外的网络安全风险和威胁，保护关键基础设施免受攻击、侵入、干扰和破坏，依法惩治违法犯罪活动；强化和落实关键基础设施运营者主体责任。《关键信息基础设施安全保护条例》于2021年9月1日施行。

6.《数据出境安全评估办法(征求意见稿)》

《数据出境安全评估办法(征求意见稿)》由国家互联网信息办公室发布，旨在规范数据出境活动，保护个人信息权益，维护国家安全和社会公共利益，促进数据跨境安全、自由流动。该办法明确，关键信息基础设施的运营者收集和产生的个人信息和重要数据，出境数据中包含重要数据，处理个人信息达到100万人的个人信息处理者向境外提供个人信息，累计向境外提供10万人以上个人信息或者100万人以上敏感个人信息，国家互联网信息部门规定的其他需要申报数据出境安全评估的情形等，应当通过所在地省级互联网信息部门向国家互联网信息部门申报数据出境安全评估。《数据出境安全评估办法(征求意见稿)》于2021年10月29日发布。

7.《网络产品安全漏洞管理规定》

2021年7月12日，工业和信息化部、国家互联网信息办公室、公安部印发《网络产品安全漏洞管理规定》。该规定提出，任何组织或者个人不得利用网络产品安全漏洞从事危害网络安全的活动，不得非法收集、出售、发布网络产品安全漏洞信息；明知他人利用网络产品安全漏洞从事危害网络安全的活动的，不得为其提供技术支持、广告推广、支付结算等帮助。网络产品提供者和网络运营者是自身产品与系统漏洞的责任主体，要建立畅通的漏洞信息接收渠道，及时对漏洞进行验证并完成漏洞修补。对于从事漏洞发现、收集、发布等活动的组织和个人，明确其经评估协商后可提前披露产品漏洞、不得发布网络运营者漏洞细节、同步发布修补防范措施、不得将未公开漏洞提供给产品提供者之外的境外组织或者个人。《网络产品安全漏洞管理规定》于2021年9月1日施行。

1.5.2 监测预警标准

网络安全监测预警是重要的网络安全日常基础性工作，各单位应深入了解网络攻击的类型、技术、方式，明确网络安全事件或威胁的重要程度和可能造成的影响，规范开展网络安全监测预警工作，提高网络安全风险威胁防御保障能力，为抵御攻击夯实基础。监测预警标准如表1-4所示。

表1-4 监测预警标准

标准号	标准名称	备注
GB/T 32924—2016	信息安全技术 网络安全预警指南	本标准给出了网络安全预警的分级指南与处理流程，为及时准确了解网络安全事件或威胁的影响程度、可能造成的后果，及采取有效措施提供指导，也适用于网络与信息系统主管和运营部门参考开展网络安全事件或威胁的处置工作
GB/T 37027—2018	信息安全技术 网络攻击定义及描述规范	本标准明确了网络攻击的基本要求，提出了网络攻击与防范的基本行为准则，适用于对计算机网络实施攻击和防范的个人、企事业组织和社会团体等组织

1.5.3 等级保护标准

《中华人民共和国网络安全法》第二十一条规定，国家实行网络安全等级保护制度。

2019 年网络安全等级保护进入 2.0 时代，保护对象范围在传统信息系统的基础上增加了云计算、移动互联、物联网、大数据等，对等级保护制度提出了新的要求。各组织应严格对照相关网络安全国家标准，落实等级保护工作中的网络定级及评审、备案及审核、等级测评、安全建设整改等要求。等级保护标准如表 1-5 所示。

表 1-5　等级保护标准

标　准　号	标准名称	备　　注
GB/T 25058—2020	信息安全技术 网络安全等级保护实施指南	本标准规定了等级保护对象实施网络安全等级保护工作的过程，适用于指导网络安全等级保护工作的实施
GB/T 25070—2019	信息安全技术 网络安全等级保护安全设计技术要求	本标准规定了网络安全等级保护第一级到第四级等级保护对象的安全设计技术要求，适用于指导运营使用组织、网络安全组织、网络安全服务机构开展网络安全等级保护安全技术方案的设计和实施，也可作为网络安全职能部门进行监督、检查和指导的依据
GB/T 22239—2019	信息安全技术 网络安全等级保护基本要求	本标准规定了网络安全等级保护的第一级到第四级等级保护对象的安全通用要求和安全扩展要求，适用于指导分等级的非涉密对象的安全建设和监督管理
GB/T 36958—2018	信息安全技术 网络安全等级保护安全管理中心技术要求	本标准从安全管理中心的功能、接口、自身安全等方面，对 GB/T 25070—2019 中提出的安全管理中心及其安全技术和机制进行了进一步规范，提出了通用的安全技术要求，指导安全厂商和用户依据本标准要求设计和建设安全管理中心
GB/T 22240—2020	信息安全技术 网络安全等级保护定级指南	本标准规定了定级方法，为各系统建设使用组织定级工作提供指导

1.5.4　管理体系标准

信息安全管理体系（ISMS）是指组织在整体或特定范围内建立信息安全方针和目标，以及完成这些目标所用方法的体系。各组织应结合自身实际建立信息安全管理体系，可以有效规范工作人员行为，保证各种技术手段的有效落实，合理统筹管理软/硬件，对有序、高效开展网络安全工作具有重大意义。管理体系标准如表 1-6 所示。

表 1-6　管理体系标准

标　准　号	标准名称	备　　注
GB/T 20269—2016	信息安全技术 信息系统安全管理要求	本标准依据 GB 17859—1999《计算机信息系统安全保护等级划分标准》的五个安全保护等级的划分，规定了信息系统安全所需要的各个安全等级的管理要求

续表

标 准 号	标 准 名 称	备 注
GB/T 20282—2006	信息安全技术 信息系统安全工程管理要求	本标准规定了信息安全工程的管理要求，是对信息安全工程中所涉及的需求方、实施方与第三方工程实施的指导性文件，各方可以此为依据建立安全工程管理体系。本标准按照 GB 17859—1999 划分的五个安全保护等级，规定了信息安全工程的不同要求。本标准适用于该系统的需求方和实施方的工程管理，其他有关各方也可参照使用
GB/T 22080—2016	信息技术 安全技术 信息安全管理体系要求	本标准规定了在组织环境下建立、实现、维护和持续改进信息安全管理体系要求
GB/T 31496—2015	信息技术 安全技术 信息安全管理体系实施指南	本标准依据 GB/T 22080—2008《信息技术安全技术信息安全管理体系要求》，关注设计和实施一个成功的信息安全管理体系所需要的关键方，描述了信息安全管理体系规范及其设计的过程，从开始到产生实施计划，适用于各种规模和类型的组织（如商业组织、政府机构、非营利组织）
GB/T 31722—2015	信息技术 安全技术 信息安全风险管理	本标准为信息安全风险管理提供指南。本标准支持 GB/T 22080—2008 规约的一般概念，旨在为基于风险管理方法来符合要求地实现信息安全提供帮助
GB/T 32923—2016	信息技术 安全技术 信息安全治理	本标准就信息安全治理的概念和原则提供指南，通过本标准，组织可以对其范围内的信息安全相关活动进行评价、指导、监视和沟通。本标准适用于所有类型和规模的组织

1.5.5 风险管理标准

实施网络安全风险管理，将安全风险控制在可接受的水平是网络安全工作的基本方法。随着政府部门、企事业组织以及各行各业对信息系统依赖程度日益增强，运用风险评估去识别安全风险、解决信息安全问题得到了广泛的认识和应用。各组织应积极开展风险评估和管理工作，主动避免风险，有效控制和管理风险。风险管理标准如表 1-7 所示。

表 1-7 风险管理标准

标 准 号	标 准 名 称	备 注
GB/T 20984—2022	信息安全技术 信息安全风险评估方法	本标准提出了风险评估的基本概念、要素关系、分析原理、实施流程和评估方法，以及风险评估在信息系统生命周期不同阶段的实施要点和工作形式，适用于规范组织开展的风险评估工作
GB/T 31509—2015	信息安全技术 信息安全风险评估实施指南	本标准规定了信息安全风险评估实施的过程和方法，适用于各类安全评估机构或被评估组织对非涉密信息系统的信息安全风险评估项目的管理，指导风险评估项目的组织、实施、验收等工作

续表

标 准 号	标准名称	备 注
GB/T 33132—2016	信息安全技术 信息安全风险处理实施指南	本标准给出了信息安全风险处理实施的管理过程和方法，适用于指导信息系统运营使用组织和信息安全服务机构实施信息安全风险处理活动
GB/Z 24364—2009	信息安全技术 信息安全风险管理指南	本标准规定了信息安全风险管理的内容和过程，为信息系统生命周期不同阶段的信息安全风险管理提供指导。本标准适用于指导组织进行信息安全风险管理工作

1.5.6 安全运维标准

部分组织在日常网络安全工作中存在重安全建设、轻安全运维的情况，而安全运维是避免网络安全事件的最有效手段。下述标准从多个方面为安全运维工作提供了规范性参考，各组织应积极学习对照，推动网络安全运维管理工作规范化、长效化。安全运维标准如表 1-8 所示。

表 1-8 安全运维标准

标 准 号	标准名称	备 注
GB/T 36626—2018	信息安全技术 信息系统安全运维管理指南	本标准从技术方面规定，为目前组织和政府在 IT 安全运维管理方面提供了指导。主要技术内容：从角色和责任、部门 IT 安全策略、IT 项目安全资源、管理控制、系统开发生命周期的安全性、信息和 IT 设备识别和分类、安全风险管理、事件管理等方面进行描述

1.5.7 事件管理标准

网络安全没有绝对的安全，管理和处置各类网络安全事件是做好网络安全工作的重要方面，各组织要认真学习网络安全事件管理相关国家标准，明确网络安全事件的分级分类及处置流程，科学正确处置各种数据丢失、网络瘫痪、网站被篡改等网络安全事件。事件管理标准如表 1-9 所示。

表 1-9 事件管理标准

标 准 号	标准名称	备 注
GB/T 20985.1—2017	信息技术 安全技术 信息安全事件管理第 1 部分：事件管理原理	本标准描述了信息安全事件的管理过程，提供了规划和制定信息安全事件管理策略和方案的指南，给出了管理信息安全事件和开展后续工作的相关过程和规程，可用于指导信息安全管理者，信息系统、服务和网络管理者对信息安全事件的管理
GB/T 20988—2011	信息安全技术 信息系统灾难恢复规范	本标准规定了信息系统灾难恢复应遵循的基本要求，适用于信息系统灾难恢复的规划、审批、实施和管理

续表

标准号	标准名称	备注
GB/T 30285—2013	信息安全技术 灾难恢复中心建设与运维管理规范	本标准规定了灾难恢复中心建设与运维的管理过程，适用于开展信息系统灾难恢复及业务连续性活动的机构或提供信息系统灾难恢复及业务连续性服务的服务机构
GB/Z 20986—2023	信息安全技术 信息安全事件分类分级指南	本标准为信息安全事件的分类分级提供指导，用于信息安全事件的防范与处置，为事前准备、事中应对、事后处理提供基础指南，可供信息系统和基础信息传输网络的运营和使用组织以及信息安全主管部门参考使用
GB/T 36957—2018	信息安全技术 灾难恢复服务要求	标准范围包括：对灾难备份与恢复服务提供者应具备的服务提供者能力要求、服务过程要求，以及对提供信息系统灾难备份与恢复服务的组织进行评估的方法
GB/T 37046—2018	信息安全技术 灾难恢复服务能力评估准则	本标准适用于信息系统灾难恢复服务机构。主要技术内容：确立灾难恢复服务机构的服务资质等级；规定各等级灾难恢复服务机构的基本资格；明确各等级灾难恢复服务机构的基本能力要求；制定各等级灾难恢复服务机构的质量管理能力衡量标准；提出各等级灾难恢复服务机构的灾难恢复服务能力要求

1.5.8 关键信息基础设施保护标准

《中华人民共和国网络安全法》第三十一条规定，国家对公共通信和信息服务、能源、交通、水利、金融、公共服务、电子政务等重要行业和领域以及其他一旦遭到破坏、丧失功能或者数据泄露，可能严重危害国家安全、国计民生、公共利益的关键信息基础设施（关键信息基础设施保护），在网络安全等级保护制度的基础上，实行重点保护。目前，关键信息基础设施网络安全保护工作主要有《信息安全技术关键信息基础设施网络安全框架》《信息安全技术关键信息基础设施网络安全保护基本要求》《信息安全技术关键信息基础设施安全控制措施》《信息安全技术关键信息基础设施安全检查评估指南》《信息安全技术关键信息基础设施安全保障指标体系》五项标准，其中部分标准还在起草制定中，如表1-10所示。

表1-10 关键信息基础设施保护标准

标准号	标准名称	备注
GB/T 39204—2022	信息安全技术 关键信息基础设施网络安全保护基本要求	本标准作为基线类标准，对关键信息基础设施运营者开展网络安全保护工作提出最低要求

续表

标准号	标准名称	备注
GB/T 20173588-7-469	信息安全技术 关键信息基础设施安全控制措施(正在审查阶段)	本标准作为实施类标准,根据基本要求提出相应的控制措施
GB/T 20173587-7-469	信息安全技术 关键信息基础设施安全检查评估指南(正在审查阶段)	本标准作为测评类标准,依据基本要求明确关键信息基础设施检查评估的目的、流程、内容和结果
GB/T 20173596-7-469	信息安全技术 关键信息基础设施安全保障指标体系(正在审查阶段)	本标准作为测评类标准,依据检查评估结果、日常安全检测等情况对关键信息基础设施安全保障状况进行定量评价

1.6 AI+网络安全

AI的最新进展具有变革性,在图像识别、自然语言处理和数据分析等任务中,它的表现已经超过了人类水平。经济因素将推动采用新的AI应用程序,这些应用程序将颠覆企业的几乎所有方面。AI系统可能被操纵、逃避和误导,从而对网络监控工具、金融系统或自动驾驶汽车等应用产生深远的安全影响。因此,安全和弹性的技术和最佳实践至关重要。

集成的AI系统包括感知、学习、决策和行动。这些系统在复杂的环境中运行,需要每个组件相互作用和相互依赖(如感知错误可能导致错误的决策)。此外,每个组件都有独特的漏洞(如感知容易受到训练攻击,而决策容易受到经典网络漏洞的影响)。噪声和不确定性要求每个组件都有边界,以保护系统免受不正常行为的影响。因此,迫切需要正式的方法来验证AI和机器学习(Machine Learning ,ML)组件,因为它涉及逻辑正确性、决策理论和风险分析。同时,需要新的技术来指定系统应该做什么,以及它应该如何响应攻击。

1.6.1 可信的AI决策

随着AI系统被部署在高价值的环境中,确保决策过程是可信的,特别是在对抗性的情况下尤为重要,虽然有许多关于ML漏洞例子,但基于现在的科学的技术来预测可信度是不准确的。因此,需要研究更为广泛的AI系统开发方法和原则,包括ML、规划、推理和知识表示。值得信赖的决策需要解决的领域包括:定义性能指标,开发技术,使AI系统可解释和可问责,改进特定领域的训练和推理,以及管理训练数据。

威胁模型研究必须确定定义可信度的可测量属性,以便防御者可以将鲁棒性、隐私性和公平性纳入决策算法。给定特定的威胁模型,系统将对对抗性干扰进行推理,并定义实现这些可信度属性的必要条件。可能性包括从密码学或计算机安全中改编定义,将属性统一到单个推理框架中,并将它们视为ML和AI中的单一稳定性概念的变体,用于决策和更广泛的安全模型。

还需要研究如何理解AI方法的学习推理,特别是深度学习,如某些数据点如何影响

ML系统中涉及的优化过程和推理。可能性包括分析优化过程或AI系统结果，如果它同时捕获训练数据和学习方法，能够估计训练点对单个预测的影响的技术也可以成为评估模型在决策环境中的相关性的基础。

在ML中出现了使用各种技术（如对抗性优化问题的凸松弛和随机平滑）提供决策保证的方法。这些方法目前几乎完全集中在监督学习上，很难在不降低系统性能的情况下实现。另外，AI系统在不确定的情况下请求指导可以提高对最终决策的信任，并允许系统为未来的决策获取信息。

AI的准确性相对领域是敏感的。如果训练数据不代表给定环境，就会出现安全漏洞。相反，如果不考虑应用领域中的约束，则可能出现过于悲观的漏洞评估。因此，需要研究如何在特定应用领域中获取、保护、维护和评估输入数据，以及它们如何成为全面使用生态系统的一部分。如自动驾驶汽车系统通过从现实环境中获取的图像和情景进行训练，并随着环境的变化而不断保持。感知、规划、强化学习、知识表示和推理都是需要考虑的特定应用领域的漏洞。这包括对流数据的推理、权衡后果（如导致汽车撞车或向错误方向行驶）以及适应意外事件（如天气或道路施工）。面对特定应用领域的特异性研究，还需要重新思考威胁模型，并使其有助于在现实环境中部署和维护AO系统。此外还必须评估收集、保护、存储和训练数据的成本与收益比。数据集是有价值的（如大型网络数据集可以揭示有关网络漏洞的一切），适当收集和存储可以保护数据并为防御提供信息。

1.6.2 检测和缓解对抗性输入

虽然AI在许多任务上表现良好，但它往往容易受到破坏性输入的影响，使学习、推理或规划系统产生不准确的反应。深度学习方法可以被对手制造的少量输入噪声所欺骗。随着基于深度网络和其他ML和AI算法的系统被整合到系统中，考虑更强大的机器学习方法、AI预警预防、对抗性模型研究、模型中毒预防、安全训练程序、数据隐私和模型公平性来防御对抗性输入至关重要。

需要加强学习方法以抵御对抗性输入。这个问题在统计学界和技术界都有很好的理解。理论和经验研究都需要为深度学习和现代ML方法取得同样的进展，而不降低性能或准确性。

现代AI系统很容易受到侦测的影响。对手会查询系统并学习内部决策逻辑、知识库或训练数据。这通常是攻击的前奏，以提取安全相关的训练数据和来源。侦测预防措施如下。

(1) 增加攻击者的工作量，并通过模型反转降低其有效性。

(2) 充分利用网络安全方法，包括速率限制、访问控制和欺骗。

(3) 研究对算法和系统的准确性及其他方面的影响。

(4) 设计抗侦测的算法和技术。

(5) 将抵抗力整合到学习和推理优化中。

(6) 使用新的多步骤技术将安全保证嵌入模型中。

(7) 使用网络安全蜜罐的概念暴露攻击者的存在和目标。

AI系统的脆弱性是由对手的知识和能力决定的。需要对不同类型的攻击进行分类并开发适当的防御措施，根据攻击者所接触的信息类型来解决攻击问题。这些模型应该被仔细映射，确定攻击和防御策略，并对ML模型风险最大的安全关键领域给予特别研究关注。

AI和ML模型学习如何从训练数据中描述预期输入。如果训练实例不能代表所有可能的和未来的情况，那么模型输出将是不准确的。这创建了一个安全场景，攻击者可以操纵模型并引入可利用的后门。攻击者可以控制训练集的一小部分，但仍然影响模型的行为(模型中毒)。ML需要尽可能多的数据，因此使用许多数据源是很常见的，但也是有风险的。即使只有一个数据源是恶意的，整个模型也会变得不可信。为了减轻对抗性中毒并改进训练过程，AI最佳实践必须确保训练数据的端到端来源，并检测正常输入空间之外的数据。

ML方法在使用与训练相似的数据时工作良好，而当数据不同时就会失败，这些都是常见的问题，因为很难获得所有可能情况的数据。系统通常无法识别异常数据。ML方法研究的目标是增加对异常的检测，采用放大稀有事件的训练方法，并允许最有效地利用现有的训练数据和算法。为了保持有效和准确，ML模型必须经常重新训练，需要进行研究以确定需要收集哪些训练数据，这些训练数据何时不再相关以及模型应该多久进行一次再训练等问题。

1.6.3 设计可信赖的AI增强系统

AI组件对对抗行为脆弱性的新理解引发了对使用它们的整个数据处理管道安全性的担忧。AI组件无视传统的软件分析，并可能在AI算法运行、AI框架和应用程序实现、ML模型和训练数据的环境中引入新的攻击向量。管道中隐藏的依赖关系可能会影响多个应用程序。当使用AI作为系统的一个组成部分时，需要研究开发理论、工程原理和最佳实践，应该包括威胁建模、安全工具、领域漏洞和保护人机团队。这些模型需要支持攻击和改进的迭代抽象，并考虑数据的可用性和完整性、访问控制、网络编排和操作、竞争利益的解决、隐私和动态策略环境。

为了使AI系统更值得信赖，工程原则应基于科学、社区经验和包括冗余(如集成)、监督(如执行器检查器)和其他框架。了解条件、威胁、领域和约束是必要的，但也是次要的目标。

一旦了解了整个系统的AI漏洞，传统的网络安全和稳健的系统设计可以减少影响；允许内置更多冗余和多样性；开发健壮的系统架构以承受AI组件的故障和攻击；探索特定领域的对策、界限和安全默认值。

正如AI系统需要创新的网络安全工具和方法来提高其可信度和弹性一样，网络安全可以使用AI强化意识和实时反应，并提高其整体有效性。这包括面对持续攻击的自我适应和调整，这些攻击改变了当前攻击者对防御者的不对称。识别对手弱点的策略，使用观察方法和收集经验教训，同时使用AI对各种攻击进行分类，并告知大规模的适应性反应(如快速发现不一致并知道如何修复它们)。据了解，一个小型的网络防御专家团队可以有效地保护数千人使用的网络。AI 的使用可以扩展相同级别的系统保护，使其无处不在，还可以提供解决服务质量约束和系统行为退化等方面所需的领域知识。

1.6.4 增强系统的可信度

AI 技术可以捕获和处理系统产生的大量数据。反过来，这种能力也推动 AI 系统创新和发展所需的训练数据。基于 AI 的推理与网络安全事项相一致可以使完全自动化和人在循环系统更加值得信赖，能够有效创建和部署更可靠的软件系统和身份管理。并研究利用 AI 来检测程序中的错误、检查最佳实践、识别安全漏洞，使得软件工程师更容易设计系统安全性。

AI 技术可以帮助经验不足的开发人员和分析人员理解大型、复杂的软件系统，并针对代码安全性和健壮性提出建议。AI 还可以协助安全部署和操作软件系统。一旦开发出代码，AI 就可以用于检测低级攻击向量，检查域和应用程序配置或逻辑错误，为安全系统操作提供最佳实践，并监控网络。开源软件开发为基于 AI 的安全性改进提供了一个独特的、高影响力的机会，因为它被商业和政府组织广泛使用。然而，由于其公共性质，开源很容易受到基于 AI 的对手的恶意行为攻击。

另一个有前途的 AI 应用领域是身份管理和访问控制。攻击者可以通过窃取授权令牌来破坏许多技术。基于 AI 的系统可以使用基于交互历史和预期行为的方法，这种方法也是轻量级、透明且难以规避的。对于生物识别认证系统，AI 可以提高其准确性并减少威胁。然而，AI 对行为模式的监控可能会导致隐私侵犯。因此，需要进一步研究考虑道德和技术方面的方法，以及对滥用 AI 辅助身份管理的可能性。

1.6.5 自主和半自主的网络安全

与其他成功的 AI 应用（如垃圾邮件过滤）不同，AI 很可能在网络防御场景中被攻击者和防御者同时使用。传统策略（如消除漏洞或增加攻击）的成本随着 AI 的加入而改变。自主和半自主系统都需要为最坏的情况做计划，并预测、响应和分析潜在和实际的威胁事件。受基于 AI 的决策影响的利益相关者有很多，包括数据所有者、服务提供商和系统操作员。如何向利益相关者咨询和告知自主操作，以及如何授权和约束决策是需要着重考虑的因素。

网络防御者可能会在几个层面面临自主攻击：在稳定的网络环境中，攻击可以使用经典的确定性规划；在环境不确定的情况下，攻击可能涉及不确定性下的规划；当对环境知之甚少时，攻击者可以使用 AI 来获取信息，学习如何攻击，执行侦测，并制定策略，对象包括受害者网络或系统的模型（AI 支持的程序综合）和网络安全产品。

需要一定的方法和技术使部署的系统对自主分析和攻击有抵抗力，包括自动隔离（如行为限制）、防御敏捷性（如使用模拟和更新来加强防御）以及特定任务的策略（如使用领域专家对攻击和反应进行分类）。任务驱动的 AI 系统必须始终将组织领导者的意图纳入任何与安全有关的决策（如对系统的访问和操作）。一个关键的研究问题是如何表达领导者的意图。AI 技术可以将任务简报或行动命令转化为自主决策系统能处理的内容(例如,休眠的攻击者可能会被搁置,因为根除攻击者可能比攻击更具破坏性)。

AI还可以支持安全工程中涉及的任务规划和执行。AI可用于确定对任务成功至关重要的网络资产,并认识到这些资产可随着任务目的或目标的变化而变化。它可以帮助识别和优先考虑数据、计算、信息分类和其他安全因素的相关方面,包括AI本身的不断适应。

1.6.6 自主网络防御

随着对手利用AI来识别脆弱的系统,扩大攻击点,协调资源,并进行大规模的攻击,防御者需要做出相应的反应。目前的做法往往集中在对单个漏洞的检测上,但复杂的攻击在最终目标被破坏之前可能涉及多个阶段。因此,需要一个自上而下的战略观点,揭示攻击者的目标和当前状态,并帮助协调、集中和管理可用的防御资源。

任何一个单独的事件都应该被检测到,但在网络被关闭之前进行干预的能力需要一个自上而下的战略方法。该战略将包括:识别对手的目标和战略,智能自适应部署传感器,主动防御和在线风险分析,AI协调,以及基于AI的可信赖的防御。

AI规划技术可以生成攻击计划和一个由目标、子目标和行动组成的网络,从而披露攻击者的战略。每一次攻击都会有一个计划识别器,接收传感器数据,预测事件,并做出防御性响应。AI通过搜索启发式训练获得一个单一的最佳计划,然而一套完整的攻击计划也是必需的。管理计划生成是一项重大挑战,需要采取一定的方法,例如,使用蒙特卡洛技术来生成有代表性的攻击计划子集,交错进行计划生成和计划识别,有效代表攻击者的战略和战术。其他考虑因素包括有效存储和维护假设和启发式方法,以及整合智能和自适应传感器/探测器,以帮助建立自上而下的计划识别过程。

对配电场景使用自上而下的战略方法,意味着在攻击仍处于早期阶段时就会产生一个计划,并允许防御者采取行动防止关闭。这些防御行动可能是昂贵的(如关闭某些提供有用服务的机器)或不方便的(如提高防火墙的保护级别),因此需要进行成本效益评估。因为事件对时间极其敏感,所以推理需要自动化(存在监督者)。ML和AI系统能提高单个网络安全工具的性能,多个工具之间的协调和统筹变得越来越重要。成功的执行可能需要不同的目标、网络安全工具以及行为意图的系统进行相互作用。

1.6.7 用于安全的预测分析

网络安全将受益于处理信息(内部和外部)以评估成功攻击可能性的预测分析。最初的工作是通过使用数据流(如暗网流量)或网络相关活动的分布式日志,开发出在攻击生命周期早期识别对抗性操作的技术。工作还包括识别将网络和人类领域联系在一起的数据集之间的模式和联系,利用先验知识(如来自分类来源)来增强、发现、跟踪新的活动。需要进一步的研究来揭示对手的意图、能力和人类操作员的动机,特别是当系统的防御被跟踪时。除了检测成功或失败因素之外,有关攻击的信息还可以帮助提供新的见解和提高弹性。

获得预测分析所需的"干净"、有标签的真实数据是一项挑战。可以降低"标记"阈值以利用较小的数据集、捕获和使用有害的弹性数据,利用非常规数据流识别新的网络攻击预警信号或者使合成训练数据更加真实。

当使用不同的数据集和AI分析来监控、跟踪和反击网络攻击时，错误标记可能导致错误归因甚至附带损害。因此，对网络攻击的AI分析可能比其他智能问题需要更高的验证标准，如多模态分析、交叉验证、识别数据集中的风险、潜在缺陷或差距。

AI分析还可以提供新的见解，帮助减少操作员的错误，为结果提供更多信心，帮助大型系统适应时间的推移。这种分析可能会考虑系统的内部状态、如何定期应用补丁、存在哪些安全控制（包括人工操作）以及态势感知的级别。分析将提供描述和优先考虑对手的目标、威胁级别和成功可能性的场景，并包括预测的基本原理和识别可利用的弱点。

1.6.8 博弈论的应用

对博弈论模型已经有了大量的研究，这些模型可以用来理解攻击计划和推理潜在的防御措施。但是，由于对手的行动仍然不容易被观察到，而且信息不完备，所以需要更多的研究。在网络安全环境中，由于对手的行动（如新的攻击工具或能力）、不断变化的游戏环境、具有不同动机的玩家或非理性的玩家，"游戏"可以迅速改变。此外，均衡的概念可能没有意义，需要推导出优化的概念，以便将非合作博弈理论应用于网络安全。

非合作博弈理论模型适合于模拟许多不同的网络安全场景，然而在某些情况下不同的参与者（如联盟伙伴）需要合作以实现对抗对手的目的。在一些网络中，将资产集合视为联盟可能是有意义的，或者考虑多个AI系统的合作协调（如不同的互联网服务提供商之间）和AI专家团队。

需要对合作和非合作环境中的不确定性规划进行额外的研究。不确定性规划也应该解决在人机合作的背景下如何纳入多模态信息以获得更有效的决策支持。博弈论模型必须假设某些攻击者的能力和动机。通过分析与攻击者工具有关的数据，AI可以提供包括能力和激励的对抗性模型。使用AI工具的概率建模可以帮助评估系统的安全性，即防御措施在多大程度上可以保护系统免受特定的威胁。

博弈论模型具有双重用途，即可用于网络进攻或防御。需研究和模拟面向不确定性、平衡非优化、攻击者行动可见性差、博弈行动空间和条件假设多变的进攻或防御场景的博弈论模型。

1.6.9 安全人机接口协调

随着威胁变得越来越复杂和严重，不仅AI网络安全系统之间的协调很重要，而且人机之间的协调和信任也变得至关重要。在不考虑系统级目标的情况下，单个系统组件可以在最大化自己的目标运行时出现问题。攻击者可以诱导系统模块以局部最优但全局病态的方式运行。此外，当信息可能被误导、错误归因或操纵时，需要利用和协调人类-AI能力和观点来获得良好的决策。人机合作、人类-系统之间建立信任以及提供决策协助是需要考虑的三个重要研究领域。

人机合作的设计需要让人类能够理解、信任和解释结果。必须训练为用户提供目标、反馈和格式良好的相关数据，并了解它们在决策过程中的位置。需要研究如何将人类纳入其中，以最大限度地改善结果、减少延迟和负面后果。AI 通常被用来自动关闭可疑活动，为人类做出决策留出时间。当 AI 应用于关键系统（如电网）时，即使短暂的关闭也可能造成极其广泛且具有破坏性或危险性的影响。有效的解决方案是减缓 AI 系统的速度以适应人类的循环。虽然这将降低灵活性，但可以允许人类干预和更换系统故障组件。

在多样化的人类-AI 系统环境中，必须以减少人为错误、提高安全性和提供问责制为目标来管理交互。采用和使用 AI 系统的利益相关者必须理解并信任其运作。适当程度的信任要求人类能够识别系统的状态并预测其在各种情况下的行为；过度信任可能导致不愿否决行为不当的系统；缺乏信任可能导致放弃原本有效的系统。

1.7 本章小结

本章主要介绍信息安全相关概念、安全属性、发展阶段、安全事件因素，分析安全攻击环节、信息安全研究所涉及的相关内容，并介绍信息安全相关的法律法规、常用标准和 AI＋网络安全，为开展具体安全服务和工作奠定基础。

习　题

1-1　攻击一般有哪几个步骤？

1-2　传统病毒和木马、蠕虫各有哪些特点与区别？

1-3　目标信息收集是黑客攻击首先要做的工作，可以通过哪些方法收集信息？

1-4　为什么远程计算机的操作系统可以被识别？

1-5　结合网络环境或现实的攻击实例，阐述攻击者使用的网络攻击的方法。

1-6　被动安全威胁与主动安全威胁有何区别？

1-7　举例说明 AI 在用户接入认证、网络态势感知、危险行为监控、异常流量识别等方面的应用。

第2章 数论基础

视频讲解

群、环和域都是数学理论中的一个分支，即抽象代数（或称为近世代数）的基本元素在抽象代数中，其元素能进行代数运算的集合。也就是说，可以通过很多种方法使集合上的两个元素运算后得到集合中的第三个元素。这些运算方法都遵守特殊的规则，而这些规则又能确定集合的性质。根据约定，集合中元素的两种主要运算符号与普通数字的加法和乘法所使用的符号是相同的。域是更大的一类代数结构——环的子集，而环又是更大的一类代数结构——群的子集。事实上，群和环都有很大的不同。群被定义为拥有一些简单性质的集合，而且易于理解。而接下来的子集（交换群、环、群交换环等）都增加了一些额外的性质，变得越来越复杂。在现代密码体制中，构建、分析和攻击这些密码体制都需要用到数学理论，如数论、有限域、群论等，其中数论是应用最广泛的数学理论。

2.1 基本概念

2.1.1 映射与等价关系

定义 2.1 设 M、M' 是两个非空集合，σ 是一个对应法则，通过这个法则，M 中的每个元素 a 都有 M' 中唯一确定的元素 a' 相对应，σ 称为 M 到 M' 的映射，记作 $\sigma: M \to M'$，$a \mapsto a' = \sigma(a)$，a' 称为 a 在映射 σ 下的像，a 称为 a' 在映射 σ 下的原像。

定义 2.2 设有映射 $\sigma: M \to M'$，若 $\forall a' \in M'$，$\exists a \in M$，使 $a' = \sigma(a)$，则 σ 称为 M 到 M' 的一个满射；若 $\forall a_1, a_2 \in M$，只要 $\sigma(a_1) = \sigma(a_2)$，就有 $a_1 = a_2$，则 σ 称为 M 到 M' 的一个单射；若 σ 既是单射又是满射，则 σ 称为双射。

定义 2.3 设 A 是一个非空集合，$D = \{$对，错$\}$，则 $A \times A = \{(a,b) \mid a,b \in A\}$ 到 D 的映射 R 称为 A 的元素间的一个关系。若 $R: (a,b) \mapsto$ 对，则称 a 与 b 符合关系 R，记为 aRb；若 $R: (a,b) \mapsto$ 错，则称 a 与 b 不符合关系 R。

定义 2.4 设 R 是 A 的元素间的一个关系，如果 R 满足：

(1) 自反性：$\forall a \in A, aRa$。

(2) 对称性：若 aRb，则 bRa。

(3) 传递性：$aRb, bRc \Rightarrow aRc$。

则 R 称为 A 的一个等价关系。

设 $n \in \mathbf{Z}^+$，$K = \{kn \mid k \in \mathbf{Z}\}$，$\forall a, b \in \mathbf{Z}$，规定 $aRb \Leftrightarrow a - b \in K$，则 R 是 $\mathbf{Z}$ 的元素间的一个等价关系，不难证明，这个关系就是整数间关于模 n 的同余关系。

定义 2.5 设 A 是一个集合，把 A 划分成若干子集 A_i，每个子集称为一个类，使得 A 的每个元素属于一个类且只属于一个类，则这个划分称为 A 的一个分类。

设 $n \in \mathbf{Z}^+$，$n \geqslant 2$，取 $[0] = \{kn \mid k \in \mathbf{Z}\}$，$[1] = \{kn+1 \mid k \in \mathbf{Z}\}$，…，$[n-1] = \{kn+n-1 \mid k \in \mathbf{Z}\}$，则 $\{[0],[1],\cdots,[n-1]\}$ 是模 n 的剩余类，记作 Z_n，即 $Z_n = \{[0],[1],\cdots,[n-1]\}$，因为每个整数属于且只属于一个类，所以 Z_n 是 $\mathbf{Z}$ 的一个分类。

定理 2.1 集合 A 的每个分类决定 A 的一个等价关系。

证明：设 $A = \bigcup A_i$ 是一个分类，规定 A 的一个关系 $a \sim b \Leftrightarrow a$ 与 b 在同一类，显然“$\sim$”是 A 的一个关系，再证明“$\sim$”是等价关系。

(1) 自反性：$\forall a \in A$，则有某个 A_i，使得 $a \in A_i$，a 与 a 在同一类，$a \sim a$。

(2) 对称性：$\forall a, b \in A$，若 $a \sim b$，则 a、b 在同一类 A_i 中，当然 b、a 在同一类 A_i 中，因此有 $b \sim a$。

(3) 传递性：$\forall a, b, c \in A$，若 $a \sim b$，$b \sim c$，知有某个 A_i，a、b 在同一类 A_i 中，b、c 在同一类 A_i 中，故 a、c 也在同一类 A_i 中，所以 $a \sim c$。

定理 2.2 集合 A 的任一个等价关系都可确定 A 的一个分类。

证明：$\forall a \in A$，令 $[a] = \{x \in A \mid x \sim a\}$，由 $a \sim a \Rightarrow a \in [a]$，即 A 的每个元素 a 都属于一类。

若 $a \in [b] \cap [c] \Rightarrow a \sim b, a \sim c$，由"$\sim$"的对称性和传递性知，$b \sim c \Rightarrow b \in [c] \Rightarrow [b] \subseteq [c]$；同理，$[c] \subseteq [b]$，所以 $[b] = [c]$，即 A 的每个元素只能属于一个类。

2.1.2 同余式

定义 2.6 设 m 是一个正整数，$f(x)$ 为多项式，且有

$$f(x) = a_n x^n + \cdots + a_1 x + a_0$$

其中，a_i 是整数，则 $f(x) \equiv 0 \pmod m$，称为模 m 同余式。若 $a^n \not\equiv 0 \pmod m$，则 n 称为 $f(x)$ 的次数，记为 degf，称为模 m 的 n 次同余式。若整数 a 使得 $f(a) \equiv 0 \pmod m$ 成立，则 a 称为同余式的解。事实上，满足 $x \equiv a \pmod m$ 的所有整数都使得该同余式成立。

定理 2.3 一次同余方程 $ax \equiv b \pmod m$ 有解的充要条件是 $(a, m) \mid b$，且当其有解时，其解数为 (a, m)。设 m 是一个正整数，a 是满足 $(a, m) \mid b$ 的整数，则一次同余式 $\equiv a \pmod m$ 的全部解为

$$x \equiv \left(\left(\frac{a}{(a, m)}\right)^{-1} \left(\bmod \frac{m}{(a, m)}\right)\right) \frac{b}{(a, m)} + t \frac{m}{(a, m)} \pmod m, t = 0, 1, \cdots, (a, m) - 1$$

二次同余式的一般形式为

$$ax^2 + bx + c \equiv 0 \pmod m$$

其中，$a \not\equiv 0 \pmod m$。因为正整数 m 有素因子分解式 $m = p_1^{\alpha_1} p_2^{\alpha_2} \cdots p_k^{\alpha_k}$，所以二次同余式等价于同余式组

$$\begin{cases} ax^2 + bx + c \equiv 0 \pmod{p_1^{\alpha_1}} \\ \cdots \\ ax^2 + bx + c \equiv 0 \pmod{p_k^{\alpha_k}} \end{cases}$$

因此，只需要讨论模为素数幂 p^α 的同余式

$$ax^2 + bx + c \equiv 0 \pmod{p^\alpha}, \quad p \nmid a$$

通过配方，可以进一步写为

$$(2ax + b)^2 \equiv b^2 - 4ac \pmod{p^\alpha}$$

令 $y = 2ax + b$，有 $y^2 \equiv b^2 - 4ac \pmod{p^\alpha}$。因此，重点关注如下形式的二次同余式：

$$x^2 \equiv a \pmod{p^\alpha}$$

定义 2.7　设 m 为正整数,若同余式

$$x^2 \equiv a(\bmod m), \quad (a,m)=1$$

有解,则 a 称为模 m 的平方剩余(也称为二次剩余),否则 a 称为模 m 的平方非剩余(二次非剩余)。

2.1.3　整除

定义 2.8　设 a、b、m 均为整数,若存在某个 m 使得 $a=mb$ 成立,则称非零数 b 整除 a。换言之,若 b 除 a 没有余数,则认为 b 整除 a。b 整除 a 通常用 $b|a$ 来表示。同时,若 $b|a$,则称 b 是 a 的一个因子。将需要用到一些简单的整数整除的性质,如下所示。

设 a、b、c 是整数,则有:

(1) 若 $b|a$ 且 $a|b$,则 $b=a$ 或 $b=-a$。

(2) 若 $a|b$ 且 $b|c$,则 $a|c$。

(3) 若 $c|a$ 且 $c|b$,则 $c|ua+vb$,其中 u、v 是整数。

(4) 如果 $c|a_1,\cdots,c|a_k$,则对任意整数 $u_1,\cdots,u_k$ 有 $c|(u_1a_1+\cdots+u_ka_k)$。

(5) 0 是任何非零整数的倍数。

(6) ± 1 是任何整数的因子。

(7) 任何非零整数 a 是其自身的倍数。

2.1.4　带余除法

定义 2.9　欧几里得(Euclid)除法,也称带余除法。对给定的任意一个正整数 b 和任意非负整数 a,若用 b 除 a,得到整数商 q 和整数余数 r,则满足以下关系式:

$$a=bq+r, \quad 0 \leqslant r < |b|$$

显然当 $r=0$ 时,$b|a$。在带余数除法中,要求余数 r 必须大于或等于 0 且小于 b 的绝对值。q 称为 a 被 b 除所得的不完全商。如果没有这个条件,对任意的整数 k,$a=b(q-k)+(r+kb)$ 总是成立,带余除法的表示就不唯一,即能得到不同的 q 和 r。

欧几里得除法可以理解成用一个长度为 b 的“尺子”去度量长度 a,度量最后剩下的一段 r 不会大于“尺子”的长度 b。欧几里得除法可以将两个数之间整除关系的判定问题转化为计算问题。判断 a 是否能被非零整数 b 整除的充要条件是 a 被 b 除所得的余数 $r=0$。

通常,$0 \leqslant r < b$,这时 r 称为最小非负余数。但是,在有些时候通过“平移”(调整不完全商的大小)可以将 r 调整为 $|r| \leqslant b/2$,这时 r 称为绝对值最小余数,能起到算法加速的作用。

2.1.5　最大公因子

定义 2.10　对于整数 a、b、m,若满足 $a=mb$,则称非零整数 b 是 a 的一个因子。可以用 $\gcd(a,b)$来表示 a 的最大公因子。a 和 b 的最大公因子是能同时整除 a 和 b 的最大整数。另外,定义 $\gcd(0,0)=0$。

(1) 设 a、b 是两个整数,若整数 $c|a$ 且 $c|b$,则 c 称为 a、b 的公因子。

(2) 设 $c>0$ 是两个不全为零的整数 a、b 的公因子,若 a、b 的任何公因子都整除 c,则 c 称为 a、b 的最大公因子,记为 $c=(a,b)$,或者 $c=\gcd(a,b)$。a、b 的任何公因子都整除 c,那么 c 的绝对值是公因子里面最大的,又要求 $c>0$,所以 c 一定是 a、b 的公因子中最大的一个且唯一。

根据最大公因子的定义可得到如下的结论:

(1) $(a,b)=(-a,b)=(a,-b)=(-a,-b)$。

(2) $(0,a)=|a|$。

已知整数 a、b,求它们的最大公因子,最直观,也是最简单的方法是通过对它们分解再找公因子和最大公因子。

在求解最大公因子时,若整数和其因子很大,则没有好的方法对整数进行分解(分解一个非常大的整数是很困难的),因此需要采用一种比较高效的方法——欧几里得除法(又称辗转相除法)。由于整数的正、负性不影响它们的因子和公因子,也就不影响两个整数的最大公因子,因此在使用欧几里得除法时只考虑计算两个正整数的最大公因子。

欧几里得算法是数论中的最基本的一个技巧,它可以简单地求出两个正整数的最大公因子。首先需要一个简单的定义:两个整数是互素的,当且仅当它们只有一个正整数公因子 1。

已知正整数 a、b,记 $r_0=a$,$r_1=b$,且有

$$
\begin{aligned}
& r_0=q_1r_1+r_2, \quad 0\leqslant r_2<r_1=b \\
& r_1=q_2r_2+r_3, \quad 0\leqslant r_3<r_2 \\
& \cdots \\
& r_{n-2}=q_{n-1}r_{n-1}+r_n, \quad 0\leqslant r_n<r_{n-1} \\
& r_{n-1}=q_nr_n \\
& r_n=(a,b)
\end{aligned}
$$

可以得出:

(1) r_n 可以整除 $r_{n-1},r_{n-2},\cdots,r_2,r_1,r_0$,所以 r_n 是 a、b 的公因子。

(2) 若 d 整除 r_0、r_1,则 d 整除 $r_2,r_3,\cdots,r_{n-2},r_{n-1},r_n$。故 r_n 是(a,b)的最大公因子。

2.1.6 素数

定义 2.11 如果正整数 $p>1$ 只能被 1 和它本身整除,则该数为素数(也称为质数);否则,称为合数。

100 以内的素数有 25 个,分别是 2、3、5、7、11、13、17、19、23、29、31、37、41、43、47、53、59、61、67、71、73、79、83、89 和 97。

定理 2.4 任何大于 1 的整数 a 都可以分解成素数幂之积,且唯一。

$$a=p_1^{a_1}\times p_2^{a_2}\times\cdots\times p_t^{a_t}$$

其中，p_i 为素数；a_i 为正整数。

上式也可以表示为

$$a=\prod_{p} p^{a_p}(a_p \geqslant 0)$$

即 a 是所有素数的乘积。当然，大多数的 a_p 都为 0。这样表述的优点是两个数的乘法等于对应素数指数的加法。例如，$6=2\times3$，$18=2\times3^2$，则 $6\times18=2^2\times3^3$。对于 $a|b$，它们的素数因子关系为 $a|b\rightarrow a_p<b_p$（对每一项的素数都如此）。

定理 2.5 素数有无穷多个。

证明：用反证法。

假设素数是有限个，设为 $p_1,p_2,\cdots,p_k$。令 $M=p_1p_2\cdots p_k+1$。设 p 是 M 的一个素因子，则 $p|M$，而 p 在 $p_1,p_2,\cdots,p_k$ 中，则 $p|p_1p_2\cdots p_k$，于是 $p|(M-p_1p_2\cdots p_k)$，而 $(M-p_1p_2\cdots p_k)=1$，因为 $p>1$，这显然是不可能的，得证。

素数在密码学中具有重要的作用，在非对称密码体制中经常用到很大的素数。2008 年 9 月，德国学者发现的素数为 1300 万位的整数，用 5 号铅字将其印刷，它的长度将达到 30mile(1mile=1.6091cm)。

定义 2.12 设 a、b 是两个不全为 0 的整数，如果 $(a,b)=1$，则 a、b 称互素。

推论：a、b 互素的充分必要条件是存在 u、v，使 $ua+vb=1$。

证明：必要条件是定理的特例，只需证明充分条件。若存在 u、v，使 $ua+vb=1$，则由 $(a,b)|(ua+vb)$ 可得 $(a,b)|1$，所以 $(a,b)=1$。

推论：当 a 是任意大于 1 的整数，则 a 的除 1 外最小正因子 q 是一素数，并且当 a 是一合数时 $q\leqslant\sqrt{a}$，即为埃拉托斯特尼(Eratosthenes)筛法。

证明：由算术基本定理，该定理的前一点是显然的。当 a 是一合数时，可设 $a=a|q$，其中 $a_1\geqslant q$，则 $a=a_1q\geqslant q^2$，得 $q\leqslant\sqrt{a}$。

互素有如下性质：

(1) 若 $c|ab$ 且 $(c,a)=1$，则 $c|b$；

(2) 若 $a|c$，$b|c$，且 $(a,b)=1$，则 $ab|c$；

(3) 若 $(a,c)=1$，$(b,c)=1$，则 $(ab,c)=1$。

2.2 费马定理和欧拉定理 

2.2.1 费马定理

定理 2.6 （费马定理 1）若 p 是素数，且 p 不能被 a 整除，则 $a^{p-1}\equiv1\bmod p$。例如，$a=5$，$p=11$。

$$\begin{aligned}a^{p-1}\bmod p&=5^{10}\bmod 11=(5^3\times5^3\times5^3\times5)\bmod 11\\&=(64\times5)\bmod 11\\&=45\bmod 11\\&=1\end{aligned}$$

定理 2.7 （费马定理 2）若 p 是素数，a 是正整数，且 $\gcd(a,p)=1$，则 $a^p \equiv a \bmod p$。

例如，$a=2$，$p=5$。

$a^p \bmod p = 2^5 \bmod 5 = 32 \bmod 5 = 2$

2.2.2 欧拉定理

欧拉定理对于任何互素的两个整数 a 和 n 有 $a^{\varphi(m)} \equiv 1 \bmod m$。

定义 2.13 当 $m>1$ 时，欧拉函数 $\varphi(m)$ 表示比 m 小，且与 m 互素的正整数个数。

例如，$m=12$，比 12 小且与 12 互素的正整数为 1、5、7、11，所以 $\varphi(12)=4$。欧拉函数具有如下性质。

(1) 当 m 是素数时，$\varphi(m)=m-1$，即比 m 小的所有正整数个数，如 $\varphi(11)=10$。

(2) 当 $m=pq$，且 p、$q(p\neq q)$ 均为素数时，$\varphi(m)=\varphi(p)\varphi(q)=(p-1)(q-1)$。

(3) 当 $m=p^2$，且 p 为素数时，$\varphi(m)=p(p-1)$。

$m=pq$，比 m 小的正整数的集合 $\mathbf{Z}=\{1,2,\cdots,pq-1\}$。在集合 $\mathbf{Z}$ 中，与 m 不互素的数为 p 的倍数和 q 的倍数。p 的倍数的集合为 $\{p,2p,\cdots,(q-1)p\}$，共 $q-1$ 个数。q 的倍数的集合为 $\{q,2q,\cdots,(p-1)q\}$，共 $p-1$ 个数。所以，$\varphi(m)=(pq-1)-(q-1)-(p-1)=(p-1)\times(q-1)=\varphi(p)\varphi(q)$。例如，$m=15=3\times5$，$\varphi(m)=2\times4=8$。比 15 小且与 15 互素的正整数为 1、2、4、7、8、11、13、14，所以 $\varphi(15)=8$。

2.3 模运算

2.3.1 模

几乎所有的加密算法都基于有限个元素的运算。而人们习惯的绝大多数数集都是无穷的，如自然数集或实数集。模运算是在有限整数集中执行算术运算的简单方法。例如，时钟的时针，如果时间不停增加，将得到以下结果：1 点，2 点，3 点，…，11 点，12 点，13 点，14 点，15 点，…，23 点，24 点，1 点，2 点，3 点，…不管时间怎么增加，它的值都不会离开这个集合。下面将介绍在这样一个有限集内进行运算的一般方法。考虑拥有 9 个数字的集合 $\{0,1,2,3,4,5,6,7,8\}$，只要结果小于 9，就可以正常地执行算术运算，比如：

$$2\times3=6$$

$$4+4=8$$

但是，8+4 怎么办？下面将尝试以下规则：正常地执行整数算术运算，并将得到的结果除以 9。人们感兴趣的只有余数，而不是原来的结果。由于 8+4=12，12 除以 9 的余数是 3，可以写为

$$8+4\equiv3 \bmod 9$$

定义 2.14 假设 $a,r,m\in\mathbf{Z}$（$\mathbf{Z}$ 是所有整数的集合），并且 $m>0$。如果 m 除 $a-r$，可记为 $a\equiv r \bmod m$，其中，m 为模数，r 为余数。这个定义超越了非正式的规则，即"除以模数，考虑余数"。

下面讨论其推理过程。总可以找到一个 $a \in \mathbf{Z}$,使得

$$a = qm + r, \quad 0 \leqslant r < m$$

由于 $a - r = qm$(m 除 $a - r$),上述表达式可写为 $a \equiv r \bmod m$($r \in \{0,1,2,\cdots,m-1\}$)。假设 $a = 42, m = 9$,则 $42 = 4.9 + 6$,因此 $42 = 6 \bmod 9$。

考虑一个问题:对每个给定的模数 m 和整数 a,可能同时存在无限多个有效的数。下面来看一个例子。

考虑 $a = 12, m = 9$ 的情形。根据前面的定义,以下几个结果都是正确的。

(1) $12 \equiv 3 \bmod 9$,3 是一个有效的余数,因为 $9 \mid (12-3)$。

(2) $12 \equiv 21 \bmod 9$,21 是一个有效的余数,因为 $9 \mid (21-3)$。

(3) $12 \equiv -6 \bmod 9$,-6 是一个有效的余数,因为 $9 \mid (-6-3)$。

其中 $x \mid y$ 代表 x 除 y。

整数集 $\{\cdots,-24,-15,-6,3,12,21,30,\cdots\}$ 构成了一个等价类。模数 9 还存在另外 8 个等价类:

$$\{\cdots,-27,-18,-9,0,9,18,27,\cdots\}$$

$$\{\cdots,-26,-17,-8,1,10,19,28,\cdots\}$$

$$\vdots$$

$$\{\cdots,-19,-10,-1,8,17,26,35,\cdots\}$$

对于一个给定模数 m,选择等价类中任何一个元素用于计算的结果都是一样的。等价类的这个特性具有很大的实际意义。在固定模数的计算中,可以选择等价类中最易于计算的一个元素。

许多实际公钥方案的核心操作就是 $x^e \bmod m$ 形式的指数运算,其中 x、e 和 m 都是非常大的整数,如长度为 2048 位。假设计算 $3^8 \bmod 7$:

$$3^8 = 6561 \equiv 2 \bmod 7$$

因为,$6561 = 937 \times 7 + 2$。

尽管已经知道最后的结果不会大于 6,但还是会得到相当大的中间结果 6561。

下面的方法更巧妙:首先执行两个部分指数运算:

$$3^8 = 3^4 \times 3^4 = 81 \times 81$$

然后将中间结果 81 替换为同一等价类中的其他元素。在模数 7 的等价类中,最小的正元素是 4(由于 $81 = 11 \times 7 + 4$),因此有

$$3^8 = 81 \times 81 \equiv 4 \times 4 = 16 \bmod 7$$

最后结果为 $16 \equiv 2 \bmod 7$。上述这种方法的计算所涉及的所有数字都不会大于 81。计算 6561 除以 7 就已经具有一定的挑战性。因此,应该尽早使用模约简,使计算的数值尽可能小,才具有计算优势。当然,不管在等价类中怎么切换,任何模数计算的最终结果都是相同的。

2.3.2 同余性质

同余具有如下性质。

(1) 若 $n|(a-b)$,则 $a\equiv b(\bmod n)$。

(2) 若 $a\equiv b(\bmod n)$,则有 $b\equiv a(\bmod n)$。

(3) 若 $a\equiv b(\bmod n)$,$b\equiv c(\bmod n)$,则有 $a\equiv c(\bmod n)$。

证明性质(1):若 $n|(a-b)$,则存在某个 k 使得 $(a-b)=kn$。于是,可知 $a=b+kn$。因此 $(a \bmod n)=(b+kn$ 除以 n 的余数$)=(b$ 除以 n 的余数$)=(b \bmod n)$。性质(2)和性质(3)同样可以很容易地证明。

2.3.3 模算术运算

运算符$(\bmod n)$将所有整数映射到集合$\{0,1,\cdots,(n-1)\}$中,于是出现了一个问题,即能否限制在这个集合上进行算术运算?可以采用模算术进行运算。

模算术具有如下性质。

(1) $[(a \bmod n)+(b \bmod n)]\bmod n=(a+b)\bmod n$。

(2) $[(a \bmod n)-(b \bmod n)]\bmod n=(a-b)\bmod n$。

(3) $[(a \bmod n)\times(b \bmod n)]\bmod n=(a\times b)\bmod n$。

证明性质(1):令$(a \bmod n)=r_a$,$(b \bmod n)=r_b$,于是,存在整数 j、k 使得 $a=r_a+jn$,$b=r_b+kn$。则有

$$\begin{aligned}(a+b)\bmod n&=(r_a+jn+r_b+kn)\bmod n\\&=(r_a+r_b+(k+j)n)\bmod n\\&=(r_a+r_b)\bmod n\\&=[(a \bmod n)+(b \bmod n)]\bmod n\end{aligned}$$

性质(2)和性质(3)同样可以很容易地证明。

2.3.4 模运算性质

定义 2.15 比 n 小的非负整数集合为

$$Z_n=\{0,1,\cdots,(n-1)\}$$

这个集合称为剩余类集,或模 n 的剩余类。更准确地说,Z_n 中的每个整数都代表一个剩余类,可以将模 n 的剩余类表示为[0],[1],[2],…,$[n-1]$,其中

$$[r]=\{a: a\text{ 是一个整数},a\equiv r(\bmod n)\}$$

在剩余类的所有整数中,通常用最小非负整数代表这个剩余类。寻找与 k 是模 n 同余的最小非负整数的过程称为模 n 的 k 约化。模运算有一个区别于普通运算的特性:如普通算术中的运算一样,若

$$(a+b)\equiv(a+c)(\bmod n)$$

则 $b\equiv c(\bmod n)$。

例如,$(5+23)\equiv(5+7)(\bmod 8)$;$23\equiv 7(\bmod 8)$。

2.3.5 模逆元

在密码学中经常用到模逆元。

定义 2.16　模逆元是指寻找一个最小正整数 x，使 $ax\equiv 1 \bmod n$，其中 a、n 都为正整数，且 a 与 n 互素，x 称为 a 的模 n 逆元，记为 $x=a^{-1}\bmod n$。如果 a 与 n 不互素，那么不存在 x，使 $ax\equiv 1 \bmod n$。模逆元的计算可以通过扩展欧几里得算法实现。

扩展欧几里得算法步骤如下。

(1) $(X_1,X_2,X_3)(1,0,n)$；$(Y_1,Y_2,Y_3)(0,1,a)$。

(2) 若 $Y_3=0$，则返回 $X_3=\gcd(a,n)$；无逆元。

(3) 若 $Y_3=1$，则返回 $Y_3=\gcd(a,n)$；$Y_2=a^{-1}\bmod n$。

(4) $Q=\lfloor X_3 | Y_3 \rfloor$（除数，并往下取整）。

(5) $(T_1,T_2,T_3)(X_1-QY_1,X_2-QY_2,X_3-QY_3)$。

(6) $(X_1,X_2,X_3)(Y_1,Y_2,Y_3)$。

(7) $(Y_1,Y_2,Y_3)(T_1,T_2,T_3)$。

(8) 返回到步骤(2)。

若有逆元，则 Y_2 为逆元，$Y_3=\gcd(a,n)$ 是 a 和 n 的最大公约数。

2.4 群

在集合论中有整数、实数和复数这些集合，以及它们和其子集的交、并、补等集合的运算，这些运算的结果还是集合。比如，两个整数的子集的交集还是整数的子集合，两个复数的子集的并集还是复数的子集合。当然，也涉及抽象集合的交、并、补等运算。只是当时没有从代数运算的角度来思考这个问题。同样，整数集合、实数集合和复数集合里面的元素是有二元运算的，就是通常意义的加、减、乘、除运算，而且对于不同的集合而言，虽然针对不同的运算它们的性质可能存在一些差异，但是也有相同之处。比如，整数集、实数集和复数集中的加法都满足结合律和交换率等，可以通过这些共性来研究它们的性质。因此，需要考虑抽象的集合，并且考虑它们元素的运算也是抽象的，这样具体的集合和运算只是一些实例。

2.4.1　群的定义

群实际上是一个代数系统，就是在集合的基础上考虑集合中元素的运算。在此主要考虑集合中两个元素的运算，可以认为是二元运算的代数系统，通过性质来定义新的概念。

定义 2.17　设群 G 是一个非空集合，定义了一个代数运算“$\cdot$”，称为乘法，并满足：

(1) G 对乘法封闭，即 $a,b\in G$，$a\cdot b\in G$。

(2) 乘法适合结合律，即 $a,b,c\in G$，都有 $a\cdot(b\cdot c)=(a\cdot b)\cdot c$。

(3) G 中存在 e，$a\in G$，都有 $e\cdot a=a$。

(4) $a\in G$，G 中都存在一个 a'，使得 $a'\cdot a=e$。

乘法运算时乘号可以省略。e 称为 G 的左单位元，a' 称为 a 的左逆元。类似地，G 中的 e 若满足 $a\in G$，都有 $ae=a$，则 e 称为右单位元；G 中的 a' 若满足 $aa'=e$，则 a' 称为 a 的右逆元。

群的一些基本性质如下。

(1) 一个左逆元一定是一个右逆元,即 $a'a=e, aa'=e$。

证明:$aa'=eaa'=(a''a')aa'=a''(a'a)a'=a''ea'=a''a'=e$。

(2) 左单位元一定是右单位元,即 $ea=a, ae=a$。

证明:$ae=a(a'a)=(aa')a=ea=a$。

以后左单位元就称为单位元,左逆元就称为逆元。

(3) 群 G 中单位元唯一。

证明:设 e、e'都是 G 的单位元,则 $e'=ee'=e$。

(4) G 中 a 的逆元唯一。

证明:设 a'、a''都是 a 的逆元,$a''=a''e=a''(aa')=(a''a)a'=a'$。

a 的唯一逆元记作 a^{-1}。

(5) G 中消去律成立:$ab=ac, b=c$;$ba=ca, b=c$。

如自然数集合 $\mathbf{N}=\{1,2,3,\cdots\}$ 对于通常的加法,封闭且满足结合律,也不存在单位元和逆元,因此对于加法不是群。集合$\{0,1\}$对于模 2 加法"$\oplus$"(或称异或)是一个群。满足封闭性和结合律,并且单位元 $e=0$,因为 $0\oplus0=0, 0\oplus1=1$;同时每个元素的逆元就是它自己,$0\oplus0=0, 1\oplus1=0$。$\{0,1\}$对于$\oplus$运算是加法群。

定义 2.18 若群中的运算满足交换律,则这个群称为交换群或阿贝尔(Abel)群。

若一个群 G 中元素是无限多个,则 G 称为无限群;如果 G 中的元素是有限多个,则 G 称为有限群,G 中元素的个数称为群的阶,记为$|G|$。由于群里结合律是满足的,所以元素连乘 $a_1a_2\cdots a_n$ 有意义,它也是 G 中的一个元。把 a 的 n 次连乘记为 a^n,称为 a 的 n 次幂,即

$$a^n=\overbrace{aa\cdots a}^{n}$$

还将 a 的逆元 a^{-1} 的 n 次幂记为 a^{-n},即

$$a^{-n}=\overbrace{a^{-1}a^{-1}\cdots a^{-1}}^{n}$$

群的逆元(a^{-1}) $-1=a$。若 $ab=ba$,则$(ab)^n=a^nb^n$。另外,$a^{-n}a^n=e, a^ma^n=a^{m+n}$,$(a^n)^m=a^{nm}$。

2.4.2 子群

定义 2.19 若一个群 G 的一个子集 H 对于 G 的乘法构成一个群,则 H 称为 G 的子群,记作 $H\leqslant G$。

一个群 G 至少有两个子群,G 本身以及只包含单位元的子集$\{e\}$,它们称为 G 的平凡子群,其他子群称为真子群($H<G$)。

一个群 G 和它的一个子群 H 有以下性质。

(1) G 的单位元和 H 的单位元是同一的。

(2) 若 $a\in H$,a^{-1} 是 a 在 G 中的逆元,则 $a^{-1}\in H$。

证明:对于任意 $a\in H$,有 $a\in G$。

(1) 设 G 的单位元为 e,H 的单位元为 e',对于 $a\notin H$,有 $ae=a=ae'$,故 $e=e'$。

(2) 反证法。对于任意 $a \in H$,假设 $a^{-1} \notin H$,则 a 在 H 中存在另一逆元 a',由于 $a' \in G$,则 a 在 G 中存在两个逆元,矛盾,故 $a^{-1} \in H$。

定理 2.8　一个群 G 的一个非空子集 H 构成一个子群的充分必要条件如下。

(1) $\forall a, b \in H$,有 $ab \in H$。

(2) $\forall a \in H$,有 $a^{-1} \in H$。

证明:先证明充分条件。

由(1)可知 H 是封闭的。结合律在 G 中成立,在 H 中自然成立。现证明 H 中有单位元。对于任意 $a \in H$,由于 $a \in G$,所以存在 a^{-1} 使 $a^{-1}a = e$。

由(2)可知 $a^{-1} \in H$,由(1)可知 $a^{-1}a \in H$,于是 $a^{-1}a = e \in H$,则 G 中的单位元在 H 中。由(2)可知,H 中的每个元素都有逆元。故 H 是一个群。

再证明必要条件。

(1) 是封闭性,是必要的。

(2) 由性质(2)可知,也是必要的。

证毕。

定理 2.9　一个群 G 的一个非空子集 H 构成一个子群的充分必要条件是对于任意 $a, b \in H$,有 $ab^{-1} \in H$。

证明:$a, b \in H$,有 $b^{-1} \in H$,则 $ab^{-1} \in H$。反过来,由 $a \in H$,则 $aa^{-1} = e \in H$,于是 $ea^{-1} = a^{-1} \in H$。又由 $a, b \in H$,有 $b^{-1} \in H$,于是 $a(b^{-1})^{-1} = ab \in H$。

定理 2.10　一个群 G 的一个非空有限子集 H 构成一个子群的充分必要条件是对于任意 $a, b \in H$,有 $ab \in H$。

证明:H 是有限集合,只需说明 H 满足封闭、结合律和消去律。该定理表明,一个群的一个非空有限子集是一个群的充要条件为只要它满足封闭性。

2.4.3 陪集

集合上的一个满足自反性、对称性和传递性的二元关系为该集合的一个等价关系。例如,n 阶矩阵集合中,相抵关系、相合关系、相似关系都是等价关系。如果一个集合中相互等价的元素置于一个子集中,不等价的元素置于不同子集中,则这些子集称为等价类。

定义 2.20　设"$\sim$"是 S 上的一个等价关系,$a \in S$,则定义 $[a] = \{b \sim a \mid b \in S\}$,称为 a 所在的等价类,a 称为该等价类的代表元。

显然,集合 S 对于某一等价关系得到的所有等价类都是该集合的子集,且这些子集互不相交,且并集是 S,这样的分类称为 S 的一个划分。在每个等价类中各取一个代表元,组成的集合称为代表元系。因此,有 $S = \bigcup^{a \in R} [a]$,其中 R 代表元系。

定义 2.21　设 G 是群,$H \leqslant G$,定义 G 上的关系"$\sim$"为 $a \sim b \Leftrightarrow a^{-1}b \in H$,则"$\sim$"是等价关系,其中 a 所在的等价类 $[a] = aH = \{ah \mid h \in H\}$ 为 a 所在的 H 的左陪集,因此可以将整个群表示成一系列左陪集的无交之并,即

$$G = \bigcup_{a \in L} aH$$

其中：L 为左陪集的一个代表元系，又称为左截线集。

定义 2.22　设 G 是群，$H \leqslant G$，定义 G 上的关系"～"为 $a \sim b \Leftrightarrow ba^{-1} \in H$，则"～"是等价关系，其中 a 所在的等价类 $[a]=Ha=\{ha \mid h \in H\}$ 为 a 所在的 H 的右陪集，因此可以将整个群表示成一系列右陪集的无交之并，即

$$G=\bigcup_{a \in R} Ha$$

式中：R 为右陪集的一个代表元系，又称为右截线集。

右陪集性质与左陪集类似。由于群运算未必满足交换律，所以左陪集 aH 与右陪集 Ha 未必相等。但同一个等价关系下左陪集的个数与右陪集的个数一定相等。可以验证，如果左陪集是 $a_1H, a_2H, \cdots, a_nH$，则互异的右陪集可以表示为 $Ha_1^{-1}, Ha_2^{-1}, \cdots, Ha_n^{-1}$。左陪集和右陪集都称为陪集。

定义 2.23　设 G 是群，$H \leqslant G$，若对 $\forall a \in G$ 有 $aH=Ha$，则 H 称为 G 的正规子群，记作 $H \triangleleft G$。显然，$\{e\} \triangleleft G, G \triangleleft G$ 是群 G 的两个平凡正规子群。交换群的子群都是正规子群。

为了便于理解和记忆，以一种递进的方式给出概念间的联系。从代数结构 $(R, \cdot)$，二元运算根据封闭性、单位元、逆元、结合律、交换律可以归纳成不同的群，其关系如图 2-1 所示。

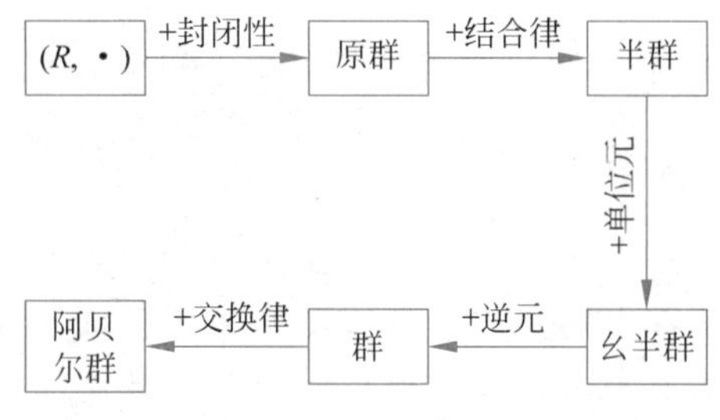

图 2-1　群之间的关系

2.5 环和域

2.5.1　环

环在交换群基础上进一步限制条件。为了便于理解和记忆，以一种递进的方式给出概念的联系。从代数结构 $(R, \cdot)$，二元运算根据封闭性、单位元、逆元、结合律、交换律可以归纳环、交换环、域间的关系，如图 2-2 所示。

定义 2.24　设 $R=\langle S, o_1, o_2 \rangle$，$S$ 是具有两种运算（o_1 和 o_2）的非空集合，如果：

(1) $\langle S, o_1 \rangle$ 构成一个交换群。

(2) $\langle S, o_2 \rangle$ 构成半群。

(3) o_1、o_2 满足分配律，即对任意 $a, b, c \in S$，有

$$(a\ o_1 b)\ o_2 c = a\ o_2\ c\ o_1\ b\ o_2\ c \text{（右分配律）}$$

$$a\ o_2 (b\ o_1 c) = a\ o_2\ b\ o_1\ a\ o_2\ c \text{（左分配律）}$$

那么 R 称为环。

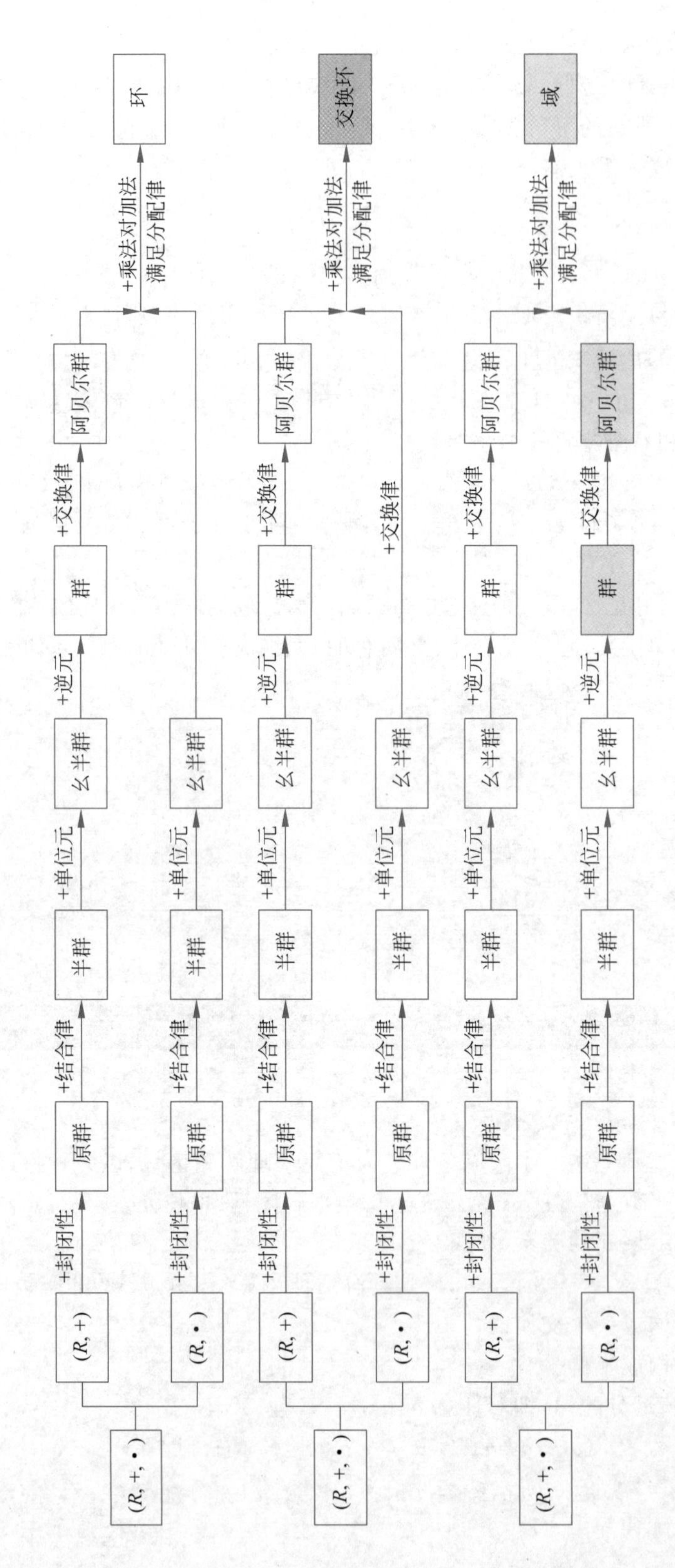

图 2-2 环、交换环、域间的关系

按照群的不同性质对群进行了分类。下面给出对环的分类(主要考察对第二种运算是否满足交换律及单位元、逆元存在性)。

按照环对 o_2 是否满足交换律,可以将环分成可换环和非可换环。

定义 2.25 若环 R 中 $\langle S, o_2\rangle$ 构成交换半群,则 R 称为交换环或可换环。

按照对环内元素是否有限,可以将环分为有限环和无限环。

定义 2.26 只包含有限个元素的环称为有限环,其元素的个数称为该环的阶;否则,称环为无限环。

定义 2.27 若环内存在一个元素 e,对环内任意元素 a 均有 $ea=a$,则 e 称为环 a 的左单位元;若有 $ae=a$,则 e 称为环 a 的右单位元。当左单位元等于右单位元时,称该元素 e 为单位元。

定义 2.28 若环 R 中 $<S, o_2>$ 构成独异点,则 R 称为有单位元的环(也称为含幺环)。环内可能不存在左单位元,也可能不存在右单位元。若一个环既有左单位元又有右单位元,则左单位元必然是右单位元。

例如,全体有理数、全体实数、全体复数和全体整数集合对于普通的加法和乘法构成交换环,其中全体整数集合 **Z** 构成的环比较重要,称为整数环。环不一定存在单位元和逆元。如果环中存在单位元和逆元,则它们是唯一的。有理数、实数、复数和整数环都有单位元 1;有理数、实数和复数环的非零元都有逆元;但整数环 Z 除 ± 1 外,其他元素都没有逆元。

定义 2.29 如果一个环 R 满足下列条件。

(1) 是交换环。

(2) 存在单位元,且 $1\neq 0$(等价于 $A\neq\{0\}$)。

(3) 没有零因子。

那么 R 称为整环。例如,整数环、全体有理数环、全体实数环和全体复数环都是整环。

定义 2.30 若一个环 R 存在非零元,而且全体非零元构成一个乘法群,则 R 称为除环。可认为除环是一个加法群和一个乘法群的集成,而分配律是这两个群之间的联系纽带。显然,除环里无零因子。若两个非零元的乘积等于零,则非零元乘法就不封闭,也不可能成为一个群。因此,在除环里可以使用消去律。除环称谓源于每个非零元都有逆元,可以做“除法”(a 的逆元与 b 相乘可以认为是 a 除 b)。除环在一些代数书籍中也称为“体”。例如,全体有理数、全体实数和全体复数对于普通的加法和乘法都是除环。

定义 2.31 一个交换除环称为一个域。若一个环 F 存在非零元,而且全体非零元构成一个乘法交换群,则 F 称为一个域。

例如,全体有理数、全体实数和全体复数对于普通的加法和乘法都是域。若从群出发,则集合 F 是一个域应该满足以下三个条件。

(1) 构成加法交换群。

(2) 非零元构成乘法交换群。

(3) 满足分配律。

2.5.2 有限域

定义 2.32　有限个元素构成的域称为有限域,也称为伽罗瓦(Galois)域。域中元素的个数称为有限域的阶。

当 p 是素数时,模 p 剩余类集合

$$\{\bar{0},\bar{1},\bar{2},\cdots,\overline{p-1}\}$$

构成 p 阶有限域 GF(p),这也是最简单的一种有限域。q 阶有限域的所有非零元构成 $q-1$ 阶乘法交换群。在乘法群中,元素 a 的阶 n 是使 $a^n=1$ 成立的最小正整数。a 生成一个 n 阶循环群:

$$\{1,a^1,a^2,\cdots,a^{n-1}\}$$

将域中非零元素关于乘法群的阶定义为域中非零元素的阶。n 阶有限群的任意元素 a 均满足 $a^n=1$。于是,q 阶有限域的 $q-1$ 阶乘法群的任意元素 a,即 q 阶有限域的任意非零元素 a 均满足 $a^{q-1}=1$。若也考虑零元,则 q 阶有限域的所有元素满足 $a^q=a$ 或 $a^q-a=0$。那么 q 阶有限域可以看成方程 $x^q-x=0$ 的根的集合。

定义 2.33　q 阶有限域中阶为 $q-1$ 的元素称为本原域元素,简称本原元。

若 q 阶有限域中存在本原元 a,则所有非零元构成一个由 a 生成的 $q-1$ 阶循环群。q 阶有限域就可以表示为$\{0,1,a^1,a^2,\cdots,a^{q-2}\}$。有限域中一定含有本原元。

实际上,当 $q>2$ 时,q 阶有限域的本原元多于一个。如果 a 是一个本原元,对于 $1\leqslant n\leqslant q-1$,只要 $(n,q-1)=1$。由群中的结论可知,a^n 的阶也是 $q-1$,即 a^n 也是本原元。q 阶有限域中共有 $\varphi(q-1)$ 个本原元(φ 为欧拉函数)。

假设 a 是域中的一个非零元,使 $na=\overbrace{a+a+\cdots+a}^{n}=0$ 成立的最小正整数 n 是 a 的加法阶,若不存在这样的 n,则加法阶无限大。

定理 2.11　在一个无零因子环 R 里所有非零元的加法阶都相同。当加法阶有限时,它是一个素数。

证明:若 R 的每个非零元的加法阶都无限大,则定理正确。

若 R 的一个非零元 a 的加法阶有限,为 n,设 b 是另一个非零元,则 $(na)b=a(nb)=0$,由于 R 无零因子,可得 $nb=0$。可以断定 n 是使 $nb=0$ 成立的最小正整数;否则,假定 $m<n$ 使得 $mb=0$,于是 $(mb)a=b(ma)=0\Rightarrow ma=0$,与 n 是 a 的加法阶矛盾。故 n 也是 b 的加法阶。

下面证明 n 是素数。

假设 n 不是素数,则显然,$n=n_1n_2$,其中 $n_1<n$,$n_2<n$。显然,$n_1a\neq0$,$n_2a\neq0$。但是 $(n_1a)(n_2a)=((n_1n_2)a)a=(na)a=0$,这与 R 无零因子矛盾,故 n 是素数。

定义 2.34　域中非零元的加法阶称为环的特征。当加法阶为无限大时,称特征为 0。

之所以称域中非零元的加法阶为特征,是因为可以把非零元的"阶"专门用来指其乘法阶。域的特征或者是 0,或者是素数。有限域的特征是素数。如果一个域 F 不再含有

真子集作为F的子域，则F称为素域。阶为素数的有限域必为素域。有限域的阶必为其特征之幂。有限域一般记为$\mathrm{GF}(p^m)$，其中p为域的特征，m为正整数。由于特征总是素数，则有限域的阶总为素数的幂。

2.6 本章小结

本章介绍了群、环和域的框架，包括费马定理和欧拉定理及模运算。群实际是一个代数系统，就是在集合的基础上考虑集合中元素的运算。主要考虑集合中两个元素的运算，可以认为是二元运算的代数系统，通过性质来定义新的概念。通过对本章的学习可以掌握信息安全所必需的数论和代数学基础知识，掌握其中的思想、概念与方法，了解密码学中应用到的数学难解问题，为进一步学习密码学和网络安全等打下坚实的基础。

习　题

2-1　整数对于加法构成了整数加法群，为什么？

2-2　群的定义可以简单地归结为带有运算的集合，在集合上的运算满足封闭性、结合性、单位元和逆元，试举例说明。

2-3　有理数、实数、复数和整数环都有什么单位元？有理数、实数和复数环的非零元是否存在逆元？

2-4　什么是埃拉托斯特尼筛法？它有什么用途？

第3章 密码学基础理论

密码学研究进行保密通信和如何实现信息保密的问题，具体指通信保密传输和信息存储加密等。它以认识密码变换的本质、研究密码保密与破译的基本规律为对象，以可靠的数学方法和理论为基础，对解决信息安全中的机密性、数据完整性、认证和身份识别，以及对信息的可控性及不可抵赖性等问题提供系统的理论、方法和技术。密码学包括密码编码学和密码分析学两个分支。密码编码学研究对信息进行编码，实现对信息的隐藏。密码分析学研究加密消息的破译或消息的伪造。密码学的发展历史比较悠久，整个密码学的发展是由简单到复杂的逐步完善过程，也促进了数学、计算机科学、信息通信等学科的发展。

3.1 密码学概述

3.1.1 基本概念

明文(Plaintext/Message)：待加密的信息，用 P 或 M 表示。明文可以是文本文件、图形、数字化存储的语音流或数字化的视频图像的比特流等。

密文(Ciphertext)：明文经过加密处理后的形式，用 C 表示。

加密(Encryption)：用某种方法伪装消息以隐藏它的内容的过程。

解密(Decryption)：把密文转换成明文的过程，加密过程对应的逆过程。

密钥(Key)：变换函数所用的一个控制参数。加密和解密算法的操作通常是在一组密钥控制下进行的，分别称为加密密钥和解密密钥，通常用 K 表示。

加密算法(Encryption Algorithm)：将明文变换为密文的变换函数，通常用 E 表示。

解密算法(Decryption Algorithm)：将密文变换为明文的变换函数，通常用 D 表示。

密码分析(Cryptanalysis)：截获密文者试图通过分析截获的密文从而推断出原来的明文或密钥的过程。

被动攻击(Passive Attack)：对一个保密系统采取截获密文并对其进行分析和攻击。这种攻击对密文没有破坏作用。

主动攻击(Active Attack)：攻击者非法侵入一个密码系统，采用伪造、修改、删除等手段向系统注入假消息进行欺骗。这种攻击对密文具有破坏作用。

密码系统(Cryptosystem)：用于加密和解密的系统。加密时，系统输入明文和加密密钥，加密变换后，输出密文；解密时，系统输入密文和解密密钥，解密变换后，输出明文。

单向函数(One-way Function)：单向函数的计算是不可逆的。给定任意两个集合 X 和 Y。函数 $f:X\rightarrow Y$ 称为单向的，对每个 x 属于 X，很容易计算出函数 $f(x)$的值，而对大多数 y 属于 Y，要确定满足 $y=f(x)$的 x 计算比较困难(假设至少有这样一个 x 存在)。

单向陷门函数(One-way Trap Door Function)：一类特殊的单向函数，它包含一个秘密陷门。在不知道该秘密陷门的情况下，计算函数的逆是非常困难的。若知道该秘密陷门，计算函数的逆就非常简单。单向陷门函数满足下面三个条件。

(1) 对 $f(x)$的定义域中的每一个，均存在函数 $f^{-1}(x)$，使得 $f(f^{-1}(x))=$

$f^{-1}(f(x))=x$。

(2) $f(x)$与$f^{-1}(x)$都很容易计算。

(3) 仅根据已知的$f(x)$计算$f^{-1}(x)$非常困难。

3.1.2 基本原理

密码系统通常由明文、密文、密钥(包括加密密钥和解密密钥)与密码算法(包括加密算法和解密算法)四个基本要素组成。一个密码体制可以用五元组(M,C,K,E,D)来定义,该五元组应满足以下条件。

(1) 明文空间:M是可能明文的有限集。由明文m的二进制数位数确定,若明文m的二进制数位数为nm,则明文集合M包含2^{nm}个不同的明文。

(2) 密文空间:C是可能密文的有限集。由密文c的二进制数位数确定,若密文c的二进制数位数为nc,则密文集合C包含2^{nc}个不同的密文。

(3) 密钥空间:K是可能密钥构成的有限集。加密密钥空间由加密密钥的二进制数位数确定,若加密密钥的二进制数位数为nk,则加密密钥集合K包含2^{nk}个不同的密钥;解密密钥空间由解密密钥的二进制数位数确定,如果解密密钥的二进制数位数为nd,则解密密钥集合K包含2^{nd}个不同的密钥。

(4) 加密算法空间:E是可能加密算法的有限集。

(5) 解密算法空间:D是可能解密算法的有限集。

明文M转换成密文c的过程如下:

$$c=E(m,ke)$$

加密过程是以明文m和加密密钥ke为输入的加密函数运算过程。$c=E(m,ke)$也可以用$c=E_{ke}(m)$表示。

密文c转换成明文m的过程如下:

$$m=D(c,kd)$$

加密和解密如图3-1所示。

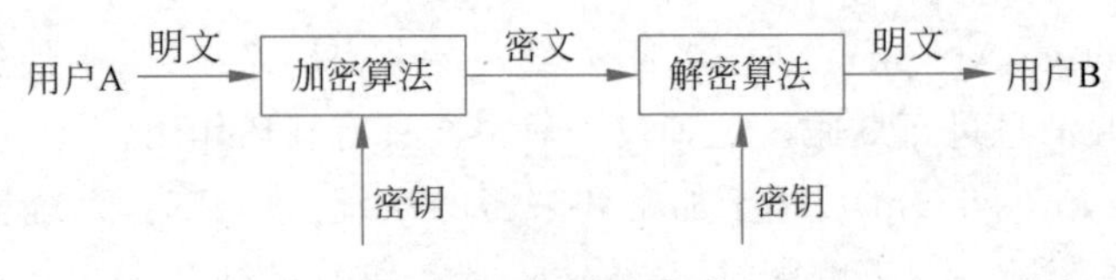

图3-1 加密和解密

对于任意$k\in K$,有一个加密算法$E_k\in E$和相应的解密算法$D_k\in D$,使得$E_k:M\to C$和$D_k:C\to M$分别为加密函数和解密函数,满足$D_k(E_k(m))=m,x\in M$。

根据柯克霍夫(Kerckhoffs)原则,所有加密解密算法都是公开的,保密的只是密钥。发送端将明文m和加密密钥ke作为加密函数E的输入,加密函数E的运算结果是密文c。密文c沿着发送端至接收端的传输路径到达接收端。接收端将密文c和解密密钥kd作为解密函数D的输入,解密函数D的运算结果是明文m。

3.1.3 密码体制分类

根据密钥的特点,密码体制分为对称和非对称密码体制两种,而介于对称和非对称之间的密码体制称为混合密码体制。

1. 对称密码体制

如果加密密钥等于解密密钥,那么这种密钥密码称为对称密码。对称密码又称单钥密码或私钥密码,是指在加解密过程中使用相同或可以推出本质上相同的密钥,即加密与解密密钥相同,且密钥需要保密。信息的发送方和接收方在进行信息的传输与处理时必须共同持有该密钥,因此密钥的安全性成为保证系统机密性的关键。信息的发送方将持有的密钥对要发送的信息进行加密,加密后的密文通过网络传送给接收方,接收方用与发送方相同的私有密钥对接收的密文进行解密,得到信息明文。

对称加密算法的特点是算法公开、计算量小、加密速度快、加密效率高。其不足之处是交付双方都使用同样钥匙,因此安全性得不到保证。此外,每对用户每次使用对称加密算法时都需要使用其他人不知道的唯一密钥,使得发收信双方拥有的密钥数量呈几何级数增长,密钥管理成为用户的负担。对称加密算法在分布式网络系统上使用较为困难,主要是因为密钥管理困难,使用成本较高。对称加密算法与公开密钥加密算法相比,能够提供加密和认证却缺乏了签名功能,使其使用范围缩小。对称密码体制主要算法包括数据加密标准 DES 法,2DES(DDES)算法、三重数据加密算法、高级加密标准 AES 法、Blowfish 算法、RC5 算法、国际数据加密算法 IDEA、SM4 算法等。

2. 非对称密码体制

2015 年,"图灵奖"的得主是前 Sun Microsystems 公司首席安全官菲尔德·迪菲(Whitfield Diffie)和斯坦福大学电气工程系名誉教授马丁·赫尔曼(Martin Hellman)。两位获奖者在发表的论文 *New Directions in Cryptography* 中提出了划时代的公开密钥密码系统的概念,这个概念为密码学的研究开辟了一个新的方向,有效地解决了秘密密钥密码系统中通信双方密钥共享困难的缺点,并引进了创新的数字签名的概念。

非对称密码体制需要:公开密钥(Public Key)和私有密钥(Private Key)。公开密钥与私有密钥是一对,如果用公开密钥对数据进行加密,只有用对应的私有密钥才能解密;如果用私有密钥对数据进行加密,那么只有用对应的公开密钥才能解密,因为加密和解密使用的是两个不同的密钥。

非对称密码体制实现机密信息交换的基本过程:用户 A 生成一对密钥并将其中的一个作为公用密钥向其他方公开;得到该公用密钥的用户 B 使用该密钥对机密信息进行加密后再发送给用户 A;用户 A 再用自己保存的另一个专用密钥对加密后的信息进行解密。另外,用户 A 可以使用用户 B 的公钥对机密信息进行签名后再发送给用户 B;用户 B 再用自己的私匙对数据进行验签。

非对称密码体制的特点:算法强度复杂、安全性依赖算法与密钥;但是由于其算法复杂,加密解密速度没有对称加密解密速度快。对称密码体制中只有一种密钥,并且是非公开的,如果解密就得让对方知道密钥,所以保证其安全性就是保证密钥的安全。而非对称密钥体制有两种密钥,其中一个是公开的,这样就可以不需要像对称密码那样传输对方的密钥,安全性相对好。

非对称密码体制不要求通信双方事先传递密钥或有任何约定就能完成保密通信,并且密钥管理方便,可防止假冒和抵赖,因此更适合网络通信中的保密通信要求。

非对称密码体制主要算法包括 RSA 算法、Elgamal 算法、背包算法、Rabin 算法、Diffie Hellman 算法、椭圆曲线密码(ECC)算法、概率公钥算法、NTRU 算法、SM2 算法、SM9(标识密码)算法。

3. 混合密码体制

混合密码体制利用非对称密码体制分配私钥密码体制的密钥,消息的收发双方共用这个密钥,然后按照私钥密码体制的方式进行加密和解密运算。混合密码体制的工作流程如下。

(1) 用户 A 用对称密钥把需要发送的消息加密。

(2) 用户 A 用用户 B 的公开密钥将对称密钥加密,形成数字信封,然后一起把加密消息和数字信封传送给用户 B。

(3) 用户 B 收到用户 A 的加密消息和数字信封后,用自己的私钥将数字信封解密,获取用户 A 加密消息时的对称密钥。

(4) 用户 B 使用用户 A 加密的对称密钥把收到的加密消息解开。

3.1.4 密码学发展阶段

密码学的发展经历了古典密码学阶段、近代密码学阶段到现代密码学阶段的演变。

1. 古典密码学阶段

古代文明在实践中逐渐发明了密码。从某种意义上讲,战争是密码系统诞生的催化剂,战争提出了安全通信的需求,从而促进了密码的诞生。

早在公元前 440 年,古希腊战争出现了隐写术,奴隶主将信息刺青在奴隶的头皮上,用头发掩盖来达到安全通信的目的。公元前 400 年,斯巴达人也使用了一种塞塔(Scytale)式密码的加密工具,该工具将信息写在缠绕在锥形指挥棒的羊皮上,羊皮解开后信息无法识别,必须绕在同一种指挥棒上才能恢复原始信息。我国古代的藏头诗、藏尾诗、漏格诗以及各种书画,将要表达的真正意思或"密语"隐藏在诗文或画卷中特定位置的记载,一般人只注意诗或画的表面意境,而不会注意或很难发现隐藏其中的"话外之音"。周朝兵书《六韬·龙韬》也记载了密码学的运用,其中的《阴符》和《阴书》记载了姜子牙通过令牌长短给出不同的密令。

这一时期的密码学更像是一门艺术,其核心手段是代换和置换。代换是指明文中的每一个字符被替换成密文中的另一个字符,接收方对密文做反向替换便可恢复出明文;置换是密文和明文字母保持相同,但顺序被打乱。代换密码的著名例子有凯撒(Caesar)密码(公元前 1 世纪)、圆盘密码(15 世纪)、维吉尼亚密码(16 世纪)、Enigma 转轮组加密(1919 年)等。

2. 近代密码学阶段

这一阶段真正开始源于香农在20世纪40年代末发表的一系列论文,特别是1949年的《保密系统通信理论》,使密码学成为一门科学。近代密码发展中一个重要突破是"数据加密标准"(DES)的出现,使密码学得以从政府走向民间。其次,DES密码设计中的很多思想(Feistel结构、S盒等)被后来大多数分组密码采用。

3. 现代密码学阶段

1976年,Diffie和Hellman的"密码学的新方向",提出了一种在不安全信道上进行密钥协商的协议的"公钥密码"概念。1977年,麻省理工学院(MIT)提出第一个公钥加密算法——RSA算法,之后ElGamal、ECC、双线性对等公钥密码相继被提出,密码学进入了新的发展时期。

21世纪初,我国研究并推出了系列商用密码算法,包括祖冲之序列密码算法、SM2公钥密码算法、SM3密码杂凑算法、SM4分组密码算法、SM9标识密码算法,其逐渐成为国际密码标准。

密码学的应用已经深入人们生活的各个方面,如数字证书、网上银行、身份证、社保卡和税务管理等,密码技术在其中都发挥了关键作用。近年来,其他相关学科的快速发展,促使密码学中出现了新的密码技术,如量子密码、混沌密码和DNA密码等。

量子密码学是现代密码学领域的一个很有前途的新方向,量子密码的安全性是基于量子力学的测不准性和不可复制性,其特点是对外界任何振动的可检测性和易于实现的无条件安全性。量子密码通信不仅是绝对安全、不可破译的,而且任何窃取量子的动作都会改变量子的状态,所以一旦存在窃听者,量子密码的使用者就会立刻获知。因此,量子密码可成为光通信网络中数据保护的强有力工具,而且能对付未来具有量子计算能力的攻击者。

混沌系统的两大特征是对初始条件敏感以及系统变化的不可预测性,这两个特性恰好满足密码学随机序列的要求。混沌在密码学中的研究可以分为两种形式:一种是序列密码,即利用混沌系统产生伪随机序列作为密钥序列,对明文进行加密;另一种是分组密码,即使用明文或密钥作为混沌系统的初始条件或结构参数,通过混沌映射的抚今追昔来产生密文。

DNA密码体制的特点是以DNA为信息载体,以现代生物技术为实现工具,挖掘DNA固有的高存储密度和高并行性等优点,实现加密、认证及签名等功能。

3.1.5 网络加密的实现方法

基于密码算法的数据加密技术是全网络上的通信安全所依赖的基本技术。目前,对网络数据加密主要有链路加密、节点对节点加密和端对端加密3种实现方式。

1. 链路加密

链路加密又称在线加密,它是对在两个网络节点间的某一条通信链路实施加密,是目前网络安全系统中主要采用的方式。链路加密能为网络传输的数据提供安全保证,所有消息在被传输之前进行逐位加密，对接收到的消息进行解密，然后使用下一个链路的密钥对消息进行加密后再进行传输。在链路加密方式中，不仅对数据报文的正文加密，而且把路由信息、校验和等控制信息全部加密。所以，当数据报文传输到某一个中间节点时，必须先被解密以获得路由信息和检验和，进行路由选择、差错检测，再被加密，发送给下一个节点，直到数据报文到达目的节点为止。

如图 3-2 所示，在链路加密方式下，只对通信链路中的数据加密，而不对网络节点内的数据加密。因此，在中间节点上的数据报文是明文出现的，而且要求网络中的每一个中间节点都要配置安全单元（信息加密设备）。相邻两个节点的安全单元使用相同的密钥。这种使用不是很方便，因为需要网络设施的提供者配合修改每一个交换节点，这种方式在广域网上是不太现实的。在传统的加密算法中，用于解密消息的密钥与用于加密的密钥是相同的，必须秘密保存该密钥，并按一定规则进行变化。这样，密钥分配在链路加密系统中就成为一个问题，因为每一个节点必须存储与其相连接的所有链路的加密密钥，需要对密钥进行物理传送或者建立专用网络设施。而网络节点地理分布的广阔性使得这一过程变得复杂，同时增加了密钥连续分配时的费用。链路加密方式的优点是应用系统不受加密和解密的影响，容易被采用。

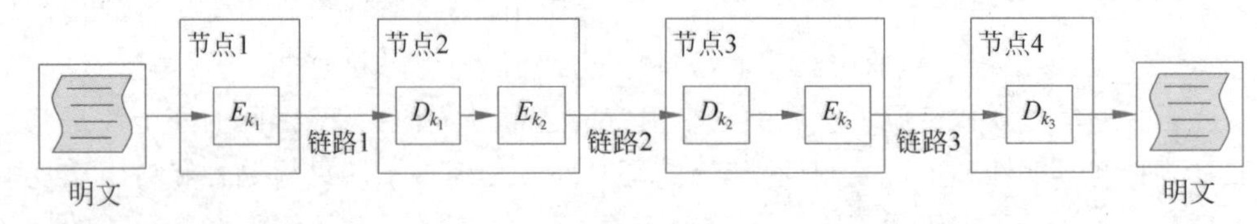

图 3-2 链路加密过程

2. 节点对节点加密

节点对节点加密是为了解决节点中的数据是明文的这一问题，在中间节点内装有用于加密和解密的保护装置，由这个装置来完成一个密钥向另一个密钥的交换。因而，除了在保护装置里，即使在节点内也不会出现明文。

尽管节点对节点加密能给网络数据提供较高的安全性，但它在操作方式上与链路加密类似：两者均在通信链路上为传输的消息提供安全性，都在中间节点先对消息进行解密再进行加密。因为要对所有传输的数据进行加密，所以加密过程对用户是透明的。然而，与链路加密不同，节点对节点加密不允许消息在网络节点以明文形式存在。它先把收到的消息进行解密，然后采用另一个不同的密钥进行加密，这一过程在节点上的一个安全模块中进行。节点对节点加密要求报头和路由信息以明文形式传输，以便中间节点能快速得到路由信息和校验和，加快消息的处理速度。但是，节点对节点加密与链路加密方式一样存在共同的弱点：需要公共网络提供者的配合来修改公共网络的交换节点以增加安全单元或保护装置。

3. 端对端加密

为了解决链路加密和相邻节点之间加密中存在的不足，人们提出了端对端加密方式。端对端加密又称为脱线加密或包加密，它允许数据在从源节点被加密后，到终点的传输过程中始终以密文形式存在，只有消息到达目的节点后才被解密。因为消息在整个传输过程中均受到保护，所以即使有节点被损坏也不会泄露消息。因此，端对端加密方式可以实现按各通信对象的要求改变加密密钥以及按应用程序进行密钥管理等，而且采用这种方式可以解决文件加密问题。

链路加密方式是对整个链路通信采取保护措施，而端对端加密方式则是对整个网络系统采取保护措施。端对端加密系统更容易设计、实现和维护，且成本相对较低。端对端加密还避免了其他加密系统所固有的同步问题，因为每个报文段均是独立被加密的，所以一个报文段发生的传输错误不会影响后续的报文段。此外，端对端加密方便，不依赖底层网络基础设施，既可以在局域网内部实施，也可以在广域网上实施。端对端加密系统通常不允许对消息的目的地址进行加密，这是因为每一个消息所经过的节点都要用此地址来确定如何传输消息。因此，端对端加密方式是目前互联网应用的主流，应用层加密的实现多采用端对端加密方式。由于端对端加密方法不能掩盖被传输消息的源节点与目的节点，因此它对于防止攻击者分析通信业务是脆弱的。

3.2 替代密码

代换密码分为单字母代换密码和多字母代换密码，单字母代换密码又分为单表代换密码和多表代换密码。单表代换密码只使用一个密文字母表，并且用密文字母表中的一个字母来代替明文字母表中的一个字母。多表代换密码通过构造多个密文字母表，在密钥的控制下用相应密文字母表中的一个字母来代替明文字母表中的一个字母，一个明文字母有多种代替。多表代换密码是以两个或两个以上代换表依次对明文消息的字母进行代换的加密方法。

在单表代换密码中，只使用一个密文字母表，并且用密文字母表中的一个字母来代换明文字母表中的一个字母。设 A 和 B 分别为含 n 个字母的明文字母表和密文字母表：

$$A=\{a_0,a_1,\cdots,a_{n-1}\}$$
$$B=\{b_0,b_1,\cdots,b_{n-1}\}$$

单表代换密码定义了一个由 A 到 B 的一一映射 f：$A\to B$：$f(a_i)=b_i$。设明文 $m=(m_0,m_1,\cdots,m_{n-1})$，则密文 $c=(f(m_0),f(m_1),\cdots,f(m_{n-1}))$。下面介绍 3 种具体的单表代替密码体制。

1. *加法密码*

加法密码的映射函数为

$$f(a_i)=b_i=a_j$$
$$j\equiv(i+k)\bmod n$$

式中：$a_i\in A$；k 是满足 $0<k<n$ 的正整数。

消息空间 $\mathcal{M}$、密文空间 $\mathcal{C}$ 和密钥空间 $\mathcal{K}$ 都为 $\mathbb{Z}_q$。对任意消息 $m\in\mathcal{M}$ 和密钥 $k\in\mathcal{K}$，加法密码的加密算法可以表示为

$$c = E_k(m) \equiv (m + k) \bmod q$$

解密算法可以表示为

$$m = D_k(c) \equiv (c - k) \bmod q$$

2. 乘法密码

乘法密码的映射函数为

$$f(a_i) = b_i = a_j$$

$$j \equiv ik \bmod n$$

式中：k 与 n 互素。

因为仅当$(k,n)=1$时，k 才存在乘法逆元，才能正确解密。

消息空间$\mathcal{M}$和密文空间都为$\mathbb{Z}_q^*$，密钥空间$\mathcal{K}$为$\mathbb{Z}_q^*$。对任意消息 $m \in \mathcal{M}$和密钥 $k \in \mathcal{K}$，乘法密码的加密算法可以表示为

$$c = E_k(m) \equiv mk \bmod q$$

解密算法可以表示为

$$m = D_k(c) \equiv ck^{-1} \bmod q$$

乘法密码(模 q)也是不安全的，密钥空间也很小，只有 $\phi(q)$种可能的情况。

3. 仿射密码

乘法密码和加法密码相结合便构成仿射密码，其映射函数为

$$f(a_i) = b_i = a_j$$

$$j \equiv (k_1 + ik_2) \bmod n$$

式中：$0<k_1<n$ 且$(k_2,n)=1$。

消息空间$\mathcal{M}$和密文空间都为$\mathbb{Z}_q$，密钥空间$\mathcal{K}$为$\mathbb{Z}_q \times \mathbb{Z}_q^*$。对任意消息 $m \in \mathcal{M}$和密钥$(k_1,k_2) \in \mathcal{K}$，仿射密码的加密算法可以表示为

$$c = E_k(m) \equiv (k_1 + mk_2) \bmod q$$

解密算法可以表示为

$$m = D_k(c) \equiv (c - k_1)k_2^{-1} \bmod q$$

显然，加法密码和乘法密码都是仿射密码的特例。仿射密码的密钥空间也不大，只有 $q\phi(q)$种可能的情况。

多表代换密码首先将明文 m 分为 n 个字母构成的分组 $\boldsymbol{m}_1, \boldsymbol{m}_2, \cdots, \boldsymbol{m}_j$，加密算法可以表示为

$$\boldsymbol{c}_i = (\boldsymbol{A}\boldsymbol{m}_i + \boldsymbol{B}) \bmod q, \quad i = 1,2,\cdots,j$$

式中：$(\boldsymbol{A},\boldsymbol{B})$是密钥，$\boldsymbol{A}$ 是$\mathbb{Z}_q$ 上的 $n \times n$ 可逆矩阵，满足 $\gcd(|\boldsymbol{A}|, N)=1$（$|\boldsymbol{A}|$是行列式），$\boldsymbol{B}=(b_1,b_2,\cdots,b_n) \in \mathbb{Z}_q^n$，$\boldsymbol{c}_i=(y_1,y_2,\cdots,y_n) \in \mathbb{Z}_q^n$；$\boldsymbol{m}_i=(x_1,x_2,\cdots,x_n) \in \mathbb{Z}_q^n$。

解密算法可以表示为

$$\boldsymbol{m}_i = \boldsymbol{A}^{-1}(\boldsymbol{c}_i - \boldsymbol{B}) \bmod q, \quad i = 1,2,\cdots,j$$

3.2.1 Caesar 密码

Caesar 密码是古罗马恺撒大帝发明的一种单表代换密码，它是最早有记载的密码之

一。历史学家苏埃托尼乌斯在他的著作《罗马十二帝王传》中记载了恺撒曾用此方法对重要的军事信息进行加密。Caesar 密码是一种通过用其他字符替代明文中的每一个字符,完成将明文转换成密文过程的加密算法。在使用 Caesar 密码之前,先将字母按 0～25 编号,如表 3-1 所示。

表 3-1 Caesar 密码中的字母编码

A	B	C	D	E	F	G	H	I	G	K	L	M
0	1	2	3	4	5	6	7	8	9	10	11	12
N	**O**	**P**	**Q**	**R**	**S**	**T**	**U**	**V**	**W**	**X**	**Y**	**Z**
13	14	15	16	17	18	19	20	21	22	23	24	25

设明文字母表示为 α,密文字母表示为 β,则加解密方法如下:

加密:$\beta=\alpha+n \pmod{26}$

解密:$\alpha=\beta-n \pmod{26}$

式中:n 表示密钥。显然,n 的有效取值为 0～25。如果 $n=0$,那么相当于没有对明文进行加密操作。假设明文 $m=$It is a secret,数学语言可以表示为

$$P=C=\{x \mid x\in[0,25], x\in\mathbb{Z}\}$$

$$n=k_e=k_d=3$$

$$E(k_e,p)=(p+3)\bmod 26$$

$$D(k_d,c)=(c-3)\bmod 26$$

那么密文 $c=$LWLVDVHFUHW。

Caesar 密码具有加解密公式简单、加解密容易理解的优点,但是因为所用语言已知,容易识别、需要测试的密钥只有 25 个(表 3-2),容易被穷举法破译。

表 3-2 Caesar 密码明密文对照

m	a	b	c	d	e	f	g	h	i	j	k	l	m	n	o	p	q	r	s	t	u	v	w	x	y	z
	0	1	2	3	4	5	6	7	8	9	10	11	12	13	14	15	16	17	18	19	20	21	22	23	24	25

+3 mod 26

c	3	4	5	6	7	8	9	10	11	12	13	14	15	16	17	18	19	20	21	22	23	24	25	0	1	2
	D	E	F	G	H	I	J	K	L	M	N	O	P	Q	R	S	T	U	V	W	X	Y	Z	A	B	C

3.2.2 Vigenère 密码

为了增加密码破译的难度,在单表代换密码的基础上扩展出多表代换密码,并将其称为 Vigenère 密码。Vigenère 密码引入了“密钥”的概念,即根据密钥来决定用哪一行的密表来进行替换,以此对抗字频统计。

词组中每一个字母都作为索引来确定采用某个代换表,加密时需要循环使用代换表完成明文字母到密文字母的代换,最后所得到的密文字母序列即为密文。Vigenère 密码的特点是将 26 个 Caesar 表合成一个 Vigenère 密码坐标图,形成了 26×26 的矩阵。矩

阵的第一行是按正常顺序排列的字母表，第二行是第一行左移循环1位得到的，以此类推，得到其余各行。然后在基本方阵的最上方附加一行，最左侧行加一列，分别依序写上A到Z，共计26个字母。表的第一行与附加列上的字母A相对应，表的第二行与附加列上的字母B相对应，以此类推，最后一行与附加列上的字母Z相对应。如果把上面的附加行看成明文序列，则下面的26行就分别构成了左移0位，1位，2位，…，25位的26个单表代换加同余密码的密文序列。同理，也可以把附加列看作明文序列，加密时按照密钥信息来决定采用相关的单表。Vigenère 密码坐标图如图3-3所示。

	A	B	C	D	E	F	G	H	I	J	K	L	M	N	O	P	Q	R	S	T	U	V	W	X	Y	Z
A	A	B	C	D	E	F	G	H	I	J	K	L	M	N	O	P	Q	R	S	T	U	V	W	X	Y	Z
B	B	C	D	E	F	G	H	I	J	K	L	M	N	O	P	Q	R	S	T	U	V	W	X	Y	Z	A
C	C	D	E	F	G	H	I	J	K	L	M	N	O	P	Q	R	S	T	U	V	W	X	Y	Z	A	B
D	D	E	F	G	H	I	J	K	L	M	N	O	P	Q	R	S	T	U	V	W	X	Y	Z	A	B	C
E	E	F	G	H	I	J	K	L	M	N	O	P	Q	R	S	T	U	V	W	X	Y	Z	A	B	C	D
F	F	G	H	I	J	K	L	M	N	O	P	Q	R	S	T	U	V	W	X	Y	Z	A	B	C	D	E
G	G	H	I	J	K	L	M	N	O	P	Q	R	S	T	U	V	W	X	Y	Z	A	B	C	D	E	F
H	H	I	J	K	L	M	N	O	P	Q	R	S	T	U	V	W	X	Y	Z	A	B	C	D	E	F	G
I	I	J	K	L	M	N	O	P	Q	R	S	T	U	V	W	X	Y	Z	A	B	C	D	E	F	G	H
J	J	K	L	M	N	O	P	Q	R	S	T	U	V	W	X	Y	Z	A	B	C	D	E	F	G	H	I
K	K	L	M	N	O	P	Q	R	S	T	U	V	W	X	Y	Z	A	B	C	D	E	F	G	H	I	J
L	L	M	N	O	P	Q	R	S	T	U	V	W	X	Y	Z	A	B	C	D	E	F	G	H	I	J	K
M	M	N	O	P	Q	R	S	T	U	V	W	X	Y	Z	A	B	C	D	E	F	G	H	I	J	K	L
N	N	O	P	Q	R	S	T	U	V	W	X	Y	Z	A	B	C	D	E	F	G	H	I	J	K	L	M
O	O	P	Q	R	S	T	U	V	W	X	Y	Z	A	B	C	D	E	F	G	H	I	J	K	L	M	N
P	P	Q	R	S	T	U	V	W	X	Y	Z	A	B	C	D	E	F	G	H	I	J	K	L	M	N	O
Q	Q	R	S	T	U	V	W	X	Y	Z	A	B	C	D	E	F	G	H	I	J	K	L	M	N	O	P
R	R	S	T	U	V	W	X	Y	Z	A	B	C	D	E	F	G	H	I	J	K	L	M	N	O	P	Q
S	S	T	U	V	W	X	Y	Z	A	B	C	D	E	F	G	H	I	J	K	L	M	N	O	P	Q	R
T	T	U	V	W	X	Y	Z	A	B	C	D	E	F	G	H	I	J	K	L	M	N	O	P	Q	R	S
U	U	V	W	X	Y	Z	A	B	C	D	E	F	G	H	I	J	K	L	M	N	O	P	Q	R	S	T
V	V	W	X	Y	Z	A	B	C	D	E	F	G	H	I	J	K	L	M	N	O	P	Q	R	S	T	U
W	W	X	Y	Z	A	B	C	D	E	F	G	H	I	J	K	L	M	N	O	P	Q	R	S	T	U	V
X	X	Y	Z	A	B	C	D	E	F	G	H	I	J	K	L	M	N	O	P	Q	R	S	T	U	V	W
Y	Y	Z	A	B	C	D	E	F	G	H	I	J	K	L	M	N	O	P	Q	R	S	T	U	V	W	X
Z	Z	A	B	C	D	E	F	G	H	I	J	K	L	M	N	O	P	Q	R	S	T	U	V	W	X	Y

图3-3　Vigenère 密码坐标图

设 m 为某个固定的正整数，P、C 和 K 分别表示为明文空间、密文空间和密钥空间，且 $P=C=K=(Z_{26})^m$，对于一个密钥 $k=(k_1,k_2,\cdots,k_m)$，可以定义如下：

加密：$E_k(k_1,k_2,\cdots,k_m)=(x_1+k_1,x_2+k_2,\cdots,k_m+k_m)$

解密：$D_k(y_1,y_2,\cdots,y_m)=(y_1-k_1,y_2-k_2,\cdots,y_m-k_m)$

其中：$(x_1,x_2,\cdots,x_m)$为一个明文分组中的 m 个字母，密钥空间大小为 26^m。

先从一位的密钥开始。此时 Vigenère 密码就变成 Caesar 密码，加密的方法是将原文字母顺序移位密钥字母在字母表中的个数。例如，使用密钥 b，加密单词 and，每一组的两个字母就成为坐标。在 Vigenère 密码坐标图中分别查找横向和纵向。横向和纵向相交点就是加密后的字母。明文第一个字母是 a,密钥是 b,在表中左边查找 a 那一行和顶端 b 那一列,两者相交的交点字母就是密文,即 b,如图 3-3 所示。根据字母表的顺序,and 加密后就为 boe。对于多位密钥,如以明文 data security,密钥 best 为例,获得密文为 eelttiunsmlr。

Vigenère 密码算法具有相对复杂的密钥,相同的字母将被加密为不同的密文字母的优点。但是,如果密文足够长,其间会有大量重复的密文序列出现;或者通过计算重复密文序列间的公因子,分析者可能猜出密钥长度。

3.3 置换密码

3.3.1 置换密码概述

置换密码(Permutation Cipher)又称换位密码,在置换密码中,明文的字母相同,但出现的顺序被打乱,经过多步置换会进一步打乱字母顺序,如图 3-4 所示。由于密文字符与明文字符相同,密文中字母的出现频率与明文中字母的出现频率相同,密码分析者可以很容易地辨别。如果将置换密码与其他密码技术结合,则可以得出十分有效的密码编码方案。置换密码是一种通过改变明文中每一个字符的位置,将明文转换成密文的加密算法。置换密码加解密的过程方便、计算量小,速度较快;但是完全保留字符的统计信息,具有加密结果简单、容易被破译等特点。

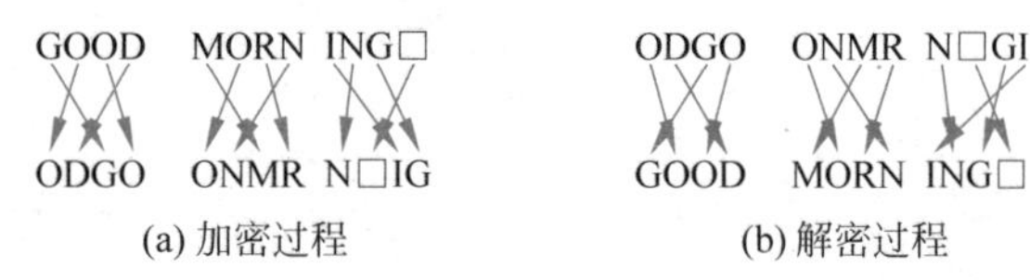

图 3-4 置换密码加密和解密

设 n 为正整数,M、C 和 K 分别为明文空间、密文空间和密钥空间。明文、密文都是长度为 n 的字符序列,分别记为 $X=(x_1,x_2,\cdots,x_n)\in M$,$Y=(y_1,y_2,\cdots,y_n)\in C$,$K$ 是定义在$\{1,2,\cdots,n\}$的所有置换组成的集合。对于任何一个密钥 $\sigma\in K$,即任何一个置换,定义置换密码为

$$\begin{cases} e_\sigma(x_1,x_2,\cdots x_n)=(x_{\sigma(1)},x_{\sigma(2)},\cdots x_{\sigma(n)}) \\ d_{\sigma^{-1}}(y_1,y_2,\cdots,y_n)=(y_{\sigma^{-1}(1)'},y_{\sigma^{-1}(2)'},\cdots,y_{\sigma^{-1}(n)}) \end{cases}$$

式中:σ^{-1} 是 σ 的逆置换;密钥空间 K 的大小为 $n!$。

置换密码可以分为列置换密码和周期置换密码。列置换密码是指明文按照密钥的规程按列换位并且按列读出序列得到密文。周期置换密码是指将明文串 P 按固定长度 m 分组,然后对每组中的子串按 $1,2,\cdots,m$ 的某个置换重排位置从而得到密文 C。其中密钥 k 既包含分组长度的信息,也包含明文变化信息。解密时按照密钥 k 的长度 m 分组后进行求逆重新排列,即可得到明文。

3.3.2 Rail Fence 密码

与 Caesar 密码和 Vigenère 密码相比，Rail Fence（栅栏加密）密码属于置换密码。Rail Fence 密码非常简单，把明文（去掉空格）分成 n 组，每组 m 个，然后按一定的排序方法来将这些字符重新组合得到了密文。例如，待加密的信息为 THE LONGEST DAY MUST HAVE AN END，将传递的信息中的字母交替排成上下两行：

T E O G S D Y U T A E N N

H L N E T A M S H V A E D

再将下面一行字母排在上面一行的后边，从而形成一段密文 TEOGSDYUTAENN HLNETAMSHVAED。

3.4 对称密码

3.4.1 对称密码概述

对称密码的基本特征是用于加密和解密的密钥相同，或者相对容易推导，因此也称为单密钥密码。典型对称密码有分组密码和流密码。分组密码和流密码的区别：其输出的每一位数字不是只与对应（时刻）的输入明文数字有关，还与长度为 N 的一组明文数字有关。分组密码中二进制明文分组的长度称为该分组密码的分组规模。

分组密码原理如图 3-5 所示。

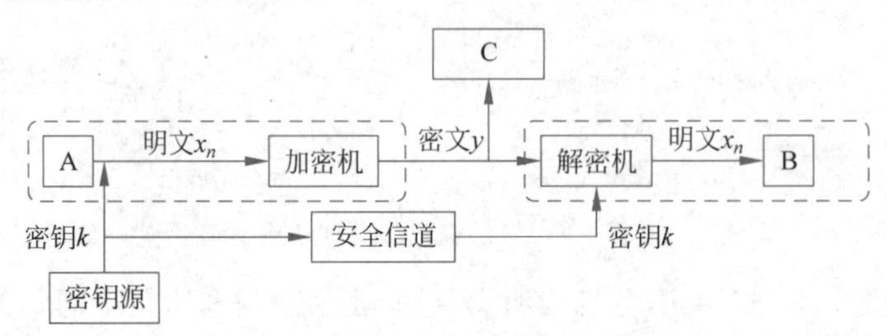

图 3-5 分组密码原理

分组长度 n 通常为 64 位或 128 位；密钥 k 长度为 64 位、128 位或 256 位；密文不随时间的发化而发化。扩散和混淆是香农提出的设计密码体制的两种基本方法，其目的是抵抗攻击者对密码体制的统计分析。扩散就是让明文以及密钥中的每一位能够影响密文中的许多位，或者说密文中的每一位受明文和密钥中的许多位的影响。这样可以隐蔽明文的统计特性，从而增加密码的安全性。理想的情况是让明文中的每一位影响密文中的所有位，或者说让密文中的每一位受明文和密钥中所有位的影响。混淆就是将密文与明文、密钥之间的统计关系变得尽可能复杂，对手即使获取了关于密文的一些统计特性也无法推测密钥。使用复杂的非线性代替变换可以达到比较好的混淆效果。

对称密码加密、解密处理速度快，具有很高的数据吞吐率，硬件加密实现可达到几百兆字节每秒，软件也可以达到兆字节每秒的吞吐率。密钥相对较短。但是，密钥是保密通信安全的关键，发信方必须安全、妥善地把密钥护送到收信方，不能泄露其内容。对称密钥的分发过程十分复杂,代价高。多人通信时密钥组合数量会出现爆炸性膨胀,使密钥分发更加复杂,N 个人进行两两通信,共需要的密钥数为 $N(N-1)/2$。通信双方必须统一密钥才能发送保密的信息。对称密码算法还存在数字签名困难问题。

3.4.2 密码标准

密码标准体系框架从技术维、管理维和应用维对密码标准进行组织和刻画。技术维主要从标准所处技术层次的角度进行刻画,共有七大类,各类之间的依赖关系如图 3-6 所示。

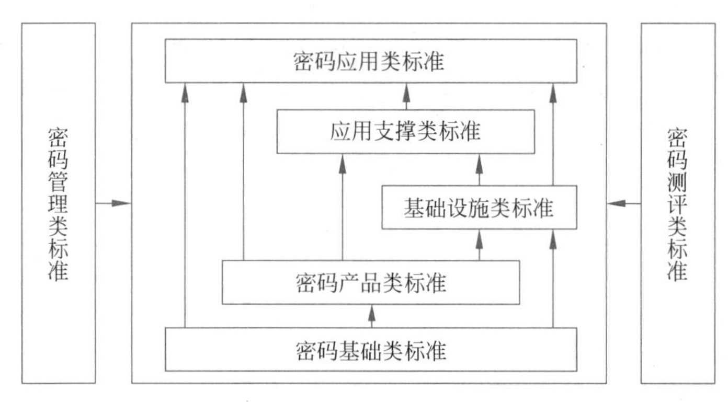

图 3-6 密码标准体系框架

1. 密码基础类标准

密码基础类标准对通用密码技术进行规范,它是体系框架内的基础性规范,主要包括密码术语与标识标准、密码算法标准、算法使用标准、密钥管理标准和密码协议标准等。

2. 基础设施类标准

基础设施类标准主要针对密码基础设施进行规范,包括证书认证系统密码协议、数字证书格式、证书认证系统密码及相关安全技术等。目前已颁布的密码标准涉及公钥基础设施及标识基础设施,未来可能还会出现其他密码基础设施类标准。

3. 密码产品类标准

密码产品类标准主要规范各类密码产品的接口、规格以及安全要求。对于各类密码产品给出设备接口、技术规范和产品规范;对于密码产品的安全性,则不区分产品功能的差异,而以统一的准则给出要求和设计指南;对于密码产品的配置管理,设备统一管理以 GM/T 0050—2016《密码设备管理 设备管理技术规范》为基础制定,针对具体设备也可能单独制定管理规范。

4. 应用支撑类标准

应用支撑类标准针对交互报文、交互流程、调用接口等方面进行规范,包括通用支撑类和典型支撑类两个层次。通用支撑类规范 GM/T 0019—2012《通用密码服务接口规范》通过统一的接口向典型支撑标准和密码应用标准提供加解密、签名验签等通用密码功能,典型支撑类标准是基于密码技术实现的与应用无关的安全机制、安全协议和服务接口,如可信计算可信密码支撑平台接口、证书应用综合服务接口等。

5. 密码应用类标准

密码应用类标准针对使用密码技术实现某种安全功能的应用系统提出的要求以及规范,包括应用要求、应用指南、应用规范和密码服务等子类。应用要求旨在规范社会各行业信息系统对密码技术的合规使用。应用指南用于指导社会各行业建设符合密码应用要求标准的信息系统。应用规范定义了具体的密码应用规范,应用规范类标准也包括其他行业标准机构制定的与行业密切相关的标准,如JR/T 0025—2018《中国金融集成电路(IC)卡规范》中,对金融IC卡业务过程中的密码技术应用做了详细规范。密码服务类则用以规范面向公众或特定领域提供的各类密码服务,目前该类标准暂时空缺。

6. 密码测评类标准

密码测评类标准针对标准体系所确定的基础、产品和应用等类型的标准出台对应检测标准,如针对随机数、安全协议、密码产品功能和安全性等方面的检测规范。其中,对于密码产品的功能检测,分别针对不同的密码产品定义检测规范;对于密码产品的安全性检测,基于统一的准则执行。

7. 密码管理类标准

密码管理类标准包括国家密码管理部门在密码标准、密码算法、密码产业、密码服务、密码应用、密码监察、密码测评等方面的管理规程和实施指南。

3.4.3 对称密码标准

1. GB/T 33133—2016《信息安全技术 祖冲之序列密码算法》

该标准描述了祖冲之密码(ZUC)算法,以及使用祖冲之算法实现机密性和完整性保护的方法。该标准适用于使用祖冲之序列密码算法产品的研制、生产和检测。

GM/T 0001—2012《祖冲之序列密码算法》分为3个部分:GM/T 0001.1《祖冲之序列密码算法 第1部分:算法描述》,描述了祖冲之密码算法的基本原理,该部分已发布为国家标准GB/T 33133.1—2016;GM/T 0001.2《祖冲之序列密码算法 第2部分:基于祖冲之算法的机密性算法》,描述了使用祖冲之密码算法加密明文数据流的方法;GM/T 0001.3《祖冲之序列密码算法 第3部分:基于祖冲之算法的完整性算法》,描述了使用祖冲之密码算法针对明文生成32位MAC值的方法。

2. GB/T 32907—2016《信息安全技术 SM4分组密码算法》

该标准描述了SM4分组密码算法,是一种密钥长度为128位,分组长度也是128位的密码算法。该标准适用于使用分组密码算法进行数据保护的场合,实现对明文数据的加密保护,以及以CBC-MAC等方式实现的完整性保护。

该标准主要内容包括:SM4算法的结构,SM4的128位密钥和32个32位轮密钥,以及算法中用到的FK和CK两个算法参量，每轮运算的轮函数 F 和算法(包括加密算法、解密算法以及密钥扩展算法)的实现。

3. GB/T 17964《信息安全技术 分组密码算法的工作模式》

该标准描述了分组密码算法的7种工作模式，以便规范分组密码的使用。该标准描述的工作模式仅适用于保护数据的机密性，不适用于保护数据的完整性，可与具有鉴别功能的GB/T 15852.1—2020《信息技术 安全技术 消息鉴别码 第1部分：采用分组密码的机制》、GB/T 36624—2018《信息技术 安全技术 可鉴别的加密机制》等标准搭配使用。

GB/T 17964—2021标准分别描述了电子编码本(ECB)模式、密码分组链接(CBC)模式、密码反馈(CFB)模式、输出反馈(OFB)模式、计数器(CTR)模式、分组链接(BC)模式和带非线性函数的输出反馈(OFBNLF)模式，包括变量定义、加密方式、解密方式以及必要的图示等。在3.6节着重讲解了前5种分组密码算法的工作模式。

3.5 分组密码

分组密码是将明文消息编码后的序列划分成固定大小的组，每组明文分别在密钥的控制下变成等长的密文序列。首先对任意长度明文进行填充，使得填充后的明文长度是加密算法要求的长度的整数倍；然后将填充后的明文分割成长度等于加密算法规定长度的数据段，对每一段数据段独立进行加密运算，产生和数据段长度相同的密文，密文序列和明文分段后产生的数据段序列一一对应。

输入是 n 位明文 m 和 b 位密钥 k，输出是 n 位密文 c，表示成 $Ek(m)=c$。假如明文和密文的分组长度都为 n 位，明文和密文取值都在GF(2)中，那么明文和密文的每个分组都有 2^n 个可能的取值。为使加密运算可逆(解密可行)，明文的每个分组都应产生唯一一个密文分组，这样的变换是可逆的，明文分组到密文分组的可逆变换称为代换。不同可逆变换的个数为 $2^n!$，但考虑密钥管理问题和实现效率，现实中的分组密码的密钥长度 k 往往与分组长度 n 差不多，共有 2^k 个代换，而不是理想分组的 $2^k!$ 个代换。在使用时还需考虑分组长度。如果分组长度太小，那么等价于古典的代换密码。如果分组长度足够大，则可逆代换结构是不实际的。

3.5.1 数据加密标准

数据加密标准(Data Encryption Standard，DES)是在美国国家安全局(NSA)资助下由IBM公司开发的一种对称密码算法，其初衷是为政府非机密的敏感信息提供较强的加密保护。它是美国政府担保的第一种加密算法，并在1977年被正式作为美国联邦信息处理标准。

DES的密钥长度和数据段长度均为64位，加密运算前，将数据分为长64位的数据段，通过一个初始置换，将明文分成左半部分和右半部分，长度均为32位。然后进行16轮完全相同的运算。在运算过程中数据与密钥结合，经过16轮后，左、右半部分合在一起，经过一个末置换(初始置换的逆置换)，产生长64的密文。密钥长64位，密钥只有56位参与DES运算，第8、16、24、32、40、48、56、64位是校验位，使得每个密钥都有奇数个1。

DES算法包括IP初始置换、密钥置换、E扩展置换、S盒代替、P盒置换和IP^{-1}末置换等步骤(图3-7)。

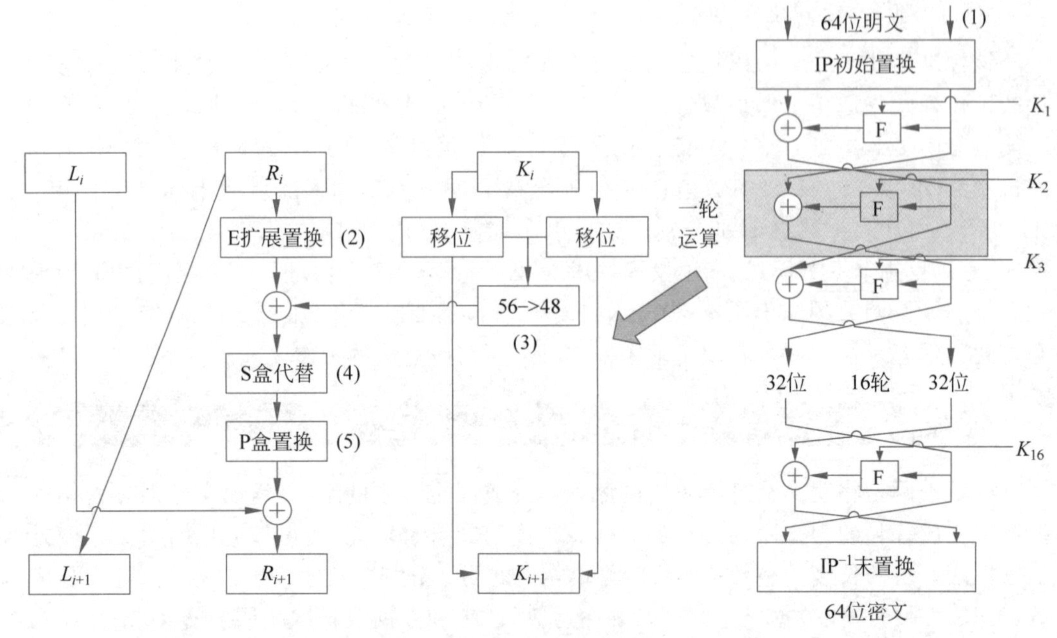

图3-7 DES算法

1. IP初始置换

将输入的64位数据块按位重新组合,并把输出分为L_0、R_0两部分,每部分各占32位。IP初始置换规则如表3-3所示。

表3-3 IP初始置换规则

58	50	42	34	26	18	10	2
60	52	44	36	28	20	12	4
62	54	46	38	30	22	14	6
64	56	48	40	32	24	16	8
57	49	41	33	25	17	9	1
59	51	43	35	27	19	11	3
61	53	45	37	29	21	13	5
63	55	47	39	31	23	15	7

表3-3中的数值代表新数据中此位置的数据在原数据中的位置,即原数据块的第58位放到新数据的第1位,第50位放到第2位……第7位放到第64位。

2. E扩展置换

E扩展置换目标是IP置换后获得的右半部分R_0,将32位输入扩展为48位(分为4位×8组)输出。E扩展置换之后,右半部分数据R_0变为48位,与密钥置换得到的轮密钥进行异或。

E扩展置换能够生成与密钥相同长度的数据，以进行异或运算或者提供更长的结果，便于后续的替代运算中可以进行压缩。E扩展置换规则如表3-4所示，其中两列阴影数据是扩展的数据。可以看出，扩展的数据是从相邻两组分别取靠近的一位，4位变为6位。靠近32位的为1位，靠近1位的为32位。表中第二行的4取自上组中的末位，9取自下组中的首位。

表3-4 E扩展置换规则

32	1	2	3	4	5
4	5	6	7	8	9
8	9	10	11	12	13
12	13	14	15	16	17
16	17	18	19	20	21
20	21	22	23	24	25
24	25	26	27	28	29
28	29	30	31	32	1

3. 密钥置换

不考虑每字节的第8位，DES的密钥由64位减至56位，每字节的第8位作为奇偶校验位。产生的56位密钥由表3-5生成。注意第8、16、24、32、40、48、56、64位是校验位。

表3-5 产生的56位密钥

57	49	41	33	25	17	9	1	58	50	42	34	26	18
10	2	59	51	43	35	27	19	11	3	60	52	44	36
63	55	47	39	31	23	15	7	62	54	46	38	30	22
14	6	61	53	45	37	29	21	13	5	28	20	12	4

在DES的每轮中，从56位密钥产生出不同的48位子密钥，确定子密钥方法如下。

(1) 将56位的密钥分成两部分，每部分28位。

(2) 根据轮数，将这两部分分别循环左移1位或2位。每轮移动的位数如表3-6所示。

表3-6 每轮移动的位数

轮数	1	2	3	4	5	6	7	8	9	10	11	12	13	14	15	16
位数	1	1	2	2	2	2	2	2	1	2	2	2	2	2	2	1

移动后，在56位中选出48位，这样既置换了每位顺序，又选择了子密钥，因此称为压缩置换。压缩置换规则如表3-7所示，注意表中没有第9、18、22、25、35、38、43和54位。置换方法类同。

表 3-7 压缩置换规则

14	17	11	24	1	5	3	28	15	6	21	10
23	19	12	4	26	8	16	7	27	20	13	2
41	52	31	37	47	55	30	40	51	45	33	48
44	49	39	56	34	53	46	42	50	36	29	32

4. S盒代替

压缩后的密钥与扩展分组异或以后得到 48 位的数据，将数据送入 S 盒，进行代替运算，如图 3-8 所示。代替由 8 个不同的 S 盒完成，每个 S 盒有 6 位输入和 4 位输出。48 位输入分为 8 个 6 位的分组，一个分组对应一个 S 盒，对应的 S 盒对各组进行代替操作。

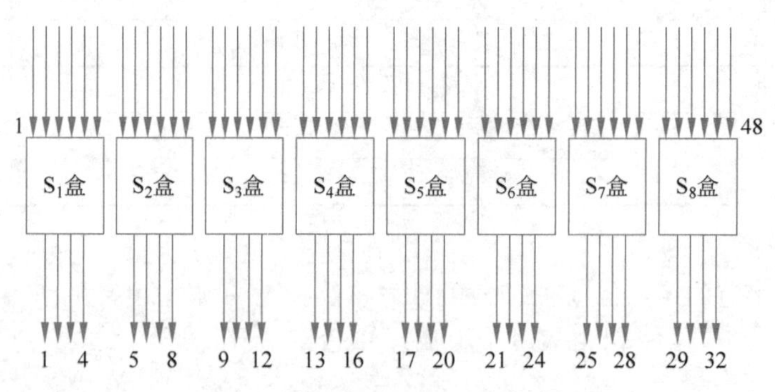

图 3-8 S 盒

S_1～S_8 盒分别如表 3-8～表 3-15 所示。

表 3-8 S_1 盒

14	4	13	1	2	15	11	8	3	10	6	12	5	9	0	7
0	15	7	4	14	2	13	1	10	6	12	11	9	5	3	8
4	1	14	8	13	6	2	11	15	12	9	7	3	10	5	0
15	12	8	2	4	9	1	7	5	11	3	14	10	0	6	13

表 3-9 S_2 盒

15	1	8	14	6	11	3	4	9	7	2	13	12	0	5	10
3	13	4	7	15	2	8	14	12	0	1	10	6	9	11	5
0	14	7	11	10	4	13	1	5	8	12	6	9	3	2	15
13	8	10	1	3	15	4	2	11	6	7	12	0	5	14	9

表 3-10 S_3 盒

10	0	9	14	6	3	15	5	1	13	12	7	11	4	2	8
13	7	0	9	3	4	6	10	2	8	5	14	12	11	15	1
13	6	4	9	8	15	3	0	11	1	2	12	5	10	14	7
1	10	13	0	6	9	8	7	4	15	14	3	11	5	2	12

表 3-11　S_4 盒

7	13	14	3	0	6	9	10	1	2	8	5	11	12	4	15
13	8	11	5	6	15	0	3	4	7	2	12	1	10	14	19
10	6	9	0	12	11	7	13	15	1	3	14	5	2	8	4
3	15	0	6	10	1	13	8	9	4	5	11	12	7	2	14

表 3-12　S_5 盒

2	12	4	1	7	10	11	6	5	8	3	15	13	0	14	9
14	11	2	12	4	7	13	1	5	0	15	13	3	9	8	6
4	2	1	11	10	13	7	8	15	9	12	5	6	3	0	14
11	8	12	7	1	14	2	13	6	15	0	9	10	4	5	3

表 3-13　S_6 盒

12	1	10	15	9	2	6	8	0	13	3	4	14	7	5	11
10	15	4	2	7	12	9	5	6	1	13	14	0	11	3	8
9	14	15	5	2	8	12	3	7	0	4	10	1	13	11	6
4	3	2	12	9	5	15	10	11	14	1	7	6	0	8	13

表 3-14　S_7 盒

4	11	2	14	15	0	8	13	3	12	9	7	5	10	6	1
13	0	11	7	4	9	1	10	14	3	5	12	2	15	8	6
1	4	11	13	12	3	7	14	10	15	6	8	0	5	9	2
6	11	13	8	1	4	10	7	9	5	0	15	14	2	3	12

表 3-15　S_8 盒

13	2	8	4	6	15	11	1	10	9	3	14	5	0	12	7
1	15	13	8	10	3	7	4	12	5	6	11	0	14	9	2
7	11	4	1	9	12	14	2	0	6	10	13	15	3	5	8
2	1	14	7	4	10	8	13	15	12	9	0	3	5	6	11

5. P 盒置换

S 盒代替运算的 32 位输出按照 P 盒进行置换。该置换把输入的每位映射到输出位，任何一位不能被映射两次，也不能被略去。P 盒置换规则如表 3-16 所示。表 3-16 中的数值代表原数据中此位置的数据在新数据中的位置，即原数据块的第 16 位放到新数据的第 1 位，第 7 位放到第 2 位……第 25 位放到第 32 位。P 盒置换的结果与最初的 64 位分组左半部分 L_0 异或，然后左、右半部分交换，开始另一轮。

表 3-16　P 盒置换规则

16	7	20	21	29	12	28	17
1	15	23	26	5	18	31	10
2	8	24	14	32	27	3	9
19	13	30	6	22	11	4	25

6. IP^{-1} 末置换

IP^{-1} 末置换是初始置换的逆过程，DES 最后一轮后，左、右两半部分并未进行交换，而是两部分合并形成一个分组作为末置换的输入。IP^{-1} 末置换规则如表 3-17。

表 3-17　IP^{-1} 末置换规则

40	8	48	16	56	24	64	32
39	7	47	15	55	23	63	31
38	6	46	14	54	22	62	30
37	5	45	13	53	21	61	29
36	4	44	12	52	20	60	28
35	3	43	11	51	19	59	27
34	2	42	10	50	18	58	26
33	1	41	9	49	17	57	25

可以看出，DES 算法具有如下特点。

(1) 分组加密算法。以 64 位为分组，64 位一组的明文从算法一端输入，64 位密文从另一端输出。

(2) 对称算法。加密和解密用同一密钥。

(3) 有效密钥长度为 56 位。密钥通常表示为 64 位数，但每个第 8 位用作奇偶校验，可以忽略。

(4) 代替和置换。DES 算法是两种加密技术的组合，即先代替后置换。

(5) 易于实现。DES 算法只是使用了标准的算术和逻辑运算，其作用的数量最多只有 64 位，因此用 20 世纪 70 年代末期的硬件技术很容易实现。

由于 DES 算法密钥长度偏短等缺陷，不断受到差分密码分析和线性密码分析等各种攻击威胁，使其安全性受到严重的挑战。DES 算法具有如下具体安全隐患。

(1) 密钥太短。DES 算法的初始密钥实际长度只有 56 位，密钥长度不足以抵抗穷举搜索攻击，穷举搜索攻击破解密钥，不太可能提供足够的安全性。

(2) DES 算法的半公开性。DES 算法中的 8 个 S 盒替换表的设计标准自 DES 算法公布以来仍未公开，替换表中的数据是否存在某种依存关系用户无法确认。

(3) DES 算法迭代次数偏少。DES 算法的 16 轮迭代次数被认为偏少，在以后的 DES 改进算法中，都不同程度地进行了提高。

3.5.2　3DES 算法

DES 算法的最大缺陷是使用了短密钥。为了克服这个缺陷，Tuchman 提出了 3DES 算法，使用了 168 位的长密钥。3DES 使用 3 倍 DES 的密钥长度的密钥，执行 3 次 DES 算法。由于 DES 密钥的长度实质上是 56 位，因此 3DES 的密钥长度就是 $56\times3=168$ 位。3DES 并不是进行 3 次 DES 加密(加密→加密→加密)，而是加密→解密→加密的过程，如图 3-9 所示。

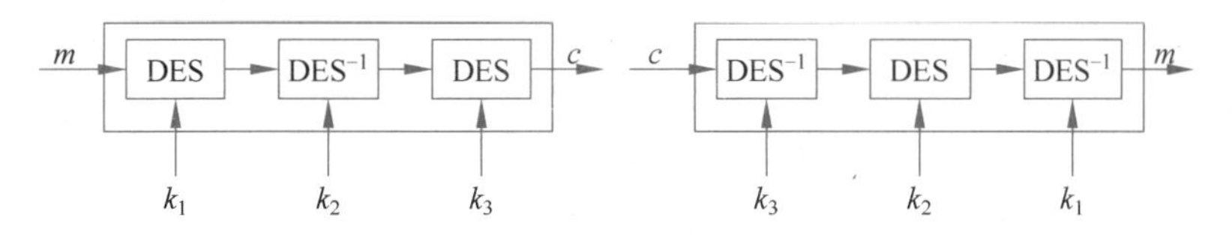

图 3-9 3DES 密钥

如图 3-10 所示，如果密钥 1 和密钥 3 使用相同的密钥，而密钥 2 使用不同的密钥（也就是只使用两个 DES 密钥），这种 3DES 也称为 DES-EDE2。EDE2 表示加密→解密→加密过程。双密钥 3DES 加密，密钥长度为 112 位。

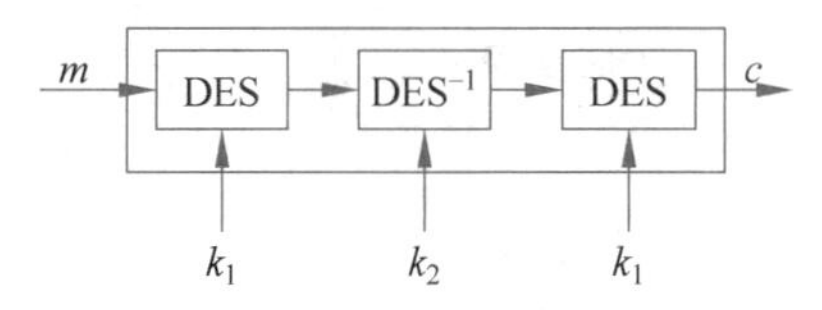

图 3-10 DES-EDE2 密钥

3DES 的密钥长度为 112 位或者 168 位，足够长。3DES 底层算法与 DES 相同，因此承受密码分析时间远远长于其他加密算法，对密码分析攻击有很强免疫力。3DES 的设计主要针对硬件实现，但相对在许多领域用软件方法来实现，则效率相对较低，实现速度更慢。虽然密钥增加了，但分组长度仍为 64 位，似乎应该更长。因此，3DES 不能成为长期使用的加密算法标准。

3.5.3 高级加密标准

高级加密标准（Advanced Encryption Standard，AES）在密码学中又称 Rijndael 加密法，是美国联邦政府采用的一种区块加密标准。这个标准用于替代原先的 DES，已经被多方分析且在全世界广泛使用。美国国家标准与技术研究院（NIST）于 2001 年 11 月 26 日发布高级加密标准，并于 2002 年 5 月 26 日成为有效的标准。AES 密钥长度可以是 128 位、192 位或者 256 位，数据段长度固定为 128 位。加密运算前，将数据分为 128 位长度的数据段，然后对每一段数据段进行加密运算，产生 128 位长度的密文。

AES 中的许多运算是按字节定义，或按 4 字节的字定义的。将字节看作有限域的一个元素，一个 4 字节的字看作 $GF(2^8)$ 中并且次数小于 4 的多项式。有限域的元素在本算法中采用传统的多项式表达式，$GF(2^8)$ 中的所有元素的系数为 GF(2) 中且次数小于 8 的多项式。将 $b_7b_6b_5b_4b_3b_2b_1b_0$ 构成的一个字节看成多项式：

$$b_7x^7+b_6x^6+b_5x^5+b_4x^4+b_3x^3+b_2x^2+b_1x+b_0(b_i\in GF(2),0<i<7)$$

如十六进制数 57 对应的二进制数为 01010111，看作一字节，对应的多项式为 $xx^6+x^4+x^2+x+1$。采用的有加法运算、乘法运算和 x 乘运算。

(1) 加法运算：有限域 $GF(2^8)$ 中的两个元素相加，结果是一个次数不超过 7 的多项式，其系数等于两个元素对应系数的模 2 加（比特异或）。有限域 $GF(2^8)$ 中的两个元素加法与两字节的按位模 2 加是一致的。

例如,“57”和“83”的和为

$57 \oplus 83 = D_4$

$57 \rightarrow 01010111 \rightarrow x^6 + x^4 + x^2 + x + 1$

$83 \rightarrow 10000011 \rightarrow x^7 + x + 1$

$(x^6 + x^4 + x^2 + x + 1) + (x^7 + x + 1) = x^7 + x^6 + x^4 + x^2 \rightarrow 11010100 \rightarrow D_4$

显然,该加法与简单的以字节为组织的比特异或是一致的。

(2) 乘法运算:要计算有限域 GF(2^8)上的乘法,必须先确定 GF(2)上的八次不可约多项式。GF(2^8)上两个元素的乘积就是这两个多项式模乘(八次不可约多项式为模)。若一个多项式除了 1 和自身没有其他因子,则就是不可约的。对于 AES,这个八次不可约多项式确定为 $m(x) = x^8 + x^4 + x^2 + x + 1$,十六进制表示为 011$b$,二进制表示为 0000000100011011。

例如,“57”和“83”的乘为

$57 \cdot 83 = C_1$

$(x^6 + x^4 + x^2 + x + 1) \cdot (x^7 + x + 1)$

$= x^{13} + x^{11} + x^9 + x^8 + x^7 + x^7 + x^5 + x^3 + x^2 + x + x^6 + x^4 + x^2 + x + 1$

$= x^{13} + x^{11} + x^9 + x^8 + x^6 + x^5 + x^4 + x^3 + 1$

而

$(x^{13} + x^{11} + x^9 + x^8 + x^6 + x^5 + x^4 + x^3 + 1) \bmod m(x)$

$= (x^{13} + x^{11} + x^9 + x^8 + x^6 + x^5 + x^4 + x^3 + 1)$

$\bmod(x^8 + x^4 + x^3 + x + 1)$; % 计算时按降幂排

$= x^7 + x^6 + 1$

所以

$(x^6+x^4+x^2+x+1) \cdot (x^7+x+1) = x^7+x^6+1$; %多项式表示

$01010111 \cdot 10000011 = 11000001$; %二进制表示

$7 \cdot 83 = C1$; %16 进制表示

(3) x 乘运算:用 x 乘以一个多项式,简称 x 乘。

$$(b_7x^7 + b_6x^6 + b_5x^5 + b_4x^4 + b_3x^3 + b_2x^2 + b_1x + b_0) \otimes x$$

$$= b_7x^8 + b_6x^7 ++ b_4x^5 + b_3x^4 + b_2x^3 + b_1x^2 + b_0x$$

将上面的结果模 $m(x)$求余得到 $xb(x)$。如果 $b_7 = 0$,则结果就是 $x \cdot b(x)$;如果 $b_7 = 1$,则乘积结果先减去 $m(x)$,结果也为 $xb(x)$。x(十六进制数表示为 02)乘可以用字节内左移一位和紧接着一个 1b 的按位模 2 加来实现,该运算即为 xtime 运算。

对于系数在 GF(2^8)上的多项式,其系数可以定义为 GF(2^8)中的元素,通过 4 字节构成的字可以表示为系数在 GF(2^8)上的次数小于 4 的多项式,多项式的加法就是对应系数相加。GF(2^8)中的加法为按模 2 加,因此两字节的加法就是按模 2 加。乘法比较复杂,规定多项式的乘法运算必须要取模 $m(x) = x^4 + 1$,这样使次数小于 4 的多项式的乘积仍然是一个次数小于 4 的多项式，将多项式的模乘运算记为"⊗"。固定多项式 $a(x)$ 与多项式 $b(x)$ 做"⊗"运算可以写成矩阵乘法：

$$\begin{bmatrix} c_0 \\ c_1 \\ c_2 \\ c_3 \end{bmatrix} = \begin{bmatrix} a_0 & a_3 & a_2 & a_1 \\ a_1 & a_0 & a_3 & a_2 \\ a_2 & a_1 & a_0 & a_3 \\ a_3 & a_2 & a_1 & a_0 \end{bmatrix} \begin{bmatrix} b_0 \\ b_1 \\ b_2 \\ b_3 \end{bmatrix}$$

其中，矩阵是一个循环矩阵。$M(x)$不是 GF(2^8)中的不可约多项式，因此被一个固定多项式相乘不一定是可逆。AES 中选择了一个有逆元的固定多项式，即

$$a(x) = \{03\} - x^3 + \{01\} \cdot x^2 + \{01\}x + \{02\}$$

$$a^{-1}(x) = \{0b\}x^3 + \{0d\}x^2 + \{09\}x + \{0e\}$$

$$a(x) \otimes a^{-1}(x) = a^{-1}(x) \otimes a(x) = \{01\}$$

假设 $c(x) = x \otimes b(x)$定义为 x 与$b(x)$的模 x^4+1 乘法，即

$$c(x) = x \otimes b(x) = b_2x^3 + b_1x^2 + b_0x + b_3$$

则用矩阵表示为

$$\begin{bmatrix} c_0 \\ c_1 \\ c_2 \\ c_3 \end{bmatrix} = \begin{bmatrix} 0 & 00 & 00 & 01 \\ 01 & 00 & 00 & 00 \\ 00 & 01 & 00 & 00 \\ 00 & 00 & 01 & 00 \end{bmatrix} \begin{bmatrix} b_0 \\ b_1 \\ b_2 \\ b_3 \end{bmatrix}$$

因此，系数在 GF(2^8)上的多项式 $a_3x^3 + a_2x^2 + a_1x + a_0$ 是模 x^4+1 可逆的，当且仅当矩阵

$$\begin{bmatrix} a_0 & a_3 & a_2 & a_1 \\ a_1 & a_0 & a_3 & a_2 \\ a_2 & a_1 & a_0 & a_3 \\ a_3 & a_2 & a_1 & a_0 \end{bmatrix}$$

在 GF(2^8)上可逆。

3.5.4 国际数据加密算法

国际数据加密算法(International Data Encryption Algorithm，IDEA)是最强大的加密算法之一。尽管 IDEA 很强大，但不像 DES 那么普及，原因有两个：一是 IDEA 受专利的保护，而 DES 不受专利的保护，因此 IDEA 要先获得许可证之后才能在商业应用程序中使用；二是 DES 比 IDEA 具有更长的历史和跟踪记录。

IDEA 是块加密，与 DES 一样，IDEA 也处理 64 位明文块，但是其密钥更长，共 128 位。IDEA 和 DES 一样是可逆的，即可以用相同的算法加密和解密。IDEA 也用扩展与混淆进行加密。图 3-11 显示了 IDEA 流程。

64 位输入明文块分为 4 个部分(各 16 块)$P_1 \sim P_4$。$P_1 \sim P_4$ 是算法的第 1 轮输入，

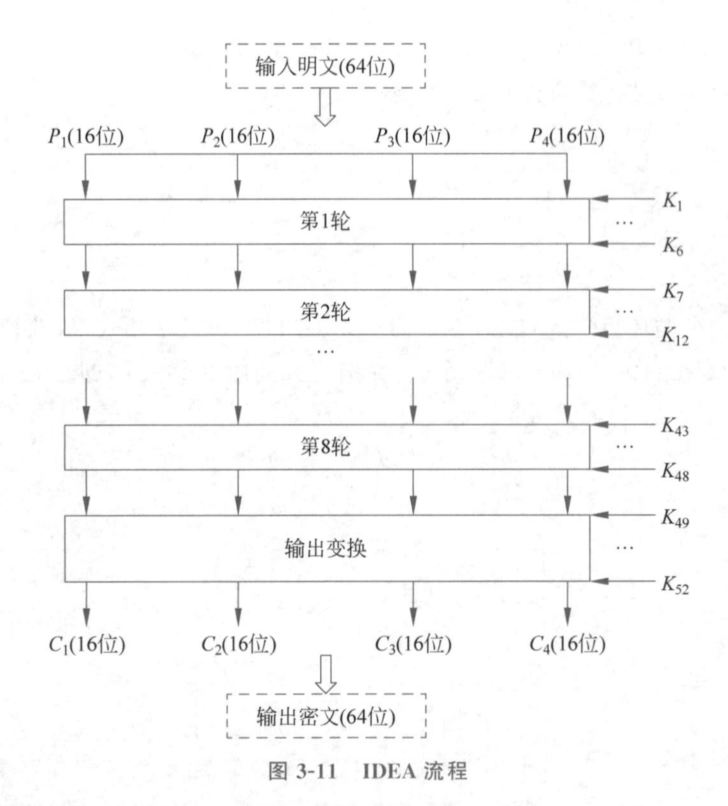

图 3-11 IDEA 流程

共 8 轮。密钥为 128 位,每轮从原先的密钥产生 6 个子密钥,各为 16 位。这 6 个子密钥作用于 4 个输入块 $P_1 \sim P_4$。第 1 轮有 6 个密钥 $K_1 \sim K_6$,第 2 轮有 6 个密钥 $K_7 \sim K_{12}$……第 8 轮有 6 个密钥 $K_{43} \sim K_{48}$。最后一步是输出变换,只用 4 个子密钥 $K_{49} \sim K_{52}$。产生的最后输出是输出变换的输出,为 4 个密文块 $C_1 \sim C_4$(各为 16 位),从而构成 64 位密文块。

DEA 每轮需要 6 个子密钥(因此 8 轮共需要 48 个子密钥),最后输出变换使用 4 个子密钥(共需要 52 个子密钥)。从 128 位的输入密钥得到 52 位子密钥,其前两轮的做法如下(根据前两轮的做法,可以得到后面各轮的子密钥表)。

第 1 轮:原始密钥为 128 位,可以产生第 1 轮的 6 个子密钥 $K_1 \sim K_6$。由于 $K_1 \sim K_6$ 各为 16 位,因此用到 128 位中的前 96 位(6 个子密钥,各为 16 位)。这样,第 1 轮结束时,第 97~128 位密钥还没有使用,如图 3-12 所示。

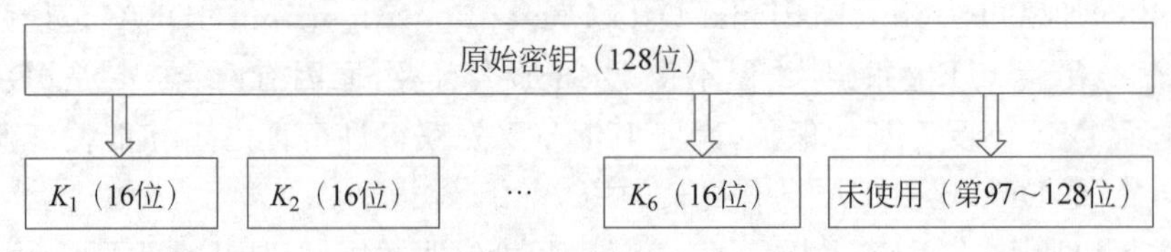

图 3-12 IDEA 密钥第 1 轮

第 2 轮:首先使用第 1 轮没有使用过的 32 位(第 97~128 位)密钥,共需要 96 位密钥,因此 IDEA 采用了密钥移位技术,在这个阶段原始密钥循环左移 25 位,即原始密钥的第 26 位移到第 1 位(称为移位后的第 1 位),原始密钥的第 25 位移到最后一位(称为移位后的第 128 位)。其整个过程如图 3-13 所示。

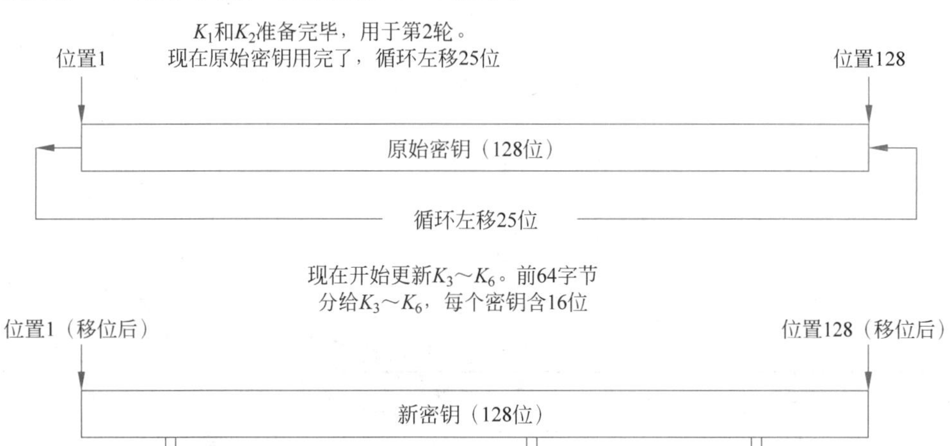

图 3-13　IDEA 密钥第 2 轮

可以看到,第 2 轮使用了第 1 轮的第 97～128 位,以及经过 25 位移位后的第 1～64 位。然后,第 3 轮其余的部分,即第 65～128 位(总共 64 位)。再次进行 25 位的移位,移位后,在第 3 轮使用第 1～32 位,以此类推。

解密过程与加密过程完全相同,只是子密钥的生成与模式不同。解密子密钥实际上是加密子密钥的逆。

3.5.5　SM4 算法

SM4 算法是一个迭代分组密码算法,由加解密算法和密钥扩展算法组成。SM4 算法采用非平衡 Feistel 结构,分组长度为 128 位,密钥长度为 128 位。加密算法与密钥扩展算法均采用 32 轮非线性迭代结构。加密运算和解密运算的算法结构相同,解密运算的轮密钥的使用顺序与加密运算相反。

SM4 算法的加密密钥长度为 128 位,表示为 $\mathrm{MK}=(\mathrm{MK}_0,\mathrm{MK}_1,\mathrm{MK}_2,\mathrm{MK}_3)$,其中 $\mathrm{MK}_i(i=0,1,2,3)$为 32 位。轮密钥表示为$(\mathrm{rk}_0,\mathrm{rk}_1,\cdots,\mathrm{rk}_{31})$,其中 $\mathrm{rk}_i(i=0,1,\cdots,31)$为 32 位。轮密钥由加密密钥生成。$\mathrm{FK}=(\mathrm{FK}_0,\mathrm{FK}_1,\mathrm{FK}_2,\mathrm{FK}_3)$为系统参数,$\mathrm{CK}=(\mathrm{CK}_0,\mathrm{CK}_1,\cdots,\mathrm{CK}_{31})$为固定参数,用于密钥扩展算法,其中 $\mathrm{FK}_i(i=0,1,\cdots,3)$,$\mathrm{CK}_i(i=0,1,\cdots,31)$均为 32 位。

SM4 算法由 32 次迭代运算和 1 次反序变换 R 组成。设明文输入为$(X_0,X_1,X_2,X_3)\in(Z_2^{32})^4$,密文输出为$(Y_0,Y_1,Y_2,Y_3)\in(Z_2^{32})^4$,轮密钥为 $\mathrm{rk}_i\in Z_2^{32}(i=0,1,\cdots,31)$。加密运算过程如下。

首先执行 32 次迭代运算:

$$X_{i+4}=F(X_i,X_{i+1},X_{i+2},X_{i+3},\mathrm{rk}_i)=$$

$$X_i \oplus T(X_{i+1} \oplus X_{i+2} \oplus X_{i+3} \oplus \mathrm{rk}_i), \quad i=0,1,\cdots,31$$

对最后一轮数据进行反序变换并得到密文输出：

$$(Y_0, Y_1, Y_2, Y_3) = R(X_{32}, X_{33}, X_{34}, X_{35}) = (X_{35}, X_{34}, X_{33}, X_{32})$$

其中，T: $Z_2^{32} \to Z_2^{32}$ 一个可逆变换，由非线性变换 τ 和线性变换 L 复合而成，即 $T(\cdot) = L(\tau(\cdot))$。

非线性变换 τ 由 4 个并行的 S 盒构成。设输入为 $A=(a_0, a_1, a_2, a_3) \in (Z_2^8)^4$，非线性变换 τ 的输出为 $B=(b_0, b_1, b_2, b_3) \in (Z_2^8)^4$，即

$$(b_0, b_1, b_2, b_3) = \tau(A) = (\mathrm{Sbox}(a_0), \mathrm{Sbox}(a_1), \mathrm{Sbox}(a_2), \mathrm{Sbox}(a_3))$$

SM_4 的 S 盒数据如表 3-18 所示。

表 3-18　SM4 算法的 S 盒数据

	0	1	2	3	4	5	6	7	8	9	A	B	C	D	E	F
0	D6	90	E9	FE	CC	E1	3D	B7	16	B6	14	C2	28	FB	2C	05
1	2B	67	9A	76	2A	BE	04	C3	AA	44	13	26	49	86	06	99
2	9C	42	50	F4	91	EF	98	7A	33	54	0B	43	ED	CF	AC	99
3	E4	B3	1C	A9	C9	08	E8	95	80	DF	94	FA	75	8F	3F	A6
4	47	07	A7	FC	F3	73	17	BA	83	59	3C	19	E6	85	4F	A8
5	68	6B	81	B2	71	64	DA	8B	F8	EB	0F	4B	70	56	9D	35
6	1E	24	0E	5E	63	58	D1	A2	25	22	7C	3B	01	21	78	87
7	D4	00	46	57	9F	D3	27	52	4C	36	02	E7	A0	C4	C8	9E
8	EA	BF	8A	D2	40	C7	38	B5	A3	F7	F2	CE	F9	61	15	A1
9	E0	AE	5D	A4	9B	34	1A	55	AD	93	32	30	F5	8C	B1	E3
A	1D	F6	E2	2E	82	66	CA	60	C0	29	23	AB	0D	53	4E	6F
B	D5	DB	37	45	DE	FD	8E	2F	03	FF	6A	72	6D	6C	5B	51
C	8D	1B	AF	92	BB	DD	BC	7F	11	D9	5C	41	1F	10	5A	D8
D	0A	C1	31	88	A5	CD	7B	BD	2D	74	D0	12	B8	E5	B4	B0
E	89	69	97	4A	0C	96	77	7E	65	B9	F1	09	C5	6E	C6	84
F	18	F0	7D	EC	3A	DC	4D	20	79	EE	5F	3E	D7	CB	39	48

设 S 盒的输入为 EF，则经 S 盒运算的输出结果为表中第 E 行、第 F 列的值，即 Sbox(EF)=0×84。L 是线性变换，非线性变换 τ 的输出是线性变换 L 的输入。设输入为 $B \in Z_2^{32}$，输出为 $C \in Z_2^{32}$，则有

$$C = L(B) = B \oplus (B <<< 2) \oplus (B <<< 10) \oplus (B <<< 18) \oplus (B <<< 24)$$

SM4 加密算法的运算如图 3-14 所示。

SM4 的解密变换与加密变换结构相同，不同的仅是轮密钥的使用顺序。解密时，使用轮密钥序($\mathrm{rk}_{31}, \mathrm{rk}_{30}, \cdots, \mathrm{rk}_0$)。轮密钥由加密密钥通过密钥扩展算法生成。设加密密钥为

$$\mathrm{MK} = (\mathrm{MK}_0, \mathrm{MK}_1, \mathrm{MK}_2, \mathrm{MK}_3) \in (Z_2^{32})^4$$

轮密钥生成方法为

$$\mathrm{rk}_i = K_{i+4} = K_i \oplus T'(K_{i+1} \oplus K_{i+2} \oplus K_{i+3} \oplus \mathrm{CK}_i) \quad (i=0,1,\cdots,31)$$

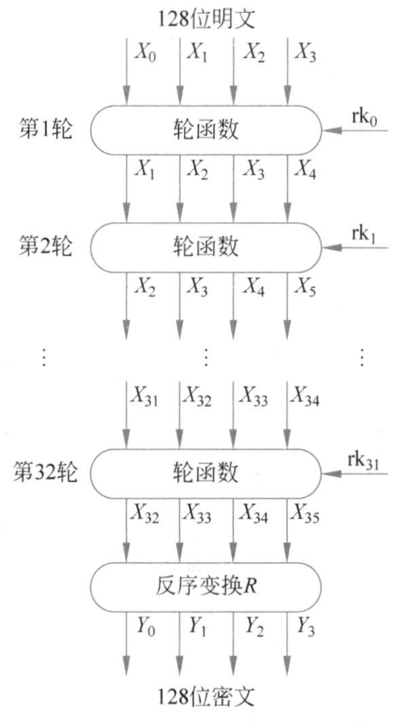

图 3-14 SM4 加密算法流程

其中

$$K_0 = \mathrm{MK}_0 \oplus \mathrm{FK}_0$$

$$K_1 = \mathrm{MK}_1 \oplus \mathrm{FK}_1$$

$$K_2 = \mathrm{MK}_2 \oplus \mathrm{FK}_2$$

$$K_3 = \mathrm{MK}_3 \oplus \mathrm{FK}_3$$

T'是将合成置换 T 的线性变换 L 替换为 L'：

$$\mathrm{FK}_1 = (56\mathrm{AA}3350)$$

$$\mathrm{FK}_2 = (677\mathrm{D}9197)$$

$$\mathrm{FK}_3 = (\mathrm{B}27022\mathrm{DC})$$

3.6 分组密码工作模式

分组密码是将消息作为数据分组来加密或解密的，而实际应用中大多数消息的长度是不定的，数据格式也不同。当消息长度大于分组长度时，需要分成几个分组分别进行处理。为了能灵活地运用基本的分组密码算法，人们设计了分组密码的工作模式，也称为分组密码算法的运行模式。

工作模式能为密文组提供一些其他的性质，如隐藏明文的统计特性、数据格式、控制错误传播等，以提高整体安全性，减少删除、重放、插入和伪造等攻击的机会。常用的工作模式有电子编码本模式、密码分组链接模式、密码反馈模式、输出反馈模式和计数器模式。

3.6.1 电子编码本模式

电子编码本模式是最简单的一种工作模式，一次对一个长64位的明文分组加密，而且每次的加密密钥都相同。当密钥取定时，对明文的每个分组都有唯一的密文与之对应。对任意一个可能的明文分组，电子编码本中都有一项对应于它的密文。ECB模式如图3-15所示。

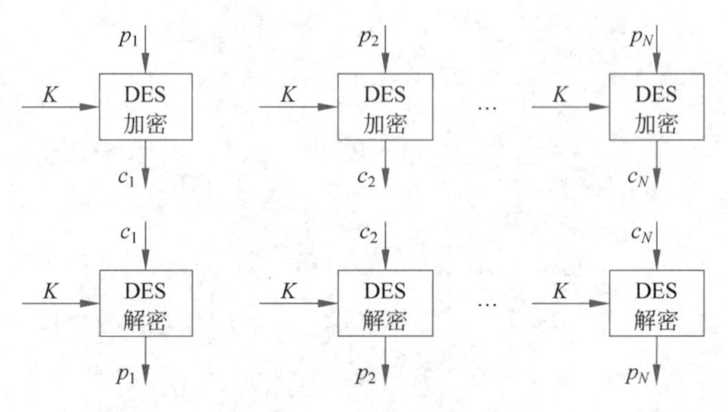

图3-15 ECB模式

ECB模式用于短数据(如加密密钥)时非常理想，因此如果需要安全地传递DES密钥，ECB模式是最合适的。若消息长于64位，则将其分为长为64位的分组；若最后一个分组不足64位，则需要填充。ECB模式的最大缺陷是，若同一明文分组在消息中重复出现，则产生的密文分组也相同。因此，ECB模式用于长消息时不够安全，若消息有固定结构，则密码分析者有可能找出这种关系。

3.6.2 密码分组链接模式

为了解决ECB模式的安全缺陷，可以让重复的明文分组产生不同的密文分组，密码分组链接模式就可以满足这一要求。CBC模式一次对一个明文分组加密，每次加密使用同密钥，加密算法的输入是当前明文分组和前一次密文分组的异或，因此加密算法的输入不会显示与这次的明文分组之间的固定关系，且重复的明文分组不会在密文分组中暴露这种重复关系。每个密文分组被解密后再与前一个密文分组异或。CBC模式如图3-16所示。

在产生第1个密文分组时，需要有一个初始化向量(Initialization Vector，IV)与第1个明文分组异或。解密时，IV和解密算法对第1个密文分组的输出进行异或以恢复第1个明文分组。IV对于收发双方都应是已知的，为使安全性提高，IV应像密钥一样被保护，可使用ECB模式发送初始变量IV。由于CBC模式的链接机制，CBC模式非常适合加密长于64位的消息。CBC模式除能够获得保密性，还能用于认证。

3.6.3 密码反馈模式

DES是分组长度为64位的分组密码，但利用密码反馈模式或输出反馈模式可将

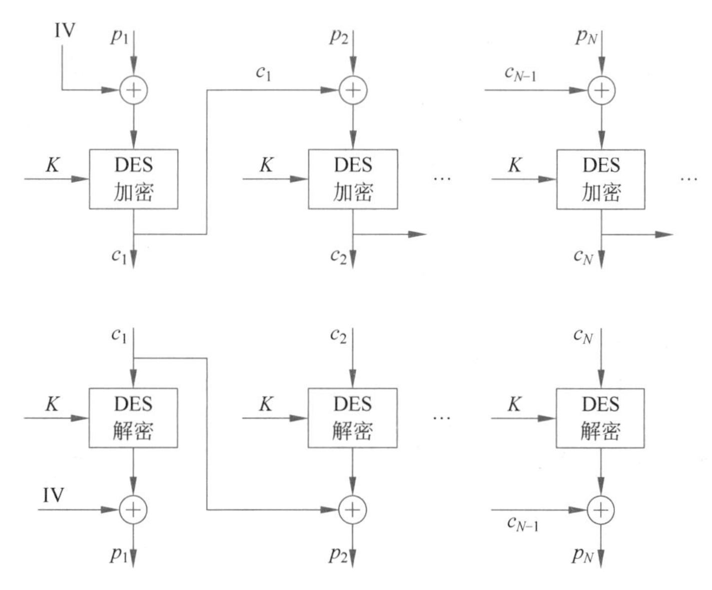

图 3-16 CBC 模式

DES 转换为流密码。流密码不需要对消息进行填充，而且运行是实时的，因此如果传送字母流，可使用流密码对每个字母直接加密并传送。流密码具有密文和明文一样的性质，因此如果需要发送的每个字符长度为 8 位，就应使用 8 位密钥来加密每个字符。若密钥长度超过 8 位，则将造成浪费。设传送的每个单元(如一个字符)长是 d 位，通常取 $d=8$，与 CBC 模式一样，明文单元被链接在一起，使得密文是前面所有明文的函数。CFB 模式如图 3-17 所示。

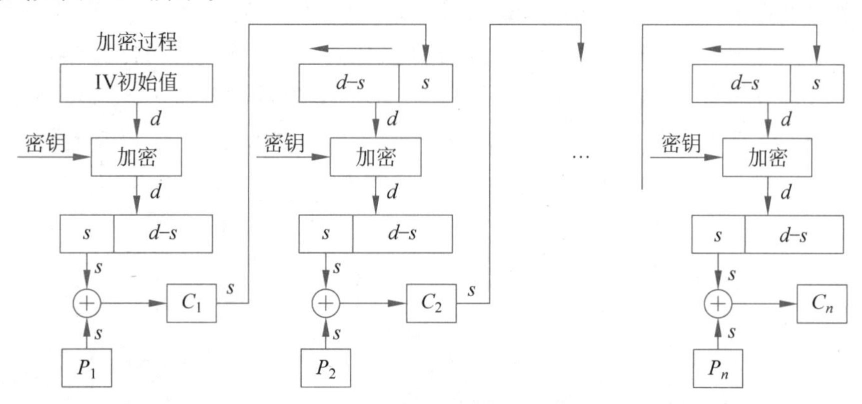

图 3-17 CFB 模式

加密时，加密算法的输入是 64 位移位寄存器，其初始值为某个 IV。加密算法输出的最左边的 k 位(最高有效位)与明文的第一个单元 x 进行异或，产生密文的第一个单元 c_1，并传送该单元，然后将移位寄存器的内容左移 k 位并将 y_1 送入移位寄存器最右边的 k 位，此过程一直进行到明文的所有单元都被加密为止。CBC 模式除能够获得保密性，还能用于认证。

3.6.4 输出反馈模式

输出反馈模式的结构类似于 CFB 模式。不同之处在于 OFB 模式是将加密算法的输出反馈到移位寄存器，而 CFB 模式是将密文单元反馈到移位寄存器。OFB 模式传输过程中的比特错误不会被传播，但是它比 CFB 模式更易受到消息流的篡改攻击。OFB 模式的特点是消息作为比特流、分组加密的输出与被加密的消息相加、比特错误不易传播等。OFB 模式如图 3-18 所示。

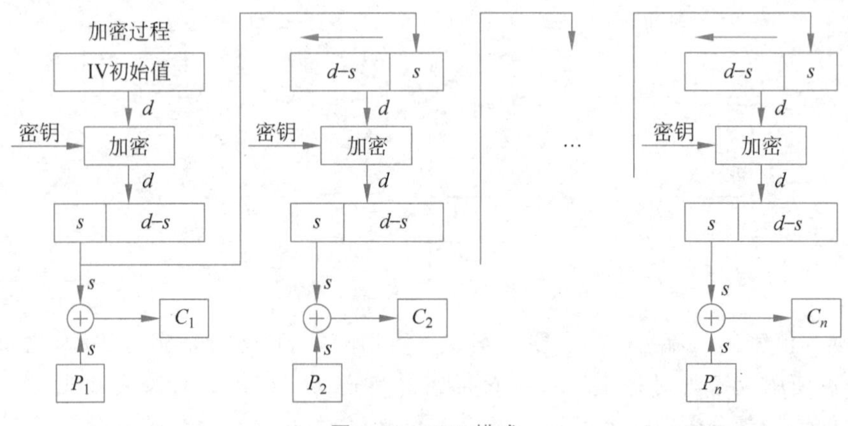

图 3-18 OFB 模式

3.6.5 计数器模式

计数器模式是对一系列输入数据块(称为计数)进行加密，产生一系列的输出块，输出块与明文异或得到密文。对于最后的数据块，可能是长 k 位的局部数据块，这 k 位就将用于异或操作，而剩下的 $d-k$ 位将被丢弃(d 为块的长度)。CTR 模式加密时产生一个 16 字节的伪随机码块流，伪随机码块与输入的明文进行异或运算后产生密文输出。密文与同样的伪随机码进行异或运算后可以重新产生明文，CTR 模式如图 3-19 所示，其中 T_i 为计时器，$T_i = T_i - 1 + 1 (1 \leqslant i \leqslant d)$。CTR 模式被广泛用于 ATM 网络安全和 IPsec 中。

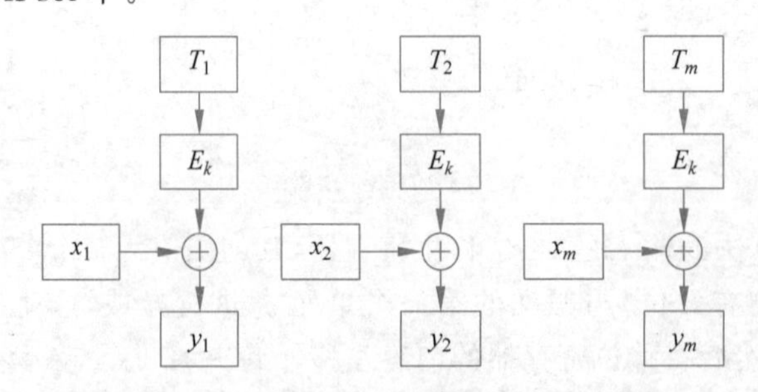

图 3-19 CTR 模式

分组密码 5 种工作模式比较如表 3-19 所示。

表 3-19　分组密码 5 种工作模式比较

工作模式	优　　点	缺　　点	应用场景
电子编码本模式	易于理解且简单易行；便于实现并行操作；没有误差传递的问题	不能隐藏明文的模式，若明文重复，则对应的密文也会重复，密文内容很容易被替换、重排、删除、重放；对明文进行主动攻击的可能性较高	适合加密密钥、随机数等短数据。例如，安全地传递 DES 密钥，ECB 是最合适的模式
密码分组链接模式	密文链接模式加密后的密文上下文关联，即使在明文中出现重复的信息也不会产生相同的密文；密文内容被替换、重排、删除、重放或网络传输过程中发生错误，后续密文即被破坏，无法完成解密还原；对明文的主动攻击的可能性较低	不利于并行计算，目前没有已知的并行运算算法；误差传递，如果在加密过程中发生错误，则错误将被无限放大，导致加密失败；需要初始化向量	可加密任意长度的数据；适用于计算产生检测数据完整性的消息认证码 MAC
密码反馈模式	隐藏了明文的模式，每一个分组的加密结果必受其前面所有分组内容的影响，即使出现多次相同的明文，也均产生不同的密文；分组密码转化为流模式，可产生密钥流；可以及时加密传送小于分组的数据	与 CBC 模式类似。不利于并行计算，目前没有已知的并行运算算法；存在误差传送，一个单元损坏影响多个单元；需要初始化向量	因错误传播无界，可用于检查发现明文密文的篡改
输出反馈模式	隐藏了明文的模式；分组密码转化为流模式；无误差传送问题；可以及时加密传送小于分组的数据	不利于并行计算；对明文的主动攻击是可能的，安全性较 CFB 差	适用于加密冗余性较大的数据，如语音和图像数据
计数器模式	可并行计算；安全性至少与 CBC 模式一样好；加密与解密仅涉及密码算法的加密	没有错误传播，因此不易确保数据完整性	适用于各种加密应用

3.7 序列密码

序列密码是将明文划分成字符(如单个字母)，或其编码的基本单元(如 0、1 数字)，字符分别与密钥序列作用进行加密，解密时以同步产生的同样的密钥序列实现。序列密码体制框图如图 3-20 所示。

流密码也称序列密码，它是在"一次一密码"的追求中发展起来的一种密码。流密码强度完全依赖密钥序列的随机性和不可预测性。所有序列密码都有密钥，且密钥发生流的输出是密钥的函数。

对于无穷大的密钥集，密钥不可能重复，密钥之间没有任何相关性。由于密文 $c_i =$

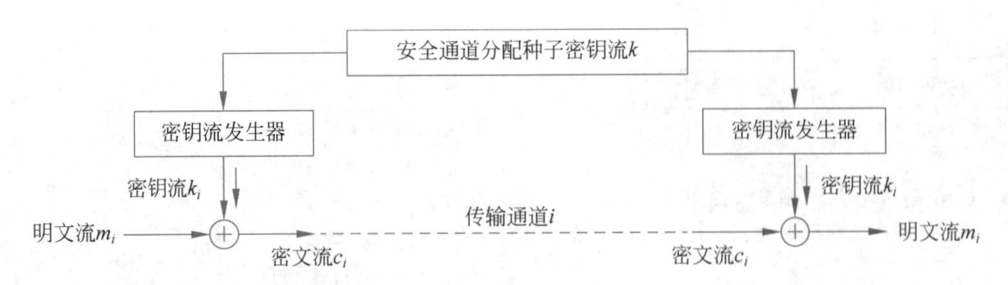

图 3-20　序列密码体制框图

$m_i \oplus k_i$，因此，很容易根据明文和密文得出密钥，即 $k_i = m_i \oplus c_i$。密钥的安全性在于不重复、不可预测。

在流密码技术中，序列密码分为同步序列密码和自同步序列密码两种。如果密钥流完全独立于明文流或密文流，则称这种流密码为同步流密码；如果密钥流的产生与明文流或密文流有关，则称这种流密码为自同步流密码。

同步序列密码要求发送方和接收方必须是同步的，在同样的位置用同样的密钥才能保证正确地解密。若在传输过程中密文序列有被篡改、删除、插入等错误导致同步失效，则不可能成功解密，只能通过重新同步来实现解密、恢复密文。在传输期间，一个密文位的改变只影响该位的恢复，不会对后继位产生影响。

自同步序列密码密钥的产生与已产生的固定数量的密文位有关，因此，密文中产生的一个错误会影响后面有限位的正确解密。所以，自同步密码的密码分析比同步密码的密码分析更加困难。

流密码的重要部件是密钥流生成器，希望密钥流生成器产生的密钥流是完全随机的；但是，实际使用的密钥流序列都是根据一定的算法生成的，因此不可能做到完全随机。人们提出使用密钥序列产生器来实现密钥流生成器。

密钥序列产生器可分成驱动部分和非线性组合部分。其中：驱动部分产生控制生成器的状态序列，并控制生成器的周期和统计特性；非线性组合部分对驱动部分的各个输出序列进行非线性组合，控制和提高产生器输出序列的统计特性、线性复杂度和不可预测性等，从而保证输出密钥序列的安全强度。密钥序列产生器组成如图 3-21 所示。

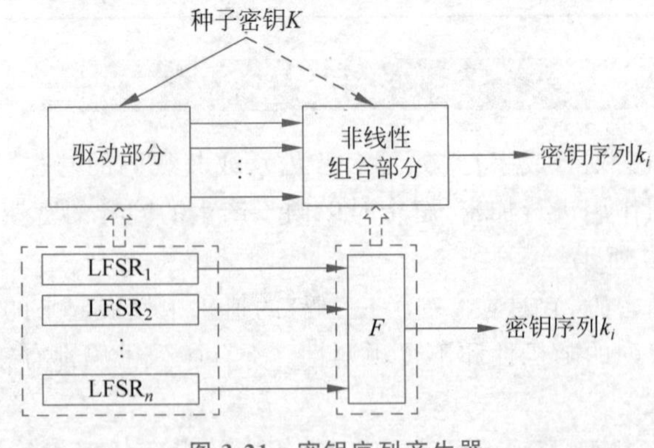

图 3-21　密钥序列产生器

驱动部分常用一个或多个线性反馈移位寄存器(Linear Feedback Shift Register,LFSR)实现,非线性组合部分用非线性组合函数 F 实现。GF(2)上一个 n 级反馈移位寄存器由 n 个二元存储器和一个反馈函数 $f(a_1,a_2,\cdots,a_n)$组成,如图 3-22 所示。

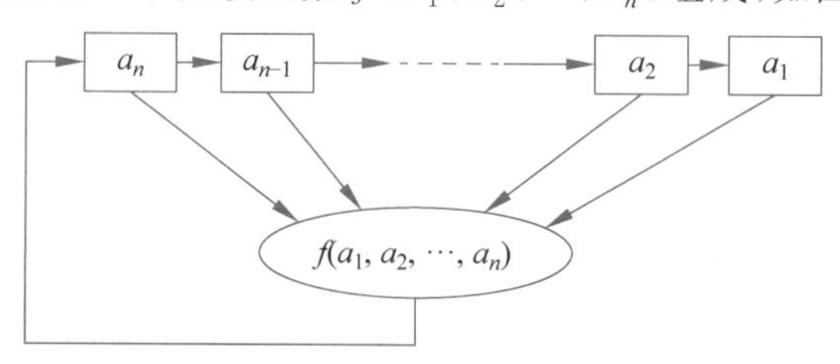

图 3-22　GF(2)上的 n 级反馈移位寄存器

序列密码属于对称密码体制,与分组密码相比较:分组密码把明文分成相对比较大的块,对于每块使用相同的加密函数进行处理。分组密码是无记忆的。序列密码处理的明文长度为 1 位,而且序列密码是有记忆的。序列密码又称为状态密码,因为它的加密不仅与密钥和明文有关,而且与当前状态有关。两者区别不是绝对的,分组密码增加少量的记忆模块就形成了序列密码。

序列密码具有实现简单、便于硬件计算、加密与解密处理速度快、低错误(没有或只有有限位的错误)传播等优点,但也暴露出对错误的产生不敏感的缺点。序列密码涉及大量的理论知识,许多研究成果并没有完全公开,因为序列密码目前主要用于军事和外交等机要部门。目前,公开的序列密码主要有 RC4、SEAL 等。

分组密码是对一个大的明文数据块(分组)进行固定变换的操作,可以很容易采用软件实现。序列密码是对单个明文位的随时间变换的操作,更适合用硬件实现。尽管分组和序列密码非常不同,但分组密码也可作为序列密码使用,反之亦然。

3.7.1　A5 算法

A5 是用于 GSM 系统的序列密码算法,实现对从电话到基站连接的加密。A5 算法的特点是效率高,适合硬件上高效实现,能通过已知的统计检验。起初该算法的设计没有公开,但被泄露。

A5 算法由线性反馈移位寄存器 R_1、R_2、R_3 组成,长度分别是 $n_1=19$,$n_2=22$ 和 $n_3=23$,A5 算法移位寄存器如图 3-23 所示。它们的特征多项式分别为

$$f_1(x)=x^{19}+x^5+x^2+x+1$$

$$f_2(x)=x^{22}+x+1$$

$$f_3(x)=x^{23}+x^{15}+x^2+x+1$$

所有的反馈多项系数都较少。3 个 LFSR 的异或值作为输出。A5 算法通过“停/走”式钟控方式相连。A5 算法原理图如图 3-24 所示。

图 3-24 中,$S_{i,j}$ 表示 t 时刻、R_i 的状态向量的第 j 个比特;$\tau_1=10$,$\tau_2=11$,$\tau_3=12$。钟控函数为

$$c(t)=g(S_{1,\tau_1}(t-1),S_{2,\tau_2}(t-1),S_{3,\tau_1}(t-1))$$

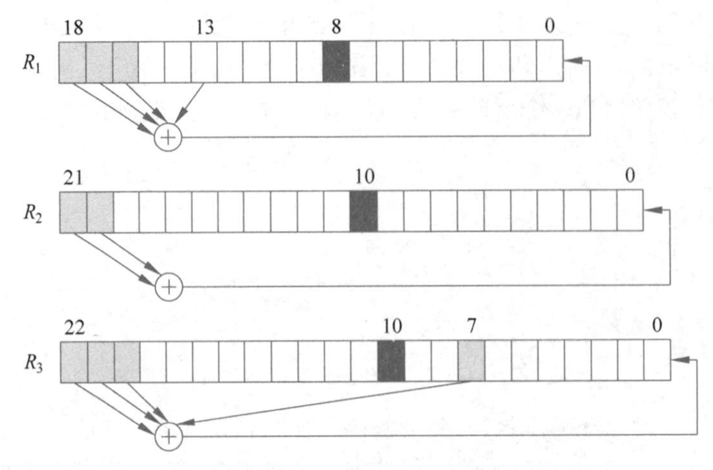

图 3-23　A5 算法移位寄存器

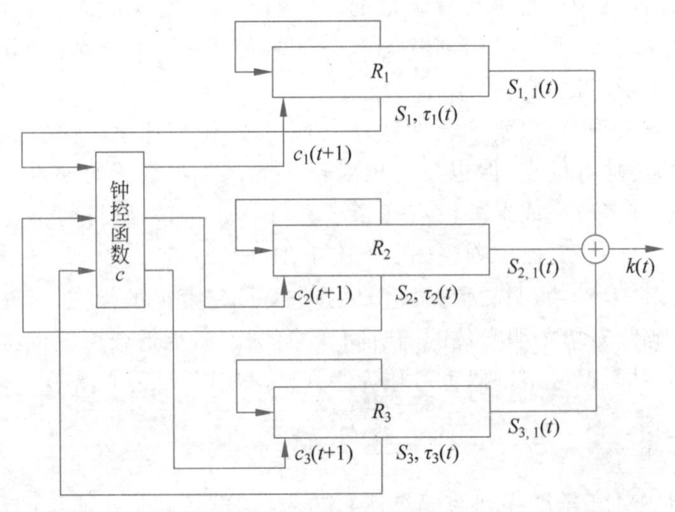

图 3-24　A5 算法原理图

是一个四值函数：

$$g(S_1,S_2,S_3)=\begin{cases}\{1,2\}, & S_1=S_2\neq S_3\\ \{1,3\}, & S_1=S_3\neq S_2\\ \{2,3\}, & S_2=S_3\neq S_1\\ \{1,2,3\}, & S_1=S_2=S_3\end{cases}$$

R_i 的“停/走”规则：当 $i\in c(t)$ 时，R_i 走；否则，R_i 停。

A5 算法的密钥 K 是 64 位。顺次填入为 R_1、R_2、R_3 的初始状态，然后经过 100 次的初始化运算，不输出。加密过程：首先为通信的一个方向生成 114 位的密钥序列，然后空转 100 次，接着为通信的另一个方向生成 114 位的密钥序列，以此类推。用密钥序列与明文序列按位模 2 相加得到相应的密文，对方用密钥序列与密文序列按位模 2 相加得到相应的明文。

A5 算法的统计性很好，但是移位寄存器太短，容易遭受穷举攻击。A5 算法把主密钥作为算法中 3 个寄存器的初始值，长度为 64 位。如果利用已知明文攻击，知道其中两个寄存器的初始值就可以计算出另一个寄存器的初始值，2^{40} 步就可以得出寄存器 LFSR-1 和 LFSR-2 的结构。此外，A5 算法还有一个冲突问题，即不同寄存器初始值可能产生相同的密钥流，实验显示这种可能性高达 30%，且合成后的密钥流的非线性度非常差。

3.7.2 祖冲之算法

祖冲之算法是一个基于字设计的同步序列密码算法，其种子密钥 SK 和 IV 的长度均为 128 位，在种子密钥 SK 和 IV 的控制下，每拍输出一个 32 位的密钥字。ZUC 算法采用过滤生成器结构设计，在线性驱动部分首次采用素域 $GF(2^{31}-1)$ 上的 m 序列作为源序列，具有周期大、随机统计特性好等特点，且在二元域上是非线性的，可以提高抵抗二元域上密码分析的能力；过滤部分采用有限状态机设计，内部包含记忆单元，使用分组密码中扩散和混淆特性好的线性变换和 S 盒，可提供高的非线性。ZUC 算法结构主要包含三层，上层为线性反馈移位寄存器，中间层为比特重组（BR），下层为非线性函数 F，如图 3-25 所示。

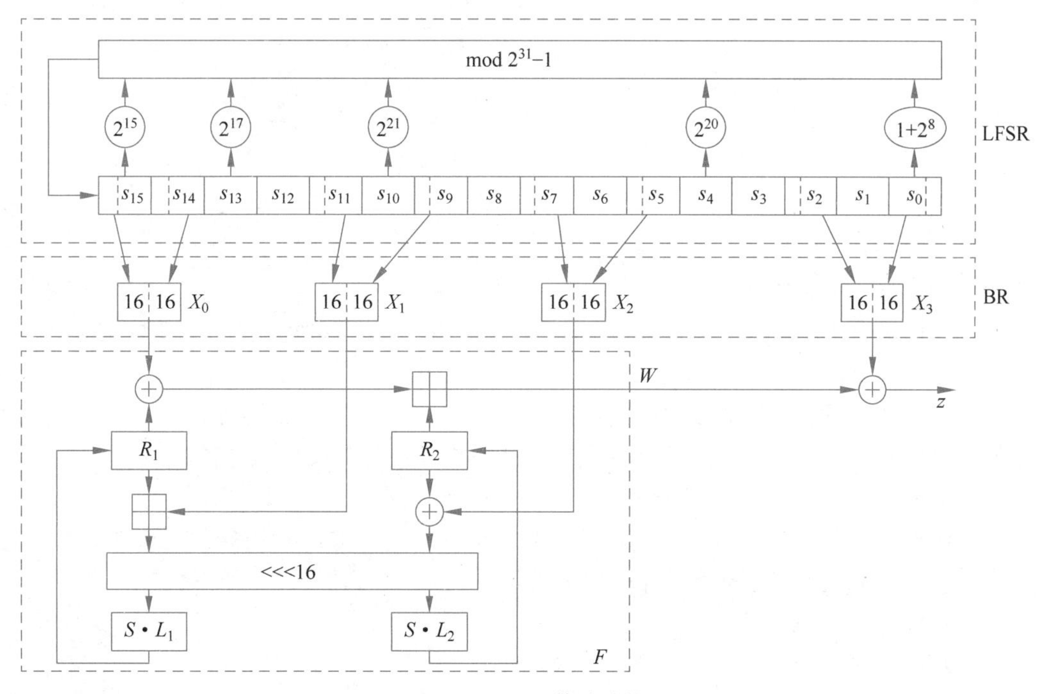

图 3-25　ZUC 算法结构

线性反馈移位寄存器采用素域 $GF(2^{31}-1)$ 上的本原序列，主要提供周期大、统计特性好的源序列。由于素域 $GF(2^{31}-1)$ 上的加法在二元域 GF(2) 上是非线性的，素域 $GF(2^{31}-1)$ 上本原序列可视作二元域 GF(2) 上的非线性序列，其具有权位序列平移等价、大的线性复杂度和好的随机统计特性等特点，并在一定程度上提供好的抵抗现有的基于二元域的密码分析的能力，如二元域上的代数攻击、相关攻击和区分分析等。

LFSR 包括 16 个 31 位寄存器单元变量 $s_0, s_1, \cdots, s_{15}$。LFSR 运行以下两种模式。

(1) 初始化模式：LFSR 接收 1 个 31 位字 u 的输入，对寄存器单元变量 $s_0, s_1, \cdots, s_{15}$ 进行更新，计算过程如下。

① $v = 2^{15}s_{15} + 2^{17}s_{13} + 2^{21}s_{10} + 2^{25}s_4 + (1+2^8)s_0 \bmod (2^{31}-1)$。

② $s_{16} = (v+u) \bmod (2^{31}-1)$。

③ 若 $s_{16}=0$，则置 $s_{16}=2^{a1}-1$。

④ $(s_1, s_2, \cdots, s_{15}, s_{16}) \rightarrow (s_0, s_1, \cdots, s_{11}, s_{15})$。

(2) 工作模式：LFSR 无输入，直接对寄存器单元变量 $s_{11}, s_1, \cdots, s_{15}$ 进行更新，计算过程如下。

① $s_{16} = 2^{15}s_{15} + 2^{17}s_{13} + 2^{21}s_{10} + 2^{30}s_4 + (1+2^8)s_{10} \bmod (2^{31}-1)$。

② 若 $s_{16}=0$，则置 $s_{16}=2^{31}-1$。

③ $(s_1, s_2, \cdots, s_{15}, s_{16}) \rightarrow (s_0, s_1, \cdots, s_{14}, s_{15})$。

比特重组主要功能是衔接 LFSR 和 F，将上层 31 位数据转化为 32 位数据以供 F 使用。比特重组采用软件实现友好的移位操作和字符串连接操作，其主要目的是打破 LFSR 的线性代数结构，并在一定程度上提供抵抗素域 GF($2^{31}-1$)上的密码攻击的能力。

输入为 LFSR 单元变量 $s_0, s_2, s_5, s_7, s_9, s_{11}, s_{14}, s_{15}$，输出为 4 个 32 位字 X_0、X_1、X_2、X_3。计算过程如下。

(1) $X_n = s_{15H} \parallel s_{t-1}$。

(2) $X_1 = s_{11} \parallel s_{9H}$。

(3) $X_2 = s_{iL} \parallel s_{5H}$。

(4) $X_3 = s_{2L} \parallel s_{0H}$。

式中："‖"表示为字符串或字节串连接符。

非线性函数主要借鉴了分组密码的设计思想，采用具有最优差分/线性分支数的线性变换和密码学性质优良的 S 盒来提供好的扩散性和高的非线性性。此外，非线性函数基于 32 位的字设计，采用异或、循环移位、模 2 加、S 盒等不同代数结构上的运算，打破源序列在素域 GF($2^{31}-1$)上的线性代数结构，进一步提高算法抵抗素域 GF($2^{31}-1$)上的密码分析能力。

非线性函数包含 2 个 32 位记忆单元变量 R_1 和 R_2。非线性函数的输入为 3 个 32 位字 X_0、X_1、X_2，输出为一个 32 位字 W。$F(X_0, X_1, X_2)$计算过程如下。

(1) $W = (X_n \oplus R_1) \boxplus R_z$。

(2) $W_1 = R_1 \boxplus X_{17}$。

(3) $W_2 = R_2 \oplus X_2$。

(4) $R_1 = S[L_1(W_{1L} \parallel W_{2H})]$。

(5) $R_2 = S[L_2(W_{2L} \parallel W_{1H})]$。

式中："田"为模 2^{32} 加法运算；S 为 32 位的 S 盒变换；L_1 和 L_2 为 32 位线性变换，定义为

$$L_1(X)=X\oplus(X<<<2)\oplus(X<<<10)\oplus(X<<<18)\oplus(X<<<24)$$

$$L_2(X)=X\oplus(X<<<8)\oplus(X<<<14)\oplus(X<<<22)\oplus(X<<<30)$$

ZUC 算法密钥装入时将初始密钥 k 和初始向量 iv 分别扩展为 16 个 31 位字作为 LFSR 单元变量 $s_0,s_1,\cdots,s_{15}$ 的初始状态。

(1) 设 k 和 iv 分别为 $k_0\|k_1\|\cdots\|k_{15}$ 和 $\mathrm{iv}_0\|\mathrm{iv}_1\|\cdots\|\mathrm{iv}_{15}$，其中 k_i 和 iv_i 均为 8 位字节，$0\leqslant i\leqslant 15$。

(2) 对于 $0\leqslant i\leqslant 15$，有 $s_i=k_i\|d_i\|\mathrm{iv}_i$。这里 d_i 为 16 位的常量串，定义如下：

$$d_0=100010011010111_2$$
$$d_1=010011010111100_2$$
$$d_2=110001001101011_2$$
$$d_3=001001101011110_2$$
$$d_4=101011110001001_2$$
$$d_5=011010111100010_2$$
$$d_6=111000100110101_2$$
$$d_7=000100110101111_2$$
$$d_8=100110101111000_2$$
$$d_9=010111100010011_2$$
$$d_{10}=110101111000100_2$$
$$d_{11}=001101011110001_2$$
$$d_{12}=101111000100110_2$$
$$d_{13}=011110001001101_2$$
$$d_{14}=111100010011010_2$$
$$d_{15}=100011110101100_2$$

ZUC 算法的输入参数为初始密钥 k，初始向量 iv 和正整数 L，输出参数为 L 个密钥字 Z。算法运行过程包含初始化步骤和工作步骤。还要用到 S 盒和线性变换 L 两种固定的运算工具，它们也是密码算法中经常用到的重要组成部分。

3.8 非对称密码

Diffie 与 Hellman 首先提出了非对称密码的概念，有效地解决了秘密密钥密码系统通信双方密钥共享困难的问题，并引进了创新的数字签名的概念。非对称密码可为加解密或数字签名。由于加密或签名验证密钥是公开的，因此称为公钥；由于解密或签名产生密钥是秘密的，因此称为私钥。因为公钥与私钥不同，且公钥与私钥必须存在成对与唯一对应的数学关系，使得由公钥去推导私钥在计算上不可行，因此非对称密码又称为公开密钥或双钥。公钥密码模型如图 3-26 所示。

用户 A 用加密算法 E 和密钥 pk 对明文 m 进行加密，用户 B 用解密算法 D 和密钥

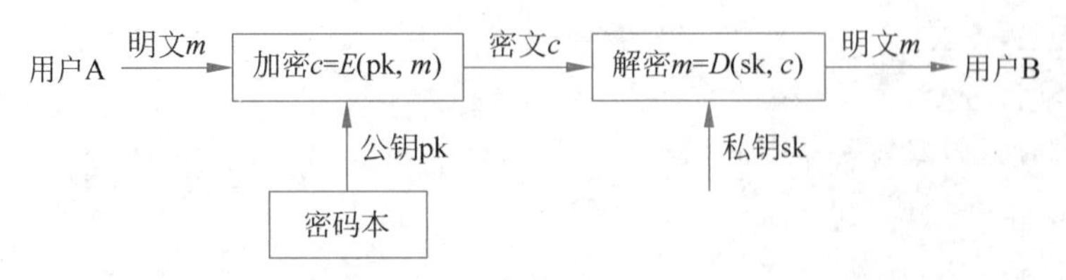

图 3-26　公钥密码模型

sk 对密文 c 进行解密。加密密钥 pk 是公开的，而解密密钥 sk 是保密的，只有接收方知道。公开密钥加密算法的原则如下。

(1) 产生密钥对(公钥 pk 和私钥 sk)在计算上是容易的；对消息 m 加密产生密文 c，即 $c=E_{\mathrm{pk}}(m)$容易计算；接收方用自己的私钥对 c 解密，即 $m=D_{\mathrm{sk}}(c)$容易计算。

(2) 通过公钥 pk 求私钥 sk 在计算上是不可行的；由密文 c 和公钥 pk 恢复明文 m 在计算上是不可行的。

(3) 加密和解密次序可换，即 $E_{\mathrm{pk}}(D_{\mathrm{sk}}(m))=D_{\mathrm{sk}}(E_{\mathrm{pk}}(m))$。

以上三条要求的本质是需要一个单向陷门函数。设 f 是一个函数，如果对任意给定的 x，计算 y 使得 $y=f(x)$是容易解的，但对任意给定的 y，计算 x 使得 $f(x)=y$ 是难解的，即求 f 的逆函数是难解的，则 f 称为单向函数。

单向函数是集合 X、Y 之间的一个映射，使得 Y 中每个元素 y 都有唯一一个原像 $x\in X$，且由 x 易于计算它的像 y，由 y 计算它的原像 x 是不可行的。易于计算是指函数值能在其输入长度的多项式时间内求出，即如果输入长 n 位，那么求函数值的计算时间是 n^a 的某个倍数，其中 a 是固定的常数。这时称求函数值的算法属于多项式类 P，否则就是不可行的。例如，函数的输入是 n 位，如果求函数值所用的时间是 2^n 的倍数，那么认为求函数值是不可行的。可见，单向函数是一组可逆函数 f，满足以下条件。

(1) $y=f(x)$易于计算(当 x 已知时，求 y)。

(2) $x=f^{-1}(y)$在计算上是不可行的(当 y 已知时，求 x)。

设 f 是一个函数，t 是与 f 有关的参数，对任意给定的 s，计算 y 是容易的。若参数 t 未知时，f 的逆函数是难解的，但参数 t 已知时，f 的逆函数是容易解的，则 f 称为单向陷门函数，参数 t 称为陷门。

研究公钥密码算法就是要找出合适的单向陷门函数。用来构造密码算法的单向函数是单向陷门函数，即对密码攻击者来讲，当 y 已知时，计算 x 是困难的；但对合法的解密者来讲，可利用一定的陷门知识计算 x。

设 f 是定义在有限域 GF(p)上的指数函数，其中 p 是大素数，即 $f(x)=g^x$，$x\in$ GF(p)，x 是满足 $0\leqslant x<p-1$ 的整数，其逆运算是 GF(p)上的对数运算，即给定 y，寻找 $x(0\leqslant x<p-1)$，使得 $y=g^x$。当 p 充分大时，也就是计算 $x=\log g^y$。可以看出：给定 x，计算 $y=f(x)=g^x$ 是容易的；当 p 充分大时，计算 $x=\log g^y$ 是困难的。

下面给出基于单向陷门函数设计非对称密码体制的标准模式。假设给定一个陷门单向函数，可以构造如下公钥加密方案。

(1) 密钥生成：令 $\mathrm{pk}=f$，$\mathrm{sk}=f^{-1}$。

(2) 加密算法：已知消息 m 和接收方公钥 pk，密文 $c=f(m)$ 正向计算容易。

(3) 解密算法：已知密文 c 和私钥 sk，计算明文 $m=f^{-1}(c)$。在已知私钥的情况下，$m=f^{-1}(c)$ 计算容易。在不知道私钥的情况下，$m=f^{-1}(c)$ 计算困难。

非对称密码体制中的公钥用于单向陷门函数的正向加密运算，私钥用于反向解密运算。

非对称密码的每个用户只需要保护自己的私钥，同时，N 个用户仅需要产生 N 对密钥，密钥数量少，便于管理。密钥分配简单，不需要秘密的通道和复杂的协议来传送密钥，就可以实现数字签名。但是，非对称密码体制与对称密码体制相比，加密、解密处理速度较慢。同等安全强度下，非对称密码体制的密钥位数要求多一些。常用的非对称加密的算法有 RSA、Elgamal、背包算法、Rabin、D-H、ECC 等。

3.8.1 RSA 算法

RSA 算法是由 R. Rivest、A. Shamir 和 I. Adleman 提出的一种基于数论方法，也是理论上最为成熟的公开密钥体制，并已经得到广泛应用。RSA 算法私钥的安全性取决于密钥长度 n，当 $n>1024$ 时，根据目前的计算能力，RSA 算法私钥的安全性是可以保证的。但 n 越大，加密和解密运算越复杂。

在介绍 RSA 算法之前，首先需要掌握 RSA 算法的因子分解基础问题。根据数论，任意大于 1 的整数能够表达成素数的乘积，即对于任意整数 $a>1$，有 $a=p_1p_2\cdots p_n$，$p_1\leqslant p_2\leqslant\cdots\leqslant p_n$，其中，$p_1,p_2,\cdots,p_n$ 是素数。但是，当 a 很大时，对 a 的分解是相当困难的。RSA 算法的安全性是建立在大数分解为素因子困难性基础上的。RSA 算法如下。

(1) 通信实体选择两个大的素数 p、q。

(2) 计算 $n=pq$，$\phi(n)=(p-1)(q-1)$。

(3) 选择 e，使得 e 远小于 $\phi(n)$，并且 $\gcd(e,\phi(n))=1$，即 e 和 $\phi(n)$ 的最大公约数为 1。

(4) 求 d，使得 $ed=1 \bmod \phi(n)$。

(5) 发布 (n,e)，即公钥为 (n,e)；自己秘密保存私钥 d 并销毁 p 和 q。

假设 A 要使用 RSA 算法加密消息并通过网络发送给 B，那么 A 应当按照以下步骤进行。

(1) A 从权威机构获得 B 的公钥 (n,e)。

(2) A 首先将消息表示为一整数 m，使得 $m<n$。

(3) 计算 $c=m^e \bmod n$，计算结果 c 即为密文。

(4) 通过网络将密文 c 发送给 B。

当 B 收到密文 c 以后只需一步计算就可以进行解密，$m=c^d \bmod n$。解密过程的正确性可以利用欧拉定理得到证明：

$$\begin{aligned} c^d \bmod n &= (m^e \bmod n)^d = (m^e)^d \bmod n = m^{ed} \bmod n \\ &= m^{k\varphi(n)+1} \bmod n = (m^{k\varphi(n)} \bmod n)(m \bmod n) \end{aligned}$$

$$=1\times m=m$$

在 RSA 算法中，最重要的是 A 对 p 和 q 的选择，选择不恰当将会极大地降低 RSA 算法的安全性。一般来说，p 和 q 数值不能太接近，并且 $p-1$ 和 $q-1$ 都有大的素因子，$\gcd(p-1,q-1)$ 应该很小。通常选择 p 使得 p 和 $(p-1)/2$ 都是素数。此外，使用 RSA 算法的用户应该遵守用户之间不能使用同一个 n。如果多个用户使用同一个 n，就可能对 n 进行因数分解，从而可能计算出用户的私钥。

目前，通常认为 512 位的密钥已经不够安全，推荐采用 1024 位。另外，RSA 算法采用的幂模运算比 AES 的操作要慢得多。由此可见，对称密码算法的加密速度是非对称密码算法的速度的 100 倍以上也就不足为奇。

3.8.2 Elgamal 算法

Elgamal 算法的安全性是建立在有限域上的离散对数很难计算这一数学难题的基础上。

数论中的离散对数指的是：设 p 为奇素数，g 为 z_p 的原根，p 不能整除整数 y，则存在整数 k（k 为 y 对模数 p 的离散对数，$0\leqslant k<p-1$）使得 $y\equiv g^k \bmod p$。

假设 A 希望用 Elgamal 算法加密消息，那么 A 首先选取一个很大的素数 p 和 p 的一个原根 g；然后，A 选择一个秘密密钥 a（$0<a<p-1$），计算 $b\equiv g^a \bmod p$，公钥 $k=(g,b,p)$。如果 B 希望向 A 发送消息 m，那么加密方法如下。

(1) B 从权威机构或 A 处获得其公钥 k。

(2) B 任选一个秘密的整数 t（$1<t<p-1$）。

(3) B 计算 $y_1\equiv g^t \bmod p$，$y_2\equiv mb^t \bmod p$，然后向 A 发送密文 (y_1,y_2)。

A 收到密文之后，计算 $y_2(y_1)^{-a} \bmod p$，就可以得到正确的解密结果。其中，y_1^{-1} 的定义是 $y_1y_1^{-1}\equiv 1 \bmod p$。解密过程的正确性证明如下：

$$y_2(y_1)^{-a} \bmod p \equiv (mb^t \bmod p)(g^t \bmod p)^{-a} \bmod p \equiv mb^t(g^t)^{-a} \bmod p$$

$$\equiv mb^t(g^a)^{-t} \bmod p \equiv mb^tb^{-t} \bmod p \equiv m$$

需要注意的是，为了确保 Elgamal 算法的安全性，p 通常具有 150 位以上的十进制数字，约为 512 位的二进制数，而且 $p-1$ 至少有一个大的素因子。在满足上述条件的情况下，根据 p、g、b 计算离散对数是相当困难的。

Elgamal 算法非对称密码体制可以在计算离散对数困难的任何群中实现。但是，通常使用有限域，但不局限于有限域，比如，其还可以在圆锥曲线群或椭圆曲线群上实现。

3.8.3 椭圆曲线密码算法

RSA 算法解决分解整数问题需要亚指数时间复杂度，且目前已知计算椭圆曲线离散对数问题(ECDLP)的最好方法都需要使用全指数时间复杂度。这意味着在椭圆曲线系统中只需要使用相对于 RSA 算法短得多的密钥就可以达到与其相同的安全强度。例如，一般认为 160 位的椭圆曲线密钥提供的安全强度与 1024 位 RSA 密钥相当。使用短的密钥的好处是加解密速度快、节省能源、节省带宽、存储空间。比特币以及中国的二代身份证都使用了256位的椭圆曲线密码算法。

椭圆曲线密码算法的安全性是基于椭圆曲线离散对数问题的困难性。目前人们普遍认为，椭圆曲线离散对数问题要比大整数因子分解问题和有限域上的离散对数问题难解得多。目前还没有找到求解椭圆曲线离散对数的亚指数算法，因此，椭圆曲线密码体制可以使用更短的密钥就可以获得相同的安全性。ECC算法的优点如下。

(1) 安全性高。安全性基于椭圆曲线上的离散对数问题的困难性，目前还没找到解决椭圆曲线上离散对数问题的亚指数时间算法。而大数因子分解和离散对数的求解都存在亚指数时间算法。

(2) 短密钥。随着密钥长度的增加，求解椭圆曲线上离散对数问题的难度比同等长度大数因子分解和求解离散对数问题的难度要大得多。如表3-20所示，椭圆曲线密码算法仅需要更小的密钥长度就可以提供RSA算法相当的安全性，因此可以减少处理负荷。

表3-20 密钥长度比较

ECC密钥长度/位	106	132	160	220	600
RSA密钥长度/位	512	768	1024	2048	21000
破解时间/MIPS年	104	108	1011	1020	1078
ECC/RSA密钥长度比例	1∶5	1∶6	1∶7	1∶10	1∶35

(3)灵活性好。改变曲线的参数可以得到不同的曲线，形成不同的循环群，构造密码算法具有多选择性。

椭圆曲线的椭圆一词来源于椭圆周长积分公式。椭圆曲线并非椭圆，之所以称为椭圆曲线，是因为它的曲线方程与计算椭圆周长的方程相似。一条椭圆曲线是在射影平面上满足威尔斯特拉斯(Weierstrass)方程所有点的集合：

$$Y^2Z + a_1XYZ + a_3YZ^2 = X^3 + a_2X^2Z + a_4XZ^2 + a_6Z^3$$

对普通平面上的点(x,y)，令$x=X/Z, y=Y/Z, Z\neq 0$，得到如下方程：

$$y^2Z^3 + a_1xyZ^3 + a_3yZ^3 = x^3Z^3 + a_2x^2Z^3 + a_4xZ^3 + a_6Z^3$$

上式化简，可得

$$y^2 + a_1xy + a_3y = x^3 + a_2x^2 + a_4x + a_6$$

简化版的威尔斯特拉斯方程为

$$E: y^2 = x^3 + ax + b$$

其中要求曲线是非奇异的(处处可导)，有$4a^3+27b^2\neq 0$，用来保证曲线是光滑的，即曲线的所有点都没有两个或者两个以上的不同的切线。$a,b\in K$，K为E的基础域。点$O\infty$是曲线的唯一的无穷远点。

如果椭圆曲线上的3个点位于同一直线上，那么它们的和为O。

(1) O为加法的组织元，对于椭圆曲线上的任何一点P，有$P+O=P$。

(2) 对于椭圆曲线上的一点$P=(x,y)$，它的逆元为$-P=(x,-y)$。注意到这里有

$P+(-P)=P-P=O$。

(3) 设 P 和 Q 是椭圆曲线上 x 坐标不同的两点，$P+Q$ 的定义如下：作一条通过 P 和 Q 的直线 l 与椭圆曲线相交于 R，然后过 R 点作 y 轴的平行线 l'，l' 与椭圆曲线相交的另一点 S 就是 $P+Q$，如图 3-27 所示。

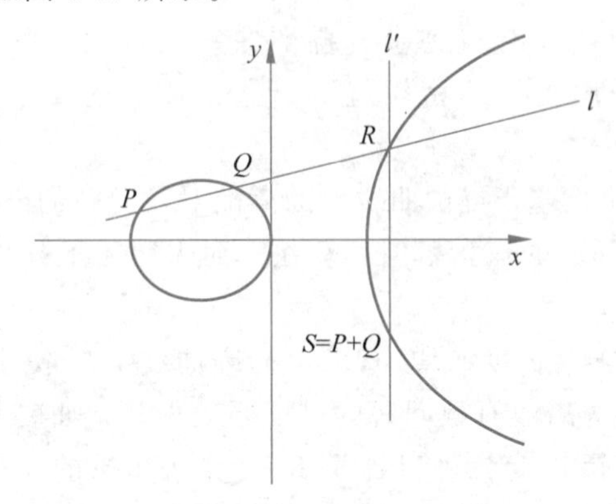

图 3-27　椭圆曲线示例

对于椭圆曲线上不互为逆元的两点 $P=(x_1,y_1)$ 和 $Q=(x_2,y_2)$，$S=P+Q=(x_3,y_3)$ 由以下规则确定：

$$x_3=\lambda^2-x_1-x_2$$

$$y_3=\lambda(x_1-x_3)-y_1$$

式中

$$\lambda=\begin{cases}\dfrac{y_2-y_1}{x_2-x_1}, & P\neq Q\\[2ex] \dfrac{3x_1^2+a}{2y_1}, & P=Q\end{cases}$$

椭圆曲线是连续的，并不适合用于加密，必须将椭圆曲线变成离散的点，把椭圆曲线定义在有限域上。

设 G 是椭圆曲线 $Ep(a,b)$ 上的一个循环子群，P 是 G 的一个生成元，$Q\in G$。已知 P 和 Q，求满足 $mP=Q$ 的整数 m，$0\leqslant m\leqslant \text{ord}(P)-1$，称为椭圆曲线上的离散对数问题。其中椭圆曲线 $Ep(a,b)$ 上点 P 的阶是指满足

$$nP=\underbrace{P+P+\cdots+P}_{n}=O$$

的最小正整数，记为 $\text{ord}(P)$，其中 O 是无穷远点。

在使用一个椭圆曲线密码时，首先需要将发送的明文 m 编码为椭圆曲线上的点 $P_m=(x_m,y_m)$，然后对点 P_m 做加密变换，在解密后还得将 P_m 逆向译码才能获得明文。在椭圆曲线 $Ep(a,b)$ 上选取一个阶为 n(n 为一个大素数)的生成元 P。随机选取整数 $x(1<x<n)$，计算 $Q=xP$。公钥为 Q，私钥为 x。为了加密 P_m，随机选取一个整数 k，$1<k<n$，计算 $C_1=kP$，$C_2=P_m+kQ$，则密文 $c=(C_1,C_2)$。为了解密一个密文 $c=(C_1,C_2)$，计算

$$C_2 - xC_1 = P_m + kQ - xkP = P_m + kxP - xkP = P_m$$

攻击者要想从 $c=(C_1,C_2)$计算出 P_m，就必须知道 k。而要从 P 和 kP 中计算出 k 将面临求解椭圆曲线上的离散对数问题。

在有限域 GF(p)确定的情况下，就确定了其上的循环群。而 GF(p)上的椭圆曲线则可以通过改变曲线参数得到不同的曲线，形成不同的循环群。因此，椭圆曲线具有丰富的群结构和多选择性。也正因如此，椭圆曲线密码体制能够在保持与 RSA 算法、DSA 算法体制相同安全性的情况下大大缩短密钥长度。

由于在相同安全性下 ECC 算法比 RSA 算法的私钥位长及系统参数小得多，这意味着应用 ECC 算法所需的存储空间要小得多，传输所用的带宽要求更低，硬件实现 ECC 算法所需逻辑电路的逻辑门数要较 RSA 算法少得多，功耗更低，这使得 ECC 算法比 RSA 算法更适合实现到低功耗要求的移动通信设备、无线通信设备和智能卡等资源严重受限制的设备中。

3.8.4 SM2 算法

要保证 SM2 算法的安全性，就要使所选取的曲线能够抵抗各种已知的攻击，这就涉及选取安全椭圆曲线的问题。用于建立密码体制的椭圆曲线的主要参数有 p、a、b、G、n 和 h。其中：p 为有限域 $F(p)$中元素的数目；a、b 为方程中的系数，取值于 $F(p)$；G 为基点(生成元)；n 为点 G 的阶；h 为椭圆曲线上点数 N 除以 n 的结果，也称余因子。为了使所建立的密码体制有较好的安全性，这些参数的选取应满足如下条件。

(1) p 越大越安全，但计算速度会变慢，160 位可以满足目前的安全需求。

(2) 为了防止 Pohlig-Hellman 算法的攻击，n 为大素数($n>2^{160}$)，对于固定的有限域 $F(p)$，n 应当尽可能大。

(3) 因为 x^3+ax+b 无重复因子才可基于椭圆曲线 $E_p(a,b)$定义群，所以要求 $4a^3+27b^2\neq 0(\mathrm{mod}\ p)$。

(4) 为了防止小步大步攻击，要保证 P 的阶 n 足够大，要求 $h\leqslant 4$。

(5) 为了防止 MOV 规约法，不能选取超奇异椭圆曲线和异常椭圆曲线等两类特殊曲线。

SM2 中规定发送方用接收方的公钥将消息加密成密文，接收方用自己的私钥对收到的密文进行解密还原成原始消息。用户 B 的密钥对包括其私钥 d_B 和公钥 $P_B=[d_B]G$。

SM2 也需要使用密钥派生函数 KDF(Z,klen)，具体如下。

输入：比特串 Z，整数 klen(表示要获得的密钥数据的位长，要求该值小于$(2^{32}-1)v$)。

输出：长为 klen 的密钥数据比特串 K。

(1) 初始化一个 32 位构成的计数器 ct=0×00000001。

(2) 对 i 从 1 到$\lceil \mathrm{klen}/v \rceil$执行，计算 $Ha_i=H_v(Z\parallel ct)$；ct 加 1。

(3) 若 klen/v 是整数，则令 $Ha!\lceil \mathrm{klen}/v \rceil = Ha_{\lceil \mathrm{klen}/v \rceil}$；否则，令 $Ha!_{\lceil \mathrm{klen}/v \rceil}$为

$Ha_{\lceil klen/v \rceil}$ 最左边的(klen－($v \times \lfloor klen/v \rfloor$))位。

(4) 令 $K = Ha_1 \parallel Ha_2 \parallel \cdots \parallel Ha_{\lceil klen/v \rceil - 1} \parallel Ha!\ [klen/v]$。

设需要加密的消息为比特串 M,klen 为 M 的位长。为了对明文 M 进行加密,加密用户 A 应实现以下运算步骤。

(1) 用随机数发生器产生随机数 $k \in [1, n-1]$。

(2) 计算椭圆曲线点 $C_1 = [k]G = (x_1, y_1)$,将 C_1 的数据类型转换为比特串。

(3) 计算椭圆曲线点 $S = [h]P_B$,若 S 是无穷远点,则报错并退出。

(4) 计算椭圆曲线点 $[k]P_B = (x_2, y_2)$,将坐标 x_2、y_2 的数据类型转换为比特串。

(5) 计算 $t = \mathrm{KDF}(x_2 \parallel y_2, \mathrm{klen})$,若 t 为全 0 比特串,则需要重新选择随机数 k。

(6) 计算 $C_2 = M \oplus t$。

(7) 计算 $C_3 = \mathrm{Hash}(x_2 \parallel M \parallel y_2)$。

(8) 输出密文 $C = C_1 \parallel C_3 \parallel C_2$。

SM2 加密流程如图 3-28 所示。

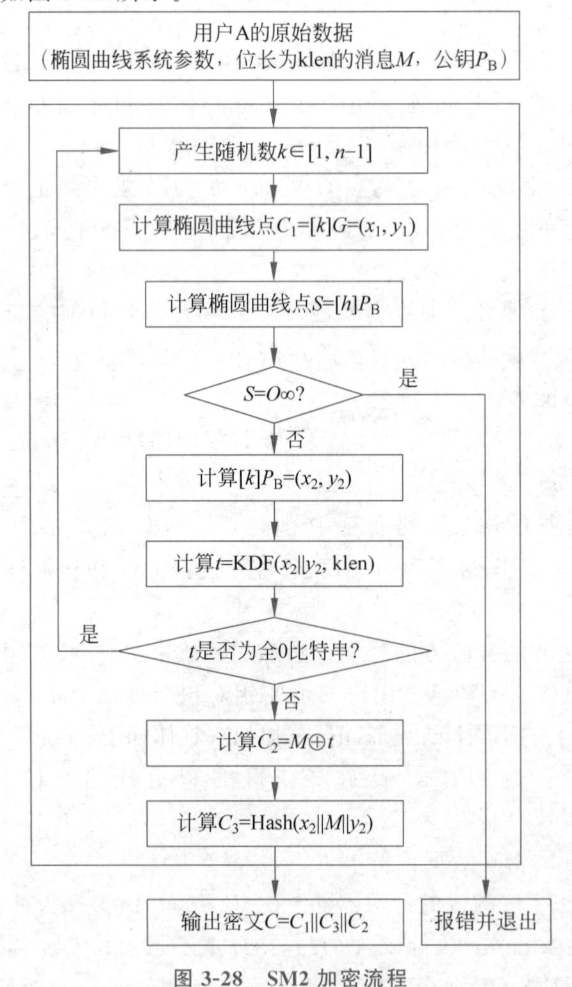

图 3-28　SM2 加密流程

对于SM2公钥解密算法，设klen为密文中C_2的位长。为了对密文$C=C_1 \| C_3 \| C_2$进行解密，解密用户B应实现以下运算步骤。

(1) 从C中取出比特串C_1，将C_1的数据类型转换为椭圆曲线上的点，验证C_1是否满足椭圆曲线方程。若不满足，则报错并退出。

(2) 计算椭圆曲线点$S=[h]C_1$，若S是无穷远点，则报错并退出。

(3) 计算$[d_B]C_1=(x_2,y_2)$，将坐标x_2、y_2的数据类型转换为比特串。

(4) 计算$t=\mathrm{KDF}(x_2 \| y_2,\mathrm{klen})$，若$t$为全0比特串，则报错并退出。

(5) 从C中取出比特串C_2，计算$M'=C_2 \oplus t$。

(6) 计算$u=\mathrm{Hash}(x_2 \| M' \| y_2)$，从$C$中取出比特串$C_3$；若$u \neq C_3$，则报错并退出。

(7) 输出明文M'。

3.9 公钥基础设施

公开密钥基础设施(Public Key Infrastructure，PKI)是以非对称密钥加密技术为基础，以数据机密性、完整性、身份认证和行为不可抵赖性为安全目的，实施和提供安全服务的具有普适性的安全基础设施。其内容包括数字证书、非对称密钥密码技术、认证中心、证书和密钥的管理、安全代理软件、不可否认性服务、时间邮戳服务、相关信息标准、操作规范等。

3.9.1 PKI总体架构

一个网络的PKI包括以下基本构件。

(1) 数字证书：由认证机构经过数字签名后发给网上信息主体的一段电子文档，包括主体名称、证书序号、发证机构名称、证书有效期、密码算法标识、公钥和私钥信息和其他属性信息等。利用数字证书，配合相应的安全代理软件，可以在网络上信息交付过程中检验对方的身份真伪，实现信息交付双方的身份真伪，并保证交付信息的真实性、完整性、机密性和不可否认性。数字证书提供了PKI的基础。

(2) 认证中心(Certification Authority，CA)：PKI的核心，是公正、权威、可信的第三方网上认证机构，负责数字证书的签发、撤销和生命周期的管理，还提供密钥管理和证书在线查询等服务。

(3) 数字证书注册机构(Registration Authority，RA)：RA系统是CA的数字证书发放和管理的延伸。它负责数字证书申请者的信息录入、审核以及数字证书发放等工作；同时，对发放的数字证书实行相应的管理功能。发放的数字证书可以存放于IC卡、硬盘或软盘等介质中。RA系统是整个CA得以正常运营不可缺少的一部分。

(4) 数字签名：利用发信者的私钥和可靠的密码算法对待发信息或其电子摘要进行加密处理，这个过程和结果就是数字签名。收信者可以用发信者的公钥对收到的信息进行解密，从而辨别真伪。经过数字签名后的信息具有真实性和不可否认(抵赖)性。

(5) 密钥和证书管理工具：管理和审计数字证书的工具，认证中心使用它来管理在一个CA上的证书。

(6) 双证书体系：PKI 采用双证书体系，非对称算法支持 RSA 算法和 ECC 算法，对称密码算法支持国家密码管理委员会指定的算法。

(7) PKI 的体系架构：宏观来看，PKI 概括为两大部分，即信任服务体系和密钥管理中心。

PKI 信任服务体系是为整个业务应用系统提供基于 PKI 数字证书认证机制的实体身份鉴别服务，它包括认证机构、注册机构、证书库、证书撤销和交叉认证等。PKI 密钥管理中心(Key Management Center，KMC)提供密钥管理服务，为授权管理部门提供应急情况下的特殊密钥恢复功能，包括密钥管理机构、密钥备份和恢复、密钥更新和密钥历史档案等。

3.9.2 双证书和双密钥机制

一对密钥(一张证书)应用中的问题如下。

(1) 若密钥不备份，当密钥损坏(或管理密钥的人员离职时带走密钥)时，则以前加密的信息不可解密。

(2) 若密钥不备份，则很难实现信息审计。

(3) 若密钥不备份，则数字签名的不可否认性很难保证。

两对密钥(两张证书)的客观需求：一对密钥用于签名(签名密钥对)，另一对密钥用于加密(加密密钥对)。加密密钥在密钥管理中心生成及备份，签名密钥由用户自行生成并保存。

双密钥证书的生成过程如下。

(1) 用户使用客户端产生签名密钥对。

(2) 用户的签名私钥保存在客户端。

(3) 用户将签名密钥对的公钥传送给 CA。

(4) CA 为用户的公钥签名，产生签名证书。

(5) CA 将签名证书传回客户端进行保存。

(6) KMC 为用户生成加密密钥对。

(7) 在 KMC 中备份加密密钥以备以后进行密钥恢复。

(8) CA 为加密密钥对生成加密证书。

(9) CA 将用户的加密私钥和加密证书打包成标准格式 PKCS#12。

(10) 将打包后的文件传回客户端。

(11) 用户的客户端装入加密公钥证书和加密私钥。

3.9.3 X.509 证书标准

在 PKI/CA 架构中，一个重要的标准就是 X.509 标准，数字证书就是按照 X.509 标准制作的。本质上，数字证书是把一个密钥对(明确的是公钥，而暗含的是私钥)绑定到一个身份上的被签署的数据结构。整个证书有可信赖的第三方签名。典型的第三方即大型用户群体(如政府机关或金融机构)所信赖的 CA。

此外，X.509 标准还提供了一种标准格式 CRL。

目前 X.509 有不同的版本，X.509V2 和 X.509V3 都是目前比较新的版本，都是在

X.509V1 版本的基础上进行功能的扩充。每一版本必须包含下列信息。

(1) 版本号：用来区分 X.509 的不同版本号。

(2) 序列号：由 CA 给每一个证书分配唯一的数字型编号，当证书被取消时，实际上是将此证书的序列号放入由 CA 签发的 CRL 中，这也是序列号唯一的原因。

(3) 签名算法标识符：用来指定用 CA 签发证书时所使用的签名算法。算法标识符用来指定 CA 签发证书时所使用的公开密钥算法和 Hash 算法，需向国际著名标准组织(如 ISO)注册。

(4) 认证机构：发出该证书的机构唯一的 CA 的 X.500 规范用名。

(5) 有效期限：证书有效的时间，包括证书生效期和证书失效期，在所指定的这两个时间之间有效。

(6) 主题信息：证书持有人的姓名、服务处所等信息。

(7) 认证机构的数字签名：确保证书在发放之后没有被更改。

(8) 公钥信息：包括被证明有效的公钥值和加上使用这个公钥的方法名称。

X.509V3 在 X.509V2 的基础上进行了扩展。X.509V3 引进一种机制，这种机制允许通过标准化和类的方式将证书进行扩展，以包含额外的信息，从而适应下面的一些要求。一个证书主体可以有多个证书。证书主体可以被多个组织或社团的其他用户识别；可按特定的应用名(不是 X.500 规范用名)识别用户，如将公钥同 E-mail 地址联系起来。在不同证书政策和实用下会发放不同的证书，这就要求公钥用户要信赖证书。

PKI/CA 对数字证书的管理是按照数字证书的生命周期实施的，包括证书的安全需求确定、证书申请、证书登记、分发、审计、撤回和更新。映射证书到用户的账户是使数字证书的拥有者安全使用制定的应用所必不可少的环节，也是 PKI/CA 对数字证书管理的重要内容。CA 是一个受信任的机构，为了当前和以后的事务处理，CA 给个人、计算机设备和组织机构颁发证书，以证实它们的身份，并为它们使用证书的一切行为提供信誉的担保。

数字证书是公开密钥体制的一种密钥管理媒介。它是一种权威性的电子文档，形同网络计算环境中的一种身份证，用于证明某一主体(如人、服务器等)的身份及其公开密钥的合法性。在使用公钥体制的网络环境中必须向公钥的使用者证明公钥的真实合法性。因此，在公钥体制环境中必须有一个可信的机构来对任何一个主体的公钥进行公证，证明主体的身份以及它与公钥的匹配关系。数字证书的主要内容如表 3-21 所示。

表 3-21　数字证书的主要内容

字　段	定　义
主题名称	唯一标识证书所有者的标识符
签证机关名称(CA)	唯一标识证书签发者的标识符
主体的公开密钥	证书所有者的公开密钥
CA 的数字签名	CA 对证书的数字签名，保证证书的权威性
有效期	证书在该期间内有效
序列号	CA 产生的唯一性数字，用于证书管理
用途	主体公钥的用途

3.10 权限管理基础设施

权限管理基础设施或授权管理基础设施(Privilege Management Infrastructure, PMI)的核心思想是以资源管理为核心,将对资源的访问控制权交由授权机构进行管理,即由资源的所有者来进行访问控制管理。只有PKI无法对信息系统的资源进行合理有效的管理。PMI几乎完全按照PKI的体系架构建立,外形很相像,内容却完全不同。PMI建立在PKI基础上,以向用户和应用程序提供权限管理和授权服务为目标,主要向业务应用信息系统提供授权服务管理;提供用户身份到应用授权的映射功能,实现与实际应用处理模式相对应的、与具体应用系统开发和管理无关的访问控制机制;能极大地简化应用中访问控制和权限管理系统的开发与维护,减少管理成本和复杂性。

3.10.1 PMI与PKI的区别

PMI主要进行授权管理,证明这个用户有什么权限,能干什么。PKI主要进行身份鉴别,证明用户身份。它们之间的关系如同签证和护照的关系。签证具有属性类别,持有某一类别的签证才能在该国家进行某一类别的活动。护照是身份证明,唯一标识个人信息,只有持有护照才能证明这个人是合法的。PMI与PKI的比较如表3-22所示。

表3-22 PMI与PKI的比较

概　　念	PMI实体	PKI实体
证书	属性证书	公钥证书
证书签发者	属性证书管理中心	认证证书管理中心
证书用户	持有者	主体
证书绑定	持有者名和权限绑定	主体名和公钥绑定
撤销	属性证书撤销列表(ACRL)	证书撤销列表(CRL)
信任的根	权威源(SOA)	根CA/信任锚
从属权威	属性权威(AA)	子CA

3.10.2 属性证书及其管理中心

属性证书(Attribute Certificate, AC)表示证书的持有者(主体)对于一个资源实体(客体)所具有的权限。它是由一个做了数字签名的数据结构来提供的,这种数据结构称为属性证书,由属性权威签发并管理。

公钥证书是对用户名称和他/她的公钥进行绑定,而属性证书是将用户名称与一个或更多的权限属性进行绑定。从这方面而言,公钥证书可看为特殊的属性证书。

数字签名公钥证书的机构称为认证中心,签名属性证书的机构称为属性权威。PKI信任源有时被称为根CA,而PMI信任源被称为SOA。CA可以有它们信任的次级CA。次级CA可以代理鉴别和认证。同样,SOA可以将它们的权利授给次级AA。若用户需要废除他/她的签字密钥,则CA将签发一个证书撤销列表。与之类似,若用户需要废除授权,AA将签发一个属性证书撤销列表。

属性证书的使用有两种模式：一是推模式，当用户在要求访问资源时，由用户自己直接提供其属性证书，即用户将自己的属性证书"推"给资源服务管理器。这意味着，在客户和服务器之间不需要建立新的连接，而且对于服务器来说，这种方式不会带来查找证书的负担，从而减少了开销。二是拉模式，是业务应用授权机构发布属性证书到目录服务系统，当用户需要用到属性证书的时候，由服务器从属性证书发放者（属性权威）或存储证书的目录服务系统"拉"回属性证书。这种"拉"模式的主要优点是实现这种模式不需要对客户端以及客户一服务器协议做任何改动。这两种模式可以根据应用服务的具体情况灵活应用。

3.11 密码安全性分析

密码学的基本目的就是保障不安全信道上的通信安全。密码学领域存在一个很重要的事实："如果许多聪明人都不能解决的问题，那么它可能不会很快得到解决。"这暗示很多加密算法的安全性并没有在理论上得到严格证明，只是这种算法思想推出后，经过许多人许多年的攻击并没有发现其弱点，没有找到攻击它的有效方法，从而认为它是安全的。

3.11.1 设计原则

(1) 计算安全性(Computational Security)：指一种密码系统最有效的攻击算法至少是指数时间的，又称实际保密性(Practical Secrecy)。密码学更关心在计算上不可破译的密码系统。破译密码的代价超出密文信息的价值或者破译密码的时间超出密文信息的有效生命期，那么认为这个密码体制在计算上是安全的。

(2) 可证明安全性(Provable Security)：若密码体制的安全性可以归结为某个数学困难问题，则称其是可证明安全的。可证明安全性只是说明密码体制的安全与一个问题是相关的，并没有证明密码体制是安全的，可证明安全性也被称为归约安全性。

(3) 无条件安全性(Unconditional Security)或者完善保密性(Perfect Secrecy)：假设存在一个具有无限计算能力的攻击者，若密码体制无法被这样的攻击者攻破，则称其为无条件安全。无论有多少可使用的密文，都不足以唯一地确定密文所对应的明文。

(4) 密码算法安全强度高：就是说攻击者根据截获的密文或某些已知明文密文对，要确定密钥或者任意明文在计算上不可行。

(5) 柯克霍夫原则：密码体制的安全性不应依赖加密算法的保密性，而应取决于可随时改变的密钥。

(6) 密钥空间应足够大：使试图通过穷举密钥空间进行搜索的方式在计算上不可行。

(7) 既易于实现又便于使用：主要是指加密函数和解密函数都可以高效地计算。

3.11.2 密码攻击与分析

1. 密码攻击

(1) 穷举攻击：密码分析者通过试遍所有的密钥来进行破译。穷举攻击又称为蛮力攻击,是指攻击者依次尝试所有可能的密钥对所截获的密文进行解密,直至得到正确的明文。

(2) 统计分析攻击:密码分析者通过分析密文和明文的统计规律来破译密码。抵抗统计分析攻击的方式是在密文中消除明文的统计特性。

(3) 数学分析攻击:密码分析者针对加密算法的数学特征和密码学特征,通过数学求解的方法来设法找到相应的解密变换。为对抗这种攻击,应该选用具有坚实的数学基础和足够复杂的加密算法。

2. 密码分析

密码攻击和解密的相似之处在于都是设法将密文还原成明文的过程。根据密码分析者可获取的信息量不同,密码分析(也称为破译)有下列几种基本方法。

(1) 唯密文攻击(Ciphertext Only Attack):已知加密方法、明文语言和可能内容,从密文求出密钥或明文。

(2) 已知明文攻击(Know-plaintext Attack):已知加密方法和部分明文密文对,从密文求出密钥或明文。

(3) 选择明文攻击(Chose-plaintext Attack):已知加密方法,而且破译者可以把任意(或相当数量)的明文加密为密文,求密钥。这对于保护机密性的密码算法来说是最强有力的分析方法。

(4) 选择密文攻击(Chose-ciphertext Attack):已知加密方法,而且破译者可以把任意(或相当数量)的密文脱密为明文,求密钥。这对于保护完整性的密码算法来说是最强有力的分析方法。

(5) 自适应选择明文攻击(Adaptive Chosen Plaintext Attack):选择明文攻击的一种特殊情况,指密码分析者不仅能够选择要加密的明文,而且能够根据加密的结果对以前的选择进行修正。

(6) 选择密钥攻击(Chosen Key Attack):这种攻击情况在实际中比较少见,它仅表示密码分析者知道不同密钥之间的关系,并不表示密码分析者能够选择密钥。

3.12 密码系统管理

密码系统的安全性依赖密码管理。密码管理主要分为密钥管理、密码管理政策和密码测评。

3.12.1 密钥管理

密钥管理主要围绕密钥的生命周期进行,具体包括以下内容。

(1) 密钥生成。密钥应由密码相关产品或工具按照一定标准产生,通常包括密码算法选择、密钥长度等。密钥生成时要同步记录密钥的关联信息,如拥有者、密钥使用起始时间、密钥使用终止时间等。

(2) 密钥存储。一般来说密钥不以明文方式存储保管,应采取严格的安全防护措施,防止密钥被非授权地访问或篡改。

（3）密钥分发。密钥分发是指通过安全通道把密钥安全地传递给相关接收方，防止密钥遭受截取、篡改、假冒等攻击，保证密钥机密性、完整性以及分发方、接收方身份的真实性。目前，密钥分发主要有人工方式、自动化方式和半自动化方式。其中，自动化方式主要通过密钥交换协议进行。

（4）密钥使用。密钥要根据不同的用途（加密、签名 VNAC 等）来选择。密钥使用和密码产品保持一致性，密码算法、密钥长度、密码产品都要符合相关管理政策，即安全合规。使用密钥前，要验证密钥的有效性，如公钥证书是否有效。密钥使用过程中要防止密钥的泄露和替换，按照密钥安全策略及时更换密钥。建立密钥应急响应处理机制，以应对突发事件，如密钥丢失事件、密钥泄密事件、密钥算法缺陷公布等。

（5）密钥更新。当密钥超过使用期限、密钥信息泄露、密码算法存在安全缺陷等情况发生时，相关密钥应根据相应的安全策略进行更新操作，以保障密码系统的有效性。

（6）密钥撤销。当密钥到期、密钥长度增强或密码安全应急事件出现的时候，需要进行撤销密钥，更换密码系统参数。撤销后的密钥一般不重复使用，以免密码系统的安全性受到损害。

（7）密钥备份。密钥备份应按照密钥安全策略，采用安全可靠的密钥备份机制对密钥进行备份。备份的密钥与密钥存储要求一致，其安全措施要求保障备份的密钥的机密性、完整性、可用性。

（8）密钥恢复。密钥恢复是在密钥丢失或损毁的情形下，通过密钥备份机制，能够恢复密码系统的正常运行。

（9）密钥销毁。根据密钥管理策略可以对密钥进行销毁。一般来说，销毁过程应不可逆，无法从销毁结果中恢复原密钥。特殊情况下，密钥管理支持用户密钥恢复和司法密钥恢复。

（10）密钥审计。密钥审计是对密钥生命周期的相关活动进行记录，以确保密钥安全合规，违规情况可查可追溯。

3.12.2 密码管理政策

密码管理政策是指国家对密码进行管理的有关法律政策文件、标准规范、安全质量测评等。目前，我国已经发布《商用密码管理条例》，主要内容有商用密码的科研生产管理、销售管理、使用管理、安全保密管理。《中华人民共和国密码法》也已颁布实施，相关工作正在推进，明确规定，密码分为核心密码、普通密码和商用密码，实行分类管理。核心密码、普通密码用于保护国家秘密信息，属于国家秘密，由密码管理部门依法实行严格统一管理。商用密码用于保护不属于国家秘密的信息，公民、法人和其他组织均可依法使用商用密码保护网络与信息安全。

为规范商用密码产品的设计、实现和应用，国家密码管理局发布了一系列密码行业标准，主要有《电子政务电子认证服务管理办法》《电子政务电子认证服务业务规则规范》《密码模块安全检测要求》《安全数据库产品密码检测准则》《安全隔离与信息交换产品密码检测指南》《安全操作系统产品密码检测准则》《防火墙产品密码检测准则》等。

3.12.3 密码测评

数字时代呼唤安全创新,密码是国之重器,是数字技术发展的安全基因,是保障网络与数据安全的核心技术,也是推动我国数字经济高质量发展、构建网络强国的基础支撑。从实战需求看,日趋严峻的网络与数据安全威胁使得数字经济迫切需要密码技术抵御外部黑客攻击、防止内部人员泄露。从合规需求看,以密码应用安全性评估为抓手落实《中华人民共和国密码法》,并结合《中华人民共和国网络安全法》《中华人民共和国数据安全法》《中华人民共和国个人信息保护法》等法律法规,也在持续拉动密码应用新需求。

"商用密码应用安全性评估"是指在采用商用密码技术、产品和服务集成建设的网络和信息系统中,对其密码应用的合规性、正确性和有效性进行评估。开展商用密码应用安全性评估工作是国家法律法规的强制要求,是网络安全运营者的法定责任和义务。同时,开展商用密码应用安全性评估是商用密码应用正确、合规、有效的重要保证,是检验网络和信息系统安全性的重要手段。

1. 商用密码应用安全性评估是商用密码应用的重要推动力

商用密码应用的正确、合规、有效,是网络和信息系统安全的关键所在;而商用密码应用安全性评估工作的开展可以促进商用密码应用做到合规、正确和有效,是商用密码应用正确、合规、有效的重要推动力。

2. 商用密码应用安全性评估是应对网络与数据安全形势的需要

通过商用密码应用安全性评估可以及时发现在密码应用过程中存在的问题,为网络和信息安全提供科学的评价方法,逐步规范密码的使用和管理,从根本上改变密码应用不广泛、不规范、不安全的现状,确保密码在网络和信息系统中得到有效应用,切实构建起坚实可靠的网络安全密码保障。

3. 商用密码应用安全性评估是系统安全维护的必然要求

密码应用是否合规、正确和有效涉及密码算法、协议、产品、技术体系、密钥管理、密码应用多个方面。因此,需委托专业机构和专业人员,采用专业工具和专业手段,对系统整体的密码应用安全进行专项测试和综合评估,形成科学准确的评估结果,以便及时掌握密码安全现状,采取必要的技术和管理措施。

依据 GB/T 39786—2021《信息安全技术 信息系统密码应用基本要求》编制的《信息系统密码应用测评要求》将信息系统密码应用测评要求分为通用测评要求和密码应用测评要求。其中:通用测评要求对"密码算法和密码技术合规性"和"密钥管理安全性"提出测评要求,适用于第一级到第五级的信息系统密码应用测评;密码应用测评要求对信息系统的物理和环境安全、网络和通信安全、设备和计算安全、应用和数据安全四个技术层面提出了第一级到第四级密码应用技术的测评要求,并对管理制度、人员管理、建设运行和应急处置四个方面提出了第一级到第四级密码应用管理的测评要求。通用测评要求的内容不单独实施测评,也不单独体现在密码应用安全性评估报告的单元测评结果和整体测评结果中,仅供密码应用测评要求的测评实施引用。

日前，我国设立了商用密码检测中心，其主要职责包括：商用密码产品密码检测；信息安全产品认证密码检测；含有密码技术的产品密码检测；信息安全等级保护商用密码测评；商用密码行政执法密码鉴定；国家电子认证根CA建设和运行维护；密码技术服务；商用密码检测标准规范制定；等等。表3-23给出了典型密码功能测评技术，供密码测评人员在对信息系统中具体使用的密码产品或应用的密码功能进行测评实施时参考。

表3-23 典型密码功能测评技术

密码功能	测评实施	预期结果
传输机密性	① 利用协议分析工具，分析传输的重要数据或鉴别信息是否为密文，数据格式（如分组长度等）是否符合预期。 ② 若信息系统以外接密码产品的形式实现传输机密性，如VPN、密码机等，则可参考对这些密码产品应用的测评方法	① 传输的重要数据和鉴别信息均为密文，数据格式（如分组长度等）符合预期。 ② 实现传输机密性的外接密码产品符合相应密码产品应用的要求
存储机密性	① 通过读取存储的重要数据，判断存储的数据是否为密文，数据格式是否符合预期。 ② 若信息系统以外接密码产品的形式实现存储机密性，如密码机、加密存储系统、安全数据库等，则可参考对这些密码产品应用的测评方法	① 存储的重要数据均为密文，数据格式符合预期。 ② 实现存储机密性的外接密码产品符合相应密码产品应用的要求
传输完整性	① 利用协议分析工具，分析受完整性保护的数据在传输时的数据格式（如签名长度、MAC长度）是否符合预期。 ② 若使用数字签名技术进行完整性保护，则商用密码应用安全性评估人员可以使用公钥对抓取的签名结果进行验证。 ③ 如果信息系统以外接密码产品的形式实现传输完整性，如VPN、密码机等，则可参考对这些密码产品应用的测评方法	① 受完整性保护的数据在传输时的数据格式（如签名长度、MAC长度）符合预期。 ② 使用签名技术进行完整性保护的，使用公钥对抓取的签名结果验证通过。 ③ 实现传输完整性的外接密码产品符合相应密码产品应用的要求
存储完整性	① 通过读取存储的重要数据，判断受完整性保护的数据在存储时的数据格式（如签名长度、MAC长度）是否符合预期。 ② 若使用数字签名技术进行完整性保护，则商用密码应用安全性评估人员可使用公钥对存储的签名结果进行验证。 ③ 条件允许的情况下，商用密码应用安全性评估人员可尝试对存储数据进行篡改（如修改MAC或数字签名），验证完整性保护措施的有效性。 ④ 若信息系统以外接密码产品的形式实现存储完整性保护，如密码机、智能密码钥匙，则可参考对这些密码产品应用的测评方法	① 受完整性保护的数据在存储时的数据格式（如签名长度、MAC长度）符合预期。 ② 使用签名技术进行完整性保护的，使用公钥对存储的签名结果验证通过。 ③ 对存储数据进行篡改，完整性保护措施能够检测出存储数据的完整性受到破坏。 ④ 实现存储完整性的外接密码产品符合相应密码产品应用的要求

续表

密码功能	测评实施	预期结果
真实性	① 若信息系统以外接密码产品的形式实现对用户、设备的真实性鉴别，如 VPN、安全认证网关、智能密码钥匙、动态令牌等，则可参考对这些密码产品应用的测评方法。 ② 对于不能复用密码产品检测结果的，还要查看实体鉴别协议是否符合 GB/T 15843—1999《信息技术 安全技术 实体鉴别》中的要求，特别是对于“挑战—响应”方式的鉴别协议，可以通过协议抓包分析，验证每次挑战值是否不同。 ③ 对基于静态口令的鉴别过程，抓取鉴别过程的数据包，确认鉴别信息(如口令)未以明文形式传输；对采用数字签名的鉴别过程，抓取鉴别过程的挑战值和签名结果，使用对应公钥验证签名结果的有效性。 ④ 若鉴别过程使用了数字证书，则可参考对证书认证系统应用的测评方法。若鉴别未使用证书，则商用密码应用安全性评估人员要验证公钥或(对称)密钥与实体的绑定方式是否可靠，实际部署过程是否安全	① 实现对用户、设备的真实性鉴别的外接密码产品符合相应密码产品应用的要求。 ② 实体鉴别协议符合 GB/T 15843—1999 中的要求。 ③ 静态口令的鉴别信息以非明文形式传输，对于使用数字签名进行鉴别，公钥验证签名结果通过，并且符合证书认证系统应用的相关要求。 ④ 公钥和(对称)密钥与实体的绑定方式可靠，部署过程安全
不可否认性	① 若使用第三方电子认证服务，则应对密码服务进行核查；若信息系统中部署了证书认证系统，则可参考对证书认证系统应用的测评方法。 ② 使用相应的公钥对作为不可否认性证据的签名结果进行验证。 ③ 若使用电子签章系统，则参考对电子签章系统应用的测评方法	① 使用的第三方电子认证密码服务或系统中部署的证书认证系统符合相关要求。 ② 使用相应公钥对不可否认性证据的签名结果的验证结果为通过。 ③ 使用的电子签章系统符合电子签章系统应用的相关标准规范要求

3.13 本章小结

密码技术是现代信息安全的基础和核心技术，它不仅能够对信息加密，而且能完成信息的完整性验证、数字签名和身份认证等功能。本章着重介绍了常见的替代密码、置换密码、对称密码、非对称密码、PKI、密码管理和密码测评等技术和基础理论。

习　题

3-1　指出古典密码体制的不足。

3-2　指出一次一密的两个问题。

3-3　试述密码学的发展阶段及其主要特征。

3-4 什么是密码学？密码编码学和密码分析学区别是什么？

3-5 密码学的五元组是什么？它们分别有什么含义？

3-6 密码分析主要有哪些方式？各有何特点？

3-7 简述对称密码体制和非对称密码体制的优缺点。

3-8 试说明链路加密、节点对节点加密、端对端加密的应用场景。

3-9 试用C语言模拟实现DES算法的整个加密过程。

第4章 安全保障模型与体系

视频讲解

通过明确指定实现安全策略所需的数据结构和技术，安全模型将安全策略的抽象目标映射到信息系统的具体内容上，安全模型通常以数学和分析的理念来表示，然后映射到系统的规范说明上再实现开发。安全模型采纳这些需求，并且提供要达到这个目标必须遵循的数学公式、关系和结构。安全策略只是勾勒出目标，却没有就如何实现目标给出任何思路。安全模型则是一个架构，它给出了策略的形式，并且解决了特殊情况下的安全问题。

4.1 安全保障概述

4.1.1 安全保障模型

随着信息系统成为组织机构生存和发展的关键因素，信息系统的安全风险成为组织风险的重要组成部分。为了保障组织机构完成其使命，应针对信息系统面临的风险制定相应的策略。信息系统安全保障如图4-1所示。

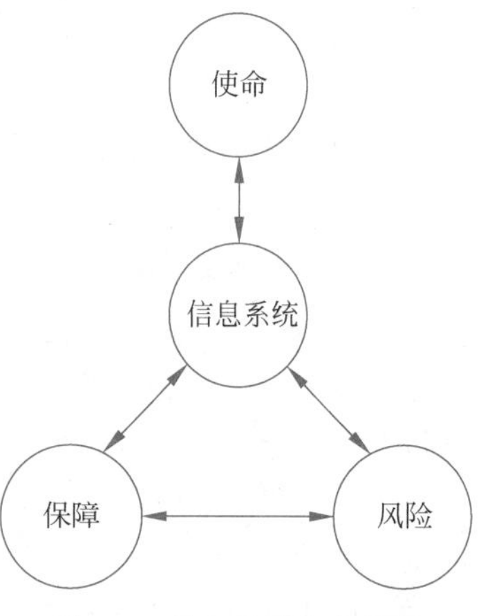

图4-1 信息系统安全保障

信息系统是应用、服务、信息技术资产或其他信息处理组件的总和。信息系统运行于特定的现实环境中，它从属某个组织机构，受到来自组织内部及外部环境的约束。因此，信息系统的安全保障除了要在充分分析信息系统本身的技术、业务、管理等特性基础上提出相应的要求外，还要考虑这些约束条件产生的要求。

信息系统安全风险是具体的风险，各个风险都是针对某一特定对象的风险。产生风险的因素主要包括信息系统自身存在的脆弱性以及来自系统外部的威胁。信息系统运行环境存在着怀有特定威胁动机的威胁源，它会使用各种攻击方法，利用信息系统运行环境中的各种脆弱性对信息系统造成相应的破坏，由此产生信息安全事件和问题。

安全保障工作针对信息系统在运行环境中所面临的各种风险，制定信息安全保障策略体系，设计并实现信息安全保障架构或模型，采取技术、管理等安全保障措施，将风险减少至预定可接受的程度，从而保障其使命要求。策略体系是组织机构在对风险、资产和使命综合理解的基础上所做出的指导性文件。策略体系的制定反映了组织机构对安全保障及其目标的理解，它的制定和贯彻执行对组织机构安全保障起着纲领性的指导作用。

安全保障模型的主要内容：首先以风险和策略为基础和出发点(从信息系统所面临的风险和信息系统所处的环境出发)，制定组织机构安全保障策略体系，识别生命周期过程中完备的技术、管理、工程和人员等保障要素，确保实现和贯彻组织机构策略并将风险降低到可接受的程度；其次基于生命周期过程的保障能力成熟度来评价信息系统保障能力。

安全保障模型如图 4-2 所示。

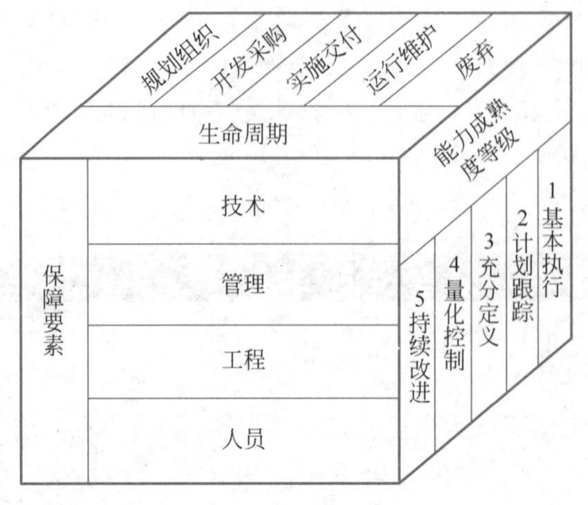

图 4-2 安全保障模型

整个安全保障模型包含保障要素、生命周期和能力成熟度等级三个维度。本模型主要特点如下。

(1) 以安全概念和关系为基础,将风险和策略作为安全保障的基础和核心。

(2) 强调安全保障的概念,信息系统的安全保障是通过综合技术、管理、工程和人员的安全保障要求来实施和实现信息系统的安全保障目标,通过对信息系统的技术、管理、工程和人员要求的评估,提供了对安全保障的信心。

(3) 强调安全保障的持续发展的动态安全模型,即强调安全保障应贯穿整个信息系统生命周期的全过程。

(4) 通过成熟度模型来评价基于生命周期的过程保障要素的保障能力,从而达到保障组织机构执行其使命的根本目的。

4.1.2 安全保障等级

安全保障等级包含两个维度的要素。如图 4-3 所示,横轴表示依据风险分析选择的信息系统基本实践(包含技术要求、管理要求和工程要求),基本实践针对特定信息系统足以将风险降低到可接受的程度(保障对策的充分性);纵轴表示基本实践从产生、实现、运行到废止整个生命周期的过程保障能力分级(保障对策的正确性)。二者相结合进行评估,可以充分定义安全保障的信心程度。

安全保障等级划分为五个等级,从低到高依次如下。

(1) 基本执行级:本级别的特征为随机、无序、被动地执行安全过程,依赖个人经验,无法复制。

(2) 计划跟踪级:本级别的特征为主动地实现了安全过程的计划与执行,但没有形成体系化。

(3) 充分定义级:本级别的特征为安全过程的规范定义与执行。

(4) 量化控制级:本级别的特征为建立了量化目标,安全过程可进行度量与预测。

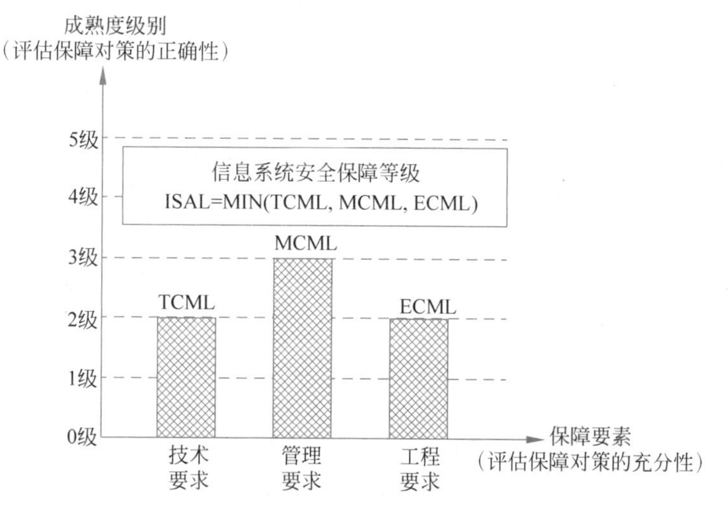

图 4-3 安全保障等级概念

ISAL—安全保障级；ICML—技术能力成熟度级；MCML—管理能力成熟度级；ECML—工程能力成熟度级。

(5) 持续优化级：本级别的特征为根据组织机构的整体目标，不断改进和优化安全过程。

该安全保障模型将风险与策略作为安全保障的基础和核心。第一，强调安全保障持续发展的动态安全模型，即安全保障应该贯穿整个信息系统生命周期的全过程；第二，强调综合保障的观念，信息系统的安全保障是通过综合技术、管理、工程与人员的安全保障来实施和实现信息系统的安全保障目标，通过对信息系统的技术、管理、工程和人员的评估，提供对安全保障的信心；第三，以风险和策略为基础，在整个信息系统的生命周期中实施技术、管理、工程和人员保障要素，从而使安全保障实现信息安全的安全特征，达到保障组织机构执行其使命的根本目的。

在这个模型中，强调信息系统所处的运行环境、信息系统的生命周期和安全保障的概念。信息系统生命周期有各种各样的模型，安全保障模型中的信息系统生命周期模型是基于这些模型的一个简单、抽象的概念性说明模型，它主要用于对信息系统生命周期模型及保障方法进行说明。在安全保障具体操作时，可根据实际环境和要求进行改动和细化。之所以强调信息系统生命周期，是因为信息安全保障要达到覆盖整个生命周期的、动态持续性的长效安全，而不仅在某时间点保证安全性。

4.1.3 安全保障范畴

在空间维度，信息系统安全需要从技术、管理、工程和人员四个领域进行综合保障。在安全技术方面，要考虑具体的产品和技术，更要考虑信息系统的安全技术体系架构；在安全管理方面，要考虑基本安全管理实践，更要结合组织特点建立相应的安全管理体系，形成长效和持续改进的安全管理机制；在安全工程方面，要考虑信息系统建设的最终结果，更要结合系统工程的方法，注重工程过程各个阶段的规范化实施；在人员安全方面，要考虑与信息系统相关的所有人员（包括规划者、设计者、管理者、运行维护者、评估者、使用者等)所应具备的信息安全专业知识和能力。

1. 信息安全技术

常用信息安全技术主要包括以下类型。

(1) 密码技术。密码技术及应用涵盖了数据处理过程的各个环节,如数据加密、密码分析、数字签名、身份识别和秘密分享等,通过以密码学为核心的信息安全理论与技术来保证达到数据的机密性和完整性等要求。

(2) 访问控制技术。访问控制技术是在为用户提供系统资源最大限度共享的基础上,对用户的访问权进行管理,防止对信息的非授权篡改和滥用。访问控制对经过身份鉴别后的合法用户提供所需要的且经过授权的服务,拒绝用户越权的服务请求,保证用户在系统安全策略下有序工作。

(3) 网络安全技术。网络安全技术包括网络协议安全、防火墙、入侵检测系统/入侵防御系统(Intrusion Prevention System,IPS)、安全管理中心(Security Operations Center,SOC)、统一威胁管理(Unified Threat Management,UTM)等。这些技术主要保护网络的安全,阻止网络入侵攻击行为。防火墙是一个位于可信网络和不可信网络之间的边界防护系统。防病毒网关对基于超文本传输协议(Hypertext Transfer Protocol,HTTP)、文件传输协议(File Transfer Protocol,FTP)、简单邮件传送协议(Simple Mail Transfer Protocol,SMTP)、邮局协议版本3(Post Office Protocol 3,POP3)、安全超文本传输协议(Hypertext Transfer Protocol over Secure Socket Layer,HTTPS)等入侵网络内部的病毒进行过滤。入侵检测系统是一种对网络传输进行即时监视,在发现可疑传输时发出警报的网络安全设备。入侵防御系统是监视网络传输行为的安全技术,它能够即时地中断、调整或隔离一些异常或者具有伤害性的网络传输行为。

(4) 操作系统与数据库安全技术。操作系统安全技术主要包括身份鉴别、访问控制、文件系统安全、安全审计等方面。数据库安全技术包括数据库的安全特性和安全功能,数据库完整性要求和备份恢复,以及数据库安全防护、安全监控和安全审计等。

(5) 安全漏洞与恶意代码防护技术。安全漏洞与恶意代码防护技术包括减少不同成因和类别的安全漏洞,发现和修复这些漏洞的方法;针对不同恶意代码加载、隐藏和自我保护技术的恶意代码的检测及清除方法等。

(6) 软件安全开发技术。软件安全开发技术包括软件安全开发各关键阶段应采取的方法和措施,减少和降低软件脆弱性以应对外部威胁,确保软件安全。

2. 信息安全管理

信息安全管理主要包含以下内容。

(1) 信息安全管理体系。信息安全管理体系是整体管理体系的一部分,也是组织在整体或特定范围内建立信息安全方针和目标,并完成这些目标所用方法的体系。基于对业务风险的认识,信息安全管理体系包括建立、实施、运作、监视、评审、保持和改进信息安全等一系列管理活动,它是组织结构、方针策略、计划活动、目标与原则、人员与责任、过程与方法、资源等要素的集合。

(2) 信息安全风险管理。信息安全管理是依据安全标准和安全需求,对信息、信息载体和信息环境进行安全管理以达到安全目标。风险管理贯穿整个信息系统生命周期，包括背景建立、风险评估、风险处理、批准监督、监控审查和沟通咨询6个方面的内容。其中，背景建立、风险评估、风险处理和批准监督是信息安全风险管理的4个基本步骤，监控审查和沟通咨询则贯穿这4个基本步骤的始终。

（3）信息安全控制措施。信息安全控制措施是管理信息安全风险的一种方法，将风险控制在可接受的范围内。合理的控制措施应综合技术、管理、物理、法律、行政等各种方法，威慑安全违规人员甚至犯罪人员，预防和检测安全事件的发生，并将遭受破坏的系统恢复到正常状态。确定、部署并维护这种综合、全方位的控制措施是组织实施信息安全管理的重要组成部分。通常，组织需要从安全方针、信息安全组织、资产管理、人力资源安全、物理和环境安全、通信和操作管理、访问控制、信息系统获取开发和维护、信息安全事件管理、业务连续性管理和符合性11个方面综合考虑部署合理的控制措施。

（4）应急响应与灾难恢复。部署信息安全控制措施的目的之一是防止发生信息安全事件，但由于信息系统内部固有的脆弱性和外在的各种威胁，很难杜绝信息安全事件的发生。所以，应及时有效地响应与处理信息安全事件，尽可能降低事件损失，避免事件升级，确保在组织能够承受的时间范围内恢复信息系统和业务的运营。应急响应工作管理过程包括准备、检测、遏制、根除、恢复和跟踪总结6个阶段。信息系统灾难恢复管理过程包括灾难恢复需求分析、灾难恢复策略制定、灾难恢复策略实现及灾难恢复预案制定与管理4个步骤。应急响应与灾难恢复关系到一个组织的生存与发展。

（5）信息安全等级保护。信息安全等级保护是我国信息安全管理的一项基本制度。它将信息系统按其重要程度以及受到破坏后对相应客体（公民、法人和其他组织）的合法权益、社会秩序、公共利益和国家安全侵害的严重程度，将信息系统由低到高分为5级。每一保护级别的信息系统需要满足本级的基本安全要求，落实相关安全措施，以获得相应级别的安全保护能力，对抗各类安全威胁。信息安全等级保护的实施包括系统定级、安全建设整改、自查、等级测评、系统备案、监督检查6个阶段。

3. 信息安全工程

规范的信息安全工程过程包括发掘信息保护需要、定义信息系统安全要求、设计系统安全体系结构、开发详细安全设计和实现系统安全5个阶段及相应活动，同时还包括对每个阶段信息保护有效性的评估。

信息系统安全工程（Information System Security Engineering，ISSE）是一种信息安全工程方法，它从信息系统工程生命周期的全过程来考虑安全性，以确保最终交付的工程的安全性。

系统安全工程能力成熟度模型（System Security Engineering Capability Maturity Model，SSE-CMM）描述了一个组织的系统安全工程过程必须包含的基本特征，这些特征是完善的安全工程保证，也是系统安全工程实施的度量标准，同时还是一个易于理解的评估系统安全工程实施的框架。应用SSE-CMM可以度量和改进工程组织的信息安全工程能力。

信息安全工程监理，是信息安全工程实施过程中一种常见的保障机制。

4. 信息安全人员

在信息安全保障诸要素中，人是最关键也最活跃的要素。网络攻防对抗，最终较量的是攻防双方人员的能力。组织机构应通过以下几方面的努力，建立一个完整的信息安全人才体系。

(1) 对所有员工，进行信息安全保障意识教育，如采用内部培训、在组织机构网站上发布相关信息等方式，增强所有员工的安全意识。

(2) 对信息系统应用岗位的员工，进行信息安全保障基本技能培训。

(3) 对信息安全专业人员，应通过对信息安全保障、管理、技术、工程，以及信息安全法规、政策与标准等知识的学习，全面掌握信息安全的基本理论、技术和方法，丰富的信息安全经验需要通过该岗位的长期工作积累获得。

(4) 对信息安全研发人员，除了要求具备信息安全基本技能外，还应培训其安全研发相关知识，包括软件安全需求分析、安全设计原则、安全编码、安全测试等内容。

(5) 对信息安全审计人员，则需要通过培训使其掌握信息安全审计方法、信息安全审计的规划与组织、信息安全审计实务等内容。

4.2 常见安全保障模型

4.2.1 PDR 模型

基于时间的安全模型是基于“任何安全防护措施都是基于时间的，超过该时间段，这种防护措施是可能被攻破的”的前提。该模型主要给出了信息系统的攻防时间表。攻击时间是指系统采取某种防守措施时，通过不同的攻击手段来计算攻破该防守措施所需要的时间。防守时间是指对于某种固定攻击手法，通过采取不同的安全防护措施来计算该防护措施所能坚守的时间。

基于时间的安全模型主要包括 PDR[Protection(防护)-Detection(检测)-Response(响应)]和改进的 PPDR[Policy(策略)-Protection-Detection-Response]。PDR 模型是源自美国国际互联网安全系统(ISS)公司提出的自适应网络安全模型(Adaptive Network Security Model, ANSM)，是一个可量化、可数学证明、基于时间的安全模型。PPDR 模型是在 PDR 模型的基础上发展起来的，也称为 P2DR。

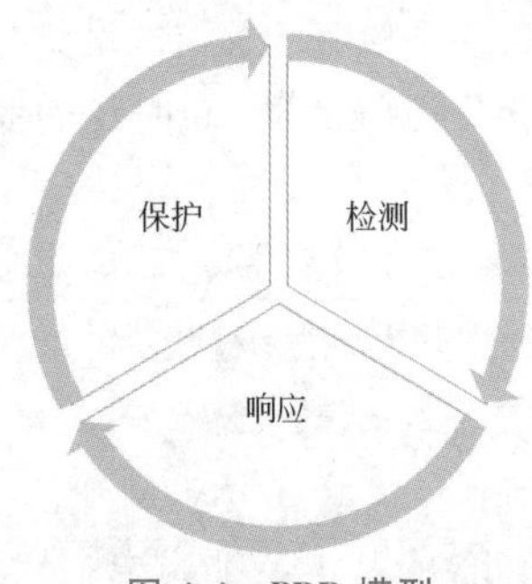

图 4-4 PDR 模型

PDR 模型是信息安全保障工作中常用的模型，是最早体现主动防御思想的一种网络安全模型。其思想是承认信息系统中漏洞的存在，正视信息系统面临的威胁，通过采取适度防护、加强检测工作、落实对安全事件的响应、建立对威胁的防护来保障系统的安全，如图 4-4 所示。

防护是根据系统可能出现的安全问题而采用的预防措施，这些措施通过传统的静态安全技术实现。防护技术通常包括数据加密、身份认证、访问控制、授权和虚拟专用网络(VPN)技术、防火墙、安全扫描和数据备份等。

检测可以了解和评估网络和系统的安全状态，为安全防护和安全响应提供依据。常用的检测技术主要包括入侵检测、漏洞检测及网络扫描等技术。当攻击者穿透防护系统时，检测功能就会发挥作用，与防护系统形成互补。检测是动态响应的依据。

应急响应在安全模型中占有重要地位，是解决安全问题的最有效办法。解决安全问题就是解决紧急响应和异常处理问题，因此，建立应急响应机制，形成快速安全响应的能力，对网络和系统至关重要。系统一旦检测到入侵，响应系统就开始工作，进行事件处理。响应包括紧急响应和恢复处理，恢复处理包括系统恢复和信息系统恢复。

PDR模型直观、实用，建立了一个所谓的基于时间的可证明的安全模型，定义了防护时间Pt（攻击者发起攻击时，保护系统不被攻破的时间）、检测时间Dt（从发起攻击到检测到攻击的时间）和响应时间Rt（从发现攻击到做出有效响应的时间）3个概念，并给出了评定系统安全的计算方式。当Pt＞Dt＋Rt时，即认为系统是安全的，也就是说，如果在攻击者攻破系统之前发现并阻止了攻击的行为，系统就是安全的。但是，系统的Pt、Dt、Rt很难准确定义。面对不同攻击者和不同种类的攻击，这些时间都是变化的，其实还是不能有效证明一个系统是否安全，并且该模型对系统的安全隐患和安全措施采取相对固定的前提假设，难以适应网络安全环境的快速变化。

4.2.2 PPDR模型

PPDR模型如图4-5所示，PPDR模型的核心思想是所有的防护、检测、响应都是依据安全策略实施的，模型包括策略、保护、检测和响应4个主要部分。PPDR模型以基于时间的安全理论这一数学模型作为论述基础。该模型可量化，也可进行数学证明，可以表示为安全＝风险分析＋执行策略＋系统实施＋漏洞监测＋实时响应。PPDR模型的基本原理：信息安全相关的所有活动，包括攻击行为、防护行为、检测行为和响应行为等都要消耗时间，因此可以用时间来衡量一个体系的安全性和安全能力。

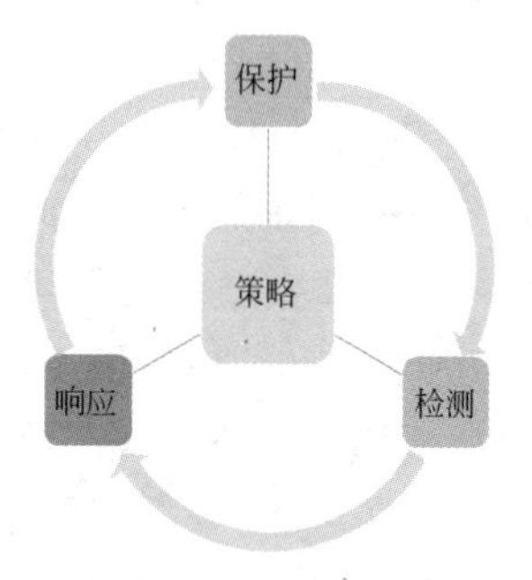

图4-5 PPDR模型

由于安全策略是安全管理的核心，所以要想实施动态网络安全循环过程，必须首先制定安全策略。所有的防护、检测、响应都是依据安全策略实施的，安全策略为安全管理提供管理方向和支持手段。一个策略体系的建立包括安全策略的制定、安全策略的评估、安全策略的执行等。

保护是通过采用一些传统的静态安全技术和方法来实现的，主要有防火墙、加密、认证等方法。通过防火墙监视限制进出网络的数据包，可以防范外对内及内对外的非法访问，提高了网络的防护能力；也可以采用SecureID这种一次性口令的方法来增加系统的安全性；等等。

在网络安全循环过程中，检测是非常重要的一个环节。检测是动态响应的依据，也是强制落实安全策略的有力工具，通过不断地检测和监控网络和系统来发现新的威胁和弱点，通过循环反馈来及时做出有效的响应。

紧急响应在安全系统中占有最重要的地位，是解决安全问题最有效的办法。从某种意义上讲，安全问题就是要解决紧急响应和异常处理问题。要解决好紧急响应问题，就要制定好紧急响应的方案，做好紧急响应方案中的一切准备工作。

PPDR模型是在整体安全策略的控制和指导下，在综合运用防护工具（如防火墙、操作系统身份认证、加密等手段）的同时，利用检测工具（如漏洞评估、入侵检测等系统）评估系统的安全状态使系统保持在最低风险的状态。安全策略、防护、检测和响应组成了一个完整动态的循环，在安全策略的指导下保证信息系统的安全。PPDR模型提出了全新的安全概念，即安全既不能依靠单纯的静态防护，也不能依靠单纯的技术手段来实现。

PPDR模型认为，与信息安全相关的所有活动，包括攻击行为、防护行为、检测行为和响应行为等，都要消耗时间。因此可以用时间来衡量一个体系的安全性和安全能力。

PPDR模型可以用以下典型的数学公式表达安全的要求。

(1) $Pt>Dt+Rt$。其中：Pt代表系统为了保护安全目标设置各种保护后的防护时间，或者理解为在这样的保护方式下，黑客（入侵者）攻击安全目标所花费的时间；Dt代表从入侵者开始发动入侵至系统能够检测到入侵行为所花费的时间；Rt代表从发现入侵行为至系统能够做出足够响应、将系统调整的正常状态的时间。那么，针对需要的保护的安全目标，突破防护的时间大于发现攻击的时间和恢复的时间，那么说明该攻击可被发现和及时处理不影响系统。

(2) $Et=Dt+Rt$。如果$Pt=0$，假设突破防护的时间为0，那么Dt与Rt的和就是该安全目标系统的暴露时间Et。针对需要被保护的目标，Et越小，系统越安全。

PPDR模型为安全问题的解决给出了明确的方向：提高系统的防护时间Pt，降低检测时间Dt和响应时间Rt。及时地检测和响应就是安全，及时地检测和恢复就是安全。但是，PPDR模型忽略了内在的变化因素，如人员的流动、人员的素质和策略贯彻的不稳定性。实际上，安全问题牵涉面很广，除了涉及的防护、检测和响应，系统本身的安全“免疫力”增强、系统和整个网络的优化以及人员（系统中最重要角色）素质的提升，都是该安全系统没有考虑到的问题。

PPDR模型与PDR模型相比，更强调控制和对抗，即强调系统安全的动态性，并且以安全检测、漏洞监测和自适应填充“安全间隙”为循环来提高网络安全。值得指出的是，在PPDR模型中，考虑了管理因素，它强调安全管理的持续性、安全策略的动态性，以实时监视网络活动、发现威胁和弱点来调整和填补网络漏洞。另外，该模型强调检测的重要性，通过经常对信息系统的评估把握系统风险点，及时弱化甚至消除系统的安全漏洞。但该模型忽略了内在的变化因素，如人员的流动、人员的素质和策略贯彻的不稳定性。系统本身安全能力的增强、系统和整个网络的优化，以及人员在系统中最重要角色的素质提升，都是该安全系统没有考虑到的问题。

不管是PDR模型，还是PPDR模型，总体来说还是局限于从技术上考虑信息安全问题。随着信息化的发展，人们越来越意识到信息安全涉及面非常广，除了技术，管理、制度、人员和法律等方面也是信息安全必须考虑的因素，就像个由多块木块构成的“木桶”，木桶的容量由最短的那块板决定。在处理信息安全问题时，必须全面考虑各方面的因素，任何一个方面的遗漏都有可能形成“短板”。

4.2.3 IPDRR模型

IPDRR[Identify(识别)-Protect(保护)-Detect(检测)-Respond(响应)-Recover(恢复)]模型是NIST提供的一个网络安全框架，主要包含以下五部分。

(1) 识别：建立对系统、人员、资产、数据和能力的网络安全风险管理的组织理解。识别职能内的活动是有效使用该框架的基础。了解业务环境、支持关键功能的资源以及相关的网络安全风险，使组织能够根据其风险管理策略和业务需求，集中精力并确定工作的优先级。此功能中的结果类别示例包括：资产管理；商业环境；治理；风险评估；风险管理策略。

(2) 保护：制定并实施适当的保障措施，以确保提供关键服务。保护功能支持限制或控制潜在网络安全事件的影响。此功能中的结果类别示例包括：身份管理和访问控制；意识和培训；数据安全；信息保护流程和程序；维护；防护技术。

(3) 检测：制定并实施适当的活动以识别网络安全事件的发生。检测功能用于及时发现网络安全事件。该功能中的结果类别示例包括：异常和事件；安全持续的监控；检测流程。

(4) 响应：针对检测到的网络安全事件，制定并实施适当的行动。响应功能支持控制潜在网络安全事件的影响。这一职能范围内的成果类别示例包括：应对规划；通信；分析；缓解；改进。

(5) 恢复：制定并实施适当的活动，以维持恢复计划，并恢复因网络安全事件而受损的任何能力或服务。提供网络安全恢复功能，以降低网络安全事件对系统的影响。本职能范围内的结果类别示例包括恢复计划、改进和通信。

以下步骤说明组织如何使用该框架创建新的网络安全计划或改进现有计划。这些步骤应在必要时重复，以持续改善网络安全。

步骤1：区分优先级和范围。组织确定其业务/任务目标和高层组织优先级。有了这些信息，组织就网络安全实施作出战略决策，并确定支持所选业务线或流程的系统和资产的范围。可以对框架进行调整，以支持组织中不同的业务线或流程，这些业务线或流程可能有不同的业务需求和相关的风险承受力。风险容忍度可以反映在目标实现层中。

步骤2：确定来源。一旦确定了业务线或流程的网络安全计划范围，组织就会确定相关的系统和资产、监管要求和总体风险方法。然后，组织通过咨询来源确定适用于这些系统和资产的威胁和漏洞。

步骤3：创建当前配置文件。该组织通过表明当前正在实现框架核心的哪个类别和子类别的结果来开发当前概要。如果一个结果部分实现了，注意到这一事实将通过提供基线信息来帮助支持后续的步骤。

步骤4：进行风险评估。该评估可以由组织的整体风险管理过程或以前的风险评估活动指导。该组织分析操作环境，以了解网络安全事件的可能性以及该事件可能对该组织产生的影响。重要的是，组织应识别新出现的风险，并利用来自内部和外部的网络威胁信息更好地了解网络安全事件的可能性和影响。

步骤5：创建目标配置文件。组织创建一个目标概要文件，重点关注评估描述组织预期网络安全结果的框架类别和子类别。组织也可以开发自己的附加类别和子类别，以应对独特的组织风险。在创建目标概要时，组织还可以考虑外部利益相关者(如部门实体、客户和业务伙伴)的影响和要求。目标概要文件应适当反映目标实现层内的标准。

步骤6：确定、分析并优先考虑差距。首先，组织比较当前概要文件和目标概要文件以确定差距；其次，制订优先行动计划，以解决差距——反映任务驱动因素、成本和效益以及风险——以实现目标概况中的结果；最后，组织确定解决缺口所需的资源，包括资金和劳动力。以这种方式使用概要文件可以鼓励组织对网络安全活动作出明智的决定，支持风险管理，并使组织能够执行具有成本效益的、有针对性的改进。

步骤7：实施行动计划。组织决定采取哪些行动来解决在上一步中确定的差距(如果有)，然后调整其当前的网络安全实践，以实现目标配置文件。作为进一步的指导，该框架确定了关于类别和子类别的示例信息参考，但组织应该确定哪些标准、指南和实践，包括那些部门特定的、最适合他们的需求。

一个组织根据需要重复这些步骤，以持续评估和改善其网络安全。例如，组织可能会发现，频繁地重复这些步骤可以提高风险评估的质量。此外，组织可以通过对当前概要文件的迭代更新来监控进度，随后将当前概要文件与目标概要文件进行比较。组织也可以使用此过程使其网络安全计划与其所需的框架实现层保持一致。

4.2.4 CISAW模型

信息安全保障人员认证(Certified Information Security Assurance Worker，CISAW)模型从核心保障对象——“业务”出发，具体解决数据、载体、环境与边界四个对象全生命周期的安全问题，提供可用性、完整性、真实性、机密性、不可否认性(抗抵赖性)等若干安全属性，并综合协调管理人、技术、财务、信息四类主要资源，在预警、保护、检测、响应、恢复和反击六个环节上实现安全保障，如图4-6所示。

CISAW模型包括以下要素。

(1) 对象：该模型中核心对象是“业务”，业务的安全建立在具体的实体对象的安全之上，通过实体对象的安全来实现。实体对象主要包括数据、载体、环境与边界。数据是信息的表现形式，通过载体来存储、传输、处理、加工。数据和载体处于一定的环境中，而环境是存在边界的。

(2) 生命周期：对上述实体对象的安全保障，当从整个生命周期的角度全方位实施，任何时段的疏漏都将导致核心对象的安全隐患。数据需从采集、产生、传输、存储、使用、处理、归档、废弃及销毁等生命周期的各个环节中得到保护；载体需从其设计、发放、部署、使用、保存和销毁的生命周期的各个环节中进行防护；环境与边界需从其设计、部署、实施、访问、运行、更新、卸载、废弃等生命周期的各个环节进行全方位防护。

(3) 安全属性：CISAW模型中给出了可用性、完整性、真实性、机密性、不可否认性

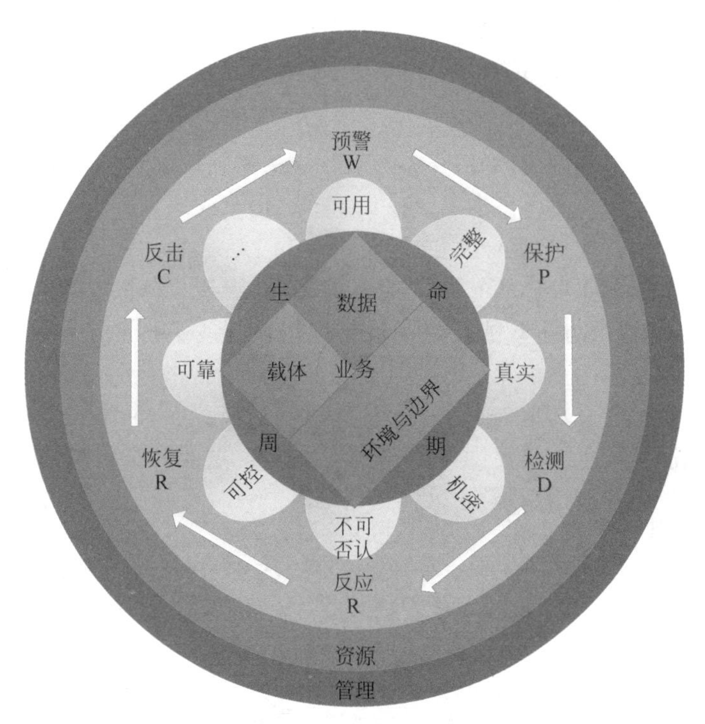

图 4-6 CISAW 模型

等属性。在这些属性中,可用性作为第一个安全属性具有时代背景。目前,信息安全的发展处于信息安全保障阶段。业务的连续可用成为一个信息化组织所需要保障的首要任务。当然,该业务的连续可用需要通过数据、载体、环境与边界的可用来实现。

(4) 六个环节:信息安全保障具体表现为预警、保护、检测、响应、恢复和反击六个环节。预警环节的主要工作是在安全事件发生之前对安全事态的发展进行跟踪,预防安全威胁的实施和发生;保护环节的主要任务是抵御外部的破坏、攻击和非法的行为;检测环节的主要内容是对被保护对象的外部环境与自身进行检查和监测,起到预防和发现威胁与攻击的作用;响应环节主要针对已发生的破坏、攻击和非法行为的反应和处理;恢复主要针对破坏及入侵行为造成的后果进行处理,恢复被保护对象也实现业务的正常开展;反击环节的主要任务是对入侵行为的取证与跟踪甚至是溯源。通俗地讲,以上六个环节构成了“摸不到、看不着、看不懂、拿不走、追得到、打不垮”的纵深防御的安全保障体系。

(5) 资源:上述安全保障体系的构建离不开资源的保障。资源包括人力、财务、技术和信息四类。人力与财务资源是必不可少的要素。技术与信息资源主要指为信息安全保障服务的相关支撑技术与支撑信息等。

(6) 管理:管理是以上的资源得以有效协调与运用的重要因素。资源离不开管理,没有管理的资源是无法发挥有效作用的;没有资源的管理自然是无米之炊。资源与管理二者密不可分。

4.2.5 IATF 模型

安全保障技术框架(Information Assurance Technical Framework,IATF)模型是以信息基础设施的概念为基础的,如图 4-7 所示。信息基础设施包括通信网络、计算机、数据库、管理、应用程序和消费电子产品,可以在全球、国家或地方各级存在。IATF 模型提出信息安全保障的核心思想"纵深防御"(Defense-in-Depth)。"纵深防御"原指通过层层设防来保护动力学或现实世界的军事或战略资产,迫使敌方分散进攻力量,难以维系后勤保障,从而达到迟滞敌方进攻或使之无法继续进攻的战术目的。在网络空间防御中,"纵深防御"战略是指采用多样化、多层次、纵深的防御措施来保障信息和信息系统安全。其主要目的是在攻击者成功地破坏了某种防御机制的情况下,网络安全防御体系仍能够利用其他防御机制为信息系统提供保护,使能够攻破一层或一类保护的攻击行为无法破坏整个信息基础设施和应用系统。

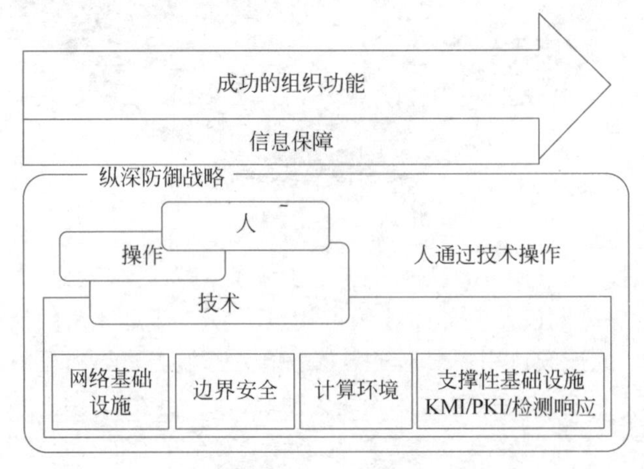

图 4-7 IATF 模型

人员方面包括政策和流程、培训和意识、物理安全、人员安全、系统安全管理、设施对策。技术方面包括信息保障架构框架区域、信息保障(Information Assurance,IA)标准(安全、互操作性、公钥基础设施、被评估产品的采购集成、系统风险评估)。操作方面包括安全策略、认证与鉴别、就绪评估、安全管理、密钥管理、攻击感知与告警响应、恢复与重构。

在该战略的三个主要方面中,IATF 专注于技术和提供一个框架,以提供重叠层的保护,以应对网络威胁。通过这种方法,对一层或一种保护类型的成功攻击不会导致整个信息基础设施被破坏。

信息基础设施是一个复杂的系统,存在多个漏洞点。为了解决这一问题,IATF 在纵深防御战略的基本原则内采用了多种 IA 技术解决方案,即用 IA 技术解决方案层来建立适当的 IA 姿态。因此,如果一种保护机制被成功突破,其背后的其他机制就会提供额外的保护。采用分层保护策略并不意味着在网络体系结构的每个可能点都需要 IA 机制。通过在关键领域实施适当程度的保护,可以根据每个组织的独特需要制定一套有效的保障措施。此外，分层策略允许在适当的时候应用较低保证的解决方案，这可能会降低成本；同时，这种方法允许在关键区域（如网络边界）明智地应用更高保证的解决方案。

当信息和信息系统通过在可用性、完整性、认证、机密性和不可否认性等领域的安全服务应用而有信心免受攻击时，就可以实现信息安全评估。这些服务的应用应该基于保护、检测和响应范式。这意味着除了纳入保护机制外，组织必须预料到攻击，还必须纳入攻击检测工具和程序，使它们能够对这些攻击作出反应并从攻击中恢复。

人员、技术和操作是"纵深防御"战略的核心要素，着眼于人员管理、技术保障和运行维护的政策制度设计、装备技术研发、安全态势维持等活动，构成了"纵深防御"战略的主要内容。

人员是网络安全体系中的决定性因素。"纵深防御"战略强调人员因素，在领导层面，要求领导层能够意识到现实的网络安全威胁，重视安全管理工作，自上而下地推动安全管理政策的落实；在操作人员层面，要求加强对操作人员的培训，提高信息安全意识；在人员制度层面，要求制定严格的网络安全管理规范，明确各类人员的责任和义务职责；在安全防范机制层面，要求建立物理的和人工的安全监测机制，防止出现违规操作。

技术是网络安全最基本的保障，是构建网络空间防御体系的现实基础。"纵深防御"战略提出：建立有效的技术引进政策和机制是确保技术运用适当的前提，只有依据系统架构与安全政策，进行风险评估，选择合适的安全防御技术，构建完善的防御体系，才有助于推动实现全面的网络安全。

操作是指为保持系统的安全状态而开展的日常工作，其主要任务是严格执行系统安全策略，迅速应对入侵事件，确保信息系统关键功能的正常运行。操作是"纵深防御"战略中的核心因素，人员和技术在防御体系中的作用只有通过经常性的运行维护工作才能得以体现。战略的行动要素集中于维持组织日常安全态势所需的所有活动，包括风险评估、安全监控、安全审计、跟踪告警、入侵检测、响应恢复等内容。

IATF关注保护网络和基础设施（骨干网络的可用性、无线网络安全框架、系统高互连和虚拟专用网、保护区域边界（保护网络访问、远程访问、多级安全）、保护计算环境（终端用户环境、系统应用的安全）和支持基础设施（密钥管理基础设施/公钥基础设施、检测和响应）四个技术焦点区域。

深度防御策略应遵守以下IA原则。

(1) 多地点防御。鉴于对手可以利用内部人员或外部人员从多个地点攻击目标，组织必须在多个地点部署保护机制，以抵御所有攻击方法。至少，这些深度防御位置应该包括保护网络和基础设施、防御区域边界（如部署防火墙、入侵检测等，抵御主动的网络攻击）和保护计算环境（例如，提供对主机和服务器的访问控制，以抵御内部、封闭和分布攻击）。

(2) 分层防御。即使是最好的IA产品也有其固有的弱点，因此对手最终会在几乎所有系统中发现可利用的漏洞。一种有效的对策是在对手和目标之间部署多种防御机制，每种机制都必须对对手构成独特的障碍。此外，每种机制都应包括保护和检测措施，这些措施有助于增加对手（被发现）的风险，同时降低对手的成功机会或使成功的渗透难以承受。在外部和内部网络边界部署嵌套防火墙(每一个都与入侵检测相结合)是分层防御的一个例子。内部防火墙可能支持更细粒度的访问控制和数据过滤。

(3) 安全的健壮性。将每个IA组件的安全健壮性(强度和保证)指定为它所保护的内容的值和在应用点的威胁的函数。

(4) 部署KMI/PKI。部署健壮的密钥管理基础设施和公钥基础设施,支持所有合并的IA技术,并具有很强的抗攻击能力。提供支持密钥、特权和证书管理的加密基础设施,并支持对使用网络服务的个人进行积极的识别。

(5) 部署入侵检测系统。部署基础设施来检测入侵,分析和关联结果,并根据需要作出反应。这些基础设施应该帮助行动人员回答诸如"我受到攻击了吗?""谁是消息来源?""目标是什么?""还有谁受到了攻击?""我有什么选择?"提供入侵检测、报告、分析、评估和响应基础设施,能够快速检测和响应入侵和其他异常事件,并提供操作态势感知,计划执行和报告突发事件和重组的要求。

IATF的四个技术焦点区域是一个逐层递进的关系,从而形成一种纵深防御系统。因此,以上五个方面的应用充分贯彻了纵深防御的思想,对整个信息系统的各个区域、各个层次,甚至在每个层次内部都部署了信息安全设备和安全机制,保证访问者对每个系统组件进行访问时都受到保障机制的监视和检测,以实现系统全方位的充分防御,将系统遭受攻击的风险降至最低,确保数据的安全和可靠。IATF认为,信息安全并不是纯粹的技术问题,而是一项复杂的系统工程,表现为具体实施的一系列过程,这就是信息系统安全工程。通过完整实施的信息系统安全过程,组织应该能够建立起有效的信息安全体系。LATF提出了人、技术和操作三个主要核心要素。尽管IATF重点是讨论技术因素,但是它也提出了"人"这一要素的重要性。人即管理,管理在信息安全保障体系建设中同样起到了十分关键的作用,可以说技术是安全的基础。管理是安全的灵魂,所以在重视安全技术应用的同时,必须加强安全管理。IATF最大的缺陷是缺乏流程化的管理要求和对业务相关性在信息安全管理体系中的体现。将管理局限于人的因素,难以有效体现业务与安全的平衡概念。

4.2.6 SSAF模型

安全保障须提供安全性(机密性、完整性和可用性的某种组合)的评估目标(Target of Evaluation,TOE)必须包含适当的安全性特性。通常有必要确定对这些特征可以保持适当的信任水平。为了做到这一点,特性本身必须被指定。指定特性的文档和期望的评估级别构成了TOE的安全目标。

在这些标准中,安全特性分为三个级别。最抽象的观点是安全目标,即TOE希望实现的对安全的贡献。为了实现这些目标,TOE必须包含某些安全强制功能。反过来,这些安全强制功能必须由特定的安全机制实现。这三个级别可以总结如下。

(1) 安全目标,为什么需要该功能。

(2) 安全强制功能,实际提供了什么功能。

(3) 安全机制,功能如何提供。

安全保障评估框架(Security Assurance Assessment Framework,SSAF)模型就是在信息系统所处的运行环境中对安全保障的具体工作和活动进行客观的评估,通过安全保障评估所搜集的客观证据,向信息系统的所有相关方提供信息系统的安全保障工作能够实现其安全保障策略,能够将其所面临的风险降低到其可接受的程度的主观信心。安全保障评估的评估对象是信息系统,信息系统不仅包含仅讨论技术的信息技术系统,而且包括同信息系统所处的运行环境相关的人和管理等领域。安全保障是一个动态持续的过程,涉及信息系统整个生命周期,因此安全保障的评估也应该提供一种动态持续的信心。

保障对策的充分识别及正确实施也是最小化风险的一个重要前提。安全保障评估的概念和关系如图4-8所示。

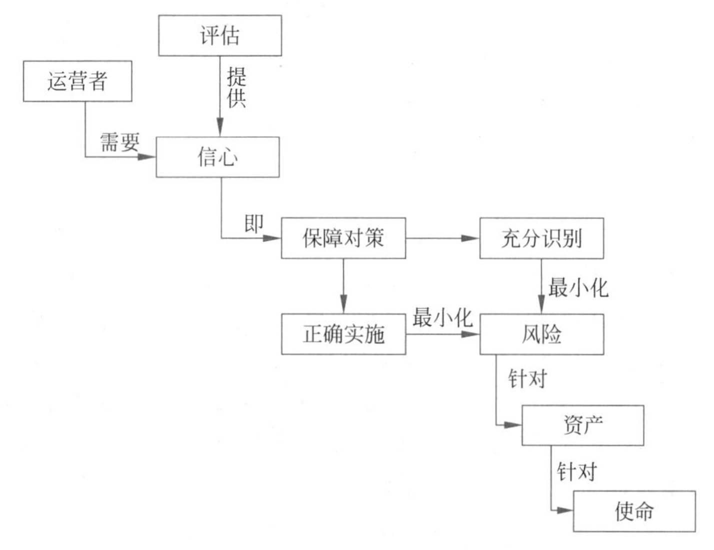

图4-8 安全保障评估概念和关系

在安全保障模型中,信息系统的生命周期层面和保障要求层面不是相互孤立的,而是相互关联、密不可分的。它们之间的关系如图4-9所示。

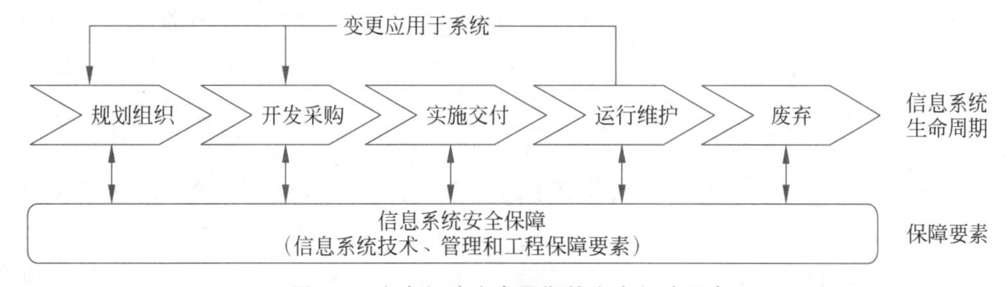

图4-9 安全保障生命周期的安全保障要素

在信息系统生命周期模型中,将信息系统的整个生命周期抽象成规划组织、开发采购、实施交付、运行维护和废弃五个阶段,并包含在运行维护阶段的变更产生的反馈,形成信息系统生命周期完整的闭环结构。在信息系统的生命周期中的任何时间点都需要综合安全保障的技术、管理和工程等保障要素对信息系统进行安全保障。

(1) 规划组织：由于组织机构的使命要求和业务要求产生了安全保障建设和使用的需求。在此阶段,信息系统的风险及策略应加入信息系统建设和使用的决策中,从信息系统建设的开始应综合考虑系统的安全保障要求,使信息系统的建设和安全保障的建设同步规划、同步建设和同步使用。

(2) 开发采购：此阶段是规划组织阶段的细化、深入和具体体现,在此阶段中进行系统需求分析、考虑系统运行的需求、进行系统体系的设计以及相关的预算申请和项目准备等管理活动。在此阶段应基于系统需求和风险、策略将安全保障作为一个整体进行系统体系的设计和建设,以全局视野建立安全保障整体规划。组织机构可根据具体要求,对系统整体的技术、管理安全保障或设计进行评估,以保证对信息系统的整体规划满足组织机构的建设要求和相关国家规定、行业准则和组织机构的其他要求。

(3) 实施交付：在此阶段,组织机构可通过对承建方进行安全服务资格要求和信息安全专业人员资格要求以确保施工组织的服务能力；组织机构还可通过安全保障的工程保障对实施施工过程进行监理和评估,最终确保所交付系统的安全性。

(4) 运行维护：信息系统进入运行维护阶段后,对信息系统的管理、运行维护和使用人员的能力等方面进行综合保障,是信息系统得以安全正常运行的根本保证。

信息系统投入运行后并不是一成不变的,随着业务和需求的变更、外界环境的变更将产生新的要求或增强原有的要求,重新进入信息系统的初始化规划阶段。

(5) 废弃：当信息系统的保障不能满足现有要求时,信息系统进入废弃阶段。

安全保障的评估是从安全保障的概念出发,在信息系统的生命周期内,根据组织机构的要求,在信息系统的安全技术、安全管理和安全工程领域内对信息系统的安全技术控制措施和技术架构能力、安全管理控制措施和管理能力、安全工程实施控制措施和工程实施能力进行综合评估,从而最终得出在其运行环境中安全保障措施满足其安全保障要求的符合性以及安全保障能力的评估。安全保障能力的评估是信息系统所提供的各项安全技术保障、安全管理保障、安全工程保障的实施、正确性、质量和能力进行保障(或信心)的强度和程度的特征,是对安全保障持续改进能力特征的描述。安全保障级是信息系统在其运行环境中,实施安全保障方案的具体实施情况和实施能力的反映。安全保障评估主要包括信息系统在其运行环境中具体的安全保障控制要求相对于安全保障目的符合性和一致性的评估以及安全保障措施被正确地和高质量地实施的评估。安全保障评估说明如图 4-10 所示。

该框架提供了一种共同的语言用于理解、管理和表达。该框架为理解、管理和表达内部和外部的网络安全风险提供了通用语言。它可以用来帮助确定和优先考虑减少网络安全风险的行动,并且它是一个工具,可以协调政策、业务和技术方法来管理该风险。它可以用来管理整个组织的网络安全风险,也可以专注于一个组织内关键服务的交付。不同类型的实体,包括部门协调机构、协会和组织都可以使用该框架进行管理。

该框架的核心部分提供了一套活动以实现特定的网络安全成果,并参考了实现这些

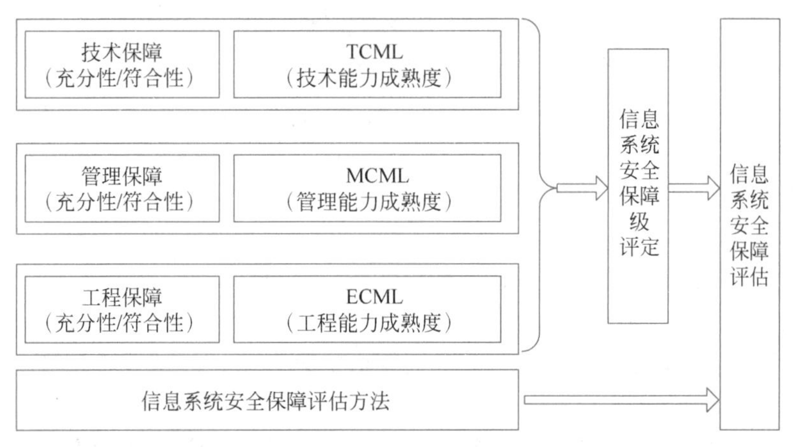

图 4-10　安全保障评估说明

成果的指导范例。该核心不是一份落实的行动,它提出了业界认为有助于管理网络安全风险的关键网络安全成果。

框架核心包含四个元素：功能、类别、子类别和参考资料,该框架的核心要素共同发挥作用,具体如下。

(1) 功能处于最高级别,用于组织基本的网络安全活动。具体来说,功能包括识别、防护、检测、响应与恢复。组织可利用这些功能管理网络安全风险,包括组织信息、启动风险管理决策、解决威胁问题以及根据之前活动经验进行优化。功能在根据现有方法调整后可用于事件管理,展示网络安全投资的效果,例如,规划与演练方面的投资可促进及时响应与恢复,降低对服务交付的影响。

(2) 类别是将功能细分为网络安全结果组,与计划需求和实际活动密切相关,比如,“资产管理”“访问控制”“检测流程”类别。

(3) 子类别将一个类别进一步划分为技术/管理活动的具体结果。子类别列举了部分可辅助实现各类别目标的结果,“已编目外部信息系统”“已保护休眠数据”“已调查检测系统的通知”均为子类别。

(4) 参考资料列举了关键基础设施部门常用的标准、指南及实践中的具体章节,描述了达到子类别要求的具体方法。本框架核心并未列举所有的参考资料,仅列举部分作说明之用。这些参考资料均为框架制订过程中最常引用的跨部门指导手册。

4.2.7　RMF 模型

风险管理框架(Risk Management Framework,RMF)强调风险管理,通过持续监控过程,持续保持对信息系统安全和隐私状况的态势感知,在整个系统开发生命周期(System Development Life Cycle,SDLC)内促进信息系统的安全和隐私能力开发；并通过向管理者提供信息,以促进有关接受组织运营和资产、个人、其他组织和国家因其系统的使用和运行而产生的风险的决策。RMF 模型功能如下。

(1) 提供了一个可重复的过程，旨在促进对与风险相称的信息和信息系统的保护。

(2) 强调管理安全和隐私风险所需的全组织准备工作。

(3) 促进信息和系统的分类、控制措施的选择、实施评估和监控，以及信息系统和通用控制措施的授权。

(4) 通过实施连续监控流程，促进近实时风险管理和持续系统和控制授权的自动化使用。

(5) 鼓励使用正确、及时的指标，为管理者提供必要的信息，以便为支持其任务和业务职能的信息系统作出成本效益高、基于风险的决策。

(6) 促进将安全和隐私要求和控制集成到组织架构、系统开发生命周期、采购流程和系统工程流程中。

(7) 通过负责风险管理和风险执行(职能)的高级问责官员，将组织和任务/业务流程层面的风险管理流程与信息系统层面的风险管理流程联系起来。

(8) 为在信息系统内实施并由这些系统继承的控制建立责任和问责制。

RMF 模型提供了一种动态且灵活的方法，可以有效管理各种环境中的安全和隐私风险，这些环境具有更复杂的威胁、不断演变的任务和业务功能，以及不断变化的系统和组织漏洞。该框架有助于不断升级信息技术资源和信息技术现代化工作，确保在过渡期间提供基本任务和服务。

管理与信息系统相关的安全和隐私风险是一项复杂的任务，需要整个组织参与，从为组织提供战略愿景和顶级目标的高级领导，到计划执行和管理项目的中层领导，再到开发、实施、运营以及维护支持组织任务和业务功能的系统。风险管理是一项全面的活动，影响组织的各个方面，包括任务和业务规划活动、组织架构、SDLC 过程以及与这些系统生命周期过程不可或缺的系统工程活动。图 4-11 说明了多层次风险管理，解决了组织级、任务/业务流程级和信息系统级的安全和隐私风险。通信和报告是跨三个级别的双向信息流，以确保在整个组织中解决风险。

在 1 级和 2 级进行的活动对于组织准备执行 RMF 至关重要。此类准备工作涉及范围广泛的活动，不仅是管理与操作或使用特定系统相关的安全和隐私风险，还包括对整个组织适当管理安全和隐私风险至关重要的活动。

与为组织执行风险管理框架做好准备的 2 级活动不同，3 级活动从信息系统的角度处理风险，并由组织和任务/业务流程级别的风险决策指导和告知。1 级和 2 级的风险决策可能会影响系统级控制措施的选择与实施。组织根据组织架构、安全或隐私架构以及组织开发的定制控制基线或覆盖，将控制指定为系统特定、混合或通用(继承)控制。

组织建立控制措施的可追溯性，以满足控制措施旨在满足的安全和隐私要求。建立这种可追溯性，可以确保在系统设计、开发、实施、操作、维护和处置期间解决所有需求。风险管理层次结构的每层都是风险管理框架成功执行的受益者，加强了风险管理过程的迭代性质。在该过程中，安全和隐私风险在不同的组织级别上被框架、评估、响应和监控。

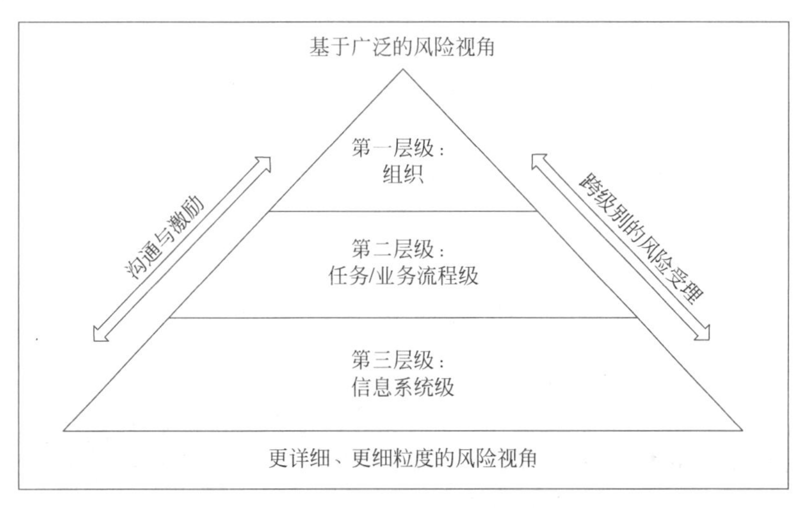

图 4-11 多层次风险管理

如果在组织层面没有充分的风险管理准备，安全和隐私活动可能会变得成本过高，需要太多熟练的安全和隐私专业人员，并产生无效的解决方案。例如，未能实施有效组织架构的组织将难以整合、优化和标准化其信息技术基础架构。此外，架构和设计决策的影响可能会对组织实施有效安全和隐私解决方案的能力产生不利影响。组织缺乏充分准备可能会导致不必要的冗余，以及效率低、成本高和易受攻击的系统、服务和应用程序。

RMF 有一个准备步骤（以确保组织准备好执行该过程）和六个主要步骤，七个步骤对于 RMF 的成功执行至关重要，具体如下。

(1) 通过建立管理安全和隐私风险的上下文和优先级，准备从组织和系统级的角度执行 RMF。

(2) 根据对损失影响的分析，对系统以及系统处理、存储和传输的信息进行分类。

(3) 为系统选择一组初始控制措施，并根据需要调整控制措施，从而根据风险评估将风险降低到可接受的水平。

(4) 实施控制，并描述如何在系统及其运行环境中使用控制。

(5) 评估控制措施，以确定控制措施是否正确实施，是否按预期运行，并在满足安全和隐私要求方面产生预期结果。

(6) 基于对组织运营和资产、个人、其他组织和国家的风险可接受的确定，授权系统或通用控制。

(7) 持续监控系统和相关控制，包括评估控制有效性、记录系统和运行环境的变化、进行风险评估和影响分析，以及报告系统的安全和隐私状况。

风险管理框架如图 4-12 所示。

图 4-12 中：准备，使组织做好管理安全和隐私风险准备的基本活动；分类，根据影响分析对系统以及处理、存储和传输的信息进行分类；选择，选择一组控制措施，以根据风险评估保护系统；实现，实现控件并记录控件的部署方式；评估，评估以确定控制措施是

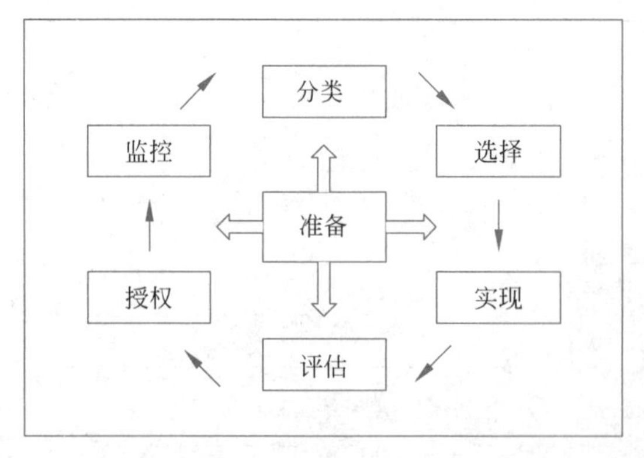

图 4-12 风险管理框架

否到位,是否按预期运行,并产生所需的结果;授权,作出基于风险的决定,授权系统(运行);监控,持续监控控制系统的实施和风险。

尽管图 4-12 中的风险管理方法是分层的,但项目和组织动态通常更复杂。组织选择的风险管理方法可能从自上而下的命令到同行之间的分散共识的连续统一体都有所不同。然而,在所有情况下组织都使用一致的方法,将其应用于整个组织范围内从组织级别到信息系统级别的风险管理过程。

4.2.8 TCSEC 模型

可信计算机系统评估标准(Trusted Computer System Evaluation Criteria,TCSEC)由美国国防科学委员会提出,将安全分为安全政策、可说明性、安全保障和文档。TCSEC 将以上四个方面分为七个安全级别,按安全程度从低到高依次是 D、C_1、C_2、B_1、B_2、B_3、A,如表 4-1 所示。

表 4-1 TCSEC 安全级别

类 别	级 别	名 称	主要特征
D	D	低级保护	保护措施很少,没有安全功能
C	C_1	自主安全保护	自主存储控制
	C_2	受控存储控制	单独的可查性,安全标识
B	B_1	标识的安全保护	强调存取控制,安全标识
	B_2	结构化保护	面向安全的体系结构,较好的抗渗透能力
	B_3	安全区域	存取监控、高抗渗透能力
A	A	验证设计	形式化的最高级描述、验证和隐秘通道分析

各个级别介绍如下。

(1) D 级:安全保护欠缺级。D 级为最低的保护等级,提供了最弱的安全性,是为已经通过评估但无法达到更高安全等级的系统而设定的。D 级计算机系统的典型代表有 DOS、Windows3.1 系统等。

(2) C 级:自主保护级。C 级主要提供自主访问控制保护,在保证项中包括支持识别、认证和审计。C 级划分了两个子级。

① C_1 级：C1 系统的可信计算基础（TCB）通过提供用户和数据的分离，名义上满足了可自由支配的安全需求。它包含了某种形式的可信控制，能够在个人基础上强制执行访问限制，即表面上适合允许用户能够保护项目或私人信息，并防止其他用户意外读取或破坏他们的数据。C_1 环境期望是具有相同敏感度的合作用户处理数据的环境。

② C_2 级：受控存取保护级。该类中的系统执行比 C_1 系统更细粒度的可自由支配访问控制，使得用户通过登录过程、安全相关事件的审计和资源隔离对其操作单独负责。

(3) B 级：强制保护级。TCB 的概念保留敏感性标签的完整性，并使用它们来强制一组强制访问控制规则，这是此种划分中的一个主要要求。该部门的系统必须携带系统中主要数据结构的灵敏度标签。系统开发人员还提供 TCB 所基于的安全策略模型，并提供 TCB 的规范。必须提供证据证明参考监测概念已经实施。B 级划分了三个子级。

① B_1 级：标记安全保护级。B_1 系统需要 C_2 所需的所有特性。此外，还必须提供安全策略模型、数据标记和对指定主题和对象的强制访问控制的非正式声明，同时必须具备准确标注导出信息的能力。

② B_2 级：结构化保护级。在 B_2 系统中，TCB 基于一个明确定义和文档化的正式安全策略模型。该模型要求将类（B_1）系统中的任意和强制性访问控制强制执行扩展到 ADP 系统中的所有主体和对象。此外，还讨论了隐蔽通道。TCB 必须仔细地构造成保护关键元件和非保护关键元件。TCB 接口是良好定义的，TCB 设计和实现使其能够经受更彻底的测试和更完整的审查。加强了身份验证机制，以支持系统管理员和操作员功能的形式提供可信设施管理，并实施严格的配置管理控制。这个系统相对不易渗透。

③ B_3 级：安全域保护级。B_3 级 TCB 必须满足参考监视器的要求，即它将主体的所有访问中介到对象，必须是防篡改的，并且必须足够小，以便进行分析和测试。为此，TCB 的结构排除了对安全策略实施不重要的代码，在其设计和实现期间进行了大量的系统工程，目的是尽量减少其复杂性。支持安全管理员，审计机制扩展到与信号安全相关的事件，并需要系统恢复过程。该系统具有很强的抗渗透能力。

(4) A 级：验证保护级。A 级的特点是使用形式化安全验证方法，以保证使用强制访问控制与自主访问控制的系统能有效地保护该系统存储和处理秘密信息与其他敏感信息。其中，A 级是形式最高级规格，在安全功能上等价于 B_3 级，但它必须对相同的设计运用数字形化证明方法加以验证，以证明安全功能的正确性。这种划分的特点是使用正式的安全验证方法，以确保系统中所采用的强制性和酌定性安全控制能够有效地保护系统存储或处理的机密或其他敏感信息。需要大量的文档来证明 TCB 在设计、开发和实现的所有方面都符合安全要求。

4.2.9 滑动标尺模型

2015 年，美国系统网络安全协会（SANS）提出了网络安全滑动标尺模型。网络安全滑动标尺模型与传统的 PDR、PPDR 和 IATF 等安全模型相比，建立了一个分类框架。整体安全体系的建设是一个非割裂的连续过程，模型中属于各个类别的措施与属于相邻类别的措施之间是相互关联的，本质上界线也没有那么清晰。左侧安全能力是右侧安全能力的基础和依赖，协同联动成整体的安全能力。

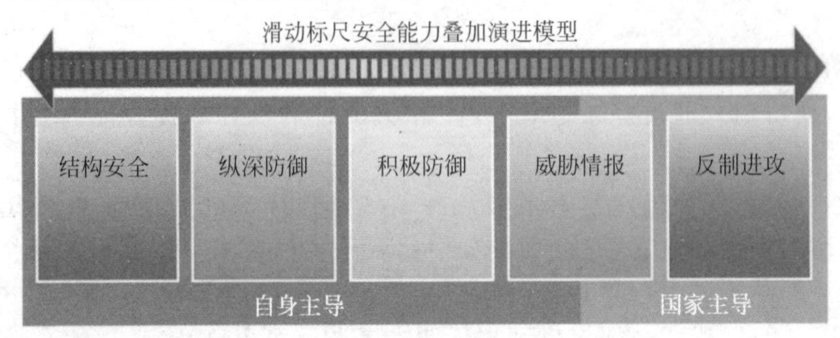

图 4-13　滑动标尺模型

如图 4-13 所示，该模型将信息安全能力分为五大类别，即结构安全、纵深防御、积极防御、威胁情报和反制进攻。其中，结构安全、纵深防御、积极防御、威胁情报是一个完备的安全防御体系所需的，而反制进攻主要由国家级网络防御体系提供。

结构安全类别的安全能力是在信息化环境中的基础设施结构组件和应用系统中嵌入/实现的安全能力，具体包括网络分区分域、系统安全(资产/配置/漏洞/补丁管理)、应用开发安全、身份与访问、数据安全、日志采集等。其主要防御意图是收缩 IT 环境各个层面的攻击暴露面。这类安全能力需要在网络与信息系统的规划、设计、建设和维护过程中充分考虑，有较强的内生安全含义，反映了安全与 IT 的深度结合。

纵深防御类别的安全能力是以层次化方式部署的附加在网络、系统、应用环境等 IT 基础架构之上的相对静态、被动、外挂式的安全能力，具体包括网络边界防护、数据中心边界防护、局域网络安全、广域网络安全、终端安全、主机加固等。通常无须人员持续介入，其防御思想是通过层次化防御、逐层收缩攻击暴露面来消耗攻击者资源，以阻止中低水平攻击者的攻击活动。

积极防御类别的安全能力是强调持续监控的更加积极、主动、动态的体系化安全能力，具体包括日志汇聚、安全事件分析、安全编排与自动化、内部威胁防控等安全能力。通常需要安全分析人员依托态势感知平台进行安全事件的分析、研判和响应处置。其防御思想是通过体系化监控，及时发现和阻止中高水平攻击者的攻击活动。

威胁情报类别的安全能力是强调引入组织外部威胁情报信息以增强对组织内部网络威胁的识别、理解和预见性的安全能力，具体包括情报收集、情报生产、情报使用、情报共享等安全能力。它既包括引入组织外部威胁情报，也包括生产加工组织内部威胁情报。其防御思想是通过扩大威胁视野(从组织内部转向组织外部)填补已知威胁的知识缺口并驱动积极防御过程，为更全面及时地发现和阻止高水平攻击者的攻击活动提供决策支持。

反制进攻类别的安全能力是以自卫为目的针对网络攻击者采取合法反制措施和网

络反击行动的能力,具体包括取证溯源、攻击链阻断、网络渗透等攻击性网络安全能力。其防御思想是采用进攻方式达成防御效果。

4.3 开放系统互连安全体系

开放系统互连(OSI)参考模型是由国际化标准组织制定的开放式通信系统互连参考模型 OSI/RM(Open System Interconnection Reference Model)。网络通信分为7层,从下到上分别是物理层(Physical Layer)、数据链路层(Data Link Layer,简称链路层)、网络层(Network Layer)、传输层(Transport Layer)、会话层(Session Layer)、表示层(Presentation Layer)及应用层(Application Layer)。国际标准化组织于1989年在原有网络基础通信协议7层模型基础之上扩充了OSI参考模型,确立了信息安全体系结构,并于1995年再次在技术上进行了修正。如图4-14所示,OSI安全体系包括5类安全服务及8类安全机制。

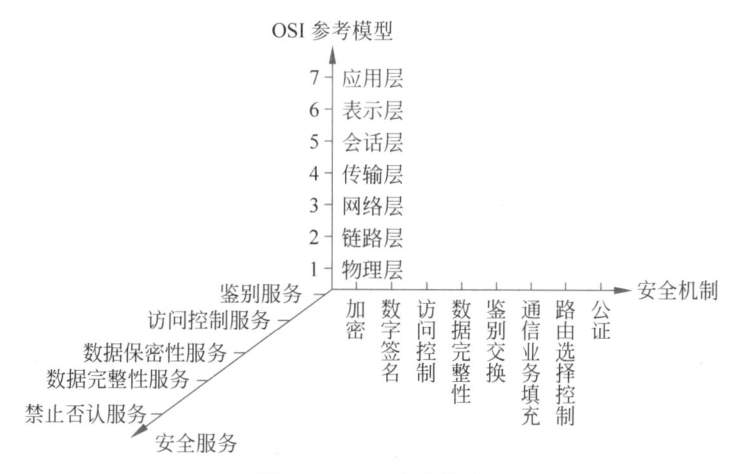

图 4-14 OSI 安全体系

4.3.1 OSI 安全服务

针对网络系统的技术和环境,OSI安全架构中对网络安全提出了5类安全服务,即鉴别服务、访问控制服务、数据保密性服务、数据完整性服务、禁止否认服务(抗抵赖)。实际上这些是一些要实现的安全目标,但在OSI框架之下,认为每一层和它的上一层都是一种服务关系,因此把这些安全目标称为安全服务是相当自然的。

1. 鉴别服务

鉴别服务又可分为对等实体认证和信源认证,用于识别对等实体或信源的身份,并对身份的真实性、有效性进行证实。其中,对等实体认证用来验证在某一通信过程中的一对关联实体中双方的声称是一致的,确认对等实体中没有假冒的身份。信源认证可以验证所接收到的信息是否确实具有它所声称的来源。

(1) 对等实体认证:当由第 N 层提供这种服务时,将使第 $N+1$ 层实体确信与之打交道的对等实体正是它所需的第 $N+1$ 层实体。这种服务在连接建立或在数据传送阶段的某些时刻提供使用，用以证实一个或多个连接实体的身份。使用这种服务可以（仅在使用时间内）确信一个实体此时没有试图冒充别的实体，或没有试图将先前的连接作非授权地重放：实施单向或双向对等实体鉴别也是可能的，可以带有效期检验，也可以不带。这种服务能够提供各种不同程度的鉴别保护。

（2）信源认证：当由第 N 层提供这种服务时，将使第 $N+1$ 层实体确信数据来源正是所来的对象第 $N+1$ 层实体、数据源发鉴别服务对数据单元的来源提供识别。这种服务对数据单元的重复或篡改不提供鉴别保护。

2. 访问控制服务

访问控制服务主要是以资源使用的等级划分和资源使用者的授权范围来决定的，对抗开放系统互联可访问资源的非授权使用。这些资源可以是经开放互联协议可访问到的 OSI 资源或非 OSI 资源。这种保护服务可应用于对资源的各种不同类型的访问（例如，使用通信资源，读、写或删除信息资源，处理资源的操作），或应用于对某种资源的所有访问。访问控制服务可以分为自主访问控制、强制访问控制和基于角色的访问控制。

3. 数据保密性服务

数据保密性服务是针对信息泄露而采取的防御措施，包括信息保密、选择字段保密、业务流保密等内容。数据保密性服务是通过对网络中传输的数据进行加密来实现的。这种服务对数据提供保护，使之不被非授权地泄露，包括以下 4 个方面。

（1）连接保密性：这种服务为一次连接上的所有用户数据保证其保密性。但对于某些使用中的数据，或在某些层次上，将所有数据都保护起来是不适宜的，如加速数据或连接请求中的数据。

（2）无连接保密性：这种服务为单个无连接的服务数据单元（Service Data Unit，SDU）中的全部用户数据提供保密性保护。

（3）选择字段保密性：这种服务保证选择字段的保密性，这些字段或处于连接的用户数据中，或为单个无连接的 SDU 中的字段。

（4）通信业务流保密性。这种服务提供的保护使得通过观察通信业务流而不可能推断出其中的机密信息。

4. 数据完整性服务

数据完整性服务包括防止非法篡改信息，如修改、删除、插入、复制等。包括以下 5 个方面。

（1）带恢复的连接完整性：这种服务为连接上的所有用户数据保证其完整性，并检测整个 SDU 序列中的数据遭到的任何篡改、插入、删除，同时进行补救/恢复。

（2）不带恢复的连接完整性：与带恢复的连接完整性的服务相同，只是不进行补救恢复。

(3) 选择字段的连接完整性：这种服务为在一次连接上传送的 SDU 的用户数据中的选择字段保证其完整性，所取形式是确定这些被选字段是否遭受了篡改、插入、删除或不可用。

(4) 无连接完整性：由第 N 层提供这种服务时，对发出请求的第 $N+1$ 层实体提供了完整保护。这种服务为单个无连接上的 SDU 保证其完整性，所取形式可以判断接收到的 SDU 是否遭受了篡改。此外，在一定程度上也能提供对连接重放的检测。

(5) 选择字段无连接完整性：这种服务为单个无连接上的 SDU 中的被选字段保证其完整性，所取形式是被选字段是否遭受了篡改。

5. 禁止否认服务

禁止否认服务可以防止信息的发送方事后否认自己曾经进行过的操作，即通过证实所有发生过的操作防止抵赖。其具体包括以下两个方面。

(1) 数据源发证明的抗抵赖：为数据的接收方提供数据的源发证据。这将使发送方不承认未发送过这些数据或否认其内容的企图不能得逞。

(2) 交付证明的抗抵赖：为数据的发送方提供数据交付证据，这将使接收方以后不承认收到过这些数据或否认其内容的企图不能得逞。

4.3.2 OSI 安全机制

OSI 的安全机制分为两大类：一类是特定安全机制，包括加密机制、数字签名机制、访问控制机制、数据完整性机制、鉴别交换机制、业务流填充机制、路由控制机制、公正机制；二是普通安全机制，包括可信功能度、安全标记、事件检测、安全审计追踪和安全恢复。特定安全机制中除了数据完整性外都属于定义的安全防护范畴，普遍安全机制除了可信功能度外都对应于的安全检测和恢复范围。

下面所列的 8 种安全机制可以设置在适当的 N 层上，以提供前面所述的某些安全服务。

1. 加密机制

加密机制即通过各种加密算法对网络中传输的信息进行加密，它是对信息进行保护的最常用措施。加密算法有许多种，大致分为对称密钥加密与公开密钥加密两大类，其中有些(如 DES 等)加密算法已经可以通过硬件实现，具有很高的效率。

加密既能为数据提供机密性，也能为通信业务流信息提供机密性，还可成为其他安全机制中的一部分或起补充作用。大多数应用不要求在多个层上加密，加密层的选取主要取决于下述因素：如果要求全通信业务流机密性，那么将选取物理层加密或传输安全手段(如适当的扩频技术)。足够的物理安全、可信任的路由选择以及在中继上的类似功能可以满足所有的机密性要求。如果要求细粒度保护(对每个应用可能提供不同的密钥)和抗抵赖或选择字段保护，那么将选取表示层加密。由于加密算法耗费大量的处理能力，所以选择字段保护功能是重要的。在表示层中的加密能提供不带恢复的完整性、抗抵赖以及所有的机密性。

2. 数字签名机制

数字签名机制是采用私钥进行数字签名,同时采用公开密钥加密算法对数字签名进行验证的方法。用于帮助信息的接收方确认收到的信息是否是由它所声称的发送方发出的,并且能检验信息是否被篡改、实现禁止否认等服务。

3. 访问控制机制

访问控制机制可根据系统中事先设计好的一系列访问规则判断主体对客体的访问是否合法,如果合法则继续进行访问操作,否则拒绝访问。访问控制机制是安全保护的最基本方法,是网络安全的前沿屏障。

4. 数据完整性机制

数据完整性机制包括数据单元的完整性和数据单元序列的完整性两个方面。它保证数据在传输、使用过程中始终是完整、正确的。数据完整性机制与数据加密机制密切相关。

5. 鉴别交换机制

鉴别交换机制以交换信息的方式来确认实体的身份,一般用于同级别的通信实体之间的认证。要实现鉴别交换常用到如下技术。

(1) 口令:由发送方提交,由接收方检测。

(2) 加密:将交换的信息加密,只有合法用户才可以解读。

(3) 实体的特征或所有权:如指纹识别、身份卡识别等。

6. 业务流填充机制

业务流填充机制是设法使加密装置在没有有效数据传输时,还按照一定的方式连续地向通信线路上发送伪随机序列,并且这里发出的伪随机序列也是经过加密处理的。这样,非法监听者就无法区分所监听到的信息中哪些是有效的,哪些是无效的,从而可以防止非法攻击者监听数据,分析流量、流向等,达到保护通信安全的目的。

7. 路由控制机制

在一个大型的网络里,从源节点到目的节点之间往往有多种路由,其中有一些是安全的,另一些是不安全的。在这种源节点到目的节点之间传送敏感数据时,就需要选择特定的安全的路由,使之只在安全的路径中传送,从而保证数据通信的安全。

8. 公证机制

在一个复杂的信息系统中有许多用户、资源等实体,各种原因很难保证每个用户都是诚实的,每个资源都是可靠的;同时,系统故障等会造成信息延迟、丢失等。这些很可能引起责任纠纷或争议。公证机构是系统中通信的各方都信任的权威机构,通信的各方之间进行通信前都与这个机构交换信息,从而借助这个可以信赖的第三方保证通信是可信的,即使出现争议,也能通过公证机构进行仲裁。

安全服务与安全机制的关系如表 4-2 所示。

表 4-2 安全服务与安全机制的关系

服　　务	机　　制							
	加密机制	数字签名机制	访问控制机制	数据完整性机制	鉴别交换机制	业务流填充机制	路由控制机制	公证机制
对等实体鉴别	Y	Y	•	•	Y	•	•	•
数据原发鉴别	Y	Y	•	•	•	•	•	•
访问控制	•	•	Y	•	•	•	•	•
连接机密性	Y	•	•	•	•	•	Y	•
无连接机密性	Y	•	•	•	•	•	Y	•
选择字段机密性	Y	•	•	•	•	•	•	•
通信业务流机密性	Y	•	•	•	•	Y	Y	•
带恢复的连接完整性	Y	•	•	Y	•	•	•	•
不带恢复的连接完整性	Y	•	•	Y	•	•	•	•
选择字段的连接完整性	Y	•	•	Y	•	•	•	•
无连接完整性	Y	Y	•	Y	•	•	•	•
选择字段的无连接完整性	Y	Y	•	Y	•	•	•	•
有数据原发证明的抗抵赖	•	Y	•	Y	•	•	•	Y
有交付证明的抗抵赖	•	Y	•	Y	•		•	Y

注："Y"表示机制适合相应的服务；"•"表示机制不适合相应的服务。

要增强 OSI 各层的安全服务，这些安全服务应当在适当的服务层中使用，层次化结构中服务的配置如表 4-3 所示。

表 4-3 安全服务与协议层的关系

服　　务	协　议　层						
	物理层	链路层	网络层	传输层	会话层	表示层	应用层
对等实体鉴别	•	•	Y	Y	•	•	Y
数据原发鉴别	•	•	Y	Y	•	•	Y
访问控制	•	•	Y	Y	•	•	Y
连接机密性	Y	Y	Y	Y	•	Y	Y
无连接机密性	•	Y	Y	Y	•	Y	Y
选择字段机密性	•	•	•	•	•	Y	Y
通信业务流机密性	Y	•	Y	•	•	•	Y
带恢复的连接完整性	•	•	•	Y	•	•	Y
不带恢复的连接完整性	•	•	Y	Y	•	•	Y
选择字段的连接完整性	•	•	•	•	•	•	Y
无连接完整性	•	•	Y	Y	•	•	Y
选择字段的无连接完整性	•	•	•	•	•	•	Y
有数据原发证明的抗抵赖	•	•	•	•	•	•	Y
有交付证明的抗抵赖	•	•	•	•	•	•	Y

注："Y"表示服务可在相应的层上提供；"•"表示服务不能在相应的层上提供。

4.4 自适应安全体系

自适应安全体系(Adaptive Security Architecture,ASA)是 Gartner 在 2014 年提出的面向下一代的安全体系框架,用于应对云计算与物联网快速发展所带来的新型安全形势。自适应安全架构面对高级定向攻击具备智能与弹性安全防护能力,依托持续性地监测与回溯分析构建了自适应的未知攻击威胁预警体系,形成了集防御、监测、响应、预测为一体的安全防控流程闭环。

4.4.1 自适应安全体系 1.0

ASA 体系主要由防御、监测、响应、预测 4 部分组成。该体系可通过持续的安全可视化和评估来动态适应相应的场景,并做出调整。

防御是指通过部署安全防护产品,制定安全防御策略与机制,降低信息系统的攻击面,形成动态主动防御能力,在形成有效攻击之前完成拦截。防御模块主要分为加固与隔离、转移攻击和攻击事件防御。在加固与隔离系统中,基于渗透测试和模糊测试可识别系统自身漏洞与恶意代码,进而对信息系统进行加固。此外,加固与隔离系统结合端点隔离与沙箱技术,限制攻击者通过系统接口触及系统核心的能力。转移攻击则构建了一个基于网络主动跳变快速迁移的动态系统环境,随机更改网络节点属性,攻击者无法有效识别锁定信息系统核心。攻击事件防御则采用已有的安全防护手段,如防火墙、入侵检测、动态防御、漏洞扫描设备等确保信息系统运行安全。

监测是指针对绕过安全防御机制的攻击行为进行监测,并在尽量短的时间内隔离已被感染的数据与系统,降低攻击带来的损失。监测模块分为攻击检测、行为分析、风险评估和事件隔离。由于网络攻击与防御的不对称性,任何信息系统都无法避免地存在被攻破的可能性,一旦攻击者绕过已部署的防御措施,通过持续监控系统态势,检测攻击行为特征形成的异常,快速判定入侵攻击情况。检测到入侵攻击后,针对事故风险进行态势评估,明确攻击行为特征,将被感染的数据与资产进行划分,形成可视化的图形界面,迅速隔离被感染的系统和账户,形成有效的阻断机制,封锁该攻击路径,防止其他正常系统被进一步入侵。

响应是指针对监测的入侵攻击行为,通过智能化的分析获取此类攻击特征、来源、路径、方式以及最终目标,相应地更改安全防护措施,制定有效的预防机制防止类似攻击。响应模块包含攻击分析、更新策略和系统修复。通过回溯分析整个攻击事件,利用事件中所有监测到的态势数据,对其进行特征分类,挖掘出导致此次攻击的根本原因。更新已制定的安全防护策略,对部分导致此次攻击入侵的漏洞进行加固,关闭攻击路径中涉及的无用端口,升级信息加密措施,形成具备子模块联动的响应机制,修复原有信息系统存在的安全问题。

预测是指上述三个模块积累的攻击模型持续智能优化基线系统,能够实现对未知攻击威胁的预测,对信息系统可能存在的漏洞风险进行预判,并将预知的结果不断反馈至防御、监测、响应模块,形成整个自适应安全防御体系的闭环。动态基线系统、攻击预测、风险探索是预测模块的三个子模块，其中动态基线系统可适应性地针对信息系统的变动进行变化。攻击预测可分析知晓攻击者的意图，调整安全防护机制，提升主动防御的能力。风险探索则针对已有情报信息进行处理，对信息系统威胁风险进行预测评估等。自适应安全体系 1.0 如图 4-15 所示。

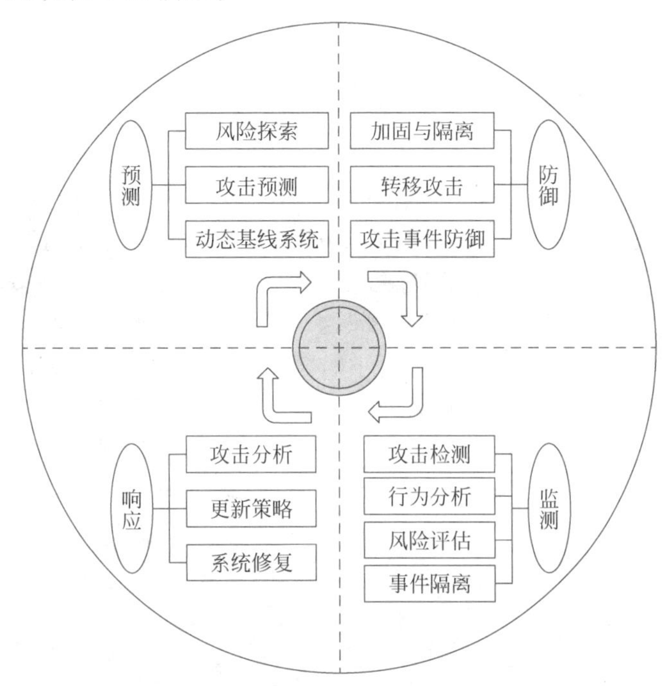

图 4-15　自适应安全体系 1.0

ASA 体系与 PDR 模型很像，却有明显的本质不同。

(1) 增加了安全威胁"预测"的环节。相比 PDR 模型，ASA 体系增加了预测这一重要环节，其目的是通过主动学习并识别未知的异常事件来嗅探潜在的、未暴露的安全威胁，更深入地诠释了"主动防御"的思想理念，这也是网络安全新防御体系的核心内容之一。

(2) 从事件响应升级到安全防御响应。在 PDR 模型中，"监测"和"响应"是以事件处理为线索的两个独立的阶段，而在 ASA 体系中虽然也有这两个环节，但是从原来的基于事件的响应升级到了安全防御规则的响应。对事件的处置环节，在 ASA 体系中已经合并到了"监测"环节，而"响应"环节则偏重对事件进行调查取证，并根据取证分析来设计处理类似事件的方法及措施，并通过实施新安全措施以避免未来事件发生。

(3) 持续地进行基于异常的深度检测。PDR 模型也具有"监测"环节，其检测更多强调基于已知、规则的"异常"检测，ASA 体系中的"监测"则在此基础之上，更多地融入了新兴的机器学习的思想，让系统自己基于大量的数据进行无监督的特征行为学习，从而对绕过防御机制而潜入网络或系统内部的未知的"异常"行为进行深度检测。

(4) 强调协调一致的动态安全防御体系。ASA 体系中对安全事件的处理，不仅仅是从制定安全规则到发现安全事件，最后完成安全事件的响应，而且需要将响应结果反馈给预测环节，从而不断修改和完善基线系统，最终实现提升系统主动评估风险并预测新型攻击能力的最终目标。PDR模型“应急响应”式的安全防护框架已经不再适用于高级持续性攻击的环境，而ASA体系则强调动态地监测、防御、响应、预测，形成一个可持续自我完善的闭环体系，让安全防御体系自动进行安全防护能力提升，并逐渐适应各种不同环境，以实现安全防御“自适应”。

4.4.2 自适应安全体系2.0

自适应的安全体系2.0进一步发展，添加了一部分内容，从而完善了防御、监测、响应与预测四部分的循环体系。首先，在持续监测加入了对用户和实体进行行为分析(User & Entity Behavior Analytics，UEBA)模块。UEBA通过机器学习与大数据分析，能够对用户、终端以及应用层、网络层等网络设备进行行为实时分析模拟，搜集相关安全缺陷，辅助终端安全发现更深层次的安全问题。其次，防御、监控、响应与预测间的大的循环体系不变的同时，在各自模块内引入小的循环体系，形成了动态持续的主动防御能力。最后，在防御、监测、响应与预测间的大的循环中加入了策略与合规性要求，并阐明了该循环的目的与意义。策略与合规性问题的引入进一步提升了自适应安全架构的普适性，而非仅仅针对最初的高级攻击防御架构。自适应安全体系2.0如图4-16所示。

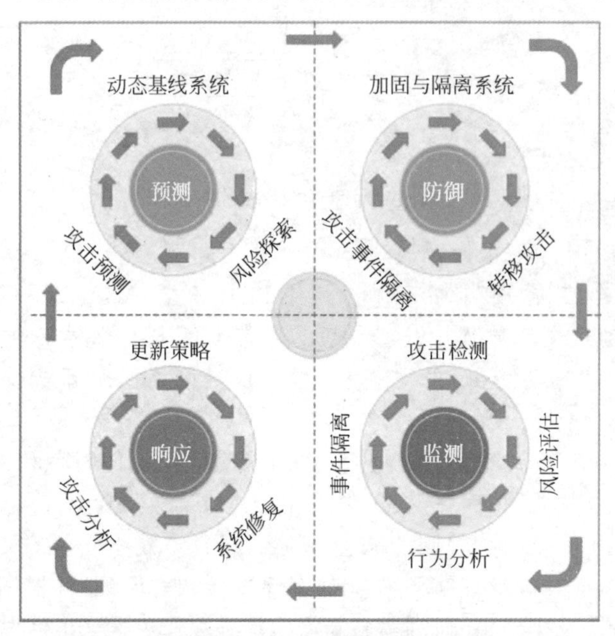

图4-16 自适应安全体系2.0

4.4.3 自适应安全体系3.0

Ahlm、Krikken与NeilMcDonald在第23届Gartner安全与风险管理峰会上发布了名为“持续自适应风险与信任评估”(Continuous Adaptive Risk and Trust Assessment，CARTA)的安全体系，可连续不间断地针对风险与信任进行自适应评估，进而形成一个动态可信任的云服务环境。该安全体系被普遍认为是自适应安全体系 3.0,如图 4-17 所示。

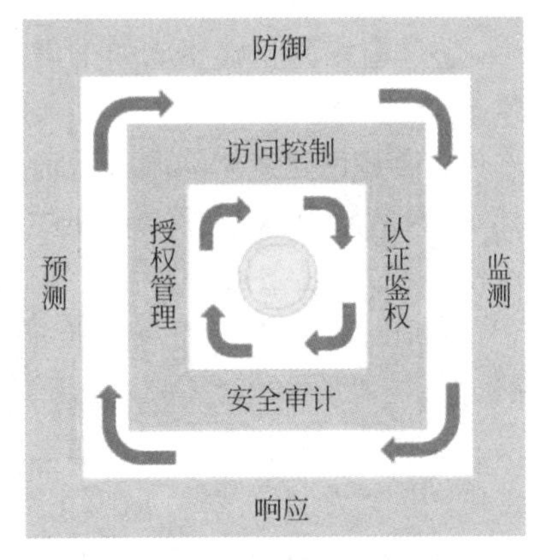

图 4-17 自适应安全体系 3.0

相比自适应安全体系 2.0,自适应安全体系 3.0 最大的变化是多了关于访问认证的防护内环,并将自适应安全体系 2.0 作为攻击的防护外环。自适应安全体系 2.0 没有考虑访问认证的安全问题,导致体系不完整。如果黑客获取了有效的认证内容,如用户名和密码,自适应安全体系会认为此类入侵是"可信"的,这样无法做到感知威胁。在云时代,云访问安全代理(Cloud Access Security Broker, CASB)解决了部分认证的问题,Gartner 同时使用自适应安全体系的方法论对 CASB 的能力体系进行了全面的分析,以 CASB 作为原型应用到 3.0 总体体系中。CASB 自适应体系的核心在于认证,包括云服务的发现、访问、监控和管理。

自适应安全体系核心愿景是构建一个具备自适应、威胁情境感知、动态调整的智能防御体系,面对不可避免的安全风险时,具备主动防御与弹性部署的防控能力,创造一个可信任的网络环境。

4.5 其他安全保障模型与体系

4.5.1 美国国家安全体系黄金标准

基于美国国家安全系统信息保障的最佳实践,NSA 发布《美国国家安全体系黄金标准》CGS2.0(Community Gold Standard v2.0)。CGS2.0 标准框架强调了网络空间安全四大总体性功能,即治理、保护、检测和响应与恢复。其中,治理功能为各机构全面了解整个组织的使命与环境、管理档案与资源、建立跨组织的弹性机制等行为提供指南;保护功能为机构保护物理和逻辑环境、资产和数据提供指南;检测功能为识别和防御机构的物理及逻辑事务上的漏洞、异常和攻击提供指南;响应与恢复功能为建立针对威胁和漏洞的有效响应机制提供指南。

CGS 框架的设计使得组织机构能够应对各种不同的挑战。该框架没有给出单独的一种方法来选择和实施安全措施,而是按照逻辑将基础设施的系统性理解和管理能力,以及通过协同工作来保护组织安全的保护和检测能力整合在了一起。

4.5.2 国家网络安全综合计划

国家网络安全综合计划(Comprehensive National Cybersecurity Initiative, CNCI)解决了当前的网络安全威胁,预测了未来的威胁和技术,并制定了一个框架,与私营部门合作,创造一个不再偏袒网络入侵者而不是防御者的环境。CNCI 包括防御、进攻、教育、研发和反情报元素。

CNCI由许多相辅相成的举措组成，其主要目标是帮助保护美国在网络空间的安全，具体如下。

(1) 通过创建或增强联邦政府内部(并最终与州、地方和部落政府以及私营部门合作伙伴)的网络漏洞，威胁和事件的共同态势感知，以及快速采取行动以减少当前漏洞和防止入侵的能力，建立抵御当今直接威胁的前线防御线。

(2) 通过增强美国的反情报能力和提高关键信息技术供应链的安全性，抵御各种威胁。

(3) 通过扩大网络教育来加强未来的网络安全环境；协调和重新定向联邦政府的研发工作；并努力制定战略，以阻止网络空间中的敌对或恶意活动。

CNCI有12个目标支持该计划全面解决国家网络安全问题的目标，具体如下。

(1) 转向管理单个联邦组织网络(联邦政府的集成通信系统架构，在整个网络中具有通用的安全标准)。

(2) 部署固有检测系统。

(3) 开发和部署入侵防御工具。

(4) 审查并可能重新定向研究和资金。

(5) 连接当前的政府网络运营中心。

(6) 制定政府范围的网络情报计划。

(7) 提高分类网络的安全性。

(8) 扩大网络教育。

(9) 定义持久的飞跃技术(投资于高风险、高回报的研究和开发，以确保转型变革)。

(10) 定义持久的威慑技术和计划。

(11) 开发多管齐下的供应链风险管理方法(生产线内的潜在篡改以及与美国境外生产的计算机产品和零件相关的风险)。

(12) 定义网络安全在私营部门领域中的作用。

4.5.3 通用标准

通用标准(Common Criteria，CC)是在美国的TCSEC、欧洲的ITSEC、加拿大的CTCPEC、美国的FC等信息安全准则的基础上，由6个国家7方(美国国家安全局和国家技术标准研究所、加拿大、英国、法国、德国、荷兰)共同提出了信息技术安全评价通用准则，是为评估信息安全产品而制定的一套国际准则和规范，专门用于确保它们符合政府部署的商定安全标准。通用标准更正式地称为信息技术安全评估的通用标准，具体如下。

(1) 评估对象(Target of Evaluation，TOE)：用于安全评估的信息技术产品、系统或子系统(如防火墙、计算机网络、密码模块等)，包括相关的管理员指南、用户指南、设计方案等文档。

(2) 保护轮廓(Protection Profile，PP)：为既定的一系列安全对象提出功能和保证要求的完备集合，表达了一类产品或系统的用户需求。PP与某个具体的TOE无关，它定义的是用户对这类 TOE 的安全需求。PP 主要包括需保护的对象、确定安全环境、TOE 的安全目的、IT 安全要求、基本原理等。对于一类产品的评估方法，CC 的解决办法是由业界专家共同对某个类型产品定制一个 PP。由 PP 定义此类产品需要保护的资产，所面临的安全问题，以及与实现无关的安全需求。因 PP 由业界专家共同编制，所以定义的内容具有普适性。

(3) 安全目标(Security Target，ST)：ST 针对具体 TOE 而言，它包括该 TOE 的安全要求和用于满足安全要求的特定安全功能和保证措施。ST 包括的技术要求和保证措施可以直接引用该 TOE 所属产品或系统类的 PP。ST 是开发者、评估者、用户在 TOE 安全性和评估范围之间达成一致的基础。

4.5.4 PPDR2 模型

PPDR2 动态安全模型是基于网络对象、依时间及策略特征的动态安全模型结构，由策略、防护、检测、响应和恢复五大要素构成，是一种基于闭环控制、主动防御的动态安全模型。PPDR2 动态安全模型通过网络路由及安全策略分析与制定，进行网络保护，通过在网络内部及边界建立实时检测、监测和审计机制，采取实时、快速动态响应安全手段，应用多样性系统灾难备份恢复、关键系统冗余设计等方法，构造多层次、全方位和立体的区域网络安全环境。

作为一个防御保护体系，当网络遭遇入侵攻击时，系统每一步的安全分析与举措均需花费时间。设 Pt 为设置各种保护后的防护时间，Dt 为从入侵开始到系统能够检测到入侵所需时间，Rt 为发现入侵后将系统调整到正常状态的响应时间，则可得到如下安全要求：

$$Pt > (Dt + Rt)$$

由此针对需要保护的安全目标，如果满足上式，即防护时间大于检测时间加上响应时间，也就是在入侵者危害安全目标之前，这种入侵行为就能够被检测到并及时处理。假设 Et 为系统暴露给入侵者的时间，则有 Et=Dt+Rt(如果 Pt=0)，前提是假设防护时间为 0。

4.5.5 PDR2A 模型

PDR2A 模型是在 PDRR 安全模型的基础上增加了审计模块。

利用数据挖掘方法对处理后的日志信息进行综合分析，及时发现异常、可疑事件，以及受控终端中资源和权限滥用的迹象；同时把可疑数据、入侵信息、敏感信息等记录下来，作为取证和跟踪使用，以确认事故责任人。另外，管理员还可以参考审计结果对安全策略进行更新，以提高系统安全性。安全策略仍是整个内网安全监管系统的核心，包括安全防护策略、监控策略、报警响应策略、系统恢复策略、审计分析策略、系统管理策略，它渗透系统的防护、检测、响应、恢复、审计各个环节，所有的监控响应、审计分析都是依据安全策略实施的。

通过上面的分析，实际上给出了一个全新的安全定义：及时地检测和响应就是安全，及时地检测和恢复就是安全。这样的定义为解决安全问题给出了明确的提示：提高系统的防护时间，降低检测时间和响应时间，是加强网络安全的有效途径。

4.5.6 WPDRCC模型

WPDRRC(预警-保护-检测-响应-恢复-反击)模型是我国"863"信息安全专家组提出的适合中国国情的安全保障体系建设模型。WPDRRC模型在PDRR模型基础上增加了预警和反击，形成了具有动态反馈关系的整体。WPDRRC模型具有较强的时序性和动态性能够较好地反映出安全保障体系的预警能力、保护能力、检测能力、响应能力、恢复能力和反击能力。

预警是指根据已掌握的系统脆弱性以及威胁发展趋势预测未来可能受到的攻击与危害。

反击是指采用一切可能的技术手段获取有关威胁行为的线索与证据，形成强有力的取证能力和依法打击手段。

4.5.7 信息技术安全评估标准

信息技术安全评估标准(Information Technology Security Evaluation Criteria, ITSEC)是英国、法国、德国和荷兰制定的IT安全评估标准，较美国制定的TCSEC在功能的灵活性和有关的评估技术方面均有很大的进步。ITSEC规定的标准允许选择任意的安全功能，并定义了7个评估级别(表示对TOE满足其安全目标的能力的信心不断增加)。

(1) E_0 级：表示不充分的安全保证。

(2) E_1 级：必须有一个安全目标和一个对产品或系统的体系结构设计的非形式化的描述，还需要有功能测试，以表明是否达到安全目标。

(3) E_2 级：除了 E_1 级的要求外，还必须对详细的设计有非形式化描述。另外，功能测试的证据必须被评估，必须有配置控制系统和认可的分配过程。

(4) E_3 级：除了 E_2 级的要求外，不仅要评估与安全机制相对应的源代码和硬件设计图，而且要评估测试这些机制的证据。

(5) E_4 级：除了 E_3 级的要求外，必须有支持安全目标的安全策略的基本形式模型。用半形式说明安全加强功能、体系结构和详细的设计。

(6) E_5 级：除了 E_4 级的要求外，在详细的设计和源代码或硬件设计图之间有紧密的对应关系。

(7) E_6 级：除了 E_5 级的要求外，必须正式说明安全加强功能和体系结构设计，使其与安全策略的基本形式模型一致。

因此，这些标准可以应用于比TCSEC更广泛的可能系统和产品。一般来说，对于相同的功能在相同的信心水平上，TOE在满足ITSEC比满足TCSEC有更多的架构自由，但是在其允许的开发实践中受到更多的限制。已经定义了许多示例功能类，它们与TCSEC类 C_1 到 A_1 的功能需求密切对应。这些标准，如F-C1至F-B3，包括在附件a所列的功能类别中。然而,我们不可能将评估级别与TCSEC类别的保密要求直接联系起来,因为ITSEC的级别是通过协调各种欧洲评估科技安全标准计划而制定的,这些标准计划包含了一些TCSEC中没有明确显示的要求。

为了与TCSEC兼容,ITSEC示例功能类F-B2和F-B3要求通过使用这种机制实现访问控制。此外,在较高的评估级别,评估强制系统会在架构和设计上限制所有强制执行功能的实施。结合ITSEC的有效性要求,即安全功能是合适的和相互支持的,这意味着能够满足更高的ITSEC评估级别并提供与这些TCSEC等效功能类匹配的功能的TOE,必须满足TCB和使用参考监视的TCSEC要求。

4.6 本章小结

模型是人们认识和描述客观世界的一种方法。在信息系统的整个生命周期中,通过对信息系统的风险分析,制定并执行相应的安全保障策略,从技术、管理、工程和人员等方面提出信息安全保障要求,确保信息系统的保密性、完整性和可用性,把安全风险到可接受的程度,从而保障系统能够顺利实现组织机构的使命。本章详细解释了信息安全保障相关的模型,如PDR、PDRR、PDRR、WPDRRC等模型,并开展IATF、SSAF、RFM、TCSEC和OSI安全体系结构的讲解和分析。

习　题

4-1 什么是安全模型?除了本章介绍的模型外,试列举出其他模型。

4-2 分析PDR、PDRR、PDRR、WPDRRC和滑动标尺模型之间的关联性。

4-3 在不同应用和安全服务中,不同的安全模型选择的原因是什么?

4-4 根据本章的安全保障模型,尝试分析安全保障模型发展趋势和关键支撑技术。

第5章 安全认证技术

认证分为消息认证和身份认证。消息认证是指接收方对收到的消息进行检验，检验内容包括：消息的源地址，目的地址，消息的内容是否受到篡改，消息的有效生存时间，等等。消息认证可以是实时的，也可以是非实时的。例如，网上银行对消息的认证属于实时认证，而电子邮件中对消息的认证属于非实时认证。

消息认证的基本方法有采用哈希（Hash）函数和采用消息认证码（Message Authentication Code，MAC）。这两种方法的区别在于是否需要密钥的参与。消息认证码是指消息被一密钥控制的公开函数作用后产生的固定长度的、用作认证符的数值。

身份认证可以说是信息系统安全的基础，访问主体要访问信息系统的资源首先需要通过身份认证。身份认证是指系统对网络主体进行验证的过程，用户必须向系统证明他是谁。系统验证通信实体的一个或多个参数的真实性和有效性，以判断他的身份是否和他所声称的身份一致。身份认证的目的是在不可信的网络上建立通信实体之间的信任关系。在网络安全中，身份认证的地位非常重要，它是最基本的安全服务之一，也是信息安全的第一道防线。在具有安全机制的系统中，任何一个想要访问系统资源的人都必须首先向系统证实自己的合法身份，然后才能得到相应的权限。例如，轻量级目录访问协议（Lightweight Directory Access Protocol，LDAP）、远程认证拨号用户服务（Remote Authentication Dial in User Service，RADIUS）、安全断言标记语言（Security Assertion Markup Language，SAML）、OpenID Connect、线上快速认证（Fast Identity Online，FIDO）、Kerberos 以及生物识别技术等常用的身份认证方案。

任何认证在功能上基本都有上、下两层：下层中一定有某种产生认证标识的函数，认证标识是一个用来认证消息的值；上层协议中将该函数作为原语使接收方可以验证消息的真实性。用来产生认证标识的函数可以分为如下三类。

(1) 消息加密：对整个消息加密后的密文作为认证。消息加密本身提供了一种认证手段。对称密码和非对称密码体制中对消息加密的分析是不相同的。发送方 A 用 A 和接收方 B 共享的密钥 K 对发送到接收方 B 的消息 M 加密，如果没有其他方知道该密钥，那么可提供保密性，因为任何其他方均不能恢复出消息明文。此外，接收方 B 可确信该消息是由发送方 A 产生的因为除接收方 B 外只有发送方 A 拥有 K，发送方 A 能产生出可用 K 解密的密文，所以该消息一定来自发送方 A。由于攻击方不知道密钥，也就不知如何改变密文中的信息位才能在明文中产生预期的改变，因此若接收方 B 可以恢复出明文，则接收方 B 可以认为 M 中的每一位都未被改变。

(2) Hash 函数：将任意长的消息映射为定长的散列值的函数，以该散列值作为认证。

(3) MAC：消息和密钥的函数，它产生定长的值，以该值作为认证。

对用户的身份认证手段可以按照不同的分类标准进行分类。若仅通过一个条件的符合来证明一个人的身份，则称为单因子认证。由于仅使用一种条件判断用户的身份容易被仿冒，可以通过组合两种不同条件来证明一个人的身份，称为双因子认证。根据身份认证技术是否使用硬件可以分为软件认证和硬件认证，根据认证需要验证的条件，可以分为单因子认证和双因子认证，根据认证信息可以分为静态认证和动态认证。身份认证技术的发展经历了从软件认证到硬件认证，从单因子认证到双因子认证，从静态认证到动态认证的过程。

用户名/静态口令是最简单，也是最常用的身份认证方法，它是基于“你知道什么”的验证手段。静态口令由用户自己设定，只有用户自己才知道，因此只要能够正确输入口令，计算机认为就是这个用户。实际上，许多用户防止忘记口令，经常采用如自己或家人的生日、电话号码等容易被他人猜测到的字符串作为口令，或者把口令抄在自己认为安全的地方，这都存在着许多安全隐患，极易造成口令泄露。即使能保证用户口令不被泄露，由于口令是静态的数据，并且在验证过程中需要在计算机内存中和网络中传输，而每次验证过程使用的验证信息都是相同的，很容易驻留在计算机内存中的木马程序或网络中的监听设备截获。因此，静态口令方式一直是极不安全的身份认证方式。虽然也存在定期更改静态口令、大小写字母和数字混排的口令、加入特殊字符的口令等增强口令安全性的策略，但这些并不被大多数用户所接受。

动态口令技术是一种让用户的密码按照时间或使用次数不断动态变化，每个密码只使用一次的技术。用于支持认证“某人拥有某东西”的认证。它采用动态令牌的专用硬件，内置电源、密码生成芯片和显示屏，密码生成芯片运行专门的密码算法，根据当前时间或使用次数生成当前密码并在显示屏上显示。认证服务器采用相同的算法计算当前的有效密码。用户使用时只需要将动态令牌上显示的当前密码输入客户端计算机，即可实现身份的确认。由于每次使用的密码必须由动态令牌来产生，只有合法用户才持有该硬件，所以只要密码验证通过就可以认为该用户身份是可靠的。而用户每次使用的密码都不相同，即使黑客截获了一次密码，也无法利用这个密码来仿冒合法用户的身份。动态口令认证相比静态口令认证安全性方面提高了不少，但是也不能满足可信网络的需要。动态口令技术采用一次一密的方法，有效地保证了用户身份的安全性。如果客户端硬件与服务器端程序的时间或次数不能保持良好的同步，就可能发生合法用户无法登录的问题。用户每次登录时还需要通过键盘输入一长串无规律的密码，一旦看错或输错就要重新输入，使用非常不方便。

5.1 Hash 函数

分组密码、流密码和 Hash 函数是密码学的三个重要分支，分组密码在数据加密和 MAC 等领域有着广泛的应用，流密码应用领域主要是在军事、外交等部门，Hash 函数在数字签名、身份认证、消息认证等很多领域有着广泛的应用。

1989 年，Rivest 设计出 MD2 算法，该算法是针对 8 位计算机设计的，所以填充后的消息长度是 16 的倍数，每次处理的消息块为 16 位。1990 年，Rivest 设计出了 MD4 算法，该算法是针对 32 位计算机设计的，该算法首先将信息填充，确保填充后的消息长度模 512 余 448。然后，在末尾添加一个以 64 位二进制表示的最初长度信息，消息的总长度将是 512 的倍数，将消息划分成 512 个比特块分别处理。1992 年，Rivest 在 MD4 算法基础上设计出了更为安全的 MD5 算法。MD5 算法的信息摘要大小和填充准则与 MD4 完全相同。MD5 在 MD4 的基础上增加了一轮，所以速度比 MD4 稍慢，却更安全。

1993年，美国RSA公司在MD5基础上作出改进，提出SHA-0算法，该算法被作为美国国家标准使用。SHA-0算法继承了MD4算法结构清晰、速度快和运算简单的优点。但是提出后不久发现，SHA-0算法在消息扩展过程中存在一些漏洞，于是RSA公司在1994年改进消息扩展的方式，改进后的算法称为SHA-1。2002年，美国国家标准与技术研究院(NIST)又根据实际情况在SHA-1的基础上增加了输出长度，形成SHA-256、SHA-384、SHA-512算法，它们统称为SHA-2。

5.1.1 Hash函数性质

Hash函数在现代密码学中占有很重要的地位。Hash函数是可以将任意长度的字符串压缩成固定长度字符串的函数。Hash函数的输出结果称为散列值，也称为消息摘要。通俗地讲，Hash函数用于压缩消息，将任意长的消息映射为固定长度的散列值。但是，对于给定的散列值计算出其原始消息在计算上是不可行的。Hash函数主要应用在数字签名、完整性检验、身份认证、密钥交换和伪随机数产生等领域。为了实现对数据的认证，Hash函数应满足下列性质。

(1) 为一个给定的输出找出能映射到该输出的一个输入在计算上是困难的。

(2) 为一个给定的输入找出能映射到同一输出的另一个输入在计算上是困难的。

(3) 要发现不同的输入映射到同一输出在计算上是困难的。

(4) H 可应用于任意大小的数据块。

(5) H 产生定长的输出。

其中：性质(1)给出了Hash函数单向性的概念；性质(2)和(3)给出了Hash函数无碰撞性的概念。

Hash函数必须满足以下条件。

(1) 单向性：设 H 是一个Hash函数，如果对于任意给定的 z，寻找满足 $H(x)=z$ 的消息 x 在计算上是不可行的，那么 H 是单向的。

(2) 弱无碰撞：设 H 是一个Hash函数，给定一个消息 x，如果寻找另外一个与 x 不同的消息 x' 使得在计算上是不可行的，那么 H 关于消息 x 是弱无碰撞的。

(3) 强无碰撞：设 H 是一个Hash函数，如果寻找两个不同的消息 x 和 x' 使得在计算上是不可行的，那么 H 是强无碰撞的。

(4) 有碰撞：如果Hash函数对不同的输入可产生相同的输出，那么称该函数具有碰撞性。

可以证明，如果一个Hash函数 H 不是单向的，那么 H 一定不是强无碰撞的；如果一个HASH函数 H 是强无碰撞的，那么 H 一定是单向的。

(5) 效率：对于任意给定的输入 x，计算 $y=H(x)$ 要相对容易。并且，随着输入 x 长度的增加，虽然计算 $y=H(x)$ 的工作量会增加，但增加的量不会太快。

(6) 压缩：对于任意给定的输入 x，都会输出固定长度的 $y=H(x)$，且 y 要比 x 小得多。

在Hash函数中任何输入字符串中单个位的变化，将会导致输出位串中大约一半的位发生变化。图 5-1 是 Hash 函数结构,该结构称为迭代 Hash 函数,目前广泛应用的 MD5、SHA、Ripend160、Whirlpool 等算法的实现都遵循该结构。f 为压缩函数,用于对分组进行迭代处理。Hash 函数重复使用压缩函数 f,它的输入是前一步得出的 n 位输出(称为链接值)和一个 b 位的消息分组,输出为一个 n 位分组。链接值(CV)的初始值(IV)由算法在开始时指定,而最后的输出值即为 Hash 函数值。基于图 5-1 所示的迭代 Hash 函数在算法实现可以归纳如下。

$$\mathrm{CV}_0 = \mathrm{IV} = n \text{ 位初始值}$$
$$\mathrm{CV}_i = f(\mathrm{CV}_{i-1}, Y_{i-1}),\quad 1 \leqslant i \leqslant L$$
$$H(M) = \mathrm{CV}_L$$

其中:Hash 函数的输入为消息 M,经填充后的消息分成 $Y_0, Y_1, \cdots, Y_{L-1}$,共 L 个分组。

通常,Hash 函数中,其输入消息被划分成 L 个固定长度的分组,每一分组长为 b 位,最后一个分组不足 b 位时需填充为 b 位,最后一个分组包含输入的总长度。由于输入中包含长度,所以攻击方必须找出具有相同散列值且长度相等的两条消息,或者找出两条长度不等但加入消息长度信息后散列值相同的消息,从而增加了攻击的难度。Merkle 和 Damgard 发现,如果压缩函数具有抗碰撞能力,那么迭代 Hash 函数也具有抗碰撞能力,因此 Hash 函数常使用迭代结构,这种结构可用于对任意长度的消息产生安全 Hash 函数。

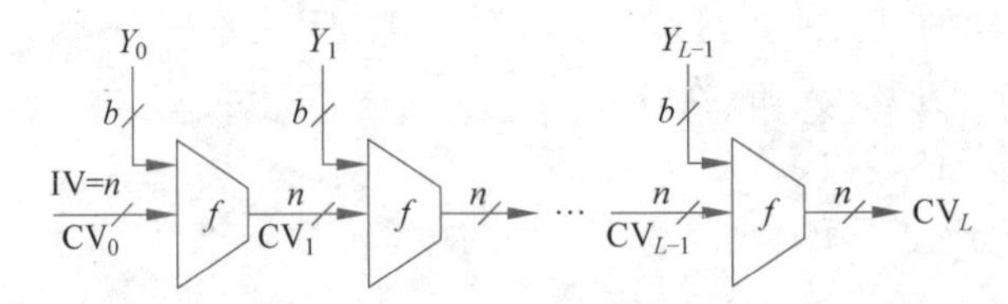

图 5-1 Hash 函数结构

注:IV—初始值;CV—链接值;Y_i—第 i 个输入分组;f—压缩函数;
L—输入分组数;n—Hash 函数值的位长;b—输入分组的位长。

5.1.2 Hash 函数分类

常用的算法主要有 MD5、SHA-1、SHA-256、SHA-512。MD5 是对 MD4 的改进版本。其将输入以 512 位进行分组。其输出是 4 个 32 位字的级联,与 MD4 相同。MD5 比 MD4 来得复杂,并且速度较要慢,但更安全,在抗分析和抗差分方面表现更好。

SHA-1 是与数字签名算法(DSA)一起使用的,其对长度小于 264 位的输入,可以产生长度为 160bit 的散列值,因此抗穷举性更好。SHA-1 由 SHAO 升级而来,设计思路上源于 MD4。SHA-1 最大输入消息长度为 264 位。SHA-256、SHA-512 的输入为任意长度,输出散列值长度分别为 256 位和 512 位。几种 SHA 算法主要区别在于所提供的安全级别不同。Hash 函数的分类有很多种,按照 Hash 函数设计方法可以分为三类。

1. 基于分组密码设计的 Hash 函数

基于分组密码构造 Hash 函数仅仅局限于对分组密码输入、输出模式加以变换构造压缩函数,不包括利用分组密码组件来构造 Hash 函数。例如,Tiger 算法的设计者继承了部分分组密码的设计思想，使用了S盒，但它是一个专用的Hash函数，不是一个基于分组密码构造的Hash函数。

对初始消息m进行填充，填充后消息总长度是单个分组长度n的整数倍，这样，可以将初始消息分成t个分组$M_i(i=1,2,\cdots,t)$，每个分组的长度为n。h_0是初始向量，$h_i=f(M_i,H_{i-1})(i=1,2,\cdots,t)$，$E_K$是以$K$为密钥分组长度为$n$的分组加密算法，$m$的Hash函数值$H(m)=H_t$。

利用分组密码的方法来构造Hash函数有以下优点：相对于Hash函数，分组密码的发展较为前沿，设计理论也很成熟，因此很多分组密码的研究成果可以用于Hash函数。而其劣势：一是分组密码构造的Hash函数的效率将比分组密码低很多，原因在于分组密码的密钥一般是不变的，而由分组密码构造的Hash函数是由初始消息转化为密钥，密钥的转化过程需要很多时间；二是对分组密码不构成安全威胁的漏洞在Hash函数上可能会带来很大安全隐患。

2. 标准Hash函数

标准的Hash函数主要分为：MDx系列和SHA系列，MDx系列主要包括MD4、MD5、HAVAL、RIPEMD、RIPEMD-160等，SHA系列主要包括SHA-0、SHA-1、SHA-224、SHA-256、SHA-384、SHA-512。

标准Hash函数就是直接构造的Hash函数，这类方法构造的Hash函数在实现速度上要比利用分组密码方法构造Hash函数快得多，但算法的扩散性一般不如采用分组密码方法构造的Hash函数。在2004年国际密码学会议上，王小云等宣布了对一系列Hash函数的碰撞结果，包括MD4、MD5、HAVAL-128和REPEMD等各种算法的碰撞攻击。此后，国际上也陆续出现了一系列的攻击算法，给使用中的Hash函数带来了重创。随着MDx和SHA系列算法的安全性受到质疑，如何改进MD迭代结构，或者设计更好的迭代结构，如何构造和评价一个安全的Hash函数，这些问题变得迫在眉睫。

3. 基于离散对数构造Hash函数

基于某些困难数学问题，如离散对数问题、因子分解问题、背包问题等构造Hash函数，这些Hash函数的安全性依赖相应数学问题的困难性。最具代表性的一种算法是由Chaum、Heijst和Pfitzmann在1992年提出的Chaum-Heijst-PfitzmannHash算法。该算法在实际运行中速度不是很快，但在合理的条件下可以证明它是安全的。基于离散对数的Hash函数大多采用比特的逻辑运算，即与、或、异或。这些运算必须加入其他的运算才能引入非线性，但是其效率不高，安全性较脆弱，所以应用并不广泛。

Hash函数可以按是否有密钥参与运算分为不带密钥的Hash函数和带密钥的Hash函数。

不带密钥的Hash函数在运算过程中没有密钥参与。不带密钥的Hash函数的散列值只是消息输入的函数，无需密钥就可以计算。因此，这种类型的Hash函数不具有身份认证功能，它仅提供数据完整性检测，如篡改检测码(MDC)。按照所具有的性质，MDC又可分为弱单向Hash函数(OWHF)和强单向Hash函数(CRHF)。

带密钥的Hash函数在消息送算过程中有密钥参与。这类Hash函数需要满足各种安全性要求，其散列值同时与密钥和消息输入相关，只有拥有密钥的人才能计算出相应的散列值。不带密钥的 Hash 函数不仅能够检验数据完整性，而且能提供身份认证功能，称为消息认证码(MAC)。消息认证码的性质保证了只有拥有秘密密钥 Hash 函数的人才能产生正确的消息——MAC 对。

5.1.3 MD5 算法

麻省理工学院 Ron Rivest 提出，可将任意长度的消息经过变换得到一个 128 位的散列值。MD5 以 512 位分组来处理输入的信息，每一分组又划分为 16 个 32 位子分组，经过了一系列的处理后，算法的输出由 4 个 32 位分组组成，将这 4 个 32 位分组级联后生成 128 位散列值。MD5 算法原理如图 5-2 所示。

MD5 算法的步骤如下。

1. 数据填充与分组

(1) 将输入信息 M 按顺序每 512 位一组进行分组，$M=M_1,M_2,\cdots,M_{n-1},M_n$。

(2) 将信息 M 的 M_n 长度填充为 448 位。

① 当 M_n 长度 $L<448$ 时，在信息 M_n 后加一个“1”，再填充 $447-L$ 个“0”，使最后的信息 M_n 长度为 448 位。

② 当 M_n 长度 $L>448$ 时，在信息 M_n 后加一个“1”，再填充 $512-L+447$ 个“0”，使最后的信息 M_n 长度为 512 位，M_{n+1} 长度为 448 位。

2. 初始化散列值

在 MD5 算法中要用到 4 个 32 位变量，分别为

$$A=0x01234567$$
$$B=0x89abcdef$$
$$C=0xfedcba98$$
$$D=0x76543210$$

在 MD5 算法过程中，4 个 32 位变量称为链接变量，它们始终参与运算并形成最终的散列值。

3. 计算散列值

(1) 将填充后的信息按每 512 位分为一块，每块按 32 位为一组划分成 16 个分组，即 $M_i=M_{i0},M_{i2},\cdots,M_{i15},i=1\sim n$。

(2) 分别对每一块信息进行 4 轮计算(主循环)。每轮定义一个非线性函数：

$$F(X,Y,Z)=(X\wedge Y)\vee((\neg X)\wedge Z)$$
$$G(X,Y,Z)=(X\wedge Z)\vee(Y\wedge(\neg Z))$$
$$H(X,Y,Z)=X\oplus Y\oplus Z$$
$$I(X,Y,Z)=Y\oplus(X\vee(\neg Z))$$

(3) 将 A、B、C、D 变量分别复制到变量 a、b、c、d 中。

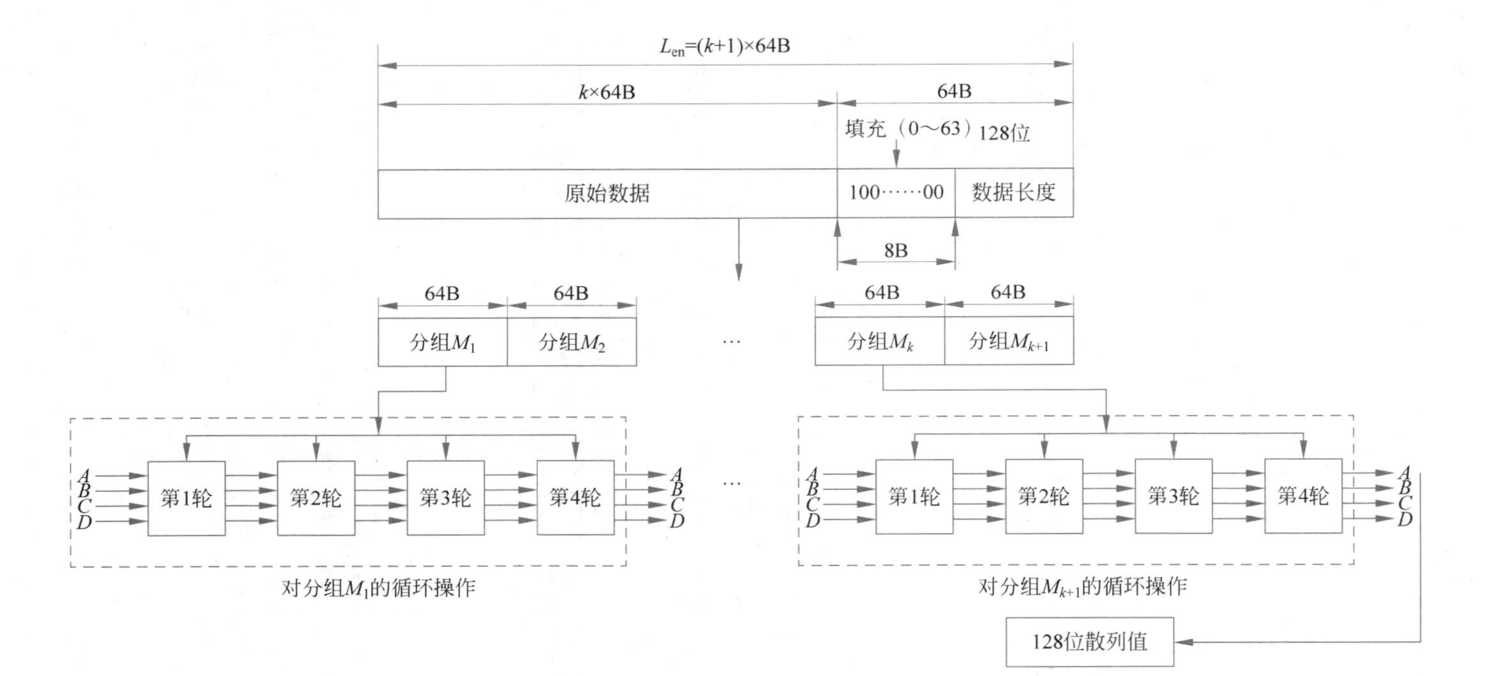
L_{en}=(k+1)×64B
k×64B
64B
填充（0～63）128位
原始数据
100……00
数据长度
8B
64B
64B
分组M_1
分组M_2
…
64B
64B
分组M_k
分组M_{k+1}
A B C D
第1轮
第2轮
第3轮
第4轮
A B C D
对分组M_1的循环操作
A B C D
第1轮
第2轮
第3轮
第4轮
A B C D
对分组M_{k+1}的循环操作
128位散列值

图 5-2　MD5 算法原理

(4) 每一轮进行 16 次操作，每次操作对 a、b、c、d 中的 3 个变量做一次非线性函数运算，然后将所得的结果与第 4 个变量、信息的一个分组 M_j 和一个常数 t_i 相加。再将所得的结果循环左移一个不定数 s，并加上 a、b、c、d 中的一个变量。

$FF(a,b,c,d,M_j,s,t_i)$表示 $a=b+((a+F(b,c,d)+M_j+t_i)<<<s)$

$GG(a,b,c,d,M_j,s,t_i)$表示 $a=b+((a+G(b,c,d)+M_j+t_i)<<<s)$

$HH(a,b,c,d,M_j,s,t_i)$表示 $a=b+((a+H(b,c,d)+M_j+t_i)<<<s)$

$II(a,b,c,d,M_j,s,t_i)$表示 $a=b+((a+I(b,c,d)+M_j+t_i)<<<s)$

在第 i 步中，常数 t_i 取值为 $2^{32}\times abs(\sin(i))$的整数部分。这样就可以得到 4 轮共 64 步操作。

5.1.4 SHA-1 算法

MD5 目前的应用已经很广泛。另一个应用较为广泛的标准是由 NIST 提出的安全散列算法(Secure Hash Algorithm，SHA)。安全散列标准(SHS)于 1992 年 1 月 31 日在美国联邦记录中公布，1993 年，美国 RSA 公司在 MD5 基础上做出改进，提出 SHA-0 算法，该算法被作为美国国家标准使用。该算法通过四圈压缩函数，对 512 位的输入产生 160 位的散列值。SHA-0 算法继承了 MD4 算法结构清晰、速度快和运算简单的优点。但是提出后不久发现，SHA-0 算法在消息扩展过程中存在一些漏洞，于是在 1995 年 NIST 改进 SHA-0 算法，改进后的算法称为 SHA-1。SHA-1 与 SHA-0 仅在消息扩展上存在差异。SHA-1 目前已广泛应用于各种密码方案。这些算法的主要不同在于操作数长度、初始向量值、常量值和最后产生信息摘要的长度。表 5-1 列出了 SHA-1 和 SHA-2 系列算法的主要区别。

表 5-1 SHA-1 和 SHA-2 系列算法特性对比

SHA 标准	信息块大小/位	循环次数	字长/位	散列值/位
SHA-1	<264	80	32	160
SHA-224	<264	64	32	224
SHA-256	<264	64	32	256
SHA-384	<2128	80	64	384
SHA-512	<2128	80	64	512

SHA-1 函数的输入消息长度不超过 264 位，输出长度 160 位，SHA-1 的输入在填充后被分割成 512 位的消息块，对每一个消息块，经过 4 轮迭代，每轮 20 步操作，反复压缩迭代，最终输出消息的散列值，该算法详细步骤如下。

(1) 对初始消息进行填充，按照“第一位是 1、后面位全部是 0”的原则进行填充，填充后的长度要满足模 512 后余 448，这样可以保证附加 64 位的初始消息长度后是 512 的倍数。将填充后的消息分组，每组 512 位，消息分组为 $mt(t=1,2,\cdots,N)$，共 N 组。

(2) 初始化消息摘要缓存器，SHA-1 需要 A、B、C、D、E 5 个 32 位的寄存器。这些寄存器用于存放算法的中间结果和最终的散列值。寄存器 A、B、C、D、E 的初始值依次为 0x67452301、0xEFCDAB89、0x98BADCFE、0x10325476、0xC3D2E1F0。

(3) 处理每一个512位的消息分组。每个消息分组要经过这4个圈循环,每个圈循环有20步迭代压缩,在每个圈循环中使用一个非线性的函数,4个非线性函数如下(f_i为第i圈的非线性函数):

$$f_1(X,Y,Z)=(X \wedge Y) \oplus (-X \wedge Z)$$

$$f_2(X,Y,Z)=X \oplus Y \oplus Z$$

$$f_3(X,Y,Z)=(X \wedge Y) \oplus (X \wedge Z) \oplus (Y \wedge Z)$$

$$f_4(X,Y,Z)=X \oplus Y \oplus Z$$

用到4个常量分别为$K_1=$0x5A827999,$K_2=$0x6ED9EBA1,$K_3=$0x8F1BBCDC,$K_4=$0xCA62C1D6。

每个消息分组m_t,长度512位,将这512位分成16个32位字$M_0,M_1,M_2,\cdots,M_{15}$,利用这16个32位字扩展成80个字长的扩展报文$W_0,W_1,W_2,\cdots,W_{79}$。扩展算法如下:

$$W_i=M_i,\quad i=0,1,\cdots,15$$

$$W_i=(W_{i-3} \oplus W_{i-8} \oplus W_{i-14} \oplus W_{i-16}) <<< 1,\quad i=16,17,\cdots,79$$

SHA-0的消息扩展算法如下:

$$W_i=M_i,\quad i=0,1,\cdots,15$$

$$W_i=W_{i-3} \oplus W_{i-8} \oplus W_{i-14} \oplus W_{i-16},\quad i=16,17,\cdots,79$$

消息扩展算法不同也是SHA-1与SHA-0唯一不同的地方。SHA-1算法每一步的迭代流程如图5-3所示。

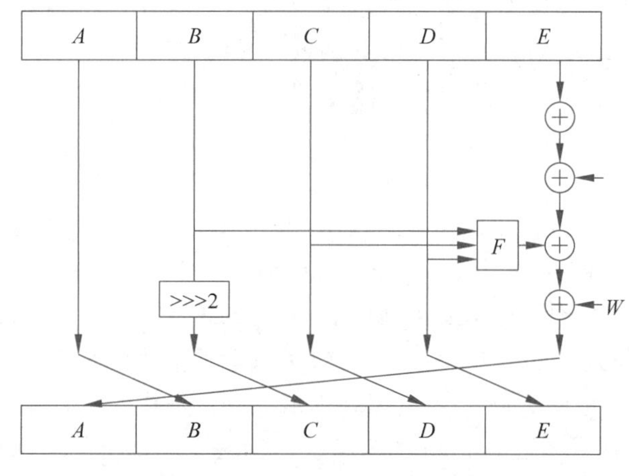

图5-3 SHA-1算法迭代流程图

(4) 当所有分组都处理完成后,最后产生的A、B、C、D、E连接构成160位的散列值。

5.1.5 SHA-512算法

SHA-512算法中规定的输入消息最大不超过2128位,输出为512位固定长度的散列值。如图5-4所示,SHA-512算法的实现与MD5类似,其实现过程主要有以下步骤。

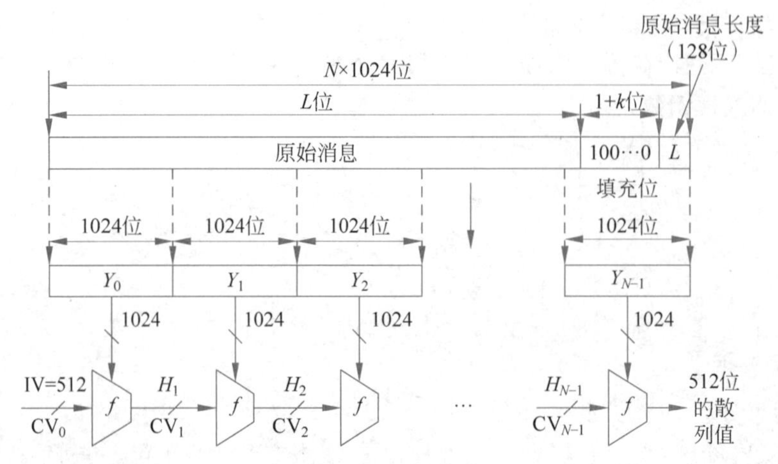

图 5-4 SHA-512 算法实现

(1) 消息填充。SHA-512 算法规定,输入消息以 1024 位的分组为组织进行处理。为此,在算法开始时首先要对原始消息进行填充,使其长度是 1024 位的整数倍。由于在消息的最后还要添加消息长度信息,所以即使是原始消息正好是 1024 位的整数位,仍然需要进行填充,此时的填充位在 1～1024 位之间。

具体填充方法:假设消息的长度为 L 位,首先将"1"添加到消息的末尾,再添加 k 个"0",满足条件 $L+1+K+128=N\times1024$,其中,N 为正整数,128 位用于表示原始消息的长度。通过消息填充操作,扩展后的消息被表示为一串长度为 1024 位的消息分组 y_0,y_1,…,y_{N-1},扩展后消息的总长度为 $N\times1024$ 位。

(2) 初始化 Hash 函数缓冲区。Hash 函数计算的中间结果和最终结果都保存在 512 位的缓冲区中,分别用 8 个 64 位的寄存器(A,B,C,D,E,F,G,H)表示,并将这些寄存器初始化为下列 64 位的整数(十六进制值):

A＝6A09E667F3BCC908, E＝510E527FADE682D1

B＝BB67AE8584CAA73B, F＝9B05688C2B3E6C1F

C＝3C6EF372FE94F82B, G＝1F83D9ABFB41BD6B

D＝A54FF53A5F1D36F1, H＝5BE0CD19137E2179

这些值以高端格式存储,即字的最高有效字节存于低地址字节位置(最左边)。

(3) 以 1024 位分组(16 个字)为组织处理消息。该操作的核心是中模块 f,该模块要进行 80 轮的运算。图 5-5 给出了 SHA-512 算法对每个 1024 位分组的处理。

① 每一轮处理中都把步骤(2)形成的 512 位 Hash 函数缓冲区中初始化值 A、B、C、D、E、F、G、H 作为输入,并更新缓冲区的值。

② 在进行第一轮操作时,缓冲区的值是中间的 Hash 函数值 H_{i-1}。

③ 每一轮使用一个 64 位的值 W_t($0\leqslant t\leqslant79$),该值由当前被处理的 1024 位消息分组 Y_i 导出,导出算法采用消息调度算法。

④ 每一轮还将使用常数 K_t($0\leqslant t\leqslant79$),这些常数的获取方法是前 80 个素数取 3 次根,再取小数部分的前 64 位。这些常数提供了 64 位随机串集合,可以消除输入数据中

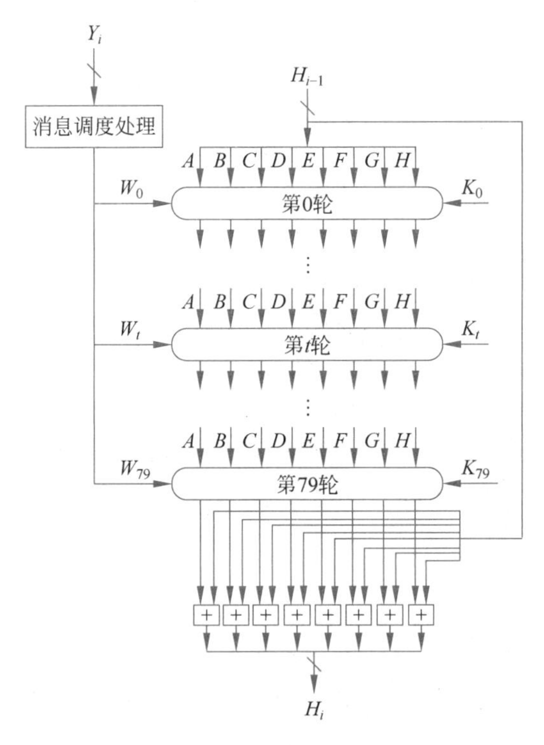

图 5-5 SHA-512 对每个 1024 位分组的处理

存在的任何规则性。

⑤ 最后一轮的输出和第一轮的输入 H_{i-1} 相加产生 H_i。缓冲区里的 8 个字和 H_{i-1} 里的相应字独立进行模 2^{64} 的加法运算。

(4) 输出。所有的 N 个 1024 个分组都处理结束后，最后输出的是 512 位散列值。

SHA-512 运算总结如下：

$$H_0 = \mathrm{IV}$$

$$H_I = \mathrm{SUM}_{64}(H_{i-1}, ABCDEFGH_i)$$

$$\mathrm{MD} = H_N$$

其中：HV 为上述操作中步骤(2)定义的 A,B,C,D,E,F,G,H 缓冲区的初始值；$\mathrm{ABCDEFGH}_i$：第 i 个消息分组处理的最后一轮的输出；N 为消息(包含填充和 128 位消息长度)的 1024 位分组数；SUM_{64} 为对输入对中的每一个字进行独立的模 2^{64} 加运算；MD 为最后的散列值。

5.1.6 SM3 算法

SM3 算法是中国国家密码管理局于 2010 年公布的中国商用密码杂凑算法标准。该算法由王小云等设计，消息分组 512 位，输出 256 位散列值，采用 Merkle-Damgard 结构。SM3 算法的压缩函数与 SHA-256 的压缩函数具有相似的结构，但 SM3 算法的压缩函数的结构和消息拓展过程的设计更加复杂，比如压缩函数的每一轮都使用 2 个消息字，消息拓展过程的每一轮都使用 5 个消息字等。

1. SM3 算法中的常量与函数

初始值：

$$\mathrm{IV}=7380166\mathrm{f};\ 4914\ \mathrm{b2}\ \mathrm{b9};\ 172442\ \mathrm{d7};\ \mathrm{da8a0600};$$
$$\mathrm{a96f30bc};\ 163138\mathrm{aa};\ \mathrm{e38dee4d};\ \mathrm{b0fb0e4e}$$

常量：

$$T_j=\begin{cases}79\mathrm{cc}\ 4519, & 0\leqslant j\leqslant 15\\ 7\mathrm{a}879\ \mathrm{d8a}, & 16\leqslant j\leqslant 63\end{cases}$$

布尔函数：

$$\mathrm{FF}_j(X;Y;Z)=\begin{cases}X\oplus Y\oplus Z, & 0\leqslant j\leqslant 15\\ (X\wedge Y)\vee(X\wedge Z)\vee(Y\wedge Z), & 16\leqslant j\leqslant 63\end{cases}$$

$$\mathrm{GG}_j(X;Y;Z)=\begin{cases}X\oplus Y\oplus Z, & 0\leqslant j\leqslant 15\\ (X\wedge Y)\vee(\neg X\wedge Z), & 16\leqslant j\leqslant 63\end{cases}$$

式中：X、Y、Z 为 32 位字。

置换函数：

$$P_0(X)=X\oplus(X<<<9)\oplus(X<<<17)$$
$$P_1(X)=X\oplus(X<<<15)\oplus(X<<<23)$$

式中：X 为 32 位的字。

2. SM3 算法描述

对于长度为 $l(l<2^{64})$ 位的消息 M，SM3 算法经过消息填充和迭代压缩，产生散列值，散列值的长度为 256 位。

1) 消息填充

假定消息输入的长度为 $l(l<2^{64})$ 位。首先将比特“1”添加到消息的末尾；其次添加 k 个“0”，k 是满足 $l+1+k\equiv 448 \bmod 512$ 的最小的非负整数；然后添加一个 64 位比特串，该比特串是长度 l 的二进制表示。填充后的消息 M' 的比特长度为 512 的倍数。

例如：对消息 01100001 01100010 01100011，其长度 $l=24$，经填充得到的比特串如下：

$$01100001\ 01100010\ 011000111\ \overbrace{0\cdots0}^{423\ \mathrm{b}}\underbrace{\overbrace{0\cdots011000}^{64\ \mathrm{b}}}_{l\text{的二进制表示}}$$

2) 迭代压缩

迭代压缩是 SM3 算法的主体操作，此步骤产生最终散列值。迭代压缩过程如下：

(1) 将消息填充后的消息 M' 按 512 位进行消息分组，$M'=B^{(0)},B^{(1)},\cdots,B^{(n-1)}$，其中，$n=(k+1+1+64)/512$。

(2) 对 M' 按照如下过程迭代：

$$\mathrm{FOR}\ i=0\ \mathrm{to}\ n-1\ \mathrm{do}$$
$$V^{(i+1)}=\mathrm{CF}(V^{(i+1)};B^{(i+1)})$$

ENDFOR

其中，CF 是压缩函数；$V^{(0)}$ 为 256 位初始值 IV；$B^{(i)}$ 为填充后的消息分组；迭代压缩的结果为 $V^{(n)}$，同时也是消息 M 的散列值。

(3) 消息拓展

将消息分组 $B^{(i)}$ 按以下方法扩展生成 132 个字 $W_0, W_1, \cdots, W_{67}, W'_0, W'_1, \cdots, W'_{63}$ 用于压缩函数 CF：

将消息分组 $B^{(i)}$ 划分为 16 个字 $W_0, W_1, \cdots, W_{15}$；

FOR $j=16$ to 67 do

$W_j = P_1(W_{j-16} \oplus W_{j-9} \oplus (W_{j-3} <<< 15)) \oplus (W_{j-13} <<< 7) \oplus W_{j-4}$

ENDFOR

FOR $j=0$ to 63 do

$$W'_j = W_j \oplus W_{j+4}$$

ENDFOR

(4) 压缩函数

令 A、B、C、D、E、F、G、H 为字寄存器，SS1、SS2、TT1、TT2 为中间变量；压缩函数 $V^{(i+1)} = \mathrm{CF}(V^{(i+1)}, B^{(i+1)})$，$0 \leqslant i \leqslant n-1$。

计算过程如下：

$$ABCDEFGH \leftarrow V^{(i)}$$

FOR $j=0$ to 63

$\mathrm{SS1} \leftarrow ((A <<< 12) + E + (T_j <<< j)) <<< 7$

$\mathrm{SS2} \leftarrow \mathrm{SS1} \oplus (A <<< 12)$

$\mathrm{TT1} \leftarrow \mathrm{FF}_j(A; B; C) + D + \mathrm{SS2} + W'_j$

$\mathrm{TT2} \leftarrow \mathrm{GG}_j(E; F; G) + H + \mathrm{SS1} + W_j$

$D \leftarrow C$; $C \leftarrow B <<< 9$

$B \leftarrow A$; $A \leftarrow \mathrm{TT1}$

$H \leftarrow G$; $G \leftarrow F <<< 19$

$F \leftarrow E$; $E \leftarrow P_0(\mathrm{TT2})$

ENDFOR

$$V^{(i+1)} \leftarrow ABCDEFGH \oplus V^{(i)}$$

其中字的存储为大端(big-endian)格式。

(5) 散列值

$$ABCDEFGH \leftarrow v^{(n)}$$

输出 256 位的散列值 $y = ABCDEFGH$。

5.1.7 Hash 攻击

随着 Hash 函数设计的发展，越来越多的学者或者密码工作者也在不断分析各种已出现的 Hash 函数。在近十多年，对 Hash 函数的分析也取得了许多成果。密码学中，对密码算法的分析和攻击是两个等同的概念，以下对分析和攻击等同视之。

1996 年，Dbbertin 给出了对 MD4 算法的攻击，该攻击以 2^{-22} 的概率找到全部轮数的 MD4 算法的一个碰撞。同时，Dbbertin 还给出了如何找到有意义消息碰撞的方法。1998 年，Dbbertin 证明了 MD4 算法的前 2 轮不是单向的，这一结论表明，对于 MD4 算法而言，寻找原根和第二原根存在着有效的方法。Dbbertin 还以 2^{31} 的复杂度找到了 2 轮 RIPEMD 的碰撞。

1993 年，Boer 和 Bosselaers 提出了 MD5 算法的一种伪碰撞，即在不同的初始值下，同一消息产生的散列值相同。在 1996 年欧洲密码学会议上，Dbbertin 提出了 MDS 算法的另一种形式的伪碰撞，即两个不同初始值下的不同消息产生的散列值相同。1998 年，Chabaud 和 Joux 证明了用差分攻击的方法可以以 2^{-61} 的概率找到 SHA-0 的一个碰撞。

一个安全的 Hash 算法需要满足抗原像性、抗第二原像性和抗碰撞性。近几年，人们在评估 Hash 算法安全性时，不仅考虑这三个经典的安全要求，同时还会考虑其在近似碰撞、差分区分器、反弹攻击及飞去来器(Boomerang)区分器等攻击方面的抵抗性能，并认为，若给定 Hash 算法表现不同于期望的随机函数，则被视为该 Hash 函数的一个安全弱点。

(1) 合法的签名方对于其认为合法的消息愿意使用自己的私钥对该消息生成的 m 位的散列值进行数字签名。

(2) 攻击方为了伪造一份有(1)中的签名方签名的消息，首先产生一份签名方将会同意签名的消息，再产生出该消息的 22 种不同的变化，且每一种变化表达相同的意义(如在文字中加入空格、换行字符)。然后，攻击方伪造一条具有不同意义的新的消息，并产生出该伪造消息的 22 种变化。

(3) 攻击方在上述两个消息集合中找出可以产生相同散列值的一对消息。根据“生日悖论”理论，能找到这样一对消息的概率是非常大的。如果找不到这样的消息，攻击方将再产生一条有效的消息和伪造的消息，并增加每组中的明文数目，直至成功为止。

(4) 攻击方用第一组中找到的明文提供给签名方要求签名，这个签名就可以被用来伪造第二组中找到的明文的数字签名。这样，即使攻击方不知道签名私钥也能伪造签名。生日攻击表明，散列值的长度必须达到一定的值，过短，容易受到穷举攻击。例如，一个 40 位的散列值只需要穷举 100 万次。一般建议散列值需要 160 位，SHA-1 的最初选择是 128 位，后来改为 160 位，这就是为了防止利用生日攻击原理穷举散列值。

(5) 模差分是一种精确差分，它不同于一般差分攻击使用的异或差分，能够准确地表达整数模减差分和异或差分这两种信息。利用模差分方法对 Hash 算法进行分析包括 4 个步骤：①选择合适的消息差分，它决定了攻击成功的概率；②针对选择的消息差分寻找可行的差分路线，这是模差分分析关键一步，也是最难的一步，它需要聪明的分析、熟练的技术、持久的耐心；③推导出保证差分路线可行的充分条件，在寻找差分路线的过程中确定链接变量的条件，一个可行的差分路线就意味着从路线上推导出来的所有链接变量的条件相互之间没有冲突；④使用消息修改技术，使被修改的消息满足尽可能多的充分条件。

5.2 消息认证

消息认证也称“报文认证”或“报文鉴别”，是一个证实收到的报文来自可信任的信息源且未被篡改的过程。消息认证也可用于证实报文的序列编号和及时性，因此利用消息认证方式可以避免以下现象的发生。

(1) 伪造消息。攻击方伪造消息发送给目标端，却声称该消息源来自一个已授权的实体(如计算机或用户)，或攻击方以接收方的名义伪造假的确认报文。

(2) 内容篡改。以插入、删除、调换或修改等方式篡改消息。

(3) 序号篡改。在TCP等依赖报文序列号的通信协议中，对通信双方的报文序号进行修改，包括插入、删除、重排序号等。这在目前的网络攻击事件中很常见。

(4) 计时篡改。篡改报文的时间戳以达到报文延迟或重传的目的。

实现消息认证的手段可分为基于对称密码体制、基于非对称密码体制、利用散列函数和基于消息认证码四类。

5.2.1 基于对称密码体制

发送方A和接收方B事先共享一个密钥 k。A用密钥 k 对消息 M 加密后通过公开信道传送给B，B接收到密文消息后，通过是否能用密钥 k 将其恢复成合法明文来判断消息是否来自A，信息是否完整，如图5-6所示。

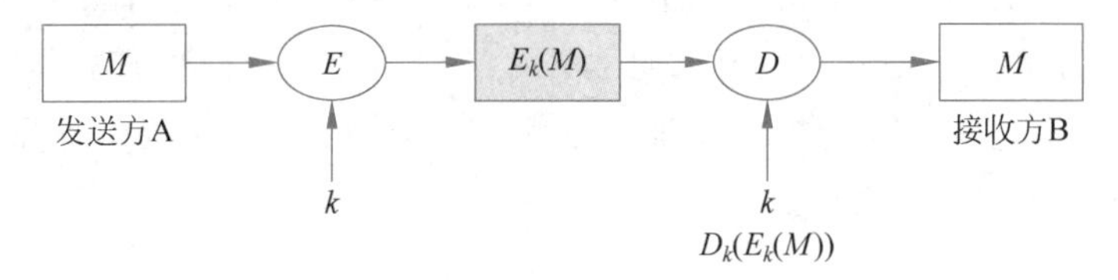

图5-6 基于对称加密实现消息鉴别

这种方法局限于需要接收方有某种方法能判定解密出来的明文是否合法。因此，在处理中可以规定合法的明文只能是属于在可能位模式上有微小差异的一个小子集，这使得任何伪造密文解密恢复出来后能成为合法明文的概率非常小。

在实际中这是很容易实现的，可以假定明文是有意义的语句，而不是杂乱无章的字符串。例如，将一条有意义的明文加密后(无论使用什么算法加密)，它都会以极大的概率变成一段杂乱无章的字符串，而几乎没有可能变成另一条有意义的语句。因此，如果发送方不知道密钥，用不正确的密钥 k' 对明文加密，接收方收到后用正确的密钥 k 对密文解密，就相当于对密文再加密了一次，这样得到的是两次加密后的密文，有极大的概率仍然会是一段杂乱的字符串。所以，当接收方解密后发现明文是有意义的语句，即使不知道明文是什么内容，也极大概率相信发送方是用正确的密钥加密的。

利用对称密码体制实现消息认证有如下三个特点。

(1) 能提供认证。可确认消息只可能来自A，传输途中未被更改。

(2) 提供保密性。因为只有 A 和 B 知道密钥 k。

(3) 不能提供数字签名。接收方可以伪造消息,发送方可以抵赖消息的发送。

可见,认证双方共享一个秘密就可以相互认证,这是最简单,也是最常用的认证机制。例如,现实生活中如果两人知道某个共同的秘密(并且只有他们知道),就能依靠这个秘密相互认证。该机制的原理很简单,实现时却要解决诸多问题,例如,如何让认证双方能够共享一个秘密,如何保证该秘密在传输过程中不会被他人窃取或利用等。

5.2.2 基于非对称密码体制

1. 提供消息认证

发送方 A 用自己的私钥 SK_A 对消息进行加密运算,再通过公开信道传送给接收方 B;接收方 B 用 A 的公钥 PK_A、对得到的消息进行解密运算并完成鉴别,如图 5-7 所示。

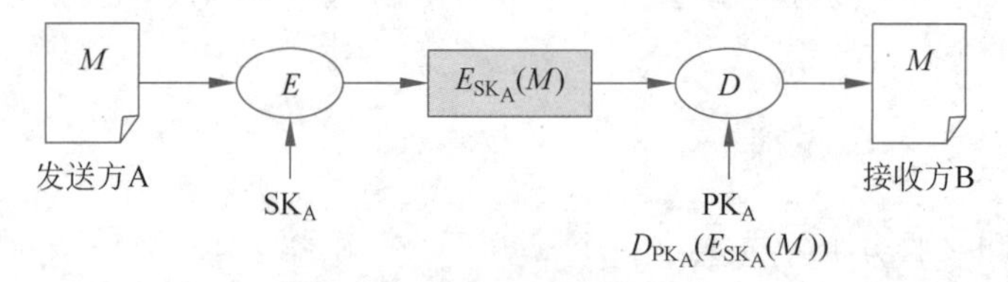

图 5-7 基于非对称加密实现消息鉴别

因为只有发送方 A 才能产生用公钥 PK_A,可解密的密文,所以消息一定来自拥有私钥 SK_A 的发送方 A。这种机制也要求明文具有某种内部结构使接收方能易于确定得到的明文是正确的。这种方法能提供认证和数字签名功能,但不能提供保密性,因为任何人都能用 A 的公钥解密查看消息。

2. 提供消息认证和机密性保护

发送方 A 用自己的私钥 SK_A 进行加密运算(数字签名)之后,再用接收方 B 的公钥 PK_B。进行加密,从而实现机密性。这种方法能提供机密性、数字签名和鉴别。其缺点是一次完整的通信需要执行公钥算法的加密、解密操作各两次,如图 5-8 所示。

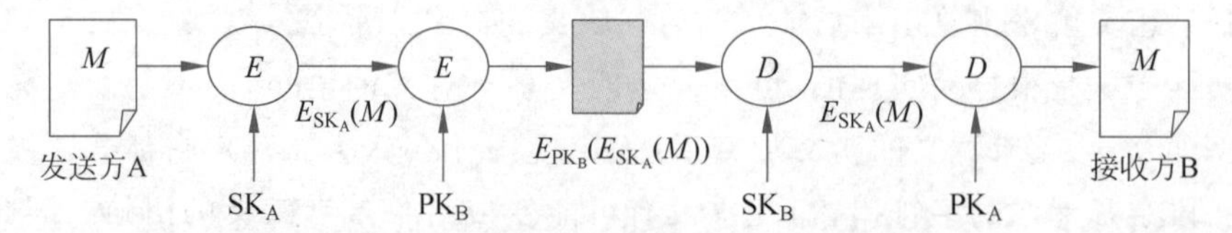

图 5-8 用公钥密码体制实现签名、加密和鉴别

通常情况下,都是先对消息进行签名再加密(因为被签名的消息应该能够理解)。若将消息加密之后再签名,则不符合常理(因为一般不会对一个看不懂的文件进行签名)。当然,上述原则也不是绝对的,有时候也需要先加密再传给别人签名,即盲签名。

5.2.3 基于 Hash 函数

消息认证中使用 Hash 函数的本质：发送方根据待发送的消息使用该函数计算一组散列值，然后将散列值和消息一起发送过去。接收方收到后对于消息执行同样的 Hash 计算，并将结果与收到的散列值进行对比，如果不匹配，则接收方推断出消息（也可能是散列值）遭受了篡改。

Hash 函数运算结果必须通过安全的方式传输。Hash 函数得到保护后，攻击方在篡改或替换消息的同时，不能轻易地修改散列值以蒙骗接收方。如果中间人拦截了传输消息时附上数据的散列值，并篡改或替换其中的数据，重新计算散列值并附在后面，接收方收到篡改后的数据块以及新的散列值，未能发现消息已经被篡改。

散列值能够通过不同的方法用于提供消息认证。图 5-9 展示了使用对称密码算法 E 加密值消息和散列值。

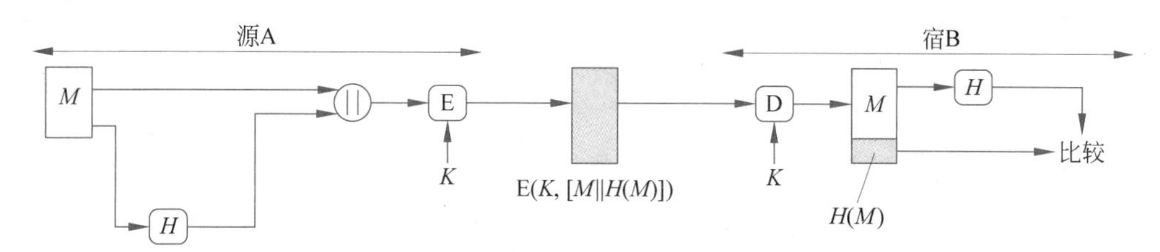

图 5-9 使用对称密码算法 E 加密消息和 Hash 码

因为只有 A 和 B 共享密钥 K，所以消息必然是发自 A 处，并且未被更改过。散列值提供了实现认证功能的结构，对整个消息以及散列值都进行加密，同时也提供了保密性，图 5-10 展示了使用对称密码算法 E 只对散列值进行加密。

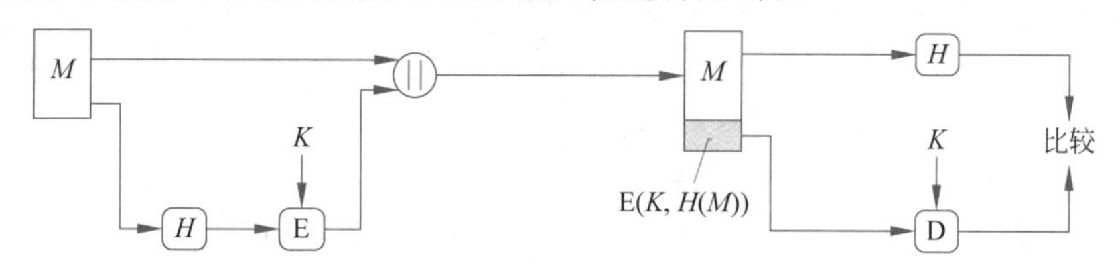

图 5-10 使用对称密码算法 E 只对散列值进行加密

对于无需保密性的应用，使用对称密码算法 E 只对散列值进行加密减轻了加解密操作的负担。图 5-11 展示了仅使用 Hash 函数实现消息认证。

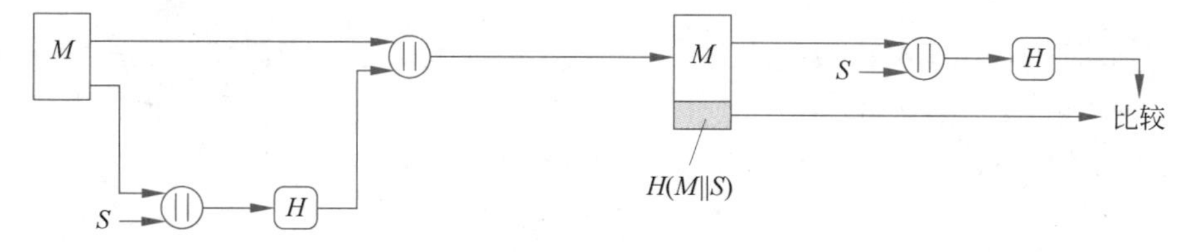

图 5-11 仅使用 Hash 函数实现消息认证

该方案假设通信双方共享相同的秘密值 S。发送方 A 将消息 M 和秘密值 S 串联后计算其散列值，并将得到的散列值附在消息 M 后发送。因为接收方 B 同时掌握 S，所以能够重新计算该散列值进行验证。由于秘密值 S 本身没有在信道传送，攻击方不能对在信道上拦截的消息进行修改，也不能制作假消息。图 5-12 展示了通过将整个消息和散列值加密。

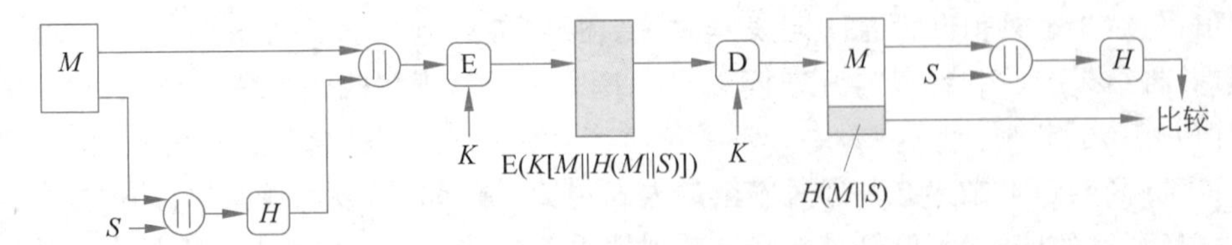

图 5-12 通过将整个消息和散列值加密

通过将整个消息和散列值加密，能够在仅使用 Hash 函数基础上提供保密性。

目前，人们越来越对不含加密函数消息认证的方法感兴趣，理由如下。

(1) 加密软件速度慢。即使每条消息需要加密的数据量不大，也总有消息串需要通过加密系统输入或输出。

(2) 加密硬件成本不容忽视。尽管已有实现 DES 的低成本芯片，但是若网络中所有节点都必须有该硬件，则总成本很大。

(3) 加密硬件的优化通常是针对大数据块的。对于小数据块，大比例的时间开销在初始化/调用上。加密算法受专利保护，这也会增加成本。

更一般地，消息认证是通过使用 MAC 实现的，即带密钥的 Hash 函数。通常情况下，通信双方基于共享的同一密钥来认证彼此交互的信息时，就会使用 MAC。MAC 函数将密钥和数据块作为输入，产生散列值作为 MAC 码，然后将 MAC 码和受保护的消息一起传递或存储。需要检查消息的完整性时，使用 MAC 函数对消息重新计算，并将计算结果与存储的 MAC 码对比。攻击方能对消息进行篡改，但在不知道密钥的情况下不能够计算出与篡改后的消息相匹配的 MAC 值。注意，这里验证方也知道发送方是谁，因为除了通信双发之外其他人不知道密钥。

总体来看，MAC 是 Hash 函数和加密函数操作的结合，即对于函数 $E(K, H(M))$，长度可变的消息 M 和密钥 K 是函数的输入，输出是固定长度的值。MAC 提供安全保护，用于抵抗不知道密钥的攻击方的攻击。在实现中，往往使用比加密算法效率更高的特殊设计的 MAC 算法。

5.2.4 基于消息认证码

消息认证码是用于提供数据原发认证和数据完整性保证的密码校验值。MAC 是消息被一个密钥控制的公开 Hash 函数作用后产生的、用作认证符的固定长度的数值，此时需要通信双方 A 和 B 共享一个密钥 k。它由如下形式的函数产生：

$$\mathrm{MAC}=H_k(M)$$

式中：M 为变长的消息；k 为收发双方共享的密钥；$H_k(\cdot)$为密钥 k 控制下的公开 Hash 函数。

MAC需要使用密钥 k，这类似于加密，但其区别是MAC函数不可逆，因为它使用的是带密钥的Hash函数作为 $H_k(\cdot)$ 来实现MAC。另外，由于收发双方使用的是相同的密钥，因此单纯使用MAC是无法提供数字签名的。

对称加密和公钥加密都可以提供认证，为什么还要使用单独的MAC认证？其原因：一是机密性和真实性的概念不同，从根本上讲，信息加密提供的是机密性而非真实性，而且加密运算的代价很大，公钥算法的代价更大；二是证函数与加密函数的分离有利于提供功能上的灵活性，可以把加密和认证功能独立地实现在通信的不同传输层次；三是某些信息只需要真实性而不需要机密性，比如，广播的信息，信息量大，难以实现加密，政府的公告等信息只需要保证真实性。因此，在大多数场合MAC更适合用来专门提供认证功能。

1. 用MAC实现消息认证

如图5-13所示，设发送方A欲发送给接收方B的消息是 M，发送方A首先计算 $\text{MAC}=H_k(M)$，然后向接收方B发送 $M'=M\parallel\text{MAC}$，接收方B收到后做与发送方A相同的计算，求得一新MAC′，并与收到的MAC做比较，如果二者相等，由于只有发送方A和接收方B知道密钥 k，故可进行以下判断。

(1) 确认消息的完整性，即该消息在传输过程中没有被篡改。因为攻击方篡改了该消息，也必须同时篡改对应的MAC值。在攻击方不知道密钥 k 的前提下，是无法对MAC值进行修改的。

(2) 确认消息源的正确性，即接收方B可以确认该消息来自到发送方A。在无法获得密钥 k 的前提下，攻击方是无法生成正确的MAC值的，所以攻击方也无法冒充成消息的发送方A。

(3) 确认序列号的正确性，即接收方B可以确认接收到的消息的顺序是正确的。

通过以上应用可以看出，MAC函数与加密函数类似，在生成MAC和验证MAC时需要共享密钥，但加密算法必须是可逆的，而MAC函数不需要。

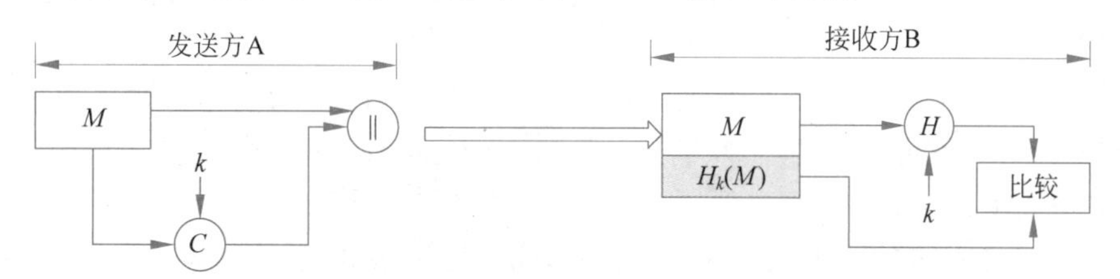

图5-13 消息认证码使用

2. 提供消息鉴别与机密性

在实际应用中，MAC可以与加密算法一起提供消息认证和保密性，在生成MAC之前或之后使用加密机制，获得机密性。这两种方法生成的MAC基于明文或密文，因此相应的鉴别与明文或密文有关，如图5-14和图5-15所示。一般来说，基于明文生成MAC的方法在实际应用中会更方便一些。

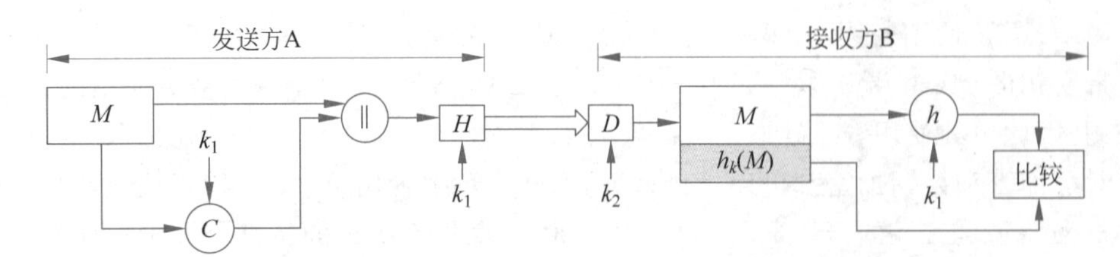

图 5-14　提供消息鉴别与机密性(与明文相关)

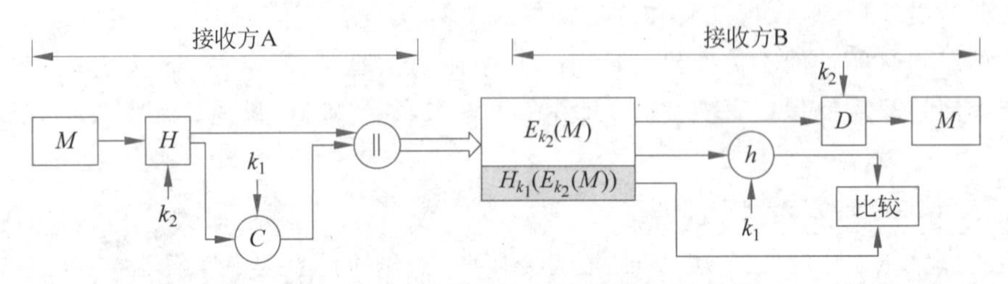

图 5-15　提供消息鉴别与机密性(与密文相关)

5.3 数字签名 

在 ISO/IEC 7498-2《基本参考模型-安全体系结构》中,数字签名定义为“附加在数据单元上的一些数据,或是对数据单元所做的密码变换。这种数据和变换允许数据单元的接收方用以确认数据单元来源和数据单元的完整性,并保护数据,防止被人(如接收方)进行伪造”。

数字签名是实现安全认证的重要工具和手段,它能够提供身份认证、数据完整性、不可抵赖等安全服务。

(1) 防冒充(伪造)。其他人不能伪造对消息的签名,因为私有密钥只有签名者自己知道和拥有,所以其他人不可能构造出正确的签名数据。

(2) 可鉴别身份。接收方使用发送方的公开密钥对签名报文进行解密运算,并证明对方身份是真实的。

(3) 防篡改。即防止破坏信息的完整性。签名数据和原有文件经过加密处理已形成了一个密文数据,不可能被篡改,从而保证了数据的完整性。

(4) 防抵赖。数字签名可以鉴别身份,不可能冒充伪造。

数字签名是附加在报文(数据或消息)上并随报文一起传送的一串代码,与传统的亲笔签名和印章一样,目的是让接收方相信报文的真实性,必要时还可以对真实性进行鉴别。现在已有多种数字签名的实现方法,采用较多的是技术非常成熟的数据加密技术,既可以采用对称加密也可以采用非对称加密,非对称加密比对称加密更容易实现和管理。

数字签名用来保证信息传输过程中完整性、提供信息发送方的身份认证和不可抵赖性。使用公开密钥算法是实现数字签名的主要技术。

鉴别文件或书信真伪的传统做法是亲笔签名或盖章。签名起到认证、核准、生效的作用。网络系统中要求对电子文档进行辨认和验证,因而产生数字签名。数字签名主要是保证信息完整性和提供信息发送方的身份认证。数字签名与传统签名的区别如下。

(1) 需要将签名与消息绑定在一起。

(2) 通常任何人都可验证。

(3) 需要考虑防止签名被复制、重用。

信息发送方使用公钥密码算法技术产生他人无法伪造的一段数字串。发送者用自己的私有密钥加密数据传给接收方,接收方用发送者的公钥解密后,就可确定消息来自谁,同时是对发送方发送的信息的真实性的一个证明。此时,发送方也无法对所发信息抵赖。

数字签名技术由公钥密码发展而来,它在身份认证、数据完整性、不可否认性和匿名性等安全方面发挥着非常重要的作用,目前已成为数字化社会的重要安全保障之一。

经典的传统数字签名算法包括以下几种。

(1) RSA 数字签名算法:该算法是目前计算机密码学中经典的算法之一,也是截至目前使用最广泛的数字签名算法,在信息安全和认证领域都发挥了很大的作用。值得注意的是,RSA 数字签名算法的密钥和 RSA 加密算法的密钥实现方式一样,因此统称为 RSA 算法。该算法的安全性依赖数论中的大数分解困难问题,即两个大素数相乘非常容易得到一个大整数,但是将一个大整数分解为两个大素数非常困难。

(2) Elgamal 数字签名算法:1985 年,斯坦福大学的 Tather Elgamal 利用 Elgamal 公钥密码体制提出了 Elgamal 数字签名算法,是经典的数字签名算法之一,它的安全性依赖计算有限域上的离散对数困难问题。目前很多的数字签名算法就是根据该算法扩展或者改进而来的,实用性较高。

(3) Schnorr 数字签名算法:1989 年,C. Schnorr 在 Elgamal 数字签名算法的基础上提出了 Schnorr 数字签名算法,其安全性也基于计算有限域上的离散对数困难问题。

(4) 数字签名算法:1991 年,NIST 提出了数字签名算法,该算法是 Elgamal 算法的变种,其安全性也依赖求解离散对数的困难性。1994 年 5 月,NIST 提出的数字签名标准 DSS 采用的就是数字签名算法 DSA。

(5) 椭圆曲线数字签名算法(Elliptic Curve Digital Signature Algorithm,ECDSA):1992 年,Scott 和 VLstrne 首次提出了 ECDSA,该算法是 ECC 椭圆曲线密码和 DSA 签名算法的结合,具有密钥存储空间小、安全性高的特点。1999 年,ECDSA 成为 ANSI 的标准,并于 2000 年成为 IEEE 和 NIST 的标准。目前,比特币一般利用 ECDSA 生成交易用户的密钥对,并对交易中的数据信息的消息摘要进行签名,利用交易账户的私钥进行签名认证。

(6) 盲签名算法:盲签名于 1982 年首次被 Chaum 提出,主要用于需要匿名的电子投票或者电子支付系统中。该签名方案保证了签名方案的匿名性和不可追踪性。签名者只能够进行签名操作,但是无法知道被签名消息的具体内容,消息一签名被公开之后,签名者也无法获得消息和签名过程间的关系。1992 年,Okamoto 提出了一种基于大数分解和离散对数的盲签名方案。基于 Schnorrl5 和 Guillou Quisquater 的协议,Pointcheval 和 Stern 提出了一种可证明安全的盲签名方案。2009 年,Overbeck 提出了首个基于编码的盲签名方案。

（7）群签名算法：1991年，Chaum等首次提出了群签名方案。群签名的匿名性表现为任何一个群成员都能够代表所属的群，对消息进行匿名的签名操作；验证者只能够确定群中的某一个群成员生成了签名，但是无法确定是某个群成员进行了签名操作。群签名的可追踪性表现为在发生争议时群管理员可以通过签名确定具体执行签名的签名者，签名者无法否认自身产生的签名。除了群管理员，所有人无法确定不同的群签名是否由相同的群成员产生。

（8）环签名算法：环签名最初由Rivest和Tau-man根据群签名而提出的，所以具有群签名的一些特性。环签名方案允许签名者在一组成员中保持匿名；环签名中不需要群管理者，没有群成员预设机制，没有更改和删除群的机制。签名者直接指定任意环，然后在不经过其他的成员许可或协助的情况下进行签名操作。如果要生成有效的环签名，签名者需要知道其私钥和其他成员的公钥。环签名具有匿名性和不可伪造性。

5.3.1 利用对称加密方式实现数字签名

对称加密在通信过程中密钥交换比较困难。在对称加密中，由于加密密钥和解密密钥是相同的，若将其用于数字签名，则要求消息的发送方和接收方都要使用相同的密钥，发送方用密钥对消息进行加密处理（签名）生成密文，接收方对接收到的密文利用同一个密钥进行解密。在这一过程中违反了数字签名的原则防抵赖。由于在加密（签名）和解密（鉴别身份）过程中参与者只有消息的发送方和接收方而没有第三方，一旦出现签名的抵赖，就无法进行判别。

为解决这一问题，在利用对称加密方式实现数字签名的过程中需要一个大家共同依赖的权威机构作为第三方。数字签名的用户都要向该权威机构申请一个密钥，这个密钥在该系统中是唯一的，即唯一标识了某一个用户。当权威机构向用户分配了密钥后，将该密钥的副本保存在该机构的数据库中，用以识别用户的真实性。

假设用户A和用户B之间要实现数字签名，具体过程如图5-16所示。

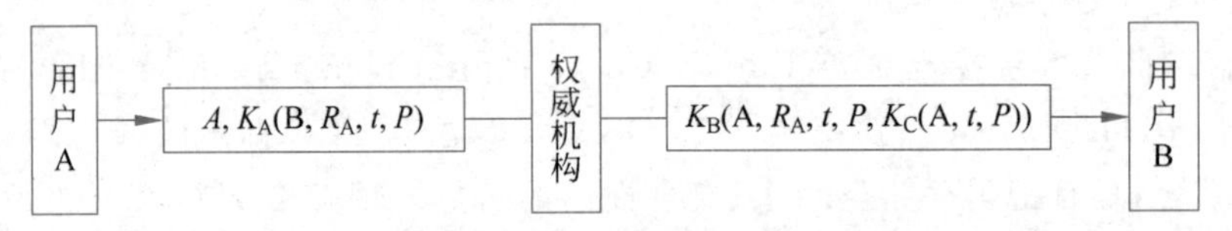

图5-16 利用对称加密方式实现数字签名过程

（1）用户A对要发送的明文消息P进行签名处理，生成$K_A(B,R_A,t,P)$。其中，K_A是用户A的加密密钥，即从权威机构申请到的密钥；B是用户B的标识，在网络上是公开的；R_A是用户A选择的一个随机数，以防止用户B收到重复的签名消息；t是一个时间戳，用于保证该消息是最新的；P是用户A要发送的明文消息。

（2）用户A将利用自己的密钥加密生成的签名消息$K_A(B,R_A,t,P)$发送出去，当权威机构接收到该消息后，通过数据库中用户A的密钥副本K_A知道该消息是用户A发送的，所以将利用密钥副本K_A进行解密处理，得到用户A发送的明文P，并根据用户的标识符知道该消息是发送给用户B的。

(3) 权威机构利用用户B的密钥副本 K_B 生成消息 $K_B(A,R_A,t,P,K_C(A,t,P))$。其中 $K_C(A,t,P)$ 是一条由权威机构经过签名的消息，一旦将来出现抵赖，就可以通过该消息来证明。

(4) 用户B在接收到消息 $K_B(A,R_A,t,P,K_C(A,t,P))$ 后，利用自己的密钥 K_B 解密得到用户A发送的明文。

在图5-16所示的数字签名方式中，系统的安全性主要决定于两方面：一是用户密钥的保存中的安全性；二是权威机构的可信赖性。

5.3.2 利用非对称加密方式实现数字签名

在利用对称加密实现的数字签名中，用户必须依赖第三方的权威机构，所以权威机构的可信任度是决定该方式能否正常使用的关键。非对称加密解决了这一问题。利用非对称加密方式实现数字签名，主要是基于在加密和解密过程中 $D(E(P))=P$ 和 $E(D(P))=P$ 两种方式的同时实现，其中RSA就具有此功能。

利用非对称加密方式实现数字签名过程如图5-17所示，首先发送方利用自己的私有密钥对消息进行加密(实现签名)，接着对经过签名的消息利用接收方的公开密钥再进行加密(保证消息传送的安全性)，经过双重加密后的消息(密文)通过网络传送到接收方。接收方在接收到密文后，首先利用接收方的私有密钥进行第一次解密(保证数据的完全性)，接着用发送方的公开密钥进行第二次解密(鉴别签名的真实性)，最后得到明文。

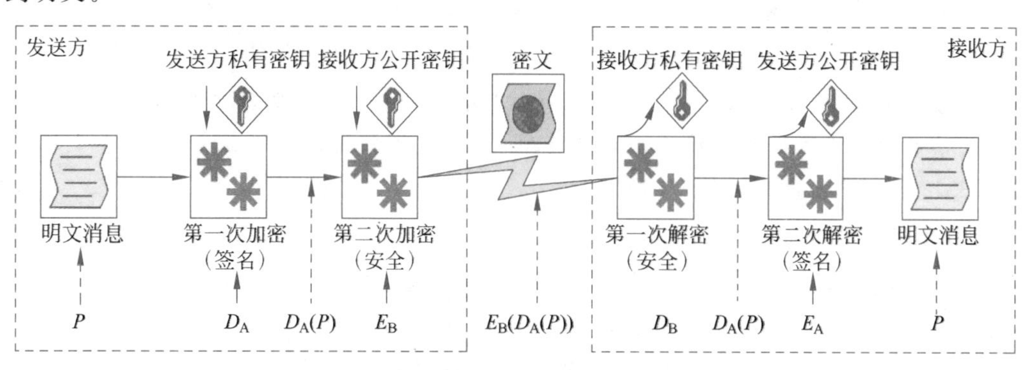

图5-17 利用非对称加密方式实现数字签名过程

假设发送方否认自己给接收方发送过消息 P，接收方只需要同时提供 P 和 $D_A(P)$。第三方可对接收方提供的 $D_A(P)$ 利用 E_A 进行解密，即 $E_A(D_A(P))$。由于 $D_A(P)$ 是由发送方使用自己的私有密钥签名的，而 E_A 是发送方的公开密钥，第三方很容易得到且不需要发送方的许可。若 $E_A(D_A(P))=P$，则说明该消息是发送方发送的，因为只有发送方才有签名密钥 D_A。

5.3.3 SM2算法

SM2算法包括数字签名算法、密钥交换协议、公钥加密算法和系统参数四部分。

ECC的系统参数是有限域上的椭圆曲线，包括：有限域 F_q 的规模 q；定义椭圆曲线 $E(F_q)$ 方程的两个元素 $a,b\in F_q$；$E(F_q)$ 上的基点 $G=(x_G,y_G)(G\neq O)$，其中 x_G 和 y_G 是 F_q 中的两个元素；G 的阶 n 及其他可选项（如 n 的余因子 h 等）。记SM2算法中使用的密码Hash算法为 $H_v(\cdot)$，其输出是位长恰为 v 的散列值，SM2算法目前版本中 v 只取256。SM2算法的系统参数为256位素数域上的椭圆曲线。

数字签名算法由签名者对数据产生数字签名，并由验证者验证签名的可靠性。每个签名者有一个公钥和一个私钥，其中私钥用于产生签名，验证者用签名者的公钥验证签名。SM2数字签名算法中，签名者用户A的密钥对包括其私钥 d_A 和公钥 $P_A=[d_A]G=(x_A,y_A)$，用户A具有位长为entlen A 的可辨别标2字节数据，记为 $ENTL_A$，签名者和验证者都需要用密码Hash算法求得用户A的散列值 $Z_A=H_{256}(ENTL_A \| ID_A \| a \| b \| x_G \| y_G \| x_A \| y_A)$。SM2数字签名算法规定 H_{256} 为SM3密码Hash算法。

1. SM2数字签名算法

设待签名的消息为 M，为了获取消息 M 的数字签名 (r,s)，签名者用户A应实现以下运算步骤。

(1) 置 $\overline{M}=Z_A \| M$。

(2) 计算 $e=H_v(\overline{M})$，将 e 的数据类型转换为整数。

(3) 用随机数发生器产生随机数 $k\in[1,n-1]$。

(4) 计算椭圆曲线点 $(x_1,y_1)=[k]G$，将 x_1 的数据类型转换为整数。

(5) 计算 $r=(e+x_1) \bmod n$，若 $r=0$ 或 $r+k=n$，则返回步骤(3)。

(6) 计算 $s=((1+d_A)^{-1}\cdot(k-r\cdot d_A)) \bmod n$，若 $s=0$，则返回步骤(3)。

(7) 将 r、s 的数据类型转换为字节串，消息 M 的签名为 (r,s)。

SM2数字签名算法如图5-18所示。

2. 数字签名的验证算法

为了检验收到的消息 M' 及其数字签名 (r',s')，验证者用户B应实现以下运算步骤。

(1) 检验 $r'\in[1,n-1]$ 是否成立，若不成立，则验证不通过。

(2) 检验 $s'\in[1,n-1]$ 是否成立，若不成立，则验证不通过。

(3) 置 $\overline{M}'=Z_A \| M'$。

(4) 计算 $e'=H_v(\overline{M}')$，将 e' 的数据类型转换为整数。

(5) 将 r'、s' 的数据类型转换为整数，计算 $t=(r'+s') \bmod n$，若 $t=0$，则验证不通过。

(6) 计算椭圆曲线点 $(x_1',y_1')=[s']G+[t]P_A$。

(7) 将 x_1' 的数据类型转换为整数，计算 $R=(e'+x_1') \bmod n$，检验 $R=r'$ 是否成立，若成立则验证通过，否则验证不通过。

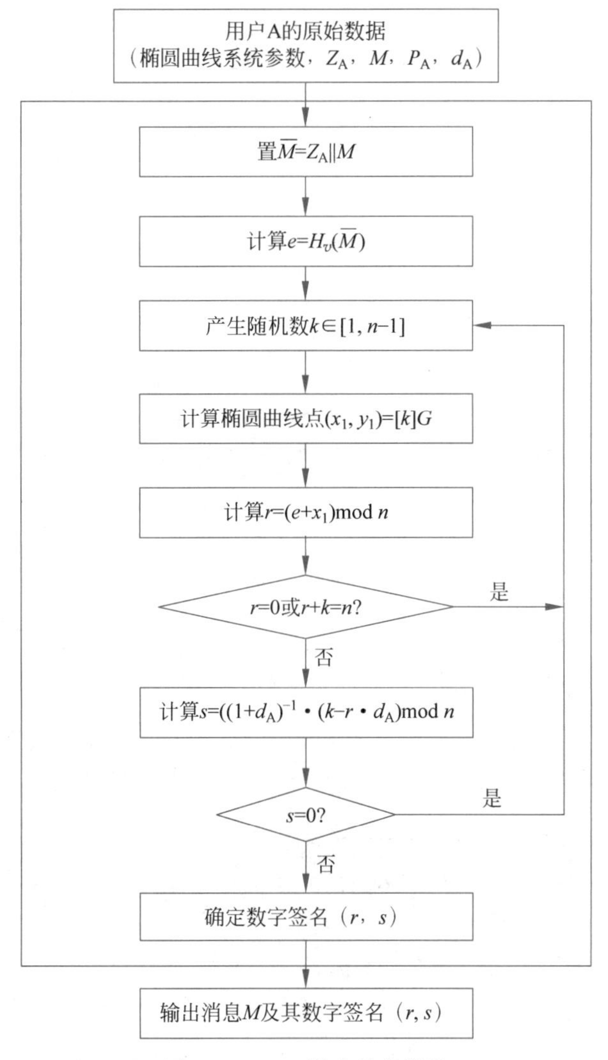

图 5-18　SM2 数字签名算法

数字签名的验证算法如图 5-19 所示。

5.3.4　数字签名标准

1991 年，NIST 发布了 FIPS PUB186《数字签名标准》(DSS)。DSS 采用了 SHA 散列算法，给出了一种新的数字签名方法即数字签名算法(DSA)。DSS 被提出后，1996 年又被稍做修改，2000 年发布了该标准的扩充版，即 FIPS 186-2。DSA 的安全性是建立在求解离散对数难题之上的，算法基于 ElGamal 和 Schnorr 签名算法，其后面发布的版本还包括基于 RSA 和椭圆曲线密码的数字签名算法。这里给出的算法是最初的 DSA 算法。

DSA 只提供数字签名功能的算法，虽然它是一种公钥密码机制，但是不能像 RSA 和 ECC 算法那样用于加密或密钥分配。

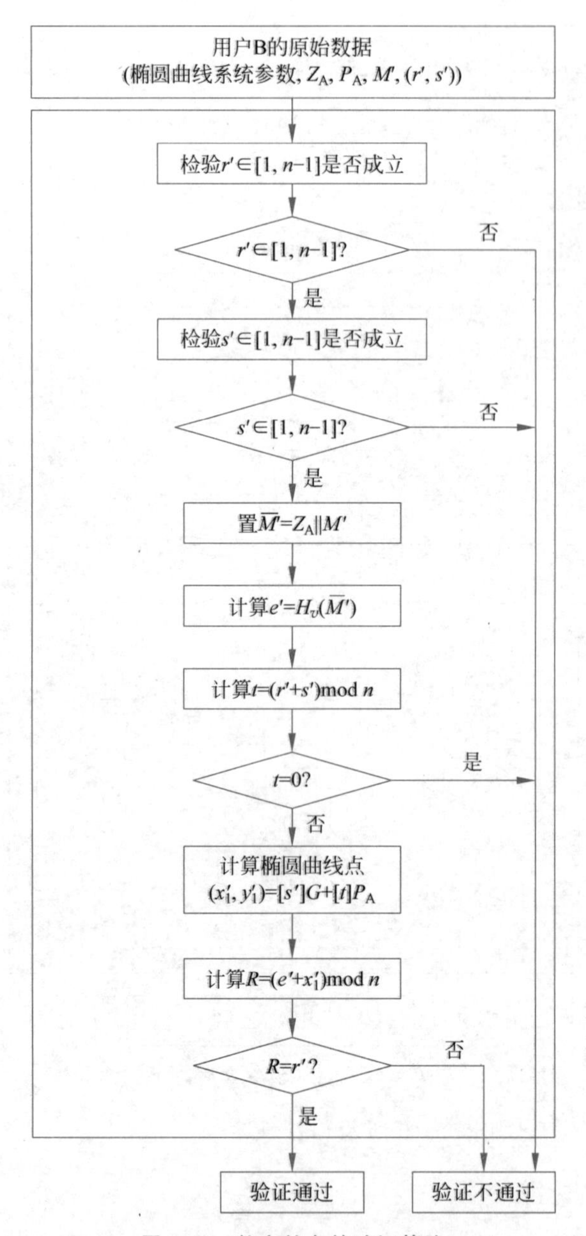

图 5-19　数字签名的验证算法

DSS 方法使用 Hash 函数产生消息的散列值和随机生成的 k 作为签名函数的输入。签名函数依赖发送方的私钥(PR_A)和一组参数,这些参数为一组通信伙伴所共有,可以认为这组参数构成全局公钥 PU_G。签名由两部分组成,标记为 r 和 s。

接收方对收到的消息计算散列值和收到的签名(r,s)一起作为验证函数的输入。验证函数依赖全局公钥和发送方公钥,若验证函数的输出等于签名中的 r,则签名合法。DSA 算法(图 5-20)如下。

(1) DSA 的系统参数选择。p 为 512 的素数,其中 $2^{L-1}<p<2^{L}$,$512\leqslant L\leqslant 1024$,且

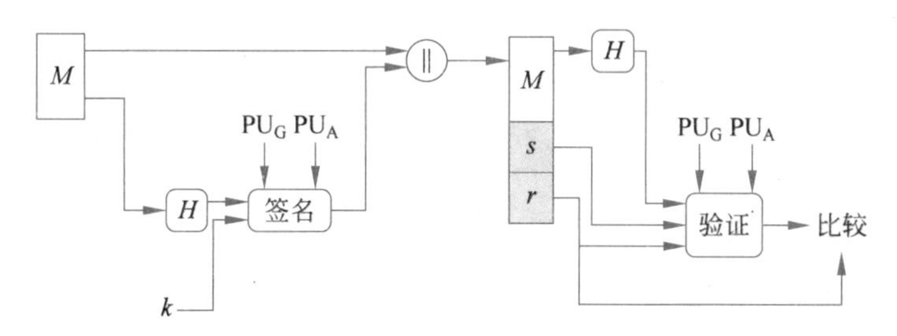

图 5-20 DSA 算法

L 是 64 的倍数,即 L 的位长在 512～1024 位之间并且其增量为 64 位。q 为 160 位的素数且 $q \mid p-1$。

g 满足 $g=h^{(p-1)/q} \bmod p$。H 为 Hash 函数。x 为用户的私钥,$0<x<q$。y 为用户的公钥,$y=g^x \bmod p$。p、q、g 为系统发布的公共参数,与公钥 y 公开;私钥 x 保密。

(2) 签名。设要签名的消息为 $M(0<M<p)$,签名者随机选择一整数 $k(0<k<q)$,并计算

$$r=(g^k \bmod p) \bmod q$$

$$s=[k^{-1}(H(M)+xr)] \bmod q$$

(r,s)即为 M 的签名。签名者将 M 和(r,s)一起存放或发送给验证者。

(3)验证。验证者获得 M 和(r,s),需要验证(r,s)是否是 M 的签名。首先检查 r 和 s 是否属于$[0,q]$,若不属于,则(r,s)不是签名值。否则,计算

$$w=s^{-1} \bmod q$$

$$u_1=(H(M)w) \bmod q$$

$$u_2=rw \bmod q$$

$$v=((g^{u1}y^{u2}) \bmod p) \bmod q$$

若 $v=r$,则所获得的(r,s)是 M 的合法签名。

在 DSA 中,签名者和验证者都需要进行一次模 q 的求逆运算,这个运算是比较耗时的。为免去签名者或验证者的求逆运算,Yen 和 Laih 提出了以下两种改进方法。

(1) DSA 改进方法一:

签名:$r=(g^k \bmod p) \bmod q s=(rk-H(M))x^{-1} \bmod q$

验证:$t=r^{-1} \bmod q v=(g^{h(M)t}y^{st} \bmod p) \bmod q$

判断 v 和 r 是否相等。

(2) DSA 改进方法二:

签名:$r=(g^k \bmod p) \bmod q$

$$s=(k(H(M)+xr)^{-1}) \bmod q$$

验证:$t=sH(M) \bmod q$

$$v=(g^t y^{sr} \bmod p) \bmod q$$

判断 v 和 r 是否相等。

在上述方法中有些可以预先计算。在改进方法一中,签名时会用到的 x^{-1},若 x 不

是经常更换，则 x^{-1} 可以预先计算并保存以便多次使用，这样就可以省掉一次求逆运算。在改进方法二中，验证者无须计算逆元。即便对于初始 DSA，也可以采用预计算的方法提高效率：签名时所计算的 $g^k \bmod p$ 并不依赖消息，因此可以预先计算。用户还可以根据需要预先计算多个可用于签名的 r，以及相应的 r^{-1}，这样可以大大提高效率。

以上给出的签名方案是直接数字签名（或称普通数字签名），包括 RSA、Schnorr、DSA、ECC、Fiat-Shamir、Guillou-Quisquarter、Schnorr、Ong-Schnorr-Shamir 等。这类数字签名只涉及通信双方，即签名方使用自己的私钥对整个消息或者对于消息的散列值进行签名，验证者使用签名者的公钥进行验证。即便发生纠纷，也是根据密钥及签名值进行仲裁。该方案的有效性完全依赖签名方的私钥。若签名者的私钥丢失或者被攻击者获取，则有可能被他人伪造签名，这时产生纠纷后，仲裁者无法给出实时的判断。因此，在实际应用中除了普通数字签名外，还有些特殊的签名方案，更多的可以说是一种安全协议，如仲裁数字签名、盲签名、代理签名、多重签名、不可否认签名、公平盲签名、门限签名、具有消息恢复功能的签名等，它们与具体应用环境密切相关。

5.4 身份认证

身份认证技术在信息安全中处于非常重要的地位，是其他安全机制的基础，只有实现了有效的身份认证，才能保证访问控制、安全审计、入侵防范等安全机制的有效实施。怎样才可以确保这个以数字身份进行操作的操作者就是这个数字身份合法拥有者，也就是说保证操作者的物理身份与数字身份相对应，就成为一个很重要的问题。身份认证就是为了解决这个问题。总的说来，身份认证的任务可以概括为以下四方面。

（1）会话参与方身份的认证，保证参与者不是经过伪装的潜在威胁者。

（2）会话内容的完整性，保证会话内容在传输过程中不被篡改。

（3）会话的机密性，保证会话内容（明文）不会被潜在威胁者所窃听。

（4）会话抗抵赖性，保证在会话后双方无法抵赖自己所发出过的信息。

由上可以看出，建立可信网络的核心问题是参与实体的身份认证问题，认证是建立信任的前提。在现实生活中每个人都有一个真实的物理身份，如居民身份证、户口本等。在计算机网络中如何保证以数字代码来标识用户身份时的真实性，如何通过技术手段保证用户的实体身份与数字身份一致，这便是身份认证要解决的问题。在实际应用中，验证用户的身份主要通过以下三种方式。

（1）根据用户所知道的信息来证明用户的身份。假设某些信息只有某个用户知道，如暗号、知识、密码等，通过询问这个信息就可以确认这一用户的身份。

（2）根据用户所拥有的东西来证明用户的身份。假设某一样东西只有某个用户拥有，如印章、身份证、护照、信用卡等，通过出示这些东西也可以确认用户的身份。

（3）直接根据用户独一无二的体态特征来证明用户的身份，如人的指纹、笔迹、DNA、视网膜及身体的特殊标志等。

认证（Authentication）是解决确定某个用户或其他实体是否被允许访问特定的系统或资源的问题。在网络中，任何用户或实体在进行任何操作之前必须要有相应的方法来识别用户或实体的真实身份。为此，认证又称为鉴别或确认。身份认证主要鉴别或确认访问者的身份是否属实，以防止攻击，保障网络安全。

授权(Authorization)是指当用户或实体的身份被确定为合法后，赋予该用户的系统访问或资源使用权限。只有通过认证的用户才允许访问系统资源，然而在许多情况下当一个用户通过认证后通常不可能赋予访问所有系统资源的权限。例如，在 Windows 操作系统中，通过认证的系统管理员账户(Administrator)可以对系统配置进行设置，而通过认证的临时账户(Guest)只能查看系统的一些基本信息。为此，必须根据用户身份的不同，给不同的用户授予不同的权限，限制通过认证的用户的行为。

审计(Accounting)也称为记账(Accounting)或审核，出于安全考虑，所有用户的行为都要留下记录，以便进行核查。采集的数据包括登录和注销的用户名、主机名及时间。安全要求较高的网络，审计数据应该包括任何人所有的试图通过身份认证和获得授权的尝试。另外，以匿名(Anonymous)或临时账户(Guest)身份对公共资源的访问情况也应该进行采集，以便进行安全性评估时使用。审计信息一般存放在日志文件中，是对系统安全性进行评估的基础。目前使用的网络入侵检测、网络入侵防御、网络安全动态感知等系统，工作依据主要来源于各系统和设备产生的日志信息。

5.4.1 基于密码的身份认证

密码认证也称为"口令认证"，它是计算机系统和网络系统中应用最早，也最为广泛的一种身份认证方式。密码是用户与计算机之间以及计算机与计算机之间共享的一个秘密，在通信过程中一方向另一方提交密码，表示自己知道该秘密，从而通过另一方的认证。密码通常由一组字符串组成，为便于用户记忆，用户使用的密码一般有长度的限制。

因为密码认证易于管理、操作简单，而且不需要额外的成本，用户只要记得账号与密码就可以进行系统资源的访问。所以，为了防止非法用户进入计算机系统，常用的方法是密码认证，以保护计算机或网络系统不被入侵者破坏。合法用户利用正确的密码可以登录计算机和网络系统，拒绝非法用户登录。

传统的密码认证的方式是先建立用户账户，再为每个用户账户分配一个密码。用户登录首先发送一个包含用户账户与密码的请求登录信息，主机系统根据储存在用户数据库中的用户账户与密码验证该账户及所对应的密码是否正确。如果正确，认证过程结束，允许用户登录；否则，拒绝用户登录。

随着计算机网络的迅速发展和应用系统的不断增加，大多数的用户不得不通过网络远程登录主机系统，用户和主机系统之间就必须在网络进行密码认证。而互联网上泛滥的网络监听工具(如 Sniffer 等)可以非常容易地监听到网络上传递的各类明文信息，包括 FTP、Telnet、POP3 等网络服务的账户及密码。如果在网络上传送的账户和密码没有经过加密处理，就很容易被窃取，这是一种非常不安全的密码认证方式。

为了保证口令的私密性，使用了一种容易加密但很难解密的"单向散列"方法(Hash 算法)来处理口令。也就是说，操作系统本身并不知道用户输入的口令，只知道口令经过加密的形式，这使得口令不再以明文方式进行传输，攻击者获取"明文"口令只有采用暴力方法在口令可能的区间内进行穷举。

1. 一次性口令认证

一次性口令(One Time Password,OTP)认证技术是一种比传统口令认证技术更加安全的身份认证技术,其基本思想是在登录过程中加入不确定因素,使每次登录时计算的密码都不相同,系统也做同样的运算来验证登录,以提高登录过程的安全性。

一次性口令认证是一种相对简单的身份认证机制,它可以简单快速地加载到需要认证的系统,而无须添加额外的硬件,也不需要存储密钥或口令等敏感信息,避免了遭受重放攻击的可能。不管是基于静态口令还是基于动态口令,一次性口令认证的原理仍然是基于"用户知道什么"来实现的。例如,静态密码是使用者和认证系统之间所共同知道的信息,但其他人或系统不知道,认证系统通过验证使用者提供的口令就能够判断是否是合法用户。动态口令也是这样,用户和认证系统之间必须遵循相同的通行短语的"通信暗语",对于外界来说这条通行短语是保密的。动态口令和静态口令不同的是,这个通行短语是不在网络上进行传输的,所以攻击者无法通过网络窃听方式获得通行短语。每条动态口令一般由三个参数按照一定单向散列算法进行计算所得,具体如下。

(1) 种子:认证服务器为用户分配的一个非密文的字符串,一个用户对应于一个种子,种子在认证系统中具有其唯一性。

(2) 序号:单向 Hash 函数的迭代次数,是系统通知用户将生成的本次口令在一次性序列中的顺序号。在动态口令认证中,迭代次数一般是不断变化的,即本次计算动态口令时单向 Hash 函数的迭代次数一般与上一次不同。迭代次数的作用就是让动态口令不断地发生变化。

(3) 通行短语:只有用户知道的值,这个值是保密的。

2. 动态口令认证

在动态口令认证中,通行短语和种子一般是不变的,序号是动态变化的;种子和序号是可以公开的,通行短语是保密的。

动态口令认证的实现方式较多,根据不确定因子选择方式可将动态口令的实现分为以下三种类型。

(1) 时间同步方式:利用用户的登录时间作为随机数,连同用户的通行短语一起生成一个口令。这种方式对客户端和认证服务器时间准确度的要求较高。该方式的优点是方便使用,管理容易。缺点是在分布式环境下对不同设备的时间同步难度较大,因为时间的改变可能造成密码输入的错误码。

(2) 事件同步方式:事件同步方式的基本原理是通过特定事件次序及相同的种子值作为输入,通过特定算法运算出相同的口令。事件动态口令是让用户的密码按照使用的次数不断动态地发生变化。每次用户登录时(当作一个事件),用户按下事件同步令牌上的按键产生一个口令(如银行的密码器),与此同时系统也根据登录事件产生一个口令,两者一致则通过验证。与时间同步的动态口令不同的是,事件同步不需要精准的时间同步,而是依靠登录事件保持与服务器的同步。因此,相比时间同步,事件同步适用于恶劣的环境中。

(3) 挑战/应答方式：当客户端发出登录请求时，认证系统会生成一个挑战信息发送给客户端。客户端再使用某种单向 Hash 函数把这条消息连同自己的通行短语连起来生成一个口令，并将这个口令发送给认证系统。认证系统用同样的方法生成一个口令，然后通过比较验证用户身份。该方式的优点是不要考虑同步的问题，安全性较高，是目前身份认证中常采用的一种认证方式；缺点是使用者输入信息较多，操作比较复杂。

挑战/应答方式的工作原理是当客户端试图访问一个服务器主机时，在认证服务器收到客户端的登录请求后，将给客户端返回它生成的一个信息，用户在客户端输入只有自己知道的通行短语，并将其发送给认证服务器，并由动态口令计算器生成一个动态口令。这个动态口令再通过网络传送到认证服务器。认证服务器检测这个口令。如果这个动态口令和认证服务器上生成的动态口令相同，则认证成功，使用者被认证服务器授权访问，同时这个动态口令将不能再次使用。由于客户端用户所输入通行短语生成的动态口令在网上传输，而使用者的通行短语本身不在网上传输，也不保存客户端和服务器端中的任何地方，只有使用者本人知道，所以这个通行短语不会被窃取，即使此动态口令在网络传输过程中被窃取，也无法再次被使用，避免了重放攻击的发生。

挑战/应答机制的实现过程(图 5-21)如下。

① 客户向认证服务器发出请求，要求进行身份认证。

② 认证服务器从用户数据库中查询用户是否是合法的用户，如果不是，则不做进一步处理。

③ 认证服务器内部产生一个随机数，作为“提问”(挑战)，发送给客户。

④ 客户端将自己的密钥(通行短语)和随机数合并，使用单向 Hash 函数(如 MD5 算法)运算得到一个结果作为认证证据传给服务器(应答)。

⑤ 认证服务器使用该随机数与存储在服务器数据库中的该客户密钥(通行短语)进行相同的单向 Hash 运算，若运算结果与客户端传回的响应结果相同，则认为客户端是合法用户。

⑥ 认证服务器通知客户认证成功或失败。

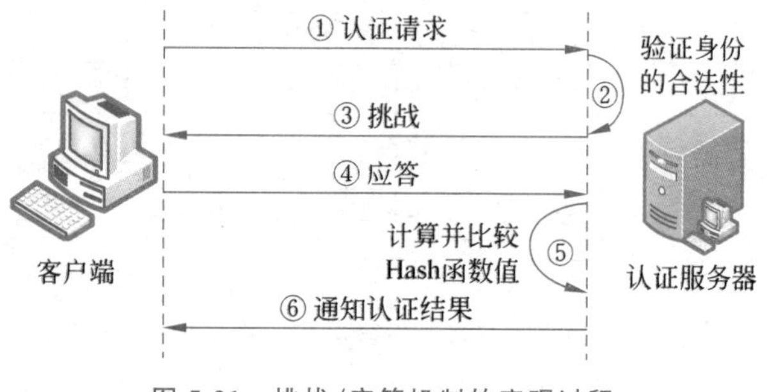

图 5-21 挑战/应答机制的实现过程

5.4.2 基于生物特征的身份认证

生物特征认证又称“生物特征识别”，是指通过计算机利用人体固有的物理特征或行为特征鉴别个人身份。在信息安全领域，推动基于生物特征认证的主要动力来自基于密码认证的不安全性，即利用生物特征认证来替代密码认证。

人的生理特征与生俱来，一般是先天性的。行为特征则是习惯养成，多为后天形成。生理和行为特征统称为生物特征。常用的生物特征包括脸像、虹膜、指纹、声音、笔迹等。同时，随着现代生物技术的发展，尤其对人类基因研究的重大突破，研究人员认为DNA识别技术将是未来生物识别技术的又一个发展方向。满足以下条件的生物特征才可以用来作为进行身份认证的依据。

(1) 普遍性：每人都应该具有这一特征。

(2) 唯一性：每人在这一特征上有不同的表现。

(3) 稳定性：这一特征不会随着年龄和生活环境而改变。

(4) 易采集性：这一特征应该便于采集和保存。

(5) 可接受性：人们是否能够接受这种生物识别方式。

1. 指纹识别

指纹识别技术也称"指纹认证技术"。1858年，印度的William Hershel爵士就使用指纹和掌纹作为合同签名的一种形式。目前，在全球范围内都建立了指纹鉴定机构及罪犯指纹数据库，我国早在20世纪80年代的重点人口管理中就开始采集具有犯罪前科的重点人口的指纹，并相继建立了全国范围内联网的指纹比对数据库。早期的指纹认证主要用于司法鉴定，现在已广泛应用于门禁系统、考勤、部分笔记本电脑和移动存储设备，认证技术也在不断成熟，应用范围也在不断拓宽。

指纹识别的特点如下。

(1) 独特性：指纹具有高度的不可重复性。

(2) 稳定性：指纹脊的样式终端不变。指纹不会随着人的年龄、健康程序的变化而发生变化。

(3) 方便性：目前已建有标准化的指纹样本库，以方便指纹认证系统的开发；同时，在指纹识别系统中用于指纹采集的硬件设备也较容易实现。

指纹识别包括指纹注册过程和指纹比对过程(图5-22)，具体如下。

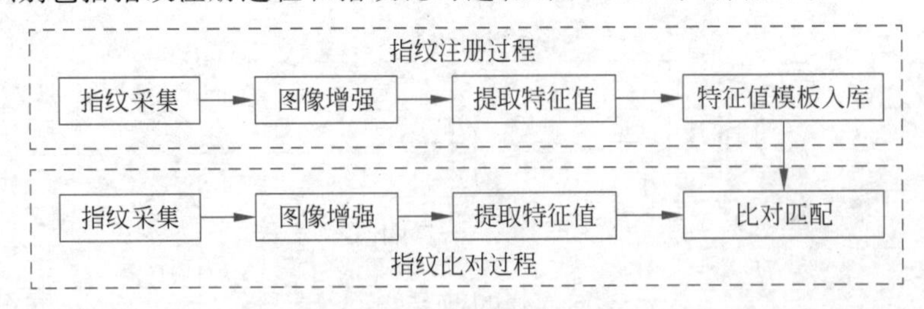

图5-22 指纹识别系统

(1) 指纹采集。通过指纹传感器获取人的指纹图像数据，其本质是指纹成像。指纹采集大都通过各种采集仪，可分为光学和COMS两类，光学采集仪采集图像失真小但成本较高，而COMS采集仪成本低但图像质量较差。

(2) 图像增强。根据某种算法，对采集到的指纹图案进行效果增强，以利于后续对指纹特征值的提取。

(3) 提取特征值。提取特征值对指纹图案上的特征信息进行选择、编码和形成二进制数据的过程。

(4) 特征值模板入库。特征值模板入库是根据指纹算法的数据结构,即特征值模板,对提取的指纹特征值进行结构化并保存。

(5) 比对匹配。比对匹配是指把当前取得的指纹特征值集合与已存储的指纹特征值模板进行匹配的过程。

2. 虹膜识别

作为生物特征认证的依据,指纹的应用已经比较广泛,然而指纹识别易受脱皮、出汗、干燥等外界条件的影响,并且这种接触式的识别方法要求用户直接接触公用的传感器,给使用者带来了不便。为此,非接触式的生物特征认证将成为身份认证发展的必然趋势。与脸像、声音等其他非接触式的身份鉴别方法相比,虹膜以更高的准确性、可采集性和不可伪造性,成为目前身份认证研究和应用的热点。基于虹膜的身份认证要求对被认证者的虹膜特征进行现场实时采集,用户在使用虹膜进行身份认证时无须输入 ID 号等标志信息。

虹膜认证是基于生物特征的认证方式中最好的一种。虹膜(眼睛中的彩色部分)是眼球中包围瞳孔的部分,上面布满极其复杂的锯齿网络状花纹,而每个人虹膜的花纹都是不同的。虹膜识别技术就是应用计算机对虹膜花纹特征进行量化数据分析,用以确认被识别者的真实身份。

每人的虹膜具有随机的细节特征和纹理图像,这些特征在人的一生中保持相对的稳定性,不易改变。据统计,到目前为止,虹膜认证的错误率在所有的生物特征识别中是最低的(相同纹理的虹膜出现的概率是 10^{-46})。所以虹膜识别技术在国际上得到广泛关注,有很好的应用前景。一个虹膜识别系统一般由以下四部分组成(图 5-23)。

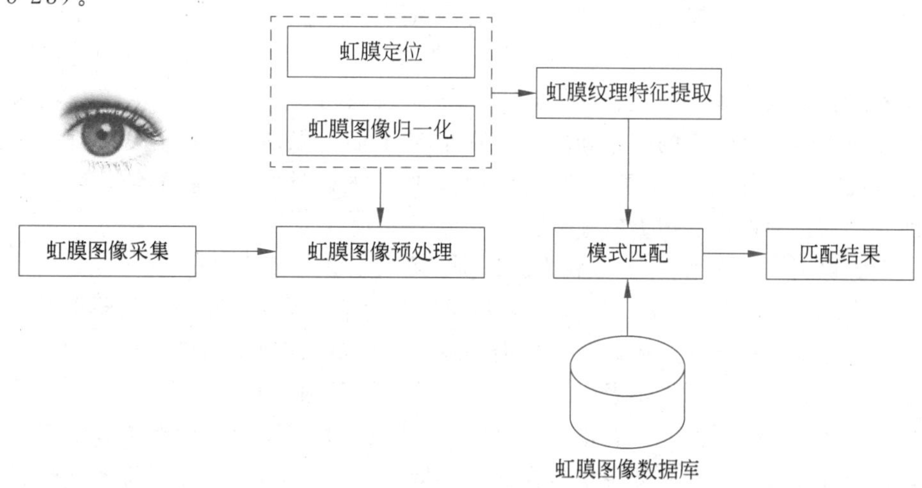

图 5-23　虹膜识别系统

(1) 虹膜图像采集。虹膜图像采集是虹膜识别系统一个重要且困难的步骤。因为虹膜尺寸比较小且颜色较暗,所以用普通的照相机来获取质量好的虹膜图像是比较困难的,必须使用专门的采集设备。

(2) 虹膜图像预处理。这一操作分为虹膜定位和虹膜图像归一化两个步骤。虹膜定位就是要找出瞳孔与虹膜之间(内边界)、虹膜与巩膜之间(外边界)的两个边界,再通过相关的算法对获得的虹膜图像进行边缘检测。虹膜图像归一化是由于光照强度及虹膜震颤的变化,瞳孔的大小会发生变化,而且在虹膜纹理中发生的弹性变形也会影响虹膜模式匹配。因此,为了实现精确的匹配,必须对定位后的虹膜图像进行归一化,补偿大小和瞳孔缩放引起的变异。

(3) 虹膜纹理特征提取。采用转换算法将虹膜的可视特征转换成为固定字节长度的虹膜代码。

(4) 模式匹配。识别系统将生成的代码与代码数据库中的虹膜代码进行逐一比较,当相似率超过某一个阈值时,系统判定检测者的身份与某一个样本相符;否则,系统将认为检测者的身份与该样本不相符,进入下一轮的比较。

3. 人脸识别

人脸识别技术是通过计算机提取人脸的特征,并根据这些特征进行身份验证的一种技术。人脸与人体的其他生物特征(如指纹和虹膜等)一样与生俱来,它们所具有的唯一性和不易被复制的良好特性为身份鉴别提供了必要的前提。同其他生物特征识别技术相比,人脸识别技术具有操作简单、结果直观、隐蔽性好的优越性。

人脸识别技术是基于人的脸部特征,对输入的人脸图像或者视频流首先判断其是否存在人脸,如果存在,则进一步给出每个脸的位置、大小和各个主要面部器官的位置信息,并依据这些信息进一步提取每个人脸中所蕴含的身份特征,并将其与存放在数据库中的已知的人脸信息进行对比,从而识别每个人脸的身份。

人脸识别技术从最初对背景单一的正面灰度图像的识别,经过对多姿态(正面、侧面等)人脸的识别研究,发展到能够动态实现人脸识别,目前正在朝三维人脸识别的方向发展。在此过程中,人脸识别技术涉及的图像逐渐复杂,识别效果不断地得到提高。人脸识别技术融合了数字图像处理、计算机图形学、模式识别、计算机视觉、人工神经网络和生物特征技术等多个学科的理论和方法。另外,人脸自身及所处环境的复杂性,如表情、姿态、图像的环境光照强度等条件的变化以及人脸上的遮挡物(眼镜、胡须)等,都会使人脸识别方法的正确性受到很大的影响。

从人脸识别的过程来看,可以将人脸识别过程分为以下四个部分。

(1) 人脸图像采集及检测。人图像采集及检测包括人脸图像采集和人脸检测两个过程。人脸图像采集是指通过摄像镜头采集人脸的图像,包含静态图像、动态图像、不同的位置以及不同表情等。被采集者进入采集设备的拍摄范围内时,采集设备会自动搜索并拍摄被采集者的人脸图像。人脸检测主要用于人脸识别的预处理,即在图像中准确标定出人脸的位置和大小。人脸图像中包含的模式特征十分丰富,如直方图特征、颜色特征、模板特征、结构特征等,人脸检测就是把其中有用的信息挑选出来,并利用这些特征实现人脸检测。

(2) 人脸图像预处理。对于人脸的图像预处理是基于人脸检测结果,对图像进行处理并最终服务于特征提取的过程。系统获取的原始图像由于受到各种条件的限制和随机干扰,往往不能直接使用,必须在图像处理的早期阶段对它进行灰度校正、噪声过滤等图像预处理。对于人脸图像而言,其预处理过程主要包括人脸图像的光线补偿、灰度变换、直方图均衡化、归一化、几何校正、滤波以及锐化等。

(3) 人脸图像特征提取。人脸识别系统可使用的特征通常分为视觉特征、像素统计特征、人脸图像变换系数特征、人脸图像代数特征等。人脸特征提取就是针对人脸的某些特征进行的。人脸特征提取也称人脸表征,它是对人脸进行特征建模的过程。人脸特征提取的方法归纳起来分为两大类:一是基于知识的表征方法;二是基于代数特征或统计学习的表征方法。基于知识的表征方法主要是根据人脸器官的形状描述以及他们之间的距离特性来获得有助于人脸分类的特征数据,其特征分量通常包括特征点间的欧几里得距离、曲率和角度等。人脸由眼睛、鼻子、嘴、下巴等局部构成,对这些局部和它们之间结构关系的几何描述可作为识别人脸的重要特征,这些特征称为几何特征。基于知识的人脸表征主要包括基于几何特征的方法和模板匹配法。

(4) 人脸图像匹配与识别。提取的人脸图像的特征数据与数据库中存储的特征模板进行搜索匹配,通过设定一个阈值,当相似度超过这一阈值时,把匹配得到的结果输出。人脸识别就是将待识别的人脸特征与已得到的人脸特征模板比较,根据相似程度对人脸的身份信息进行判断。这一过程又分为两类:一类是确认,一对一进行图像比较的过程;另一类是辨认,一对多进行图像匹配对比的过程。

5.4.3 基于零知识证明的身份认证

一般身份认证过程中,验证者在收到证明者提供的认证账户和密码(或生物特征信息)后,在数据库中进行核对,如果在验证者的数据库中找到了证明者提供的账户和密码(或完全匹配的生物特征信息),那么该认证通过;否则,认证失败。在这一认证过程中,验证者必须事先知道证明者的账户和密码(或生物特征信息),这显然会带来不安全因素。那么,能否实现在验证者不需要知道证明者任何信息(包括用户账户和密码)的情况下就能够完成对证明者的身份认证?零知识证明身份认证就可以实现这一功能。

零知识证明是在20世纪80年代初出现的一种身份认证技术。零知识证明是指证明者能够在不向验证者提供任何有用信息的情况下,使验证者相信某个论断是正确的。

零知识证明实质上是一种涉及两方或多方的协议,即两方或多方完成一项任务所需采取的一系列步骤。证明者向验证者证明并使验证者相信自己知道某一消息或拥有某一物品,但证明过程不需要(也不能够)向验证者泄露。零知识证明分为交互式零知识证明和非交互式零知识证明两种类型。下面给出一个零知识证明的例子。

用户A要向用户B证明自己是某一间房子的主人,即A要向B证明自己能够正常进入该房间。假设该房间只能用钥匙打开锁后进入,而其他任何方法都打不开。这时有两种办法:一种方式是A把钥匙交给B,B拿着这把钥匙打开该房间的锁,如果B能够打开则证明A是该房间的主人；另一种方式是B确定该房间内有一个物品，只要A用自己的钥匙打开该房间后，将该物品拿出来出示给B，从而证明A是该房间的主人。后一种方式属于零知识证明。虽然两种方式都证明了用户A是该房子的主人，但是在后一种方式中用户B始终没有得到用户A的任何信息（包括没有拿到用户A的钥匙），从而可以避免用户B的信息（钥匙）被泄露。

用户A拥有用户B的公钥，用户B需要向A证明自己的身份是真实的，同样有两种证明的方法：一种方式是用户B把自己的私钥交给A，A用这个私钥对某个数据进行加密操作，然后将加密后的密文用B的公钥来解密，如果能够成功解密，则证明用户B的身份是真实的；另一种方式是用户A给出一个随机值，B用自己的私钥对该随机值进行加密操作，然后把加密后的数据交给A，A用B的公钥进行解密操作，如果能够得到原来的随机值，则证明用户B的身份是真实的。后一种方式属于零知识证明，在整个过程中B没有向A提供自己的私钥。

零知识证明验证者B选择随机数，证明者A根据随机数出示不同的证明。一方面A不能欺骗B，因为A的随机数要求使用其私钥运算；另一方面B不能伪装A来欺骗C，因为随机数将由C选择，B不能重发A与A之间的验证信息。证明者欺骗验证者的概率随着随机数选择的位数和验证次数的增多而减少。

零知识证明协议可定义为证明者和验证者之间进行交互时使用的一组规则。交互式零知识证明是由这样一组协议确定的：在零知识证明过程结束后，证明者只告诉验证者关于某一个断言成立的信息，而验证者不能从交互式证明协议中获得其他任何信息。即使在协议中使用欺骗手段，验证者也不可能揭露其信息。这一概念其实就是零知识证明的定义。

如果一个交互式证明协议满足以下三点，就称此协议为一个零知识交互式证明协议。

(1) 完备性。如果证明者的声称是真的，则验证者以绝对优势的概率接受证明者的结论。

(2) 有效性。如果证明者的声称是假的，则验证者也以绝对优势的概率拒绝证明者的结论。

(3) 零知识性。无论验证者采取任何手段，当证明者的声称是真的，且证明者不违背协议时，验证者除了接受证明者的结论以外，得不到其他额外的信息。

在交互式零知识证明过程中，证明者和验证者之间必须进行交互。20世纪80年代末，出现了“非交互式零知识证明”的概念。在非交互式零知识证明过程中，通信双方不需要进行任何交互，从而任何人都可以对证明者公开的消息进行验证。

在非交互式零知识证明中，证明者公布一些不包括他本人任何信息的秘密消息，却能够让任何人相信这个秘密消息。在这一过程（其实是一组协议）中，起关键作用的因素是一个单向Hash函数。如果证明者要进行欺骗，他必须能够知道这个Hash函数的输出值。事实上，由于他不知道这个单向Hash函数的具体算法，所以无法实施欺骗。也就是说，这个单向Hash函数在协议中是验证者的代替者。

5.4.4 基于量子密码的身份认证

量子密码技术是密码学与量子力学相结合的产物，采用量子态作为信息载体，经由量子通道在合法用户之间传递密钥。

量子密码的安全性是由量子力学原理保证。“海森堡测不准原理”是量子力学的基本原理，是指在同一时刻以相同精度测定量子的位置与动量是不可能的，只能精确测定两者之一。“单量子不可复制定理”是“海森堡测不准原理”的推论，它是指在不知道量子状态的情况下复制单个量子是不可能的，因为要复制单个量子就只能先做测量，而测量必然改变量子的状态。量子密码技术可达到经典密码学所无法达到的两个最终目的：一是合法的通信双方可察觉潜在的窃听者并采取相应的措施；二是使窃听者无法破解量子密码，无论企图破解者有多么强大的计算能力。将量子密码技术的不可窃听性和不可复制性用于认证技术可以用来认证通信双方的身份，原则上提供了不可破译、不可窃听和大容量的保密通信体系，真正做到了通信的绝对安全。主要有三类量子身份认证的实现方案，分别为基于量子密钥的经典身份认证系统、基于经典密钥的量子身份认证系统和基于纯量子身份认证系统。

思维认证是一种全新的身份认证方式，它是以脑-机接口(Brain-Computer Interface, BCI)技术为基础，有望替代传统的身份认证方式。脑-机接口技术通过实时记录人脑的脑电波，在一定程度上解读人的思维信号。其原理是当受试主体的大脑产生某种动作意识或者受到外界刺激后，其神经系统的活动会发生相应改变，这种变化可以通过一定的手段检测出来，并作为意识发生的特征信号。试验表明，即使对于同一个外部刺激或者主体在思考同一个事件时，不同人的大脑所产生的认知脑电信号是不同的。也就是说，这些思维的信号携带有主体的独一无二的特性，因此人们可以通过探测被试者的脑部的响应变化来进行身份认证。

典型的基于BCI的思维认证系统的结构如图5-24所示。

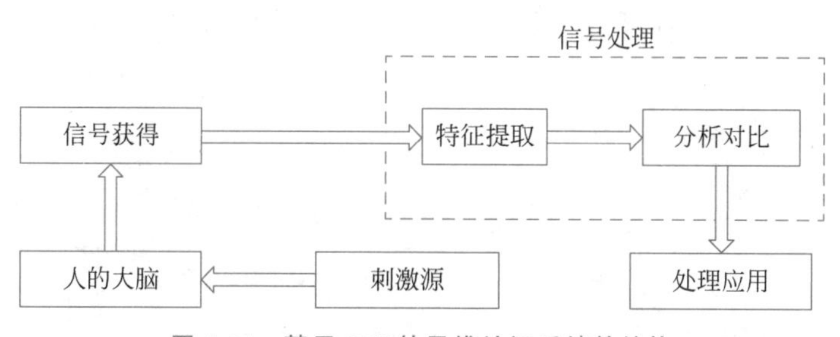

图5-24 基于BCI的思维认证系统的结构

社会工程因素是整个安全链条中最薄弱的一环，思维认证方法使得对社会工程的攻击变得无效，即使非法者通过偷窥，骗取信任的方式获得了系统的口令，也不能够模拟合法用户的特征思维信号，这种独一无二的特性能够有效地抵御各种攻击和入侵，因此无法通过验证系统。

行为认证技术有别于传统的认证技术，它是以用户的行为为依据的认证技术。行为认证技术的基本思想：对于一个固定的用户，其行为总是遵循一定的习惯，表现为在行动操作中存在规律性，行为认证技术正是基于对用户的行为习惯来判断用户的身份是否假冒。

行为认证技术要求跟踪记录每个用户的历史行为习惯，并按照一定的算法从中抽取出规律，建立用户行为模型，当用户的行为习惯突然改变时，与行为模型库中不匹配，从而这种异常就会被检查出来。典型的行为认证系统的结构如图 5-25 所示。

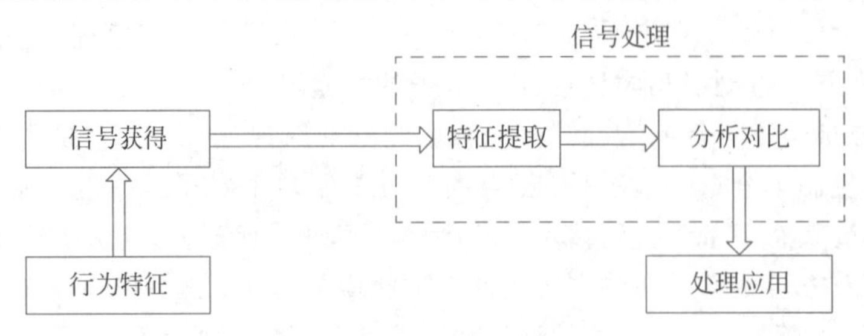

图 5-25　行为认证系统的结构

不同人的行为习惯及表现具有独一无二的特性，因此行为认证技术能够有效抵御各种假冒攻击和入侵，保证身份识别的准确。

自动认证技术是认证技术的演进方向，可以融合多种认证技术（标识认证技术、基于量子密码的认证技术、思维认证技术、行为认证技术等），可以接受多种认证手段（口令、KEY、证书、生物特征信息等），提供接入多元化、核心架构统一化、应用服务综合化的智能认证技术。自动认证技术其原理：综合利用各个认证因子作为整个认证系统的输入，利用专家知识系统对其进行判断，对其没有通过认证的和假冒成功的综合因子的特征信息通过免疫技术学习进化使得专家知识库不断更新，同时通过数据挖掘技术来识别专家知识库中不曾进化的潜在威胁。典型的自动认证技术的结构如图 5-26 所示。

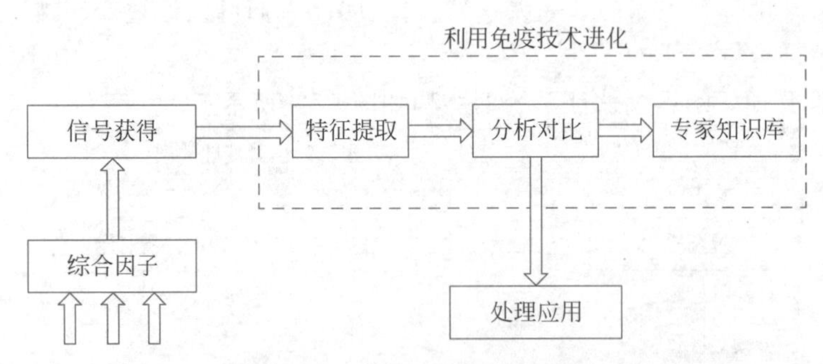

图 5-26　自动认证技术的结构

单一因子的认证技术很容易存在被假冒的风险，利用综合因子正好可以提高系统的安全性，同时可以确保多种认证手段的无缝接入，因此自动认证技术有着其他认证技术不可比拟的优势。

5.5 零信任

云计算和大数据时代，网络安全边界逐渐瓦解，内外部威胁愈演愈烈，传统的边界安全架构难以应对，零信任（ZT）安全架构应运而生。

零信任安全架构基于“以身份为基石、业务安全访问、持续信任评估、动态访问控制”四大关键能力，构筑以身份为基石的动态虚拟边界产品与解决方案，助力组织实现全面身份化、授权动态化、风险度量化、管理自动化的新一代网络安全架构。

5.5.1 零信任概述

网络基础设施日益复杂，安全边界逐渐模糊。数字化转型的时代浪潮推动着信息技术的快速演进，云计算、大数据、物联网、移动互联等新兴技术为各行各业带来了新的生产力，同时也给组织网络基础设施带来了极大的复杂性。安全边界正在逐渐瓦解，传统的基于边界的网络安全架构和解决方案难以适应现代网络基础设施。

网络安全形势不容乐观，有组织的、武器化的、以数据及业务为攻击目标的高级持续攻击仍然能轻易找到各种漏洞突破组织的边界；内部业务的非授权访问、雇员犯错、有意的数据窃取等内部威胁愈演愈烈。

安全事件层出不穷，传统安全架构失效背后的根源是信任。传统的基于边界的网络安全架构某种程度上假设，或默认了内网的人和设备是值得信任的，认为网络安全就是构筑组织的数字“护城河”，通过防火墙、WAF、IPS等边界安全产品/方案对组织网络边界进行重重防护就足够了。

事实证明，正确的思维应该是假设系统一定有未被发现的漏洞，假设一定有已发现但仍未修补的漏洞，假设系统已经被渗透，假设内部人员不可靠。“四个假设”彻底推翻了传统网络安全通过隔离、修边界的技术方法，推翻了边界安全架构下对“信任”的假设和滥用，基于边界的网络安全架构和解决方案已经难以应对如今的网络威胁。

需要全新的网络安全架构应对现代复杂的组织网络基础设施，应对日益严峻的网络威胁形势，零信任架构(ZTA)正是在这种背景下应运而生，是安全思维和安全架构进化的必然。

零信任架构一直在快速发展和成熟，不同版本的定义基于不同的维度进行描述。EvanGilman和DougBarth在《零信任网络》一书中将零信任的定义建立在如下五个基本假定之上。

(1) 网络无时无刻不处于危险的环境中。

(2) 网络中自始至终存在外部或内部威胁。

(3) 网络的位置不足以决定网络的可信程度。

(4) 所有的设备、用户和网络流量都应当经过认证和授权。

(5) 安全策略必须是动态的，并基于尽可能多的数据源计算而来。

简而言之，默认情况下不应该信任网络内部和外部的任何人、设备和系统，需要基于认证和授权重构访问控制的信任基础。零信任对访问控制进行了范式上的颠覆，其本质是以身份为基石的动态可信访问控制。

NIST在其发布的《零信任架构》(草案)中指出，零信任架构是一种网络/数据安全的端到端方法，关注身份、凭证、访问管理、运营、终端、主机环境和互联的基础设施，认为零信任是一种关注数据保护的架构方法，传统安全方案只关注边界防护，对授权用户开放了过多的访问权限。零信任的首要目标是基于身份进行细粒度的访问控制，以应对越来越严峻的越权横向移动风险。

零信任提供了一系列概念和思想，旨在面对失陷网络时，减少在信息系统和服务中执行准确的、按请求访问决策时的不确定性。零信任架构是一种组织网络安全规划，它利用零信任概念，并囊括其组件关系、工作流规划与访问策略。

从零信任的发展历史进行分析，也不难发现零信任的各种不同维度的观点也在持续发展、融合，并最终表现出较强的一致性。

零信任的最早雏形源于2004年成立的耶利哥论坛（Jericho Forum），其成立的使命正是为了定义无边界趋势下的网络安全问题并寻求解决方案。2010年，零信任术语正式出现，并指出所有的网络流量都是不可信的，需要对访问任何资源的任何请求进行安全控制，零信任提出之初，其解决方案专注于通过微隔离对网络进行细粒度的访问控制以便限制攻击者的横向移动。

随着零信任的持续演进，以身份为基石的架构体系逐渐得到业界主流的认可，这种架构体系的转变与移动计算、云计算的大幅采用密不可分。从2014年开始，谷歌公司基于其内部项目Beyond Corp的研究成果，陆续发表了多篇论文，阐述了在谷歌公司内部如何为其员工构建零信任架构。Beyond Corp的出发点在于仅仅针对组织边界构建安全控制已经不够了，需要把访问控制从边界迁移到每个用户和设备。通过构建零信任，谷歌公司成功地摒弃了对传统VPN的采用，通过全新架构体系确保所有来自不安全网络的用户能安全地访问组织业务。

通过业界对零信任理论和实践的不断完善，零信任已经超越了最初的网络层微分段的范畴，演变为以身份为基石的，能覆盖云环境、大数据中心、微服务等众多场景的新一代安全解决方案。

综合分析各种零信任的定义和框架，不难看出零信任架构的本质是以身份为基石的动态可信访问控制，聚焦身份、信任、业务访问和动态访问控制等维度的安全能力，基于业务场景的人、流程、环境、访问上下文等多维的因素，对信任进行持续评估，并通过信任等级对权限进行动态调整，形成具备较强风险应对能力的动态自适应的安全闭环体系。

5.5.2 零信任参考架构

零信任安全的关键能力可以概括为以身份为基石、业务安全访问、持续信任评估和动态访问控制，这些关键能力映射到一组相互交互的核心架构组件，对各业务场景具备较高的适应性，如图5-27所示。

零信任的本质是在访问主体和客体之间构建以身份为基石的动态可信访问控制体系，通过以身份为基石、业务安全访问、持续信任评估和动态访问控制的关键能力，基于对网络所有参与实体的数字身份，对默认不可信的所有访问请求进行加密、认证和强制授权，汇聚关联各种数据源进行持续信任评估，并根据信任的程度动态对权限进行调整，最终在访问主体和访问客体之间建立一种动态的信任关系。

零信任架构下，访问客体是核心保护的资源，针对被保护资源构建保护面，资源包括

图 5-27 零信任架构的关键能力模型

但不限于组织的业务应用、服务接口、操作功能和资产数据。访问主体包括人员、设备、应用和系统等身份化之后的数字实体，在一定的访问上下文中这些实体还可以进行组合绑定，进一步对主体进行明确和限定。

1. 以身份为基石

基于身份而非网络位置来构建访问控制体系，首先需要为网络中的人和设备赋予数字身份，将身份化的人和设备进行运行时组合构建访问主体，并为访问主体设定所需的最小权限。

在零信任安全架构中，根据一定的访问上下文，访问主体可以是人、设备和应用等实体数字身份的动态组合，在《零信任网络》一书中将这种组合称为网络代理。网络代理是指在网络请求中用于描述请求发起者的信息集合，一般包括用户、应用程序和设备三类实体信息，用户、应用程序和设备信息是访问请求密不可分的上下文。网络代理具有短时性特征，在进行授权决策时按需临时生成。访问代理的构成要素(用户或设备)信息一般存放在数据库中，在授权时实时查询并进行组合，因此，网络代理代表的是用户和设备各个维度的属性在授权时刻的实时状态。

最小权限原则是任何安全架构必须遵循的关键实践之一，然而零信任架构将最小权限原则又推进了一大步，遵循了动态的最小权限原则。如果用户需要更高的访问权限，那么用户只能在需要的时候获得这些特权。而反观传统的身份与访问控制相关实现方案，一般对人、设备进行单独授权，零信任这种以网络代理作为授权主体的范式，在授权决策时按需临时生成主体，具有较强的动态性和风险感知能力，可以极大地缓解凭证窃取、越权访问等安全威胁。

2. 业务安全访问

零信任架构关注业务保护面的构建，通过业务保护面实现对资源的保护，在零信任架构中，应用、服务、接口、数据都可以视作业务资源。通过构建保护面实现对暴露面的收缩，要求所有业务默认隐藏，根据授权结果进行最小限度的开放，所有的业务访问请求都应该进行全流量加密和强制授权，业务安全访问相关机制需要尽可能工作在应用协议层。

构建零信任安全架构，需要关注待保护的核心资产，梳理核心资产的各种暴露面，并通过技术手段将暴露面进行隐藏。这样，核心资产的各种访问路径就隐藏在零信任架构组件之后，默认情况对访问主体不可见，只有经过认证、具有权限、信任等级符合安全策略要求的访问请求才予以放行。通过业务隐藏,除了满足最小权限原则,还能很好地缓解针对核心资产的扫描探测、拒绝服务、漏洞利用、非法爬取等安全威胁。

3. 持续信任评估

持续信任评估是零信任架构从零开始构建信任的关键手段,通过信任评估模型和算法,实现基于身份的信任评估能力,同时需要对访问的上下文环境进行风险判定,对访问请求进行异常行为识别并对信任评估结果进行调整。

在零信任架构中,访问主体是人、设备和应用程序三位一体构成的网络代理,因此在基础的身份信任的基础上还需要评估主体信任。主体信任是对身份信任在当前访问上下文中的动态调整,与认证强度、风险状态和环境因素等相关,身份信任相对稳定。主体信任和网络代理一样,具有短时性特征,是一种动态信任,基于主体的信任等级进行动态访问控制也是零信任的本质所在。

信任和风险如影随形,在某些特定场景下甚至是一体两面。在零信任架构中,除了信任评估,还需要考虑环境风险的影响因素,需要对各类环境风险进行判定和响应。但需要特别注意,并非所有的风险都会影响身份或主体的信任度。

基于行为的异常发现和信任评估能力必不可少,主体(所对应的数字身份)与个体行为的基线偏差、主体与群体的基线偏差、主体环境的攻击行为、主体环境的风险行为等都需要建立模型进行量化评估,是影响信任的关键要素。当然,行为分析需要结合身份态势进行综合度量,以减少误判,降低对使用者操作体验的负面影响。

4. 动态访问控制

动态访问控制是零信任架构的安全闭环能力的重要体现。建议通过 RBAC(基于角色的访问控制)和 ABAC(基于属性的访问控制)的组合授权实现灵活的访问控制基线,基于信任等级实现分级的业务访问;同时,当访问上下文和环境存在风险时,需要对访问权限进行实时干预并评估是否对访问主体的信任进行降级。

任何访问控制体系的建立离不开访问控制模型,需要基于一定的访问控制模型制定权限基线。零信任强调灰度哲学,从实践经验来看,大可不必纠结 RBAC 好还是 ABAC 好,而是考虑如何兼顾融合,建议基于 RBAC 模型实现粗粒度授权,建立权限基线满足组织基本的最小权限原则,并基于主体、客体和环境属性实现角色的动态映射和过滤机制,充分发挥 ABAC 的动态性和灵活性。权限基线决定了一个访问主体允许访问的权限的全集,而在不同的访问时刻,主体被赋予的访问权限和访问上下文、信任等级、风险状态息息相关。

需要注意,并非所有的风险都对信任有影响,特别是环境风险,风险一旦发生,就需要对应的处置策略,常见手段是撤销访问会话。因此,零信任架构的控制平面需要能接收外部风险平台的风险通报,并对当前访问会话进行按需处理,从而实现风险处置的联动,真正将零信任架构体系与组织现存的其他安全体系融合。

5.6 安全协议

安全协议也称密码协议,是以密码学为基础的消息交换协议,此定义包含两层含义:

安全协议以密码学为基础,体现了安全协议与普通协议之间的差异;安全协议也是通信协议,其目的是在网络环境中提供各种安全服务。

密码学是网络安全的基础,但网络安全不能单纯依靠安全的密码算法。安全协议是网络安全的一个重要组成部分,需要通过安全协议进行实体之间的认证,在实体之间安全地分配密钥或其他各种秘密,确认发送和接收的消息的不可否认性等。

总之,安全协议是建立在密码体制基础上的一种交互通信协议,它运用密码算法和协议逻辑来实现认证和密钥分配等目标。

全面掌握安全协议定义,还需了解安全协议在运行环境中的角色。协议参与者,即协议执行过程中的双方或多方,也就是发送方与接收方,可能是完全信任的人,也可能是攻击者。攻击者即协议过程中企图破坏协议安全性的人。如被动攻击者主要是试图获取信息,主动攻击者则是为了达到欺骗、获取敏感信息、破坏协议完整性的目的。攻击者可能是合法的参与者,或是外部实体,也可能是协议的参与者。可信第三方,即在完成协议的过程中,能帮助可信任的双方完成协议的值得信任的第三方,如仲裁者(用于解决协议过程中出现的纠纷)和密钥分发中心等。

5.6.1 安全协议的分类

按照协议完成的功能进行划分,常用的安全协议主要有以下四类。

1. 密钥生成协议

密钥生成协议是在通信的实体中建立共享的会话密钥,会话密钥通常使用对称密码算法对每一次单独的会话加密。密钥生成协议可采用对称密码体制或非对称密码体制建立会话密钥,可借助于一个可信的服务器为用户分发密钥,即密钥分发协议,可通过两个用户协商建立会话密钥。

2. 认证协议

认证是对数据和实体标识的认证。数据完整性可由数据来源认证保证。实体认证是确认某个实体的真实性的过程。认证协议主要用于防止假冒攻击。

3. 电子商务协议

电子商务是利用电子信息技术进行各种商务活动。电子商务协议中主体往往代表交易的双方目标利益不太一致,因此电子商务协议最关注公平性,即协议应保证交易双方都不能通过损害对方利益得到不应该得到的利益。常见的电子商务协议有拍卖协议、SET 协议等。

4. 安全多方计算协议

安全多方计算协议是保证分布式环境中各参与者以安全的方式来共同执行分布式的计算任务。安全多方计算协议的两个最基本的安全要求是保证协议的正确性和参与方私有输入的秘密性,即协议执行完后每个参与方都应该得到正确的输出,并且除此之外不能获知其他任何信息。根据参与者以及密码算法的使用情况,可以分为无可信第三方的对称密钥协议、应用密码校验函数的认证协议、具有可信第三方的对称密钥协议、使用对称密钥的签名协议、使用对称密钥的重复认证协议、无可信第三方的公钥协议和有可信第三方的公钥协议。

5.6.2 双向身份认证协议

双向身份认证协议需要消息的发送方和接收方同时在线，而单向认证没有这样的要求。在重要的商务活动中，通信双方在通信之前要相互确认对方的真实身份，并且希望之间的通信不会被第三者阅读。无论是单向认证还是双向认证，都可以分为基于对称密钥加密和非对称密钥加密两种情况。

(1) 时间戳：在电子商务中，时间是十分重要的信息。与普通文件一样，在网络上传输的电子商务信息的日期是十分重要的，它是防止文件被伪造、篡改、防抵赖的关键性内容。时间戳是经加密后形成的凭证文档。它包括需加时间戳的文件的摘要，数字时间服务(Digital Timestamp Service，DTS)，收到文件的日期和时间，DTS 的数字签名。使用时间戳的各方的系统时钟应该是同步的。

(2) 随机数：计算机利用一定的算法产生的数值。严格地说，计算机产生的随机数应该称为“伪随机数”，因为这个数不是真正随机的。为了叙述方便，一般都将“伪”字去掉。

(3) 序列号：一个随机数值，通信双方协商各自的序列号初始值。一个新消息当且仅当有正确的序列号时才被接收。但序列号的方法不适合在身份认证协议中使用，因为它要求每个用户要单独记录与其他每一用户交换的消息的序列号，这样增加了用户的负担。

(4) 挑战—应答：假设 A 向 B 发送了一个一次性随机数询问，B 的回答中应该包含正确的随机数，该机制称为挑战—应答机制。

5.7 本章小结

认证分为消息认证和身份认证。消息认证是用来防止主动攻击的重要技术，用以保证消息的完整性。身份认证是证实一个实体与其所声称身份是否相符的过程。本章首先着重介绍了 Hash 函数、MD5 算法、SHA 算法、SM3 算法、消息认证、数字签名、身份认证、零信任、安全协议等；其次详细描述了基于对称密码体制、基于非对称密码体制、利用 Hash 函数和基于 MAC 的消息认证方法；再次介绍了利用对称加密和非对称加密方式实现数字签名的原理；最后重点介绍了基于密码的身份认证、基于生物特征的身份认证、基于零知识证明的身份认证和基于量子密码的身份证技术。

习　题

5-1 什么是身份认证？为什么需要身份认证？

5-2　什么是生物特征认证？与传统的密码认证等方式相比，生物特征认证有哪些优势？并比较分析指纹识别、虹膜认证和人脸识别的实现技术和应用特点。

5-3　什么是零知识证明认证？有什么特点？

5-4　为什么需要消息认证？

5-5　数字签名需要满足哪些条件？身份认证与数字签名的区别是什么？

5-6　数字签名技术有哪几种？分析其优缺点。

视频讲解

第6章 访问控制技术

访问控制起源于20世纪70年代，是为了满足管理大型主机系统上共享数据授权访问的需要。访问控制是在鉴别用户的合法身份后，通过某种途径显式地准许或限制用户对数据信息的访问能力及范围，从而控制对关键资源的访问，防止非法用户的侵入或者合法用户的不慎操作造成破坏。访问控制有很重要的作用，具体如下。

(1) 防止非法用户访问受保护的系统信息资源。

(2) 允许合法用户访问受保护的系统信息资源。

(3) 防止合法用户对受保护系统信息资源进行非授权的访问。

随着计算机技术和应用的发展，特别是网络应用的发展，访问控制的思想和方法迅速应用于信息系统的各个领域。

6.1 访问控制概述

6.1.1 基本概念

访问控制在保护数据安全发展过程中起到了关键性作用，它指定哪些用户可以访问和使用某些信息资源。访问控制的思想是通过对主体的合理的授权实现对信息资源机密性的保护。访问控制的基本任务是保证对客体的所有直接访问都是被认可的。它通过对程序与数据的读写、更改和删除的控制，保证系统的安全性和有效性，以免受偶然的或蓄意的侵犯。访问控制是依据一套为信息系统规定的安全策略和支持这些安全策略的执行机制实现的。访问控制的有效性建立在两个前提上：一是用户鉴别与确定，保证每个用户只能行使自己的访问权限，没有一个用户能够获得另一个用户的访问权，该前提是在用户进入系统时登录过程中对用户进行确认；二是每个用户或程序的访问权信息是受保护的，是不会被非法修改的，该前提是通过对系统客体与用户客体的访问控制获得的。

通常有两种方法来阻止未授权用户访问目标：一是访问请求过滤器，当一个发起者试图访问一个目标时，需要检查发起者是否被准予以请求的方式访问目标；二是分离，防止未授权用户有机会去访问敏感的目标。这两种方法都与访问控制的主体有关，并且由相同的策略来驱动。访问请求过滤器包含访问控制机制，分离可能牵涉各种各样对策中的任何一种，包括物理安全、个人安全、硬件安全和操作系统安全。

如图6-1所示，访问控制模型用于管理对系统资源的访问，只允许通过身份验证的授权用户访问系统资源。通过身份验证和授权，访问控制策略可以确保用户的真实身份，并且拥有访问数据的相应权限。访问控制的主要目的是在一定的设备上拒绝未经授权的用户，减少被授权用户执行的操作。此外，它还阻止可能触发安全违规的操作。在判断访问控制模型是否有效时，就看该模型是否能够满足信息资源安全需求，因此合理地区分身份验证、授权和访问控制尤其重要。身份验证是验证用户身份的过程，授权是决定身份验证成功的用户对特定信息资源是否有访问权限的过程，访问控制是执行授权策略的过程。在对用户进行身份验证并确定了授权级别之后，用户只能访问权限范围之内的信息资源。目前，访问控制在数据库管理系统、操作系统等多个领域采用不同层次的方式来控制资源，只允许合法的用户/主体以授权的方式使用系统资源。访问控制模型由以下五个核心元素组成。

(1) 主体：对系统资源(对象)发出访问请求的各种实体，可以是用户、代理或进程。

(2) 对象/客体：描述包含主体/用户需要访问的数据或信息的系统资源。

(3) 操作：主体可以对特定对象执行的各种类型的操作或活动，如读、写、执行等。

(4) 特权：授予主体能够对特定对象执行特定操作的权限。

(5) 访问策略：一组规则或过程，指定所需的标准，以确定访问决定是授予或拒绝访问的每个访问请求。

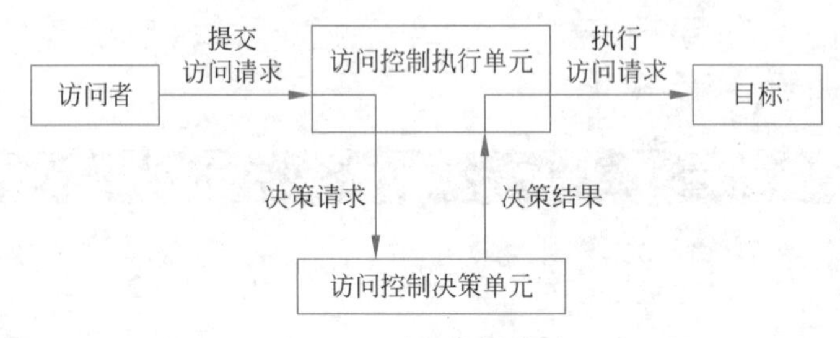

图 6-1 访问控制模型

访问控制矩阵(Access Control Matrix，ACM)是一个由主体和客体组成的表，明确了每个主体可以对每个客体执行的动作或功能。如表 6-1 所示，ACM 中行代表主体，列代表客体，每个矩阵元素说明每个用户的访问权限。ACM 是稀疏的，空间浪费较大。

表 6-1 访问控制矩阵

主　体	客　体			
	FILE1	**FILE2**	**FILE3**	**FILE4**
主体 A	ORW		OX	R
主体 B	R			E
主体 C	RW	ORW		RW
主体 D			X	O

访问控制就是要在访问者和目标之间介入一个安全机制，验证访问者的权限，控制它受保护的目标。访问者提出对目的访问请求，被访问控制执行单元(AEF)截获，执行单元将请求信息和目标信息以决策请求的方式提交给访问控制决策单元(ADF)，决策单元根据相关信息返回决策结果(结果往往是允许/拒绝)，执行单元根据决策结果决定是否执行访问。其中执行单元和决策单元不必是分开的模块。同样，影响决策单元进行决策的因素也可以抽象如图 6-2 所示。

决策请求中包含访问者信息、访问请求信息、目标信息和上下文信息。访问者信息是指用户的身份、权限信息等；访问请求信息包括访问动作等信息；目标信息包含资源的等级、敏感度等信息；上下文信息主要是指影响决策的应用端环境，如会话的有效期等。决策单元中包含保留信息，主要是一些决策单元内部的控制因素。

6.1.2 经典访问控制

经典访问控制方法利用刚性的和预先确定的策略来确定访问决策，这些静态的策略

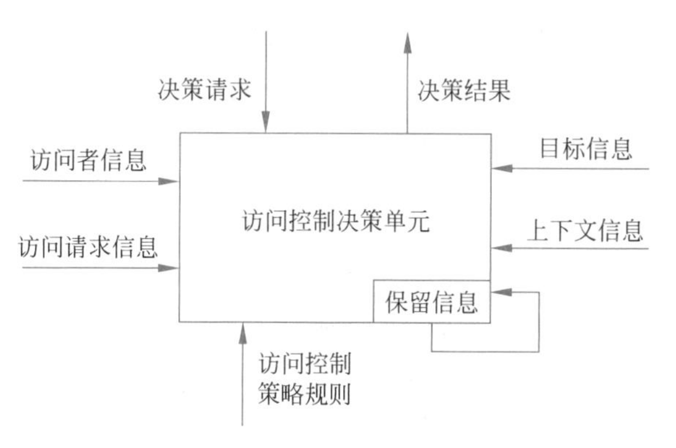

图 6-2 影响决策的因素

在不同的情况下提供了相同的决策，因此经典访问控制方法不能适应各种动态和分布式系统。尽管经典的访问控制方法成功地应用于不同的环境中以解决各种问题，但这些方法旨在提供与访问控制规则逻辑相关联的信息与请求访问的资源之间的关系。访问控制方法的实现容易受到操作的影响，可能出现意想不到的情况，包括编写得很差的访问策略，以及恶意实体获取对一组现有账户的访问权。因此，经典访问控制方法具有一系列的优点，但也存在一些缺点，缺点之一是不能处理不可预测的情况，因为它们基于静态和预定义的策略。若在发出访问请求时无法收集上下文特性/属性（如操作系统），则这种静态方法可能是最佳解决方案。

经典的访问控制方法有访问控制列表（Access Control List，ACL）、自主访问控制（Discretionary Access Control，DAC）、强制访问控制（Mandatory Access Control，MAC）和基于角色的访问控制（Role-Based Access Control，RBAC）。ACL 是包含合法用户及其访问权限的特定对象的列表。ACL 可用于各种系统，如 UNIX 系统。虽然 ACL 是一种高效的模型，但它是不可伸缩的，无法处理庞大的对象和主体列表。DAC 主要是为多用户数据库和以前很少已知用户的系统构建的。在 DAC 中授予访问权主要基于使用开放策略确定的主体标识，这使对象的所有者能够允许对任何主体访问该对象。MAC 对象的敏感级别用于将对象划分为几个敏感级别，如敏感、不敏感、机密等。每个对象都有一个标签，用于指定该对象的灵敏度级别。此外，每个主体都有一个标签，该标签指定主体可以访问的对象。RBAC 涉及用户或主体、角色（权限集合）和操作（对目标资源执行的活动）三个主要组件。RBAC 的基础取决于角色，每个角色都有一组访问权限；每个组织都有几个角色，如客户、员工、经理、管理员等。用户可以是一个或多个角色的成员，一个角色可以包含一个或多个用户。

6.1.3 动态访问控制

动态访问控制不仅采用静态策略，而且采用动态和实时特性来做出访问决策，这些动态特性可能涉及上下文、信任、历史事件、位置、时间和安全风险。访问控制方法提供高效和灵活的访问控制。然而，现有的大多数访问方法都依赖静态和严格的访问策略。这些方法不能提供显著的改进自动化，而且自动化的缺乏导致了大量人工分析的参与，这种分析容易出错,并且容易受到基于社会工程的各种类型的攻击。此外,当前的经典方法在实时解决风险和威胁方面存在问题,尤其是在处理以前未确认的威胁时。这是因为经典的方法是根据安全分析人员构建的一组策略做出访问决策,而安全分析人员不能实时解决不同的访问控制情况,只能处理之前发现的问题。动态访问方法使用动态和实时特性来提供访问决策而非静态策略,因此动态方法在做出访问决策时能够适应不同的情况和环境。

云计算、大数据和移动互联网的快速发展带来日趋开放和动态的网络边界,快速增长的用户群体、灵活的移动办公模式导致内网边界也日趋复杂与模糊,使得基于边界的传统安全防护体系逐渐失效,无法阻止内部人攻击和外部的高级持续威胁(APT)攻击。零信任安全模型通过建立以用户身份为中心,用户、终端设备、访问行为为信任决策要素的新安全架构,对来自组织内外部的所有访问进行信任评估和动态访问控制,减小网络攻击面,实现保护组织数据资源的目标。

零信任安全模型是以身份为中心进行动态访问控制的新型网络安全实践,其核心思想是基于认证和授权重构访问控制的信任基础,引导安全体系架构从网络中心化走向身份中心化,实现以身份为中心进行访问控制。

几十年来,访问控制技术在策略、模型和机制等层面得到了长足发展,其实际应用越来越广泛。随着云计算、物联网、大数据、互联网+等技术和应用的发展,如何让访问控制既能适应经典的应用环境和互联网,又能顺应云计算环境、大数据应用等,将是新一代访问控制必须面临的挑战。

未来可发展方向有新的访问控制模型(如全新模型、现有模型的改造融合、模型的安全性证明、策略冲突自动检测等)、访问控制技术与其他安全技术(如密码技术、虚拟化技术、生物技术、感知技术等)的结合、访问控制技术标准化、规范化的全面应用。表 6-2 给出了常见访问控制列表。

表 6-2　常见访问控制列表

访问控制	访问控制原理
自主访问控制	由用户有权对自身所创建的访问对象(文件、数据表等)进行访问,并可将对这些对象的访问权授予其他用户和从授予权限的用户收回其访问权限
强制访问控制	系统内的每个用户或主体被赋予一个安全属性来表示能够访问客体的敏感程度,同样系统内的每个客体也被赋予一个安全属性,以反映其本身的敏感程度。系统通过比较主体和客体相应的安全属性级别来决定是否授予一个主体对客体的访问请求
基于角色的访问控制	将访问许可权分配给一定的角色,用户通过担当不同的角色获得角色所拥有的访问许可权
基于任务的访问控制	访问权限与任务结合,每个任务的执行都可看作主体使用相关访问权限访问客体的过程
基于属性的访问控制	利用相关实体(如主体、客体、环境)的属性作为授权的基础来进行访问控制
基于策略的访问控制	将角色和属性与逻辑结合,设置策略以在特定时间和特定位置授予对资源的访问权

续表

访问控制	访问控制原理
零信任访问控制	主要提供分布式网络环境和Web服务的模型访问控制
下一代访问控制	可扩展的、支持广泛的访问控制策略,同时执行不同类型的策略,为不同类型的资源提供访问控制服务,并在面对变化时保持可管理

6.1.4 访问控制原则

访问控制策略是访问控制系统的核心模块,访问控制策略制定的好坏直接关系到系统抵御攻击的强弱。制定访问控制策略时既要确保正常用户对信息资源的合法使用,也要防止非法用户,还要考虑敏感资源的泄露。对于合法用户而言,更不能越权行使控制策略所赋予其权利以外的功能。一般说来其制定有以下三个原则。

(1) 最小特权原则:指主体所拥有的权力不能超过他执行工作时所需的权限。执行操作时,按照主体所需的最小化原则分配给主体权力。最小特权原则最大限度地限制主体实施授权行为,可以避免来自突发事件、错误和未授权的危险。也就是说,为了达到一定目的,主体必须执行一定操作,但其操作必须限制在所允许的范围内。

(2) 最小泄露原则:指主体执行任务时,按照主体所需要知道的信息最小化的原则分配给主体权力。

(3) 多级安全策略原则:多级安全策略是指主体和客体间的数据流向和权限控制按照安全级别的绝密(TS)、秘密(S)、机密(C)、限制(RS)和无级别(U)五级来划分。多级安全策略的优点是避免敏感信息的扩散,只有安全级别比他高的主体才能够访问。

6.1.5 访问控制语言描述

访问控制语言描述在访问控制技术的发展和工程实践中出现了许多语言对高效的用户访问与授权管理和流程进行描述,这些语言作为访问控制理论和工程实践之间的桥梁起着至关重要的作用,也是后人研究访问控制技术的主要工具。目前主要有以下三种语言可以对访问控制进行描述,其作用各不相同。

(1) 安全断言标记语言(Security Assertion Markup Language,SAML)是一个基于XML的标准,用于在不同的安全域之间交换认证和授权数据。SAML标准定义了身份提供者和服务提供者进行以下工作。

① 认证申明,表明用户是否已经认证,通常用于单点登录。

② 属性申明,表明某个主体的属性。

③ 授权申明,表明某个资源的权限。

(2) 服务供应标记语言(Services Provisioning Markup Language,SPML)是一个基于XML的标准,主要用于创建用户账号的服务请求和处理与用户账号服务管理相关的服务请求。其主要目的有两个:一是自动化IT配置任务,通过标准化配置工作,使其更容易封装配置系统的安全和审计需求;二是实现不同配置系统间的互操作性,可以通过公开标准的SPML接口来实现。

(3) 可扩展访问控制标记语言(Extensible Access Control Markup Language, XACML)是一种基于 XML 的策略语言和访问控制决策请求/响应的语言,协议支持参数化的策略描述,可对 Web 服务进行有效的访问控制。协议主要定义了一种表示授权规则和策略的标准格式,还定义了一种评估规则和策略,以做出授权决策的标准方法。XACML 提供了处理复杂策略集合规则的功能,补充了 SAML 的不足,适应于大型云计算平台的访问控制,对实现跨多个信任域联合访问控制起着重要作用。

6.2 经典访问控制技术

6.2.1 自主访问控制

自主访问控制是应用很广泛的访问控制方法,用这种控制方法资源的所有者往往也是创建者,可以规定谁有权访问它们的资源。这样,用户或用户进程就可以有选择地与其他用户共享资源。它是针对单个用户执行访问控制的过程和措施。

自主访问控制可为用户提供灵活调整的安全策略,具有较好的易用性和可扩展性,具有某种访问能力的主体能够自主地将访问权的某个子集授予其他主体,常用于多种商业系统中,但安全性相对较低。因为在自主访问控制中主体权限较容易被改变,某些资源不能得到充分保护,不能抵御木马的攻击。

自主访问控制可以用访问控制矩阵来表示,如表 6-3 所示。矩阵中的行表示主体对所有客体的访问权限,列表示客体允许主体进行的操作权限,矩阵元素规定了主体对客体被赋予的访问权。某主体要对客体进行访问前,访问控制机制要检查访问控制矩阵中主、客体对应的访问权限,以决定主体对客体是否可以进行访问,以及可以进行什么样的访问。访问控制的基本功能就是对用户的访问请求作出“是”或“否”的回答。

表 6-3　访问控制矩阵表示自动控制访问

主　体	客　体		
	客体 x	客体 y	客体 z
主体 a	R、W、Own		R、W、Own
主体 b		R、W、Own	
主体 c	R	R、W	
主体 d	R	R、W	

自主访问控制通常使用访问控制列表或全能列表来实现访问控制功能。访问控制矩阵按列读取即形成访问控制列表,每个客体都配有一个列表,这个列表记录了主体对客体进行何种操作。当系统试图访问客体时,先检查这个列表中是否有关于当前用户的访问权限。访问控制列表是一种面向资源的访问控制模型,它的机制是围绕资源展开的。

如图 6-3 所示,访问控制列表可以决定任何一个特定的主体是否可对某一个客体进行访问,它是利用在客体上附加一个主体明细表的方法来表示访问控制矩阵的,表中的每一项包括主体的身份以及对该客体的访问权。例如,对某文件的访问控制表,可以存放在该文件的文件说明中。该表包含此文件的用户身份、文件属主、用户组,以及文件属主或用户组成员对此文件的访问权限。目前,访问控制表是自主访问控制实现中比较好的一种方法。

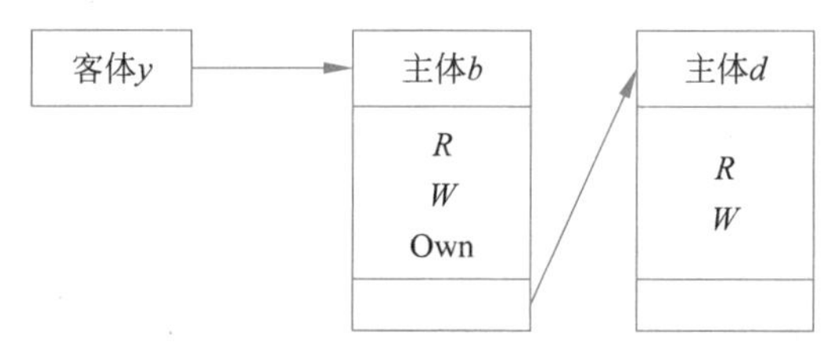

图 6-3 访问控制列表

全能列表决定用户对客体的访问权限(读写、执行),在这种方式下系统必须对每个用户维护一份能力表,即按行读取访问控制矩阵,表示每个主体可以访问的客体及权限,如图 6-4 所示。用户可以将自己的部分能力,如读写某个文件的能力传给其他用户,这样那个用户就获得了读写该文件的能力。在用户较少的系统中这种方式比较好,然而一旦用户数增加,就需要花费系统大量的时间和资源来维护系统中每个用户的能力表。

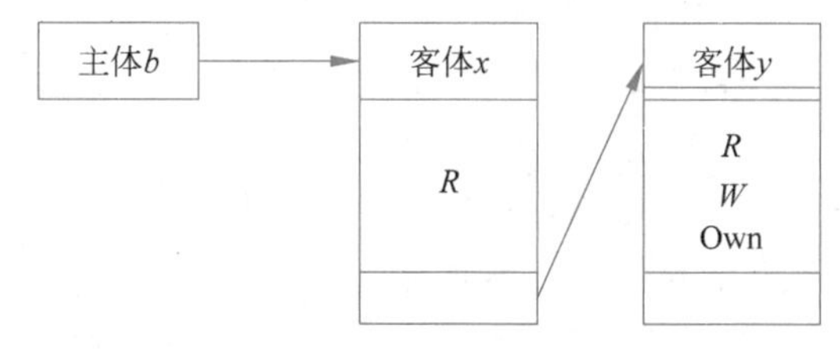

图 6-4 全能列表

自主访问控制常见于文件系统,Linux,UNIX、Windows 版本的操作系统都提供自主访问控制的支持。在实现上,先对用户鉴权,再根据控制列表决定用户能否访问资源。用户控制权限的修改通常由特权用户或者管理员组实现。自主访问控制最大缺陷是对权限控制比较分散,如无法简单地将一组文件设置统一的权限开放给指定的一群用户。主体的权限太大,无意间就可能泄露信息。

6.2.2 强制访问控制

强制访问控制是一种多级访问控制策略,起初是为解决比自主访问控制更加严格的访问控制策略而制定的。强制访问控制最早出现在 Multics 分时操作系统中,美国国防部的可信计算机系统评估准则(TESEC)曾被作为 B 级安全系统的主要评价标准之一。强制访问控制指的是系统管理员根据客体的保密级给客体分配不同的安全级别(如绝密级、秘密级、机密级、限制级和无密级),同时根据对主体的信任度为主体分配不同的安全级别,规定只能是安全级别高的访问安全级别低的资源。

强制是指用户不能改变自身和客体的安全级别,只有管理员才能够确定用户和组的访问权限。在实施访问控制时,系统先对主体和客体的安全级别进行比较,再决定主体能否访问该客体。所以,不同级别的主体对不同级别的客体的访问是在强制的安全策略下实现的。

在强制访问控制模型中规定高级别可以单向访问低级别，也可以规定低级别可以单向访问高级别。这种访问可以是读，也可以是写或修改。主体对客体的访问主要有以下四种方式。

(1) 向下读(Read Down，RD)：主体安全级别高于客体信息资源的安全级别时允许查阅的读操作。

(2) 向上读(Read Up，RU)：主体安全级别低于客体信息资源的安全级别时允许的读操作。

(3) 向下写(Write Down，WD)：主体的安全级别高于客体信息资源的安全级别时允许执行的动作或写操作。

(4) 向上写(Write Up，WU)：主体安全级别低于客体信息资源的安全级别时允许执行的动作或写操作。

与此相关的著名模型有BLP(Bell-Lapadula)模型和Biba模型。在BLP模型中，不上读、不下写，也就是不允许低安全等级的用户读取高安全等级的信息，不允许高敏感度的信息写入低敏感度的区域，禁止信息从高级别流向低级别，强制访问控制通过这种梯度的安全标签实现信息的单向流通。由于BLP模型存在不保护信息的完整性和可用性，不涉及访问控制等缺点，所以使用Biba模型作为一个补充。Biba针对的是信息的完整性保护，使用不下读、不上写的原则来保证数据的完整性，在实际的应用中主要是避免应用程序修改某些重要的系统程序或系统数据库，这样可以使资源的完整性得到保障。也就是写，只能读上级发给它的命令，不能读它的下级接收到的命令。

强制访问控制通过将安全级别进行排序实现了信息的单向流通，但是此模型最大的缺点是限制了信息在同等级不同范围内的流动，同时一旦安全等级确定，信息的流动就只是单向的，不利于整个网络的信息交互和交流，因此目前该模型只用在保密级别比较高和等级明确的军事领域中。

6.2.3 基于角色的访问控制

在上述两种访问控制模型中，用户的权限可以变更，但必须在系统管理员的授权下才能进行变更。然而，在具体实现时往往不能满足实际需求，如果组织的结构或是系统的安全需求处于变化的过程中，就需要进行大量烦琐的授权变更，系统管理员的工作将变得非常繁重，更主要的是容易发生错误造成一些意想不到的安全漏洞。考虑到上述因素，业界提出了新的访问控制模型，即基于角色的访问控制(RBAC)模型。RBAC主要包含RBAC0、RBAC1、RBAC2和RBAC3四个子模型，整体又称为RBAC96。

RBAC0定义了能构成一个RBAC控制系统的最小的元素集合。包含用户(USERS)、角色(ROLES)、目标(OBS)、操作(OPS)、许可权(PRMS)五个基本数据元素，权限被赋予角色而不是用户，当一个角色被指定给一个用户时，此用户就拥有了该角色所包含的权限。会话是用户与激活的角色集合之间的映射。RBAC0与传统访问控制的差别在于增加一层间接性，从而带来了灵活性，RBAC1、RBAC2、RBAC3都是先后在RBAC0上的扩展。

RBAC 的基本思想是将访问许可权分配给一定的角色,用户通过获得不同的角色获得角色所拥有的访问许可权。通过为用户分配合适的角色,让用户与访问权限相联系。角色成为访问控制中访问主体和受控对象之间的一座桥梁。基于角色的访问控制原理如图 6-5 所示。

在基于角色的访问控制模型中,系统对用户进行认证并分配一定的角色。角色是指与一个特定活动相关联的一组动作和责任,可以看作一组操作的集合。系统中的用户担任角色,完成角色规定的责任,并具有角色拥有的权限。一个用户可以同时担任多个角色,它的权限就是多个角色权限的总和。而一个角色也可以分配给不同的用户,角色和用户是一个多对多的关系。当用户提出访问控制请求时,访问控制通过检查用户是否具有访问资源的权限所对应的角色来决定是否对此次访问进行授权许可。基于角色的访问控制就是通过各种角色的不同搭配授权来尽可能实现主体的最小权限。

RBAC1 模型在 RBAC0 的基础上引入了角色继承的概念,即子角色可以继承父角色的所有权限。角色继承把角色组织起来,能够反映组织内部人员之间的职权。如图 6-6 所示,经理和总监继承了员工的角色,拥有员工的权限同时经理和总监还有自己独特的权限,总裁的角色又可以从经理和总监的角色继承而来。

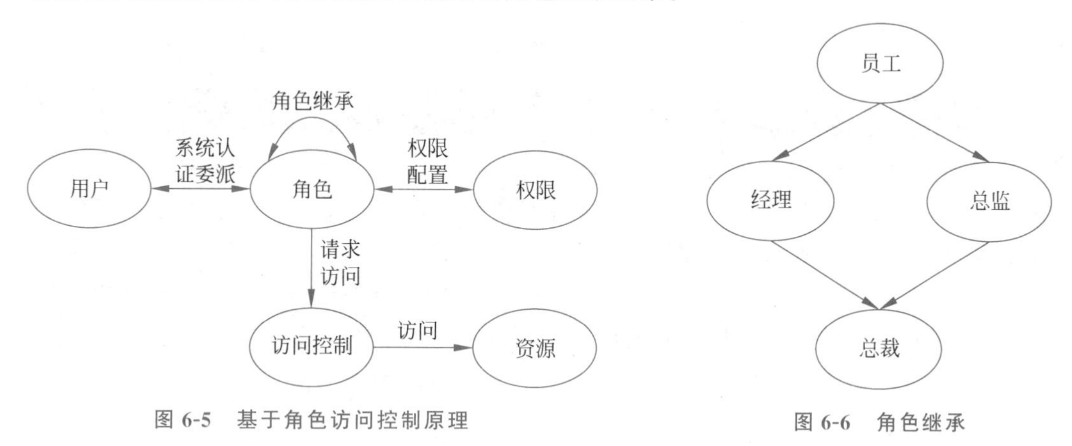

图 6-5　基于角色访问控制原理

图 6-6　角色继承

RBAC2 模型基于 RBAC0 模型,增加了对角色的一些限制。

(1) 角色互斥:同一用户不能分配到一组互斥角色集合中的多个角色,互斥角色是指权限互相制约的两个角色。

(2) 基数约束:一个角色被分配的用户数量受限,它是指有多少用户能拥有这个角色。

(3) 先决条件角色:要想获得较高的权限,要首先拥有低一级的权限。

(4) 运行时互斥:允许一个用户具有两个角色的成员资格,但在运行中不可同时激活这两个角色。

RBAC3 集聚了 RBAC1 和 RBAC2 的全部特点,同时将角色继承关系和约束条件关系两者都融入模型。

三种访问控制策略的特点如表 6-4 所示。

表 6-4 经典访问控制技术比较

策略/特点	典型代表	优点	缺点
自主访问控制	ACL	比较灵活，易用，已广泛应用于商业、工业环境	① 不能提供确实可靠的数据安全保证；② 访问控制权限是可以传递的，一旦访问控制权限被传递出去将无法控制；③ 在大型系统中开销巨大，效率低下；④ 不保护客体产生的副本，增加管理难度
强制访问控制	BLP	机密性强，适用于安全强度要求较高的数据系统	① 系统灵活性差，不利于商业系统应用；② 机密性强，适用于安全强度要求较高的数据系统；③ 必须保证系统中不存在逆向潜信道
基于角色的访问控制	RBAC96 RBAC2000	① 以角色作为访问控制的主体；② 独立性；③ 最小权限原则；④ 责任分离原则；⑤ 数据抽象原则	系统实现难度大，定义众多的角色和访问权限及它们之间的关系非常复杂

6.3 云计算访问控制技术

云计算的服务体系，IaaS、PaaS 和 SaaS 都需要通过访问控制技术来保护相关信息资源，可以说，访问控制是贯穿各层之间的一种安全技术。由于云计算的特殊性，云环境下的访问控制技术较经典的访问控制技术更为关键，用户要使用云存储和计算服务，必须要经过云服务商(CSP)的认证，而且要采用一定的访问控制策略来控制对数据和服务的访问。各级提供商之间需要相互的认证和访问控制，虚拟机之间为了避免侧通道攻击，也要通过访问控制机制加以安全保障。因此，云计算中的认证和访问控制是一个重要的安全研究领域。与经典访问控制相比，仍存在许多问题。

(1) 架构方面

① 经典的访问控制在适用范围和控制手段上也不能满足云计算架构的要求，由于虚拟技术的出现，云计算环境下的访问控制技术已从用户授权扩展到虚拟资源的访问和云存储数据的安全访问等方面，适用范围和控制手段显著增加。

② 经典的访问控制分散式管理和云计算环境集中管理的需求之间存在矛盾。

③ 开放动态的访问控制策略对云安全的管理提出挑战。

(2) 机制方面

① 云计算环境各类服务属于不同的安全管理域，当用户跨域访问资源时，需要考虑统一策略，相互授权，资源共享等问题。

② 云计算中，虚拟资源与底层完全隔离的机制使得隐蔽通道更不易被发现，需要访问控制机制进行控制。

③ 云环境的信任问题也直接影响访问控制。

(3) 模型方面

① 经典的访问控制模型已经不能满足新型的云计算架构要求。以经典的RBAC为例,云中的主体和客体的定义发生了很多变化。云计算中出现了以多租户为核心、大数据为基础的服务模式,所以在云计算中的访问控制要对主体和客体的有关概念重新界定,这就导致了经典的访问控制模型要进行优化和更新,使其更适用于云计算环境。

② 角色权限关系复杂的问题,用户变动频繁,管理员角色众多、层次复杂,权限的分配与传统计算模式有较大区别。

在很多应用场景中,用户对数据的访问通常是有选择性并被高度区分的,不同用户对数据享有不同的权限,因此,当数据外包给云服务运营商时,安全、高效、可靠的数据访问控制非常关键。经典的访问控制是用户在可信的服务器存储数据,由服务器检查请求的用户是否有资格访问数据。在云计算环境中,这种模式失效,因为数据的用户和服务器不在同一个可信域内。另外,用户以租户的形式对云平台进行访问,所以服务器不再是被完全信任的角色,如果服务器被恶意控制或者内部人攻击,可能暴露用户的隐私数据。

6.3.1 基于任务的访问控制

基于任务的访问控制(Task-Based Access Control Model,TBAC)是从任务的角度来建立安全模型和实现安全机制,在任务处理的过程中提供了动态实时的安全管理。该模型能够对不同工作流下实行不同的访问控制策略,并且能够对同一工作流的不同任务实例实行不同的访问控制策略,非常适合云计算和多点访问控制的信息处理控制,以及在工作流、分布式处理和事务管理系统中的决策制定。

TBAC从组织层和应用角度来解决访问控制系统中的安全问题,而非DAC、MAC、PBAC等从系统的角度。如图6-7所示,TBAC采用"面向任务"的观点,从任务(活动)的角度来建立安全模型和实现安全访问控制机制。在任务处理的过程中,随着任务状态的动态切换,提供动态实时的安全管理。在基于任务的访问控制模型中,其访问控制策略及其内部组件关系一般由系统管理员直接配置,支持最小特权原则和最小泄露原则,在执行任务时只给用户分配所需的权限,未执行任务或任务终止后用户不再拥有所分配的权限;而且在执行任务过程中,当某一权限不再使用时,将自动收回该权限。对象的访问控制权限是随着执行任务的上下文环境变化而变化的。

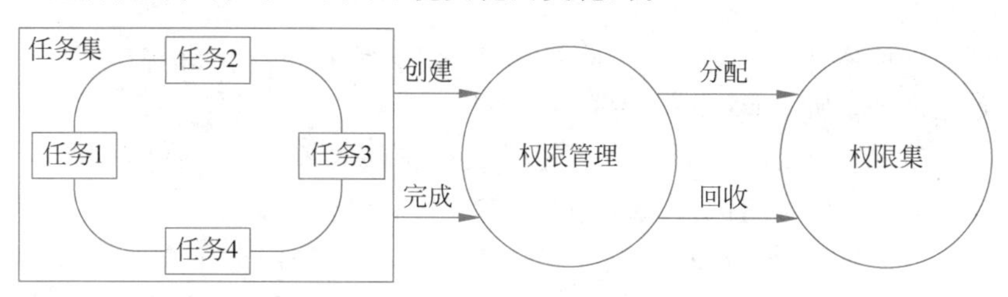

图6-7 基于任务的访问控制

传统访问控制模型的授权一般用三元组(S,O,P)表示,其中 S 表示主体,O 表示客体,P 表示许可。如果存在元组(S,O,P),则表明 S 可在 O 上执行 P 许可;否则,S 对 O 无任何操作许可。这些三元组都是预先定义好并静态地存放在系统中,且无论何时都是有效的。对于用户的权限限制,访问控制是被动的、消极的。

在 TBAC 中,授权需用五元组(S,O,P,L,AS)来表示。其中 S、O、P 的意义同前,L 表示生命期,AS 表示授权步。P 是 AS 所激活的权限,而 L 则是 AS 的存活期限。L 和 AS 是 TBAC 不同于其他访问控制模型的显著特点。在 AS 被触发之前,它的保护态是无效的,其中包含的许可不可使用。当 AS 被触发时,它的委托执行者开始拥有执行者许可集中的权限,同时它的生命期开始倒计时。在生命期内,五元组(S,O,P,L,AS)有效。当生命期终止,即 AS 被定为失效时,五元组(S,O,P,L,AS)失效,委托执行者所拥有的权限被回收。

由于任务都是有时效性的,所以在基于任务的访问控制中用户对于其被授予权限的使用也是有时效性的。因此,若 P 是 AS 所激活的权限,则 L 是 AS 的存活期限。在 AS 被激活之前,它的保护态是无效的,其包含的权限集不可使用。当 AS 被触发时,任务执行者开始拥有权限集中的权限,同时它的生命期开始倒计时。在生命期内,五元组有效。生命期终止时,五元组无效,任务执行者所拥有的权限被回收 TABC 从工作流中的任务角度建模,可以依据任务和任务状态的不同,对权限进行动态管理。因此,TABC 非常适合分布式计算和多点访问控制的信息处理控制以及在工作流、分布式处理和事务管理系统中的决策制定。但 TABC 模型往往是直接对用户进行授权,并且随着任务的切换这种授权会频繁变动,这会加大系统管理员的负担。

6.3.2 基于属性的访问控制

基于属性的访问控制(Attribute-Based Access Control,ABAC)针对目前复杂信息系统中的细粒度访问控制和大规模用户动态扩展问题,将实体属性(组)的概念贯穿访问控制策略、模型和实现机制三个层次,通过对主体、客体、权限和环境属性的统一建模,描述授权和访问控制约束,使其具有足够的灵活性和可扩展性。简单来说,RBAC 是 ABAC 的一个子集,ABAC 可以提供基于各类对象属性的授权策略,同样支持基于用户角色的授权和访问控制,角色在 ABAC 中仅仅是用户的一个单一属性。

ABAC 通过动态计算一个或一组属性是否满足某种条件来进行授权判断,可以按需实现不同颗粒度的权限控制。ABAC 是针对属性的,属性可以是任意的对象,主要属性有以下四类。

(1) 访问主体属性:访问者自带的属性,如年龄、性别、部门、角色等。

(2) 动作属性:如读取、删除、查看等。

(3) 对象属性:被访问对象的属性,如一条记录的修改时间、创建者等。

(4) 环境属性:如时间信息、地理位置信息、访问平台信息等。

ABAC 与 RBAC 相比,对权限的控制粒度更细,如控制用户的访问速率,根据主体的属性、客体的属性、环境的条件以及访问控制策略对主体的请求操作进行授权许可或拒绝。实际应用中可以结合 RBAC 角色管理的优点和 ABAC 的灵活性一起使用。当发起访问请求时，ABAC机制通过对属性和访问控制规则进行评估，生成访问控制决策。在ABAC的基本形式中，访问控制机制包含策略决策点和策略执行点。

6.3.3 使用控制

使用控制(Usage Control，UCON)不仅包含DAC、MAC和RBAC，而且包含数字版权管理、信任管理等，涵盖了现代信息系统需求中的安全和隐私这两个重要的问题。因此，UCON为研究下一代访问控制提供了一种新方法，被称作下一代访问控制模型。UCON除了授权过程的基本元素以外，还包括义务和条件两个元素。当主体提出访问请求时，授权组件将根据主体请求的权限检查主体和客体的安全属性，如身份、角色、安全类别等，从而决定该请求是否被允许。义务就是在访问请求执行以前或执行过程中必须由义务主体履行的行为；条件是访问请求的执行必须满足某些系统和环境的约束，如系统负载、访问时间限制等。使用控制如图6-8所示。

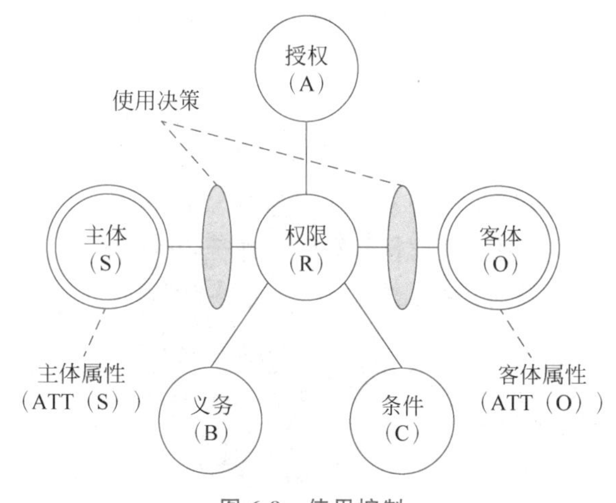

图6-8 使用控制

云计算环境下的UCON主要研究两个方面：一是设计更适用于云计算的UCON访问控制机制和系统；二是研究由于义务和条件的加入，当用户在访问数据时，如何进行位置、时间等方面的约束才能使模型具有更高效的访问控制能力。但是，如何在实际应用中有效地更新属性并确保属性更新的正确性，同时使更新过的属性能影响进一步的控制，这也给使用中的授权问题带来了更多的风险。

UCON中的主要元素如下。

(1) 主体：具有某些属性和对客体操作权限的实体。主体的属性包括身份、角色、安全级别、成员资格等。这些属性用于授权过程。

(2) 客体：主体的操作对象，它也有属性，包括安全级别、所有者、等级等。这些属性也用于授权过程。

(3) 权限：主体拥有的对客体操作的一些特权。权限由一个主体对客体进行访问或使用的功能集组成。UCON中的权限可分成许多功能类，如审计类、修改类等。

(4) 授权规则：允许主体对客体进行访问或使用前必须满足的一个需求集。授权规则是用来检查主体是否有资格访问客体的决策因素。

(5) 条件：在使用授权规则进行授权过程中，允许主体对客体进行访问权限前必须检验的一个决策因素集。条件是环境的或面向系统的决策因素。条件可用来检查存在的限制，使用权限是否有效，哪些限制必须更新等。

(6) 义务：一个主体在获得对客体的访问权限后必须履行的强制需求。分配了权限，就应有执行这些权限的义务责任。

在 UCON 中，授权、条件、义务与授权过程相关，它们是决定一个主体是否有某种权限能对客体进行访问的决策因素。基于这些元素，UCON 有四种可能的授权过程，并由此可以证明 UCON 不仅包含了 DAC、MAC、RBAC，而且包含了数字版权管理(DRM)、信任管理等。UCON 涵盖了现代商务和信息系统需求中的安全与隐私这两个重要的问题。

从安全性(主体对客体授权是否是强制安全的)、机密性(模型能否保证客体的机密性)、授权灵活性(给客体授权是否灵活高效)、最小特权(模型是否具有最小特权原则)、职责分离(模型是否具有职责分离原则)、描述能力(模型形式化描述是否逻辑清晰)、细粒度控制(能否对云计算环境中的数据进行细粒度访问控制)、云环境属性(是否允许将云环境的相关属性，如时间、区域等加入模型中)、约束描述(是否引入约束机制对授权的各个环节进行相应限制)、云环境动态变化(模型能否动态地适应云计算环境的变化，并做出相应的调整)、兼容性(模型能否兼容各种程序)、扩展性(模型是否具有良好的扩展性)、易管理程度(云平台管理员是否容易对模型进行管理)和建模容易度(模型建立是否容易简捷)等 14 个方面的指标进行比较总结，如表 6-5 所示。

表 6-5　访问控制模型性能对比

性　　能	RBAC	TBAC	ABAC	UCON	BLP
安全性					√
机密性					√
授权灵活性	√			√	
最小特权	√	√			
职责分离	√	√			
描述能力	√		√	√	
细粒度控制			√	√	√
云环境属性		√	√	√	
约束描述	√				
云环境动态变化		√	√	√	
兼容性			√	√	
扩展性			√	√	
易管理程度	√				
建模容易度	√				√

云计算中的访问控制需要考虑以下因素。

(1) 从位置上来说，一是考虑用户(租户)进入云平台时的访问控制策略；二是考虑云平台内部数据和资源对于需求者的访问控制；三是考虑虚拟机之间的访问控制。

(2) 从规模上说，一是考虑粗粒度的访问控制，要从云平台的大环境中考虑，对物理资源和虚拟资源进行访问控制，保护底层资源不被破坏，为云计算奠定安全基础；二是考虑细粒度的访问控制，保证云中的数据、信息流、记录等不被恶意人员所窃取。

(3) 从访问控制的设计上来说，新的访问控制机制对于云计算环境必须灵活（支持多租户环境）、可伸缩（可处理成千上万的机器和用户）和网络独立（与底层网络拓扑结构、路由和寻址不耦合）。

因此，云计算环境下可以开展基于虚拟化、信息资源属性变化、信任关系的访问控制技术方面的研究。

6.4 经典访问控制模型

6.4.1 Biba 模型

Biba 模型是由 K. J. Biba 提出的专门为实现完整性保护的模型。Biba 模型包括低水印策略、客体的低水印策略、低水印完整性审计策略、环策略和严格完整性策略五种独立的完整性策略。

Biba 模型包括一个主体集合 S、一个客体集合 O 和一个完整性等级集合 I。Biba 模型中的等级是有序的，它通过关系“$<$”(低于)和关系“$\leqslant$”(低于等于)来描述主体和客体之间的完整性等级关系。程序的等级越高，它正确执行的可靠性越高；数据的等级越高，它的精确性和可靠性越高。

Biba 模型的基本安全策略是“不读下，不写上”，即禁止主体读比自身完整性等级低的客体信息，禁止主体向比自身完整性等级高的客体写信息，如图 6-9 所示。Biba 模型的访问规则如下。

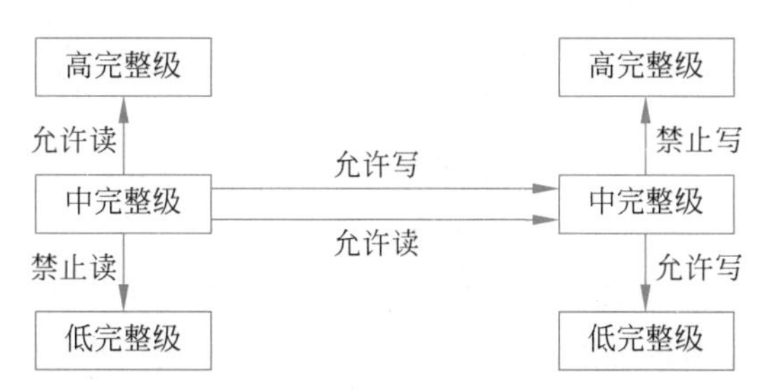

图 6-9 Biba 模型

(1) 对于 $s \in S$ 和 $o \in O$，s 可以读取 o，当且仅当 $i(s) \leqslant i(o)$ 时，禁止主体读取比自身完整性等级低的客体信息。

(2) 对于 $s \in S$ 和 $o \in O$，s 可以写入 o，当且仅当 $i(o) \leqslant i(s)$ 时，禁止主体向比自身完整性等级高的客体写入信息。

(3) 对于 $s_1 \in S$ 和 $s_2 \in S$，s_1 可以调用 s_2，当且仅当 $i(s_2) \leqslant i(s_1)$ 时，规则禁止主体向比自身完整性等级高的另一主体发送信息。

如果 Biba 模型的一个主体既能读取又能写入客体信息，那么它们的完整性等级相等。

6.4.2 Clark-Wilson 模型

Clark-Wilson 模型是以事务处理为基本操作，符合许多商业系统的实际。它没有使用多等级方案来划分数据，而且实施了职责分离，符合大多数商业组织对数据处理的要求；另外，将认证的概念与实施的概念分开，各自有一组规则。Clark-Wilson 模型使用良定义的事务处理和职责分离机制确保数据的完整性。一个良定义的事务处理是一系列操作，它使系统从一个一致性状态转移到另一个一致性状态。其中，每种操作都有可能导致数据处于一个不一致性状态，但一个良定义的事务处理必须保证一致性。Clark-Wilson 模型使用职责分离原则确保事务处理本身的完整性。

Clark-Wilson 模型把从属于完整性控制的数据定义为约束数据项(Constrained Data Items,CDI)，把不从属于完整性控制的数据定义为非约束数据项(Unconstrained Data Items,UDI)。

模型定义了两组过程：一组是完整性验证过程(Integrity Verification Procedures, IVP)，它检验 CDI 是否符合完整性约束；另一组是转换过程(Transformation Procedures,TP)，它将系统数据从一个有效状态转换到另一个有效状态，TP 实现的是良定义的事务处理。

Clark-Wilson 模型的规则及相互关系如下。

(1) 认证规则 1(CR1)：当任意一个 IVP 在运行时，它必须保证所有的 CDI 都处于一个有效状态中。

(2) 认证规则 2(CR2)：对于某些相关联的 CDI，TP 必须将相关联的 CDI 从一个有效状态转换到另一个有效状态。CR2 意味着一个没有被证实可作用于某 CDI 上的 TP，可能会破坏该 CDI。为了满足 CR2，必须实施 ER1 和 ER2。

① 实施规则(ER1)：系统必须维护一个 CR2 中的证明关系，且只有经过证明的 TP 才能操作 CDI。

② 实施规则(ER2)：系统必须将用户、每个 TP 和一组相关的 CDI 关联起来，即三元组(user,TP,{CDI})。

(3) 认证规则 3(CR3)：ER2 的实施必须满足职责分离原则。为满足 CR3，必须实施。实施规则 3(ER3)，即系统必须对每个试图执行 TP 的用户实施认证。

(4) 认证规则 4(CR4)：所有的 TP 必须把足够多的信息追加进日志。

(5) 认证规则 5(CR5)：任何以 UDI 为输入的 TP，对于这个 UDI 的所有值，要么执行有效的转换，要么不转换。为了满足 CR5，必须实施规则(ER4)，即只有 TP 的证明者才可以改变与该 TP 相关的实体列表。

Clark-Wilson 模型的完整性控制，能够有效地防止非授权用户修改数据，防止授权用户因意外或者越权修改数据，能够保持数据的内部与外部的一致性。

6.4.3 Chinese Wall 模型

Chinese Wall 模型是一种混合安全策略模型，主要是解决商业中各组织的利益冲突问题，防止利益冲突的发生。Chinese Wall 模型把所有组织的数据存储在三个层次：底层是数据库的客体，是与某家组织相关的信息项；中间层是组织数据集（Company Dataset，CD），是与某家组织相关的信息项的集合；上层为利益冲突类（Conflict of Interest，COI），是若干有相互竞争关系的组织的数据集。

Chinese Wall 模型假设每个客体只属于某一个组织数据集；每个组织数据集只属于某一个利益冲突类。初始化时，一个用户可以访问任意 COI 类中的 CD，不存在访问的强制性限制。但是一旦用户访问了某个 COI 类的任意一个 CD 中的数据，就不能再访问这个 COI 类中的其他 CD，即好像在该 CD 周围建立了“Chinese Wall”。此外，该用户还可以访问其他 COI 类中的 CD。但是该访问一经确定，这个新的 CD 便包含在“Chinese Wall”之中。实际上，有些组织数据是可以公开的。为了解决这些可以公开数据的访问问题，Chinese Wall 模型把数据分成无害数据（Sanitized Data，SD）和有害数据（Unsensitized Data，UD），对无害数据的读取不加以限制。Chinese Wall 模型的读访问规则要求一个用户不能读同一 COI 类中的不同组织的 CD；写访问规则要求一个用户如果读了两个不同组织的 CD，就不能写其中任何一个组织的 CD。

6.4.4 BLP 模型

BLP 模型是保密性访问控制模型，它根据军方的安全政策设计，防止信息的非授权泄露，是一种模拟军事安全策略的多级安全模型。

假设 $S=\{s_1,s_2,\cdots,s_m\}$ 是主体的集合，主体是用户、进程等能使信息流动的实体；$O=\{o_1,o_2,\cdots,o_n\}$ 是客体的集合，客体是数据、文件、程序、设备等。BLP 模型是一种状态机模型，状态是系统中元素的表示形式，状态 $v\in V$ 由一个有序四元组 (b,M,f,H) 表示，其中：

(1) $b\in(S\times O\times A)$ 表示在某个特定的状态下，哪些主体以何种访问属性访问哪些客体，其中，S 是主体的集合，O 是客体的集合，$A=\{r,w,a,e\}$ 是访问属性集。

(2) M 为访问控制矩阵，表示系统中所有主体对所有客体所拥有的访问权限，其中元素 M_{ij} 是主体 Si 对客体 O_j 的访问权限。

(3) $f\in F$ 表示访问类函数，记作 $f=(f_s,f_o,f_c)$，其中，f_s 表示主体的安全级函数，f_c 表示主体当前安全级函数，f_o 表示客体的安全级函数。

(4) H 表示当前的层次结构，即当前客体的树型结构，$O_j\in H(O)$ 表示在此树型结构中，O_j 为子节点，O 为父节点。

每个主体都有一个安全许可，每个客体都有一个安全密级。设 $L=\{l_1,l_2,\cdots,l_q\}$ 是主体或客体的密级（密级从高到低有绝密、机密、秘密、公开等）。设 $L(S)$ 是主体 S 的安全许可，$L(O)$ 是客体 O 的敏感等级，BLP 模型满足以下特性。

(1) 简单安全性。S 可以读 O，当且仅当 $L(O)\leqslant L(S)$，且 S 对 O 具有自主型读权限，即一个主体只能读不高于自身安全级别的客体。

(2) *—特性（Star-property）。S 可以写 O，当且仅当 $L(S)\leqslant L(O)$，且 S 对 O 具有主动型写权限，即一个主体只能写不低于自身安全级别的客体。

(3) 基本安全定理。设系统Σ的某一个初始安全状态为σ_0，T是状态转换的集合，如果T的每个元素都遵守简单安全性和＊—特性，那么对于每个$j \geqslant 0$，状态σ_j（其中，$j=0,1,2,\cdots$）都是安全的。

简单安全性通常称为“不向上读”，＊—特性通常称为“不向下写”，它们共同确保信息只能从低安全级流向高安全级。BLP模型的这种“上写下读”的根本思想具有十分重要的指导意义，因此目前被许多国内外军方和政府机构广泛采用。

尽管BLP模型能够有效地防止信息的非授权泄露，保护信息的机密性，也得到了广泛应用；但随着安全理论的不断发展，BLP模型也逐渐暴露出自身的局限性。具体如下。

(1) 完整性方面。BLP模型只注重考虑数据的机密性，没有重视数据的完整性。其“不向上读，不向下写”的思想尽管使低安全级主体无法读取高安全级客体的信息，但“向上写”使低安全级主体可以篡改高安全级客体的敏感数据，从而破坏了系统的数据完整性。同时，“不向下写”的策略会造成应答盲区，同样破坏了系统的完整性。

(2) 可用性方面。“向下读，向上写”的策略限制了高密级主体向非敏感客体写数据的合理要求，降低了系统的可用性。

(3) 灵活性方面。BLP模型没有调整安全级的相关策略。该模型的“宁静性”原则规定系统的安全除了系统初始状态的安全外，还依赖主客体敏感标记它整个生命期内的静态不变性，但系统中大部分数据资源对于安全性方面的要求会随着时间的延长而降低，从而导致合法的资源访问请求遭到拒绝，因此密级过于简单的静态定义造成模型在实际应用中缺乏灵活性。BLP模型无法避免隐通道，尽管BLP模型控制信息不能直接由高向低流动，但高安全级主体仍然可以通过一些间接方式同低安全级主体进行通信。

(4) 其他方面。BLP模型只为通用的计算机系统定义了安全性属性，不能解释主-客体框架以外的安全性问题，且BLP模型不能很好地对其他安全策略提供支持。另外，在BLP模型中规定的主体对客体的访问属性已经不能满足现今发展的需求。

Biba模型是完整性模型的典型代表，而BLP模型保密性模型的典范。从两者特性上看，其描述有很多共同之处，只是信息流动的方向不同。在BLP模型中，信息只能从低往高流，而Biba模型是从高往低流。这种保密性和完整性是安全属性的两个方面，从这个意义上说，这两个模型实际上是等价的。但与BLP模型不同的是，Biba模型中的完整性级别划分困难，即使强行划分，也无实际意义；而BLP模型安全级别是一种很自然的划分。另外，完整的Biba模型有多种安全策略，而且在有些安全策略中，其完整级别会改变（降低）。Biba模型是经典的完整性模型，特别是它的严格完整策略，与BLP模型是异曲同工的。

6.5 本章小结

本章介绍了访问控制的原理和访问控制策略制定的原则，详细介绍了DAC、MAC、RBAC、TBAC等经典的访问控制技术和模型，同时分析与探讨了云环境下的访问控制技术和模型。

习　题

6-1　DAC、MAC和RBAC各有什么优缺点。

6-2　在BLP模型中,DAC和MAC是通过什么实现的?

6-3　对BLP模型和PBAC模型进行比较,分析它们的优缺点。

6-4　给出一个实例,在该实例中保密性的破坏导致完整性的破坏,针对这种情况提出相应的安全策略。

6-5　考虑张三、李四、王五的三个用户的计算机系统,其中,张三拥有文件A,李四和王五都可以读文件A;李四拥有文件B,王五可以对文件B进行读写操作,但张三只能读文件B;王五拥有文件C,只有他自己可以读写这个文件。假设文件的拥有者可以执行文件。

(1) 建立相应的访问控制矩阵。

(2) 王五赋予张三读文件C的权限,张三取消李四读文件A的权限,写出新的访问控制矩阵。

第7章 安全风险评估

风险评估即风险识别、风险分析和风险评价的整个过程。通过对业务系统开展信息安全风险评估工作，可以全面、完整地了解当前业务系统的安全状况，分析系统与网络环境所面临的各种风险。根据评估结果发现当前存在的安全问题，并提出相应的风险控制策略，为下一步进行整个系统的信息系统安全建设做准备。对信息安全进行风险评估是对信息系统进行安全建设和管理的重要组成部分。通过对业务系统实施信息安全风险评估可以发现信息系统的安全现状与面临的风险，可以在技术和管理方面进行有针对性的加强和完善并实施有效的风险管理和处置，将风险降到组织可接受水平。

风险评估基本要素包括资产、威胁、脆弱性和安全措施，它们之间的关系如图7-1所示。

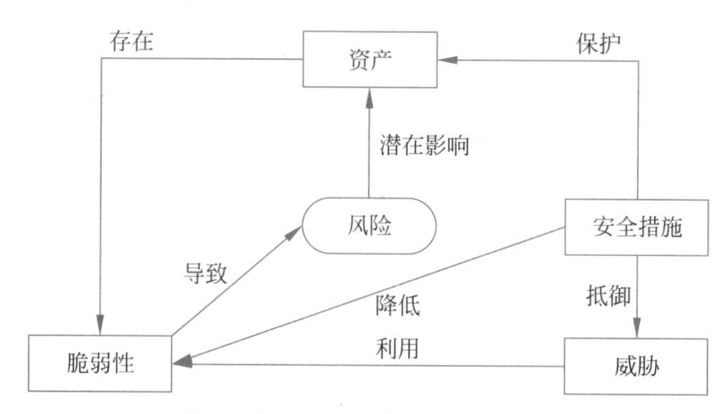

图7-1 风险要素及其之间的关系

开展风险评估时，基本要素之间的关系如下。

(1) 风险要素的核心是资产，而资产存在脆弱性。

(2) 安全措施的实施通过降低资产脆弱性被利用难易程度，抵御外部威胁，以实现对资产的保护。

(3) 威胁通过利用资产存在的脆弱性导致风险。

(4) 风险转化成安全事件后，会对资产的运行状态产生影响。

风险分析时，应综合考虑资产、脆弱性、威胁和安全措施等基本因素。

7.1 风险评估概述

7.1.1 风险评估原则

在安全评估中应遵循以下原则。

(1) 符合性原则：符合国家提出的积极防御、综合防范的方针和等级保护的原则。

(2) 标准性原则：评估方案的设计和具体实施都依据国内外的相关标准进行。

(3) 规范性原则：提供规范的服务。工作中的过程和文档具有很好的规范性，便于风险评估的跟踪和控制。

(4) 可控性原则：评估过程和所使用的工具具有可控性。评估风险评估所采用的工具应经过多次评估风险评估考验，或者是根据具体要求和组织的具体网络特点定制的，具有很好的可控性。

(5) 整体性原则：评估服务从组织的实际需求出发，从业务及流程角度进行评估，而不是局限于网络、主机等单个的安全层面，涉及安全管理和业务运营，保障整体性和全面性。

(6) 最小影响原则：评估工作做到充分的计划性，不对现有网络系统的运行和业务的正常提供产生显著影响，尽可能小地影响系统和网络的正常运行。

(7) 保密性原则：从组织、人员、过程三个方面进行保密控制。在评估过程中对评估数据严格保密。

(8) 风险评估整体安全等级分级原则：根据风险评估实际情况，通过对风险评估分析得出的风险进行汇总分析，需要给出整体风险评估风险等级结论。

7.1.2 风险评估团队

为了保障风险评估的顺利实施，根据风险评估的实际情况精选管理和技术人员组成风险评估实施团队，该团队由风险评估经理、技术评审组、方案设计组、网络安全组、主机安全组、应用安全及软件测试组、安全管理组和工具测试组组成；同时为满足保密要求并保证风险评估质量成立保密与质量组。邀请委托组织指定风险评估经理(联络员)和技术评审专家，并选派质量控制人员共同参与风险评估管理。

风险评估团队的任务是完成风险评估工作。根据实际工作的需要，风险评估团队确立了各成员的角色分工及职责。

1. 风险评估经理

风险评估经理是风险评估的负责人，其任务是对风险评估过程实行全面的管理，具体体现在对风险评估目标的把握，并组织会议制定计划和报告风险评估的进展，并在不确定环境下对不确定问题组织集体讨论决策，在必要时进行沟通、谈判及解决冲突。

风险评估经理应承担主要责任如下。

(1) 保证风险评估的目标在实施中前后一致，实现客户的目标。

(2) 对各种风险评估资源进行适当的管理和充分有效的使用。

(3) 与客户进行及时有效的沟通，商讨风险评估进展状况。

(4) 保证风险评估的成功，保证风险评估按时、在预期内达到预期的效果。

(5) 协调风险评估中的各个角色和各种关系，为风险评估成员创造良好的工作环境。

2. 技术评审组

由资深专家组成技术评审组。技术评审组独立于风险评估实施团队内其他组工作，其主要任务是针对风险评估实施过程中的主要技术思路和工作产品的技术合理性进行把关。

3. 方案设计组

方案设计组负责在安全现状测评的基础上基于安全差距进行信息系统安全防护体系的规划设计，形成等级保护安全建设整改方案，用于指导信息系统安全技术体系和安全管理体系的构建；同时编制风险评估管理规范、细则和操作手册等。

4. 网络安全组

网络安全组负责目标系统的网络安全测评，包括调查了解目标系统的网络拓扑结构以及相关网络互联和安全设备的基本信息，开发/修订相应的测评指导书并实施安全配置检查，并配合主机、应用和工具测试组以及安全管理组的工作，完成网络测试、评估的相关工作。

5. 主机安全组

主机安全组负责目标系统的主机安全测评，包括调查了解目标系统的主机运行的操作系统和数据库管理系统的基本信息，开发/修订相应的测评指导书并实施安全配置检查，并配合网络、应用和工具测试组以及安全管理组的工作，完成主机配置检查、等级测评等相关工作。

6. 应用安全及软件测试组

应用安全及软件测试组负责目标系统应用(含中间件平台)的安全测评，包括调查了解应用系统的用户、业务流程、数据分类、部署情况和安全需求，设计应用测评用例和应用测评指导书，实施安全功能验证、安全配置检查，并配合网络、主机和工具测试组以及安全管理组的工作。

7. 工具测试组

工具测试组负责目标系统的外部和内部安全测试，包括调查了解网络、系统和应用现状，准备测试工具、制订测试计划和方案，对评估范围内的系统和网络进行漏洞扫描，从内网和外网两个角度来查找网络结构、网络设备、服务器主机、数据和用户账号/口令等安全对象目标存在的安全风险、漏洞和威胁。

8. 安全管理组

安全管理组负责分析和评审提交的各类技术和管理文档；针对物理环境、安全管理等方面的要求准备安全核查记录表、制定安全核查计划、实施现场物理安全和安全管理状况核查，完成整改建议书中的管理部分，并配合网络、主机、应用等其他测评组的工作。

9. 保密与质量组

保密与质量组保密与质量组的主要任务是根据质量管理体系和风险评估的保密要求管理风险评估实施进度、产品质量、保密控制等。

7.1.3 风险评估流程

风险评估的实施流程(图7-2)包括如下内容。

(1) 评估准备：包括确定风险评估的目标、确定风险评估的对象、范围和边界、组建评估团队、开展前期调研、确定评估依据、建立风险评价准则、制定评估方案。组织应形成完整的风险评估实施方案并获得组织最高管理者的支持和批准。

(2) 风险识别：包括资产识别、威胁识别、脆弱性识别和已有安全措施识别。

(3) 风险分析：依据识别的结果计算得到风险值。

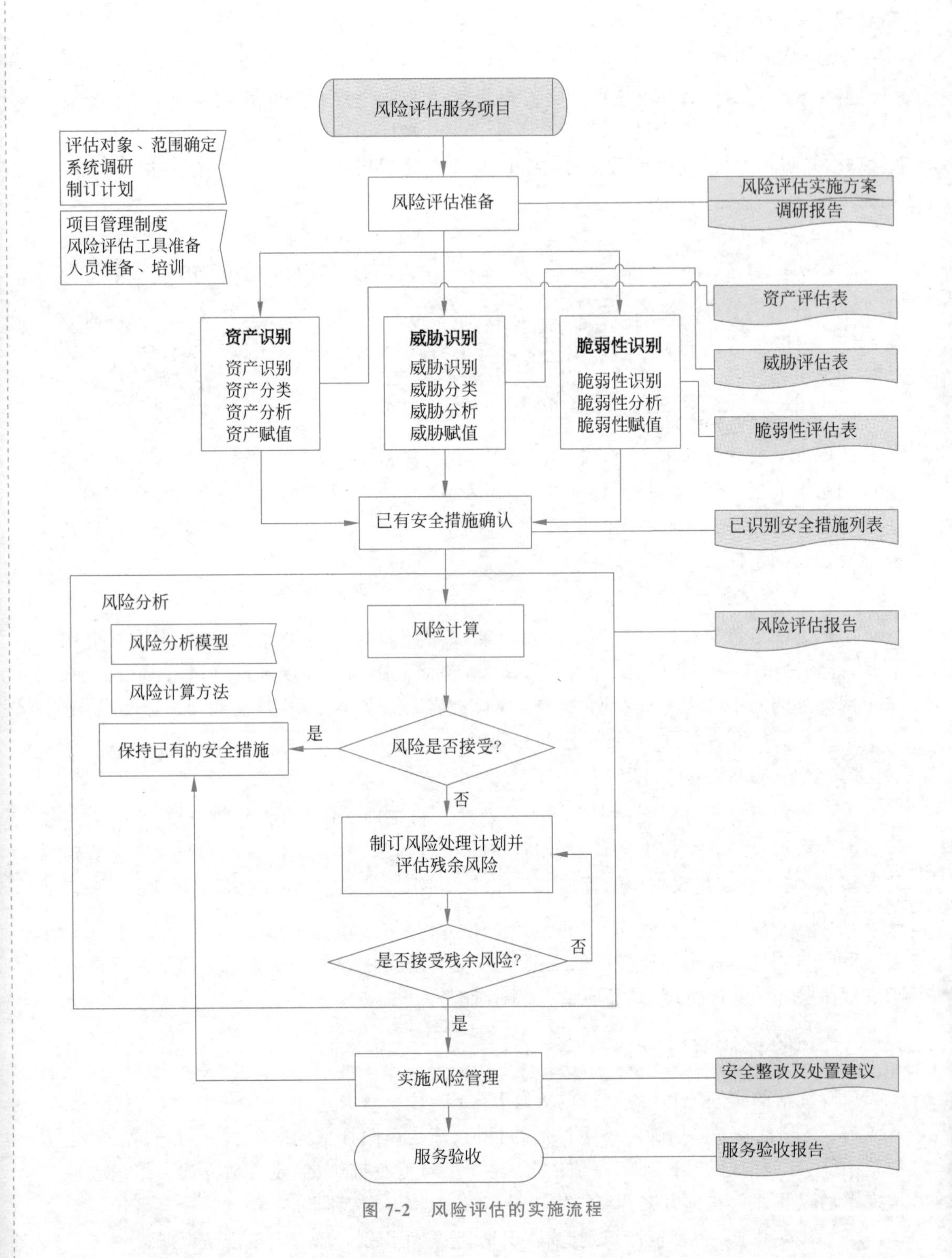

图 7-2　风险评估的实施流程

(4) 风险评价：依据风险评价准则确定风险等级。

沟通与协商和评估过程文档管理贯穿整个风险评估过程。风险评估工作是持续性的活动。当评估对象的政策环境、外部威胁环境、业务目标、安全目标等发生变化时，应重新开展风险评估。风险评估的结果能够为风险处理提供决策支撑。风险处理是指对风险进行处理的一系列活动，如接受风险、规避风险、转移风险、降低风险等。

7.1.4 风险评估模型

风险评估主要依据 GB/T 20984—2007《信息安全技术信息安全风险评估规范》和 GB/T 20984—2022《信息安全技术信息安全风险评估方法》，同时参考了多个国内外风险评估标准，建立了风险分析模型，如图 7-3 所示。

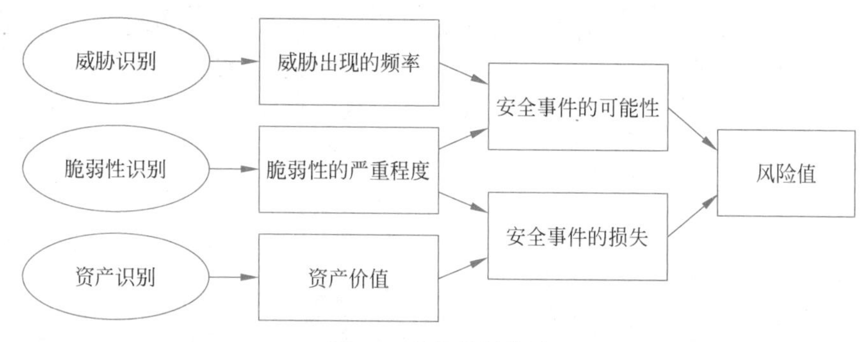

图 7-3 风险分析模型

风险分析模型中主要包含信息资产、脆弱(弱点)性、威胁和风险等要素。每个要素有各自的属性，信息资产的属性是资产价值，脆弱性的属性是脆弱性被威胁利用后对资产带来的影响的严重程度，威胁的属性是威胁发生的可能性，风险的属性是风险值的高低。风险分析具体如下。

(1) 根据威胁的来源、种类、动机等，并结合威胁相关安全事件、日志等历史数据统计，确定威胁的能力和频率。

(2) 根据脆弱性访问路径、触发要求等，以及已实施的安全措施及其有效性确定脆弱性被利用难易程度。

(3) 确定脆弱性被威胁利用导致安全事件发生后对资产所造成的影响程度。

(4) 根据威胁的能力和频率结合脆弱性被利用难易程度确定安全事件发生的可能性。

(5) 根据资产在发展规划中所处的地位和资产的属性确定资产价值。

(6) 根据影响程度和资产价值确定安全事件发生后对评估对象造成的损失。

(7) 根据安全事件发生的可能性以及安全事件造成的损失确定评估对象的风险值。

(8) 依据风险评价准则确定风险等级，用于风险决策。

7.1.5 风险评估方法

风险评估方法概括起来可分为定量、定性，以及定性与定量相结合三种。

定量评估法基于数量指标对风险进行评估，依据专业的数学算法进行计算和分析并得出定量的结论数据。典型的定量分析法有因子分析法、时序模型、等风险图法、决策树法等。有些情况下定量法的分析数据会存在不可靠和不准确的问题：一些类型的风险因素不存在频率数据，概率很难精确。在这种情况下单凭定量法不能准确反映系统的安全需求。

定性评估法主要依据评估者的知识、经验、政策趋势等非量化资料对系统风险作出判断，重点关注安全事件所带来的损失，而忽略其发生的概率。定性法在评估时使用高、中、低等程度值而非具体的数值。典型的定性分析法有因素分析法、逻辑分析法、历史比较法、德尔菲法等。定性分析法可以挖掘出一些蕴藏很深的思想，使评估结论更全面、深刻；但其主观性很强，对评估者本身的要求较高。

定量与定性的风险评估法各有优缺点，在具体评估时可将二者有机结合、取长补短，采用综合的评估方法以提高适用性。表 7-1 列出了常见的风险评估方法。

表 7-1　常见的风险评估方法

评估方法	范围	优点	缺点
头脑风暴法（直接头脑风暴法/质疑头脑风暴法）	适用于充分发挥专家意见，在风险识别阶段进行定性分析	① 激发了专家想象力，有助于发现新的风险和全新的解决方案； ② 让主要的利益相关者参与其中，有助于进行全面沟通； ③ 速度较快并易于开展	① 参与者可能缺乏必要的技术或知识，无法提出有效的建议； ② 实施过程和参与者提出的意见容易分散，较难保证全面性； ③ 集体讨论时可能出现特殊情况，导致某些有重要观点的人保持沉默而其他局限人成为讨论的主角； ④ 实施成本和对参与者的素质要求较高
德尔菲法（专家意见法）	适用于在专家一致性意见基础上，在风险识别阶段进行定性分析	① 由于观点是匿名的，因此更有可能表达出不受欢迎的看法； ② 所有观点有相同的权重，避免重要人物占主导地位； ③ 专家不必一次聚集在某个地方，比较方便； ④ 具有广泛的代表性	① 权威人士的意见影响他人的意见； ② 有些专家碍于情面，不愿意发表与其他人不同的意见； ③ 出于自尊心而不愿意修改自己原来不全面的意见； ④ 过程比较复杂，花费时间较长
流程图分析法	对生产或经营中的风险及其成因进行定性分析	清晰明了，易于操作，且组织规模越大，流程越复杂，该方法就越能体现出优越性	该方法的使用效果依赖专业人员的水平
决策树法	适用于对不确定性项目方案期望收益的定量分析	① 为决策问题的细节提供了一种清楚的图解说明； ② 能够计算得到一种情形的最优路径	① 大的决策树可能过于复杂，不容易与其他人交流； ② 为了能够用树形图表示，可能有过于简化环境的倾向

续表

评估方法	范围	优点	缺点
敏感性分析法	适用于对项目不确定性对结果产生的影响进行的定量分析	① 为决策提供有价值的参考信息； ② 可以清晰地为风险分析指明方向； ③ 有助于制定紧急预案	① 分析所需要的数据经常缺乏，无法提供可靠的参数变化； ② 分析时借助公式计算，没有考虑各种不确定因素在未来发生变动的概率，因此其分析结果可能和实际相反
马尔可夫分析法	适用于对复杂系统中不确定性事件及其状态改变的定量分析	能够计算出具有维修能力和多重降级状态的系统概率	① 无论是故障还是维修，都假设状态变化的概率是固定的； ② 所有事项在统计上具有独立性，因此未来的状态独立于一切过去的状态，除非两个状态紧密相接； ③ 需要了解状态变化的各种概率； ④ 有关矩阵运算的知识比较复杂，非专业人士很难看懂

7.1.6 风险评估工具

信息安全风险评估是信息安全保障工作中的一种科学方法，要准确地评价信息系统中的薄弱点和风险状况，除了依靠评估人员的技能外，评估工具也是一个重要环节。风险评估工具是信息安全风险评估中不可或缺的重要组成部分，它作为信息安全风险评估的一个重要辅助手段，对准确识别风险、采取有效控制措施有重要的帮助。风险评估工具是确保风险评估结果可信度的一个关键性因素。信息安全风险评估工具不仅在一定程度上解决了手动评估的局限性，最主要的是它能够集中专家知识，从而使这种经验和知识被广泛使用。

风险评估工具可以根据评估过程中的主要任务和作用原理分为以下三类。

(1) 风险评估与管理工具：大部分是基于某种标准方法或某组织自行开发的评估方法，可以有效地通过输入数据来分析风险，给出对风险的评价并推荐控制风险的安全措施。风险评估与管理工具通常建立在一定的模型或算法之上，风险由重要资产、所面临的威胁以及威胁所利用的脆弱性来确定；也有的通过建立专家系统，利用专家经验进行分析，给出专家结论。这种评估工具需要不断进行知识库的扩充。

(2) 系统基础平台风险评估工具：包括脆弱性扫描工具和渗透性测试工具。脆弱性扫描工具又称为安全扫描器、漏洞扫描仪等，通常情况下，这些工具能够发现软件和硬件中已知的脆弱性，以决定系统是否易受已知攻击的影响。渗透性测试工具利用模拟攻击，寻找系统中的漏洞，如 Metasploit、Hyrda、IAP 工具等。

(3) 风险评估辅助工具：科学的风险评估需要大量的实践和经验数据的支持，这些数据的积累是风险评估科学性的基础。风险评估过程中，可以利用一些辅助性的工具和方法来采集数据，帮助完成现状分析和趋势判断，如检查列表、IDS、安全审计工具、网络拓扑发现工具、资产信息收集/管理系统、知识库等。

表7-2给出了风险评估常见工具表。

表7-2　风险评估常见工具

工具名称	工具描述
远程安全评估系统	可对各类操作系统主机配置、网络安全设备配置、应用系统等进行检查
网络安全风险评估调研记录表	风险评估准备阶段用于记录调研结果表
资产评估表	资产识别阶段的记录表，能够根据资产机密性、完整性和可用性自动计算出资产价值并匹配出对应的资产重要性等级
脆弱性现场测评记录表	脆弱性识别阶段用于现场记录资产脆弱性的记录表
脆弱性评估表	脆弱性识别阶段用于对资产脆弱性进行分类、分析及赋值的记录表
已有安全措施确认表	用于已有安全措施确认阶段，对已有安全措施进行记录分析及有效性判定的记录表
安全事件可能性表	风险分析阶段的记录表，能够根据资产脆弱性值和威胁赋值自动计算出安全事件可能性值
资产损失分析表	风险分析阶段的记录表，能够根据资产价值和资产脆弱性自动计算出资产损失值
风险计算表	风险分析阶段的记录表，能够根据安全事件可能性值和资产损失值自动计算出风险值并匹配出对应的风险等级

7.1.7　符合性要求

下面仅列出部分符合性要求，可根据实际所需开展。

(1) GB/T 20984—2022《信息安全技术 信息安全风险评估方法》。

(2) GB/T 22239—2019《信息安全技术 网络安全安全等级保护基本要求》。

(3) GB/T 22240—2020《信息安全技术 网络安全安全等级保护定级指南》。

(4) GB/T 28448—2019《信息安全技术 网络安全安全等级保护测评要求》。

(5) GB/T 31509—2015《信息安全技术 信息安全风险评估实施指南》。

(6) ISO/IEC 27001：2022《信息安全、网络安全和隐私保护——信息安全管理体系要求》。

(7) ISO/IEC 27002：2022《信息安全、网络安全和隐私保护——信息安全管理实用规则》。

(8) ISO/IEC 27005：2022《信息安全、网络安全和隐私保护——信息安全风险管理指南》。

(9) IATF 信息安全保障框架(IATF)评估过程中网络评估中所参考标准。

(10) 通用漏洞(CVE)库评估过程中主机系统评估中所参考标准。

(11) GB/T 9361—2011《计算机场地安全要求》。、

(12) GB/T 18336.3—2015《信息技术 安全技术 信息技术安全性评估准则 安全保证要求》。

(13) GB/T 20988—2007《信息安全技术 信息系统灾难恢复规范》。

(14)《可操作的关键威胁、资产和薄弱点评估方法》(OCTAVE)。

7.2 资产识别与分析

资产识别是风险评估的核心环节,按照层次可划分为业务资产、系统资产、系统组件和单元资产,因此资产识别应从三个层次进行识别。机密性、完整性和可用性是评价资产的三个安全属性。风险评估中的资产价值不是以资产的经济价值来衡量,而是由资产在这三个安全属性上的达成程度或者其安全属性未达成时所造成的影响程度来决定的。

7.2.1 资产分类

1. 业务资产

业务是实现组织发展规划的具体活动,业务识别是风险评估的关键环节。业务识别内容包括业务的属性、定位、完整性和关联性识别。业务识别主要识别业务的功能、对象、流程和范围。业务的定位主要识别业务在发展规划中的地位。业务的完整性主要识别其为独立业务或非独立业务。业务的关联性识别主要识别该业务与其他业务之间的关系。表7-3提供了一种业务识别内容的参考。业务识别数据应来自熟悉组织业务结构的业务人员或管理人员。业务识别既可通过访谈、文档查阅、资料查阅,又可通过对信息系统进行梳理后总结整理并进行补充。

表7-3 业务识别内容

识别内容	示例
属性	业务功能、业务对象、业务流程、业务范围、覆盖地域等
定位	发展规划中的业务属性和职能定位,与发展规划目标的契合度,业务布局中的位置和作用,竞争关系中竞争力强弱等
完整性	独立业务:业务独立,整个业务流程和环节闭环。 非独立业务:业务属于业务环节的某一部分,可能与其他业务具有关联性
关联性	关联类别:并列关系(业务与业务间并列关系包括业务间相互依赖或单向依赖,业务间共用同一信息系统,业务属于同一业务流程的不同业务环节等)、父子关系(业务与业务之间存在包含关系等)间接关系(通过其他业务,或者其他业务流程产生的关联性等)。 关联程度:如果被评估业务遭受重大损害,将会造成关联业务无法正常开展,此类关联为紧密关联,其他关联为非紧密关联

2. 系统资产

系统资产识别包括资产分类和业务承载性识别两个方面。表7-4给出了系统资产识别的主要内容描述。系统资产分类包括信息系统、数据资源和通信网络,业务承载性包括承载类别和关联程度。

表 7-4　系统资产识别内容

识别内容	示　例
资产分类	信息系统：由计算机硬件/软件、网络和通信设备等组成的，并按照一定的应用目标和规则进行信息处理或过程控制的系统。典型的信息系统如门户网站、业务系统、云计算平台、工业控制系统等。 数据资源：数据是指任何以电子或者非电子形式对信息的记录。数据资源是指具有或预期具有价值的数据集。在进行数据资源风险评估时，应将数据活动及其关联的数据平台进行整体评估。数据活动包括数据采集、数据传输、数据存储、数据处理、数据交换、数据销毁等。 通信网络：以数据通信为目的，按照特定的规则和策略，将数据处理节点、网络设备设施互连起来的一种网络。将通信网络作为独立评估对象时，一般是指电信网、广播电视传输网和行业或单位的专用通信网等以承载通信为目的的网络
业务承载性	承载类别：系统资产承载业务信息采集、传输、存储、处理、交换、销毁过程中的一个或多个环节。 关联程度：业务关联程度（如果资产遭受损害，将会对承载业务环节运行造成的影响，并综合考虑可替代性）、资产关联程度（如果资产遭受损害，将会对其他资产造成的影响，并综合考虑可替代性）

3. 系统组件和单元资产

系统组件和单元资产分类包括系统单元、系统组件、人力资源和其他资产，如表 7-5 所示。

表 7-5　系统组件和单元资产识别

分　类	示　例
系统单元	计算机设备：大型机、小型机、服务器、工作站、台式计算机、便携计算机等。 存储设备：磁带机、磁盘阵列、磁带、光盘、软盘、移动硬盘等。 智能终端设备：感知节点设备（物联网感知终端）、移动终端等。 网络设备：路由器、网关、交换机等。 传输线路：光纤、双绞线等。 安全设备：防火墙、入侵检测/防护系统、防病毒网关、VPN 等
系统组件	应用系统：用于提供某种业务服务的应用软件集合。 应用软件：办公软件、工具软件、移动应用软件等。 系统软件：操作系统、数据库管理系统、中间件、开发系统、语句包等。 支撑平台：支撑系统运行的基础设施平台，如云计算平台、大数据平台。 服务接口：系统对外提供服务以及系统之间的信息共享边界，如云计算 PaaS 层服务向其他信息系统提供的服务接口等
人力资源	运维人员：对基础设施、平台、支撑系统、信息系统或数据进行运维的网络管理员、系统管理员等业务操作人员；对业务系统进行操作的业务人员或管理员等。 安全管理人员：安全管理员、安全管理领导小组等。 外包服务人员：外包运维人员、外包安全服务或其他外包服务人员等

续表

分类	示例
其他资产	保存在信息媒介上的各种数据资料：源代码、数据库数据、系统文档、运行管理规程、计划、报告、用户手册、各类纸质的文档等。 办公设备：打印机、复印机、扫描仪、传真机等。 保障设备：不间断电源(UPS)、变电设备、空调、保险柜、文件柜、门禁、消防设施等。 服务：为了支撑业务，信息系统运行、信息系统安全，采购的服务等。 知识产权：版权、专利等

7.2.2 资产赋值

1. 资产赋值方法

信息资产的资产价值要考虑机密性、完整性、可用性三个因素。为了资产评估的一致性与准确性，建立一套资产价值的评估标准，对每种资产和每种可能的损失，如机密性、完整性和可用性的损失都赋予一个值；然后利用确定的算法将资产三个因素的值综合考虑，确定最终的资产价值大小，进一步确定要保护的关键资产。

2. 机密性赋值标准

根据资产机密性属性的不同，将它分为5个等级，分别对应资产在机密性方面的价值或者在机密性方面受到损失时对整个评估体的影响。机密性赋值标准如表7-6所示。

表7-6 机密性赋值标准

赋值	标识	定义
5	很高	包含组织最重要的秘密，关系未来发展的前途命运，对组织根本利益有着决定性的影响，其泄露会造成灾难性的损害
4	高	包含组织的重要秘密，其泄露会使组织的安全和利益遭受严重损害
3	中等	组织的一般性秘密，其泄露会使组织的安全和利益受到损害
2	低	仅能在组织内部或在组织某一部门内部公开的信息，向外扩散有可能对组织的利益造成轻微损害
1	很低	可对社会公开的信息、公用的信息处理设备和系统资源等

3. 完整性赋值标准

根据资产完整性属性的不同，将它分为5个等级，分别对应资产在完整性方面的价值或者在完整性方面受到损失时对整个评估体的影响。完整性赋值标准如表7-7所示。

表7-7 完整性赋值标准

赋值	标识	定义
5	很高	完整性价值非常关键，未经授权的修改或破坏会对组织造成重大的或无法接受的影响，对业务冲击重大，并可能造成严重的业务中断，难以弥补
4	高	完整性价值较高，未经授权的修改或破坏会对组织造成重大影响，对业务冲击严重，较难弥补
3	中等	完整性价值中等，未经授权的修改或破坏会对组织造成影响，对业务冲击明显，但可以弥补

续表

赋值	标识	定义
2	低	完整性价值较低,未经授权的修改或破坏会对组织造成轻微影响,对业务冲击轻微,容易弥补
1	很低	完整性价值非常低,未经授权的修改或破坏对组织造成的影响可以忽略,对业务冲击可以忽略

4. 可用性赋值标准

根据资产可用性属性的不同,将它分为 5 个等级,分别对应资产在可用性方面的价值或者在可用性方面受到损失时对整个评估体的影响。可用性赋值标准如表 7-8 所示。

表 7-8　可用性赋值标准

赋值	标识	定义
5	很高	可用性价值非常高,合法使用者对信息及信息系统的可用度达到年度 99.9%以上,或系统不允许中断
4	高	可用性价值较高,合法使用者对信息及信息系统的可用度达到每天 90%以上,或系统允许中断时间小于 10min
3	中等	可用性价值中等,合法使用者对信息及信息系统的可用度在正常工作时间达到 70%以上,或系统允许中断时间小于 30min
2	低	可用性价值较低,合法使用者对信息及信息系统的可用度在正常工作时间达到 25%以上,或系统允许中断时间小于 60min
1	很低	可用性价值可以忽略,合法使用者对信息及信息系统的可用度在正常工作时间低于 25%

5. 资产重要性等级标准

因资产保密性、完整性和可用性等安全属性的量化过程易带有主观性,评估人员可参考如下因素,选择对资产保密性、完整性、可用性最为重要的一个属性的赋值等级作为资产的最终赋值结果。

(1) 资产所承载信息系统的重要性。

(2) 资产所承载信息系统的安全等级。

(3) 资产对所承载信息安全正常运行的重要程度。

(4) 资产的三个安全属性对信息系统及相关业务的重要程度。

资产重要性等级标准如表 7-9 所示。

表 7-9　资产重要性等级标准

赋值	标识	定义
5	很高	非常重要,其安全属性破坏后可能对组织造成非常严重的损失
4	高	重要,其安全属性破坏后可能对组织造成比较严重的损失
3	中等	比较重要,其安全属性破坏后可能对组织造成中等程度的损失
2	低	不太重要,其安全属性破坏后可能对组织造成较低的损失
1	很低	不重要,其安全属性破坏后对组织造成很小的损失,甚至可忽略不计

7.2.3 资产量化方式

资产价值用于反映某个资产作为一个整体的价值，综合了机密性、完整性和可用性三个属性。

评估资料量化方式采用 C、I、A 三个属性之积的三次方的计算方法，该方法在考虑三个因素的同时更易突出某一特定因素的影响，因此能更加客观准确地体现出资产的价值。

计算资产价值如下式所示：

$$\text{Asset Value}=\text{Roundup}\{\sqrt[3]{\boldsymbol{C}\cdot\boldsymbol{I}\cdot\boldsymbol{A}}\}$$

其中：Roundup{ · }表示向上取整处理。对计算所得的资产价值采用向上进位为整数位的方法确定资产价值的等级。

7.2.4 关键资产说明

通过对关键业务的分析，结合各个资产所属业务的支撑作用大小，风险评估仅针对关键资产进行风险评估，关键资产判定标准如表 7-10 所示。

表 7-10 关键资产判定标准

资产价值	资产重要程度	是否为关键资产
5	非常重要	是
4	重要	是
3	一般	是
2	不太重要	否
1	不重要	否

7.3 威胁识别与分析

威胁是指可能导致危害系统或组织的不希望事故的潜在起因。威胁是客观存在的，无论在多么安全的信息系统中它都存在。因为威胁的存在，组织和信息系统才会存在风险。因此，在风险评估工作中，需全面、准确地了解组织和信息系统所面临的各种威胁。

威胁分析的目的就是需要找出可变的因素，分析识别出这些可变因素可能造成的影响，控制管理这些动态的因素，最终降低信息系统存在的风险。

7.3.1 威胁数据采集

威胁频率应根据经验和有关的统计数据来进行判断，综合考虑以下四个方面，形成特定评估环境中各种威胁出现的频率。

(1) 以往安全事件报告中出现过的威胁和频率统计。

(2) 实际环境中通过检测工具以及各种日志发现的威胁和频率统计。

(3) 实际环境中监测发现的威胁和频率统计。

(4) 近期公开发布的社会或特定行业威胁和频率统计，以及发布的威胁预警。

7.3.2 威胁描述与分析

威胁识别包括威胁的来源、主体、种类、动机、时间和频率。在对威胁进行分类前，应识别威胁的来源，威胁来源包括环境、意外和人为三类。表 7-11 给出了威胁来源。

表 7-11 威胁来源

来　源	描　述
环境	断电、静电、灰尘、潮湿、温度、鼠蚁虫害、电磁干扰、洪灾、火灾、地震等环境问题或自然灾害
意外	非人为因素导致的软件、硬件、数据、通信线路等方面的故障，或者信赖的第三方平台或者信息系统等方面的故障
人为	人为因素导致资产的保密性、完整性和可用性遭到的破坏

根据威胁来源的不同，威胁可分为信息损害和未授权行为等威胁种类。表 7-12 给出了威胁种类。

表 7-12 威胁种类

种　类	描　述
物理损害	对业务实施或系统运行产生影响的物理损害
自然灾害	自然界中所发生的异常现象，且对业务开展或者系统运行会造成危害的现象和事件
信息损害	对系统或资产中的信息产生破坏、篡改、丢失、盗取等行为
技术失效	信息系统所依赖的软硬件设备不可用
未授权行为	超出权限设置或授权进行操作或者使用行为
功能损害	造成业务或系统运行的部分功能不可用或者损害
供应链失效	业务或系统所依赖的供应商、接口等不可用

威胁主体依据人为和环境进行区分，人为的威胁分为国家、组织团体和个人，环境的威胁分为一般的自然灾害、较为严重的自然灾害和严重的自然灾害。

威胁动机是指引导、激发人为威胁进行某种活动，从而对组织业务、资产产生影响的内部动力和原因。威胁动机可分为恶意和非恶意动机，恶意动机包括攻击、破坏、窃取等，非恶意动机包括误操作、好奇心等。表 7-13 给出了威胁动机。威胁时机可分为普通时期、特殊时期和自然规律。

表 7-13 威胁动机

分　类	描　述
恶意	挑战、叛乱、地位、金钱利益、信息销毁、信息非法泄露、未授权的数据更改、勒索、摧毁、非法利用、复仇、政治利益、间谍、获取竞争优势等
非恶意	好奇心、自负、无意的错误和遗漏（如数据输入错误、编程错误）等

7.3.3 威胁行为分析

威胁行为是威胁来源对信息系统直接或间接的攻击，在保密性、完整性和可用性等方面造成损害，可能是偶发的或蓄意的事件。

威胁的种类和资产决定了威胁的行为。表7-14给出了威胁行为、种类、来源对应关系。

表7-14 威胁行为、种类、来源对应关系

行为	种类	威胁来源
物理损害	火灾、水灾、污染	环境、人为、意外
	重大事故、设备或介质损害、灰尘、腐蚀、冻结、静电、潮湿、温度、鼠蚁虫害	环境、人为、意外
	电磁辐射、热辐射、电磁脉冲	环境、人为、意外
自然灾害	地震、火山、洪水、气象灾害	环境
信息损害	对阻止干扰信息的拦截、远程侦探、窃听、设备偷窃、回收或废弃介质的检索、硬件篡改、位置探测、信息被窃取、个人隐私被入侵、社会工程事件、邮件勒索、数据篡改、恶意代码	人为
	内部信息泄露、外部信息泄露、来自不可信源数据、软件篡改	人为、意外
技术失效	空调或供水系统故障	人为、意外
	电力供应失去	人为、意外
	外部网络故障	人为、意外
	设备失效、设备故障、软件故障	意外
	信息系统饱和、信息系统可维护破坏	人为、意外
未授权行为	未授权的设备使用、软件的伪造复制、数据损坏、数据的非法处理	人为
	假冒或盗版软件使用	意外
功能损害	操作失误、维护错误	意外
	网络攻击、权限伪造、行为否认(抵赖)、媒体负面报道	人为
	权限滥用	人为、意外
	人员可用性破坏	环境、人为、意外
供应链失效	供应商失效	人为、意外
	第三方运维问题、第三方平台故障、第三方接口故障	人为、意外

表7-15给出了威胁种类、资产、威胁行为关联分析。

表7-15 威胁种类、资产、威胁行为关联分析

资产	种类	威胁行为
硬件设备，如服务器、网络设备	软硬件故障	设备硬件故障、如服务器损害、网络设备故障
机房	物理环境影响	机房遭受地震、火灾等
信息系统	网络攻击	非授权访问网络资源、非授权访问系统资源等
外包服务人员	人员安全失控	滥用权限非正常修改系统配置或数据、滥用权限泄露秘密信息等
组织形象	网络攻击	媒体负面报道

威胁赋值应基于威胁行为，依据威胁的行为能力和频率，结合威胁发生的时机，进行

综合计算并设定相应的评级方法进行等级划分。等级数值越大，威胁发生的可能性越大。威胁赋值遵照表 7-16 进行。

表 7-16　威胁赋值

等　　级	标　　识	威胁赋值描述
5	很高	根据威胁的行为能力、频率和时机，综合评价等级为很高
4	高	根据威胁的行为能力、频率和时机，综合评价等级为高
3	中	根据威胁的行为能力、频率和时机，综合评价等级为中
2	低	根据威胁的行为能力、频率和时机，综合评价等级为低
1	很低	根据威胁的行为能力、频率和时机，综合评价等级为很低

威胁能力是指威胁来源完成对组织业务、资产产生影响的活动所具备的资源和综合素质。组织及业务所处的地域和环境决定了威胁的来源、种类、动机，从而决定了威胁能力；应对威胁能力进行等级划分，级别越高表示威胁能力越强。特定威胁行为能力赋值遵照表 7-17 进行。

表 7-17　特定威胁行为能力赋值

赋　　值	标　　识	描　　述
3	高	恶意动力高，可调动资源多；严重自然灾害
2	中	恶意动力高，可调动资源少；恶意动力低，可调动资源多；非恶意或意外，可调动资源多；较严重自然灾害
2	低	恶意动力低，可调动资源少；非恶意或意外；一般自然灾害

威胁出现的频率应进行等级化处理，不同等级分别代表威胁出现频率的高低。等级数值越大，威胁出现的频率越高。威胁的频率应参考组织、行业和区域有关的统计数据进行判断。威胁频率赋值遵照表 7-18 所示进行。

表 7-18　威胁频率赋值

等　　级	标　　识	定　　义
5	很高	出现的频率很高(或 1 次/周)；或在大多数情况下几乎不可避免；或可以证实经常发生过
4	高	出现的频率较高(或 1 次/月)；或在大多数情况下很有可能会发生；或可以证实多次发生过
3	中	出现的频率中等(或>1 次/半年)；或在某种情况下可能会发生；或被证实曾经发生过
2	低	出现的频率较小；或一般不太可能发生；或没有被证实发生过
1	很低	威胁几乎不可能发生，仅可能在非常罕见和例外的情况下发生

7.4 脆弱性识别与分析

脆弱性是资产自身存在的，如没有被威胁利用，脆弱性本身不会对资产造成损害。如果信息系统足够健壮，则威胁难以导致安全事件的发生。也就是说，威胁只有通过利用资产的脆弱性才可能造成危害。因此，组织一般通过尽可能消减资产的脆弱性来阻止或消减威胁造成的影响，所以脆弱性识别是风险评估中最重要的一个环节。

脆弱性识别所采用的方法主要有文档查阅、问卷调查、人工核查、工具检测、渗透测试等。

若脆弱性没有对应的威胁，则无须实施控制措施，但应注意监控其是否发生变化。如果威胁没有对应的脆弱性，也不会导致风险。应注意的是，控制措施的不合理实施、控制措施故障或控制措施的误用本身也是脆弱性。同时，运行的环境控制措施可以有效或无效。

脆弱性可以从技术和管理两方面进行审视。技术脆弱性涉及IT环境的物理层、网络层、系统层、应用层各层面的安全问题或隐患。管理脆弱性又可分为技术管理脆弱性和组织管理脆弱性两方面，前者与具体技术活动相关，后者与管理环境相关。

脆弱性识别以资产为核心，针对每一项需求保护的资产，识别可能被威胁利用的脆弱性，并对脆弱性的严重程度进行评估；也可以从物理、网络、系统、应用等层次进行脆弱性识别，然后将其与资产和威胁对应起来。脆弱性识别的依据可以是国际或国家安全标准，也可以是行业规范、应用流程的安全要求，以及应用的脆弱性被利用程度及其影响程度。同时，应识别信息系统所采用的协议、应用流程是否完备以及与其他网络的互联等。

脆弱性识别包括以下基本特征。

(1) 基本特征

① 访问路径：该特征反映脆弱性被利用的路径，包括本地访问、邻近网络访问、远程网络访问。

② 访问复杂性：反映攻击者在访问目标系统时利用脆弱性的难易程度，可用高、中、低进行度量。

③ 鉴别：反映攻击者为了利用脆弱性需要通过目标系统鉴别的次数，可用多次、1次、0次进行度量。

④ 保密性影响：表示威胁利用脆弱性时影响保密性的程度，可用完全泄密、部分泄密、不泄密进行度量。

⑤ 完整性影响：表示威胁利用脆弱性时影响完整性的程度，可用完全修改、部分修改、不能修改进行度量。

⑥ 可用性影响：表示威胁利用脆弱性时影响可用性的程度，可用完全不可用、部分可用、可用性不受影响进行度量。

(2) 时间特征

① 可利用性：表示脆弱性可利用技术的状态或脆弱性可利用代码的可获得性。

② 补救级别：表示脆弱性可补救的级别。

③ 报告可信性：表示脆弱性存在的可信度以及脆弱性技术细节的可信度。

(3) 环境特征

① 破坏潜力：表示通过破坏或偷窃财产和设备，造成物理资产和生命损失的潜在可能性。

② 目标分布：表示存在特定脆弱性的系统的比例。

③ 安全要求：表示组织和信息系统对资产的保密性、完整性和可用性的安全要求。

7.4.1 脆弱性分类

脆弱性评估的主要工作是对弱点进行识别和赋值，提供全面的方法对信息系统进行脆弱性评估，包括安全管理和安全技术各层面的脆弱性的识别。脆弱性评估的主要内容如表7-19所示。

表7-19 脆弱性分类

类 型	识别对象	识别内容
技术脆弱性	物理环境	从机房场地、机房防火、机房供配电、机房防静电、机房接地与防雷、电磁防护、通信线路的保护、机房区域防护、机房设备管理等方面进行识别
	网络结构	从网络结构设计、边界保护、外部访问控制策略、内部访问控制策略、网络设备安全配置等方面进行识别
	系统软件	从补丁安装、物理保护、用户账号、口令策略、资源共享、事件审计、访问控制、新系统配置、注册表加固、网络安全、系统管理等方面进行识别
	应用中间件	从协议安全、交易完整性、数据的完整性等方面进行识别
	应用系统	从审计机制、审计存储、访问控制策略、数据的完整性、通信、鉴别机制、密码保护等方面进行识别
管理脆弱性	技术管理	从物理和环境安全、通信与操作管理、访问控制、系统开发与维护、应用服务等方面进行识别
	组织管理	安全策略、组织安全、资产分类与控制、人员安全、符合性等方面进行识别

7.4.2 脆弱性赋值

脆弱性赋值是指根据等级方式、技术实现的难易程度、弱点的流行程度和资产的损害程度，对已识别的脆弱性的严重程度进行赋值。因为许多弱点造成的是同一结果，或体现的是相似的问题，在赋值时应对这些弱点进行综合考虑才能确认该脆弱性的严重程度。

此外，组织管理脆弱性会对某资产的技术脆弱性的严重程度造成影响。所以，参考组织管理和技术管理脆弱性的严重程度对资产的脆弱性赋值很有帮助。

资产脆弱性的严重程度可以用不同的等级划分。脆弱性严重程度越低，等级数值越小；脆弱性严重程度越高，等级数值越大。赋值标准如表7-20所示。

表7-20 脆弱性被利用难易程度赋值

等 级	标 识	定 义
5	很高	实施控制措施后，脆弱性仍然很容易被利用
4	高	实施控制措施后，脆弱性较容易被利用
3	中等	实施控制措施后，脆弱性被利用难易程度一般
2	低	实施控制措施后，脆弱性难被利用
1	很低	实施控制措施后，脆弱性基本不可能被利用

影响程度赋值是指脆弱性被威胁利用导致安全事件发生后对资产价值所造成影响的轻重程度分析并赋值的过程。当识别和分析资产可能受到的影响时，需要考虑受影响资产的层面，可从业务层面、系统层面、系统组件和单元三个层面进行分析。

影响程度赋值需要综合考虑安全事件对资产保密性、完整性和可用性的影响。影响程度赋值采用等级划分处理方式，不同的等级分别代表对资产影响程度。等级数值越大，影响程度越高。表 7-21 给出了影响程度的一种赋值方法。

表 7-21　影响程度赋值

等　级	标　识	定　义
5	很高	脆弱性被威胁利用，将对资产造成特别重大损害
4	高	脆弱性被威胁利用，将对资产造成重大损害
3	中等	脆弱性被威胁利用，将对资产造成一般损害
2	低	脆弱性被威胁利用，将对资产造成较小损害
1	很低	脆弱性被威胁利用，对资产造成的损害可以忽略

7.4.3　脆弱性识别分析

风险评估在识别过程中，参考了 GB/T 22239—2019《信息安全技术 网络安全安全等级保护基本要求》中等级保护要求，从物理、网络、系统、应用、数据等层次进行识别。

1. 技术脆弱性

从物理环境、网络结构、系统软件、应用系统等技术方面进行脆弱性评估，可以形成表 7-22。

表 7-22　物理环境、网络结构、系统软件、应用系统脆弱性

序号	资产名称	资产 ID	资产类别	资产价值				存在脆弱性	脆弱性赋值
				C	*I*	*A*	资产价值		

2. 管理脆弱性评估

从组织管理和人员资产方面进行脆弱性评估，可以形成表 7-23。

表 7-23　组织管理/人员脆弱性

序号	资产名称	资产 ID	资产类别	资产价值				存在脆弱性	脆弱性赋值
				C	*I*	*A*	资产价值		

7.4.4　脆弱性识别参考列表

常见脆弱性识别参考列表如表 7-24 所示。

表 7-24　脆弱性识别参考列表

脆弱性识别对象	检　查　项	脆弱性描述
安全物理环境	物理位置的选择	机房场地应选择在具有防震、防风和防雨等能力的建筑内； 机房场地应避免设在建筑物的顶层或地下室，否则应加强防水和防潮措施
	物理访问控制	机房出入口应配置电子门禁系统，控制、鉴别和记录进入的人员
	防盗窃和防破坏	将设备或主要部件进行固定，并设置明显的不易除去的标记； 将通信线缆铺设在隐蔽安全处
	防雷击	将各类机柜、设施和设备等通过接地系统安全接地
	防火	机房应设置火灾自动消防系统，能够自动检测火情、自动报警，并自动灭火； 机房及相关的工作房间和辅助房应采用具有耐火等级的建筑材料
	防水和防潮	采取措施防止雨水通过机房窗户、屋顶和墙壁渗透； 采取措施防止机房内水蒸气结露和地下积水的转移与渗透
	防静电	安装防静电地板并采用必要的接地防静电措施
	温、湿度控制	设置温、湿度自动调节措施，使机房温、湿度的变化在设备运行所允许的范围之内
	电力供应	在机房供电线路上配置稳压器和过电压防护设备； 提供短期的备用电力供应，至少满足主要设备在断电情况下的正常运行要求
	电磁防护	电源线和通信线缆应隔离铺设，避免相互干扰
安全通信网络	网络架构	划分不同的网络区域，并按照方便管理和控制的原则为各网络区域分配地址； 避免将重要网络区域部署在边界处，重要网络区域与其他网络区域之间应采取可靠的技术隔离手段
	通信传输	应采用校验技术或密码技术保证通信过程中数据的完整性
	可信计算	基于可信根对通信设备的系统引导程序、系统程序、重要配置参数和通信应用程序等进行可信验证，并在应用程序的关键执行环节进行动态可信验证，在检测到其可信性受到破坏后进行报警，并将验证结果形成审计记录送至安全管理中心
安全区域边界	边界防护	保证跨越边界的访问和数据流通过边界设备提供的受控接口进行通信
	访问控制	在网络边界或区域之间根据访问控制策略设置访问控制规则，默认情况下除允许通信外受控接口拒绝所有通信； 对源地址、目的地址、源端口、目的端口和协议等进行检查，以允许/拒绝数据包进出； 根据会话状态信息为进出数据流提供明确的允许/拒绝访问的能力
	入侵防范	在关键网络节点处监视网络攻击行为
	恶意代码和垃圾邮件防范	在关键网络节点处对恶意代码进行检测和清除，并维护恶意代码防护机制的升级和更新

续表

脆弱性识别对象	检　查　项	脆弱性描述
安全区域边界	安全审计	在网络边界、重要网络节点进行安全审计，审计覆盖到每个用户，对重要的用户行为和重要安全事件进行审计； 审计记录应包括事件的日期和时间、用户、事件类型、事件是否成功及其他与审计相关的信息； 对审计记录进行保护，定期备份，避免受到未预期的删除、修改或覆盖等
	可信验证	基于可信根对边界设备的系统引导程序、系统程序、重要配置参数和边界防护应用程序等进行可信验证，并在应用程序的关键执行环节进行动态可信验证，在检测到其可信性受到破坏后进行报警，并将验证结果形成审计记录送至安全管理中心
安全计算环境	身份鉴别	对登录的用户进行身份标识和鉴别，身份标识具有唯一性，身份鉴别信息具有复杂度要求并定期更换； 具有登录失败处理功能，配置并启用结束会话、限制非法登录次数和当登录连接超时自动退出等相关措施； 进行远程管理时，应采取必要措施防止鉴别信息在网络传输过程中被窃听
	访问控制	对登录的用户分配账户和权限； 重命名或删除默认账户，修改默认账户的默认口令； 及时删除或停用多余的、过期的账户，避免共享账户的存在； 授予管理用户所需的最小权限，实现管理用户的权限分离
	安全审计	启用安全审计功能，审计覆盖到每个用户，对重要的用户行为和重要安全事件进行审计； 审计记录应包括事件的日期和时间、用户、事件类型、事件是否成功及其他与审计相关的信息； 对审计记录进行保护，定期备份，避免受到未预期的删除、修改或覆盖等； 保证存有敏感数据的存储空间被释放或重新分配前得到完全清除
	入侵防范	遵循最小安装的原则，仅安装需要的组件和应用程序； 关闭不需要的系统服务、默认共享和高危端口； 通过设定终端接入方式或网络地址范围对通过网络进行管理的管理终端进行限制； 提供数据有效性检验功能，保证通过人机接口输入或通过通信接口输入的内容符合系统设定要求； 应能发现可能存在的已知漏洞，并在经过充分测试评估后，及时修补漏洞
	恶意代码防范	采用免受恶意代码攻击的技术措施或主动免疫可信验证机制及时识别入侵和病毒行为，并将其有效阻断

续表

脆弱性识别对象	检　查　项	脆弱性描述
安全计算环境	可信验证	基于可信根对计算设备的系统引导程序、系统程序、重要配置参数和应用程序等进行可信验证,并在应用程序的关键执行环节进行动态可信验证,在检测到其可信性受到破坏后进行报警,并将验证结果形成审计记录送至安全管理中心
	数据完整性	采用校验技术保证重要数据在传输过程中的完整性
	数据备份恢复	提供重要数据的本地数据备份与恢复功能; 提供异地数据备份功能,利用通信网络将重要数据定时批量传送至备用场地
	剩余信息保护	保证鉴别信息所在的存储空间被释放或重新分配前得到完全清除

7.5 安全措施识别与分析

安全措施分为预防性安全措施和保护性安全措施。预防性安全措施可以降低威胁利用脆弱性导致安全事件发生的可能性,如入侵检测系统;保护性安全措施可以减少安全事件发生后对组织或系统造成的影响。风险评估小组应对已采取的控制措施进行识别并对控制措施的有效性进行确认。安全措施的确认应评估其有效性,即是否真正地降低了系统的脆弱性,抵御了威胁。

7.5.1 已有安全措施有效性确认方法

已有安全措施的有效性确认是为了分析该措施是否真正地降低了系统的脆弱性,抵御了威胁。评估人员对已采取的安全措施有效程度的确认方式包括现场查看、询问负责人、查阅文档等。对有效的安全措施继续保持,以避免不必要的工作和费用,防止安全措施的重复实施。对确认为不适当的安全措施应该核实是否应取消或对其进行修正,或用更合适的安全措施替代。

(1) 物理环境安全措施有效性确认方法:现场查看、询问物理环境现状、验证安全措施。

(2) 网络安全和主机系统措施有效性确认方法:查看网络拓扑图、网络安全设备的安全策略、配置等相关文档,询问相关人员,查看网络设备的硬件配置情况,手工或自动查看或检测网络设备的软件安装和配置情况,查看和验证身份鉴别、访问控制、安全审计等安全功能,检查分析网络和安全设备的日志记录,利用工具探测网络拓扑结构,扫描网络安全设备存在的漏洞,探测网络非法接入或外连情况,测试网络流量、网络设备负荷承载能力以及网络带宽,手工或自动查看和检查安全措施的使用情况并验证其有效性。

(3) 应用系统安全措施有效性确认方法:查阅应用系统的需求、设计、测试、运行报告等相关文档,检查应用系统在架构设计方面的安全性(包括应用系统各功能模块的容错保障,各功能模块在交互过程中的安全机制以及多个应用系统之间数据交互接口的安全机制等)。

(4) 数据安全措施有效性确认方法:查看数据完整性和数据保密性保护措施,检查备份和恢复等。

(5) 管理措施有效性确认方法：查阅相关制度文档、抽样调查和询问等。

7.5.2 已有安全措施识别

从安全物理环境、安全通信网络、安全计算环境、应用安全、数据安全与备份恢复等方面进行安全措施有效性确认，如表 7-25 所示。

表 7-25 安全措施确认

安全层面	安全措施检查项	安全措施	检查方式	是否有效
安全物理环境				
安全通信网络				
安全计算环境				
应用安全				
数据安全与备份恢复				

7.5.3 已有安全措施对脆弱性赋值的修正

识别已有安全措施的有效性后，应再次对脆弱性进行分析。脆弱性的特征及其赋值包括可利用性和可能对组织造成的影响。表 7-26 展示了可利用程度赋值标准，表 7-27 展示了脆弱性造成影响程度赋值标准。

表 7-26 可利用程度赋值标准

赋值	说明
未证实	没有实际案例，也没有理论证明该脆弱性可被利用
有理论证明	没有实际案例，但有理论证明该脆弱性可被利用
实际可行	曾发生过实际案例，该脆弱性在同行业中曾被利用
高	时常发生脆弱性被利用的事件

表 7-27 脆弱性造成影响程度赋值标准

赋值	说明
严重	严重影响正常经营，经济损失很大，社会影响恶劣
高	一定范围内给经营和组织信誉造成损害
中等	对经济或生产造成影响，但影响面和程度不大
轻微	影响程度较低，仅限于组织内部，通过一定手段能很快解决

通过对脆弱性的综合分析，结合已有安全措施识别结果，对脆弱性进行修正赋值，如表 7-28 所示。

表 7-28 脆弱性修正赋值

序号	脆弱性分析				已有安全措施	脆弱性赋值
	脆弱性描述	可利用程度	造成影响	影响程度		

7.6 风险分析

在完成资产识别、威胁识别、脆弱性识别，以及对已有安全措施的确认后，还要进行风险分析，即确定资产、威胁和脆弱性相互之间的关系。风险分析阶段的主要工作是完成风险的分析和计算。

威胁能利用脆弱性导致安全事件的发生。根据威胁出现的频率及脆弱性状况，计算威胁能利用脆弱性导致安全事件发生的可能性：

$$安全事件发生的可能性=L(威胁出现频率,脆弱性)=L(T,V)$$

在具体评估中，应综合攻击者技术能力（专业技术程度、攻击设备等）、脆弱性会被利用的程度、资产吸引力等来判断安全事件发生的可能性。综合安全事件所作用的资产价值及脆弱性的严重程度，判断安全事件造成的损失对组织的影响，即安全风险。根据资产价值及脆弱性严重程度计算安全事件一旦发生后的损失，即

$$安全事件的损失=F(资产价值,脆弱性严重程度)=F(I_a,V_a)。$$

计算部分安全事件损失，应考虑组织的影响，还应参照安全事件发生可能性的结果；对于发生可能性极小的安全事件可以不计算其损失。部分安全事件损失的判断还应参照安全事件发生可能性的结果，对发生可能性极小的安全事件（如处于非地震带的地震威胁，在采取完备供电措施状况下的电力故障威胁等）可以不计算其损失。

风险分析包括考虑风险的来源、所带来的影响及将产生的后果。需要识别影响后果的因素和可能性。通过确定后果及其可能性和其他风险特点来进行风险分析。一个事件可以有多种后果并可以影响不同的目标，也需要考虑现有的控制措施及其效果和效率。

后果和可能性的表达方式，以及它们组合确定风险程度的方式，都应当反映该风险的类型、可获得的信息以及运用风险评价输出的意图。这些都要符合风险准则，同时，考虑不同风险和来源的相互依赖性也是非常重要的。风险程度的确定及其前提和假设的敏感性在风险分析中都应给予考虑，并通过沟通的方式传递给决策者以及利益相关方。例如专家间观点的分歧、信息的持续相关性、模型的局限性等因素，都应予以阐述并且重点强调。

风险分析可以在不同程度的细节上进行，这取决于风险本身、分析的目的、可用的信息数据和风险的来源。依据环境条件，分析可以是定性的、半定量或定量的，也可以是组合的方式。后果及其可能性可以通过模拟一个或一系列事件的情形来得到结果，或由实验研究或可用数据推断后进行确定。后果可基于有形和无形的影响来表述。在某些情况下，一个以上的数值或描述应当界定针对不同时间、地点、团体或状况的后果及其可能性。

7.6.1 风险值计算

在进行风险值计算之前，必须确立风险计算的原则，这里主要介绍定性、定量计算方法，并且确立风险的计算公式。

目前很难有一种风险计算方法适用于所有的信息安全风险评估过程。这是因为在对风险评估结果的实际应用中，不能用非常精确的数据来表示脆弱性严重程度、威胁发生可能性和影响程度等因素。信息资产关键因素计算过程依赖评估者的经验，往往会得出不同的风险值。关于该问题还在进一步研究中。

1. 定量的风险评估计算模型

模型基本要素为资产价值、威胁、脆弱、风险。

资产价值是指在评估范围内的资产的自身价值和资产在系统内重要性的统一值。威胁是指信息资产的安全有可能会遭到破坏，因为目前不可能实现事件和脆弱的精确对应，所以采用威胁来关联事件和脆弱，定量的风险评估计算模型知识库自身定义的威胁由服务人员根据事件类和脆弱来得出。脆弱本身是无害的，是被威胁利用来影响资产的一个必要条件，定量的风险评估计算模型知识库自身定义了具体脆弱，包括扫描器的脆弱和人工评估的具体脆弱。

风险是指某个事件范围内组织的安全状况，可以表示为威胁可能性和威胁影响性的函数。

风险的函数关系为风险 $=F$(资产价值、脆弱值、威胁影响值、威胁可能性)

资产价值为信息系统中的价值，与资产的机密性(C)、完整性(I)和可用性(A)三性有关。影响资产值是指发生威胁后影响三大特定安全属性(C、I、A)，由三个安全属性权重(C权重、I权重、A权重)构成影响资产权重数组，此数组中权重分别与资产的值相乘后求和除以3，再开平方根得到影响资产值。

脆弱值是脆弱的一个属性，范围为1～5，整型。安全脆弱分为安全脆弱类型和安全脆弱值。

威胁影响值分为影响初始值和影响资产值。影响初始值是根据统计和经验判断某个威胁可能造成的影响的大小，由服务人员赋予，固化在系统知识库中(可通过知识库升级修订)。

威胁可能性的判断可以确定某资产是否面临某个威胁以及这个威胁发生的可能性有多大。威胁可能性的计算包含固定经验值、发生条件值和发生次数值三个参数。威胁可能性范围为1～5，整型。0代表该资产上不存在此威胁，其与漏洞之间的对应关系应该被删除。固定经验值固化在系统中，不提供给用户修改，也不提供给服务人员修改，只能在软件升级时修改。其范围为1～5，整型。威胁的固化经验值是国际组织长期统计的结果。固化在系统子知识库中，不能够被修改，只能在知识库升级时修改。其范围为1～5，整型。发生条件值的赋予由服务人员提供，通过评估工具提供可以修改知识库中可能性的功能，初始值为固定经验值，并在此基础上调整。其范围为1～5，整型。

2. 定性的风险评估计算模型

在现有的控制措施下，威胁源于利用系统脆弱性的可能性以及被攻击后系统的危害程度。威胁发生的可能性与威胁源的能力和动机、系统脆弱性和已实施的控制措施有关。计算信息系统的风险，应先计算风险等级矩阵。矩阵的风险等级表示风险的危害程度，如表7-29所示。

表 7-29　分析等级矩阵

威　胁	危害程度		
	高(100)	中(60)	低(10)
高(1.0)	100	50	10
中(0.5)	50	25	5
低(0.1)	10	5	1

可将风险等级矩阵中的数值按照组织的具体情况的定性分为几个风险等级范围，以得到直观的风险状况。例如，表 7-29 中的危害程度可分为高(100～50)、中(50～10)、低(10～1)。组织的管理者可以根据等级范围来制定相应的策略。

7.6.2　矩阵法风险值计算

根据威胁、脆弱、资产都会增加的风险值，得到风险值计算公式。这里根据威胁利用资产的脆弱性导致安全事件发生的可能性、安全事件发生后造成的损失来计算风险值，即

$$\begin{aligned}风险值 &= R(A,T,V) = R(安全事件发生的可能性，安全事件造成的损失)\\ &= R(L(T,V),F(I_a,V_a))\end{aligned}$$

其中：R 表示风险计算函数，A 表示资产，T 表示威胁，V 表示脆弱性，I_a 表示安全事件所作用的资产价值，V_a 表示脆弱性严重程度，L 表示威胁利用资产的脆弱性导致安全事件发生的可能性，F 表示安全事件发生后造成的损失。

矩阵法主要用于由两个要素值确定一个要素值的情形。函数 $z=f(x,y)$ 可以采用矩阵的形式表示，即以要素 x 和要素 y 的取值构造二维的矩阵。其中，矩阵的计算根据实际情况来定。如表 7-30 所示，矩阵中 $m\times n$ 个值即为要素 Z 的取值。其中，矩阵的计算根据实际情况来定，对于 z_{ij} 的计算不一定遵循计算公式，但是必须具有统一的增减趋势。

表 7-30　矩阵表示

x	y					
	y_1	y_2	…	y_j	…	y_n
x_1	z_{11}	z_{12}	…	z_{1j}	…	z_{1n}
x_2	z_{21}	z_{22}	…	z_{2j}	…	z_{2n}
…	…	…	…	…	…	…
x_i	z_{i1}	z_{i2}	…	z_{ij}	…	z_{in}
…	…	…	…	…	…	…
x_m	z_{m1}	z_{m2}	…	z_{mj}	…	z_{mn}

在风险值计算中，通常需要对两个要素确定的另一个要素值进行计算，例如由威胁和脆弱性确定安全事件发生可能性值；由资产和脆弱性确定安全事件的损失值等，同时需要整体掌握风险值的确定。

使用矩阵法计算风险步骤如下。

(1) 计算安全事件发生的可能性$=L$(威胁出现频率,脆弱性)$=L(T,V)$,构建安全事件可能性矩阵。

(2) 根据安全事件发生的可能性等级划分,构建安全事件可能性等级矩阵。

(3) 计算安全事件损失$=F$(资产价值,脆弱性严重程度)$=F(I_a,V_a)$,构建安全事件损失矩阵。

(4) 根据安全事件的损失等级划分,构建安全事件损失等级矩阵。

(5) 计算风险值$=R$(安全事件的可能性,安全事件造成的损失)$=R(L(T,V),F(I_a,V_a))$,构建风险矩阵。

(6) 根据风险值的等级划分,构建安全事件风险等级。

首先需要确定二维计算矩阵,矩阵内各要素的值根据具体情况和函数递增情况采用数学方法确定;然后将两个元素的值在矩阵中进行比对,行列交叉处即为所确定的计算结果。矩阵的计算需要根据实际情况确定,矩阵内值的计算不一定遵循统一的计算公式,但必须具有统一的增减趋势,即如果是递增函数,Z值应随着x与y的值递增,反之亦然。矩阵法的特点是通过构造两两要素计算矩阵,可以清晰罗列要素的变化趋势,具备良好的灵活性。

假设有两个重要资产,资产A_1、资产A_2面临的威胁和脆弱性如表7-31所示(括号内是其等级值)。

表7-31 资产面临的威胁和脆弱性

资产	威胁	脆弱性
资产A_1(4)	威胁T_1(1)	脆弱性V_1(2)
		脆弱性V_2(3)
	威胁T_2(1)	脆弱性V_3(1)
		脆弱性V_4(4)
		脆弱性V_5(2)
资产A_2(5)	威胁T_3(2)	脆弱性V_6(4)
		脆弱性V_7(2)

使用矩阵法计算资产的风险值。首先计算A_1的风险值,资产A_1面临的威胁有T_1和T_2,T_1可利用资产A_1存在的脆弱性有V_1和V_2,T_2可以利用资产A_1存在的脆弱性有V_3、V_4和V_5,因此A_1存在的风险值有5个。下面计算资产A_1面临的威胁T_1,可以计算利用脆弱性V_1的风险值。

计算安全事件发生的可能性,构建安全事件发生的可能性矩阵,如表7-32所示。

表7-32 安全事件可能性矩阵

脆弱性严重程度(V)	威胁发生频率(T)				
	1	**2**	**3**	**4**	**5**
1	2	4	7	11	14
2	3	6	10	13	17

续表

脆弱性严重程度(V)	威胁发生频率(T)				
	1	2	3	4	5
3	5	9	12	16	20
4	7	11	14	18	22
5	8	12	17	20	25

如表 7-33 所示，因为 $T_1=1, V_1=2$，所以安全事件的可能性为 3，根据安全事件可能性等级划分，安全事件可能性等级为 1。

表 7-33 安全事件可能性等级划分

安全事件发生可能性值	1～5	6～11	12～16	17～21	22～25
安全事件可能性等级	1	2	3	4	5

计算安全事件损失，构建安全事件发生损失矩阵，如表 7-34 所示。

表 7-34 安全事件损失矩阵

脆弱性严重程度(V)	资产价值(A)				
	1	2	3	4	5
1	2	4	6	10	13
2	3	5	9	12	16
3	4	7	11	15	20
4	5	8	14	19	22
5	6	10	16	21	25

因为 $A_1=4, V_1=2$，所以安全事件损失值为 12，根据安全事件损失等级划分，如表 7-35 所示，安全事件损失等级为 3。

表 7-35 安全事件损失等级划分

安全事件损失值	1～5	6～10	11～15	16～20	21～25
安全事件损失等级	1	2	3	4	5

计算风险值，构建风险矩阵，如表 7-36 所示。

表 7-36 风险矩阵

安全事件可能性等级	安全事件损失等级				
	1	2	3	4	5
1	3	6	9	12	16
2	5	8	11	15	18
3	6	9	13	17	21
4	7	11	16	20	23
5	9	14	20	23	25

安全事件发生的可能性等级为 1，安全事件损失等级为 3，因此安全事件风险值为 9。根据风险等级划分(表 7-37)，安全事件风险等级为 2。

表 7-37 风险等级划分

风险值	1～6	7～12	13～18	19～23	24～25
风险等级	1	2	3	4	5

根据风险计算的结果，采取矩阵取值方法，得出面临安全风险值，根据风险值的大小，将存在的风险划分为 5 个等级，其具体等级划分方法如表 7-38 所示。

表 7-38 风险等级划分

风险等级	标识	描述
5	很高	一旦发生，将会产生非常严重的经济或社会影响，如组织信誉严重破坏，严重影响组织的正常经营，经济损失重大，社会影响恶劣
4	高	一旦发生，将会产生较大的经济或社会影响，在一定范围内给组织的经营和组织信誉造成损害
3	中	一旦发生，将会造成一定的经济、社会或生产经营影响，但影响面和影响程度不大
2	低	一旦发生，造成的影响程度较低，一般仅限于组织内部，通过一定手段很快能解决
1	很低	一旦发生，造成的影响几乎不存在，通过简单的措施就能弥补

资产 A_1、A_2、A_3 资产面临的威胁和脆弱性如表 7-39 所示（括号内是其等级值）。

表 7-39 资产面临的威胁和脆弱性

资产	威胁	脆弱性
资产 A_1(2)	威胁 T_1(2)	脆弱性 V_1(2)
		脆弱性 V_2(3)
	威胁 T_2(1)	脆弱性 V_3(1)
		脆弱性 V_4(4)
		脆弱性 V_5(2)
资产 A_2(3)	威胁 T_3(2)	脆弱性 V_6(4)
		脆弱性 V_7(2)
资产 A_3(5)	威胁 T_4(5)	脆弱性 V_8(3)
	威胁 T_5(4)	脆弱性 V_9(5)

资产 A_1 面临的主要威胁有威胁 T_1 和威胁 T_2，威胁 T_1 可以利用的资产 A_1 存在的脆弱性有 2 个，威胁 T_2 可以利用的资产 A_1 存在的脆弱性有 3 个，则资产 A_1 存在的风险值有 5 个。5 个风险值的计算过程类似，下面以资产 A_1 面临的威胁 T_1 可以利用的脆弱性 V_1 为例，计算安全风险值。

计算安全事件发生可能性，威胁发生频率，威胁 $T_1=2$；脆弱性严重程度；脆弱性 $V_1=2$。首先构建安全事件发生可能性矩阵，如表 7-40 所示。

根据威胁发生频率和脆弱性严重程度值在矩阵中进行对照，确定安全事件发生可能性值等于 6。由于安全事件发生可能性将参与风险事件值的计算，为了构建风险矩阵，对上述计算得到的安全风险事件发生的可能性进行等级划分，安全事件发生的可能性等级为 2，如表 7-41 所示。

表 7-40　安全事件可能性矩阵

脆弱性严重程度(V)	威胁发生频率(T)				
	1	2	3	4	5
1	2	4	7	11	14
2	3	6	10	13	17
3	5	9	12	16	20
4	7	11	14	18	22
5	8	12	17	20	25

表 7-41　安全事件可能性等级划分

安全事件发生可能性值	1～5	6～11	12～16	17～21	22～25
安全事件可能性等级	1	2	3	4	5

计算安全事件的损失资产价值，资产 $A_1=2$；脆弱性严重程度，脆弱性 $V_1=2$。构建安全事件损失矩阵，如表 7-42 所示。

表 7-42　安全事件损失矩阵

脆弱性严重程度(V)	资产价值(A)				
	1	2	3	4	5
1	2	4	6	10	13
2	3	5	9	12	16
3	4	7	11	15	20
4	5	8	14	19	22
5	6	10	16	21	25

根据资产价值和脆弱性严重程度在矩阵中进行对照，确定安全事件损失值为 5。由于安全事件损失将参与风险事件值的计算，为了构建风险矩阵，对上述计算得到的安全事件损失进行等级划分，如表 7-43 所示，安全事件损失等级为 1。

表 7-43　安全事件损失等级划分

安全事件损失值	1～5	6～10	11～15	16～20	21～25
安全事件损失等级	1	2	3	4	5

计算风险值，安全事件发生可能性为 2，安全事件损失等级为 1。首先构建风险矩阵，如表 7-44 所示。

表 7-44　风险矩阵

安全事件可能性等级	安全事件损失等级				
	1	2	3	4	5
1	3	6	9	12	16
2	5	8	11	15	18
3	6	9	13	17	21
4	7	11	16	20	23
5	9	14	20	23	25

根据安全事件发生可能性和安全事件损失等级在矩阵中进行对照，确定安全事件风

险为 6。按照上述方法进行计算，得到资产 A_1 的其他风险值，以及资产 A_2 和资产 A_3 的风险值。然后进行风险等级判定，如表 7-45 所示。

表 7-45　风险等级划分

风　险　值	1～6	7～12	13～18	19～23	24～25
风 险 等 级	1	2	3	4	5

根据上述计算方法，以此类推，得到三个重要资产的风险值，并根据风险等级划分表确定风险等级，如表 7-46 所示。

表 7-46　风险结果

资　　产	威　　胁	脆　弱　性	风　险　值	风 险 等 级
资产 A_1	威胁 T_1	脆弱性 V_1	6	1
		脆弱性 V_2	8	2
	威胁 T_2	脆弱性 V_3	3	1
		脆弱性 V_4	9	2
		脆弱性 V_5	3	1
资产 A_2	威胁 T_3	脆弱性 V_6	11	2
		脆弱性 V_7	8	2
资产 A_3	威胁 T_4	脆弱性 V_8	20	4
	威胁 T_5	脆弱性 V_9	25	5

7.6.3　相乘法风险值计算

相乘法主要用于两个或多个要素值确定一个要素值的情形。即 $z=f(x,y)$，函数 f 可以采用相乘法。相乘法的原理：

$$z=f(x,y)=x\otimes y_{0}$$

当 f 为增量函数时，"$\otimes$"可以为直接相乘，也可以为相乘后取模等。例如：

$$z=f(x,y)=x\times y$$

$$z=f(x,y)=\sqrt{x\times y}$$

$$z=f(x,y)=\lfloor\sqrt{x\times y}\rfloor$$

$$z=f(x,y)=\left[\frac{\sqrt{x\times y}}{x+y}\right]$$

…

相乘法提供一种定量的计算方法，直接使用两个要素值进行相乘得到另一个要素的值。相乘法简单明确，直接按照统一公式计算即可得到所需结果。

在风险值计算中，通常需要对两个要素确定的另一个要素值进行计算，例如由威胁和脆弱性确定安全事件发生可能性值，由资产和脆弱性确定安全事件的损失值，因此相乘法在风险分析中得到广泛采用。

使用相乘法计算风险值步骤如下。

（1）计算安全事件发生的可能性。

(2) 计算安全事件的损失。

(3) 计算风险值。

资产 A_1 和资产 A_2 所面临的威胁及威胁可利用资产的脆弱性如表 7-47 所示(括号内是其等级值)。

表 7-47　资产面临的威胁和脆弱性

资　　产	威　　胁	脆　弱　性
资产 A_1(4)	威胁 T_1(1)	脆弱性 V_1(3)
	威胁 T_2(5)	脆弱性 V_2(1)
		脆弱性 V_3(5)
	威胁 T_3(4)	脆弱性 V_4(4)
资产 A_2(5)	威胁 T_4(3)	脆弱性 V_5(4)
	威胁 T_5(4)	脆弱性 V_6(3)

资产 A_1 面临的主要威胁有威胁 T_1、威胁 T_2 和威胁 T_3。威胁 T_1 可以利用的资产 A_1 存在的脆弱性有 1 个,威胁 T_2 可以利用的资产 A_1 存在的脆弱性有 2 个,威胁 T_3 可以利用的资产 A_1 存在的脆弱性有 1 个,则资产 A_1 存在的风险值有 4 个。4 个风险值的计算过程类似,下面以资产 A_1 面临的威胁 T_1 可以利用的脆弱性 V_1 为例,计算安全风险值。计算公式为 $z=f(x,y)=\sqrt{x\times y}$,对 z 的计算值四舍五入取整,得到最终结果。

(1) 计算安全事件发生可能性:

威胁 $T_1=1$,脆弱性 $V_1=3$,可得安全事件发生可能性$=\sqrt{1\times 3}=\sqrt{3}$

(2) 计算安全事件的损失:

资产 $A_1=4$,脆弱性 $V_1=3$,可得安全事件损失$=\sqrt{4\times 3}=\sqrt{12}$

(3) 计算风险值:

安全事件发生可能性为$\sqrt{3}$,安全事件损失为 $\sqrt{12}$,可得安全事件风险值$=\sqrt{3}\times\sqrt{12}=6$

按照上述方法进行计算,得到资产 A_1 的其他风险值以及资产 A_2 的风险值,然后进行风险等级判定。

确定风险等级划分如表 7-48 所示。

表 7-48　风险等级划分

风　险　值	1～5	6～10	11～15	16～20	21～25
风 险 等 级	1	2	3	4	5

根据风险等级划分表确定风险等级,结果如表 7-49 所示。

表 7-49　风险结果

资　　产	威　　胁	脆　弱　性	风　险　值	风 险 等 级
资产 A_1	威胁 T_1	脆弱性 V_1	6	2
	威胁 T_2	脆弱性 V_2	4	1
		脆弱性 V_3	22	5
	威胁 T_3	脆弱性 V_4	16	4

续表

资 产	威 胁	脆 弱 性	风 险 值	风险等级
资产 A_2	威胁 T_4	脆弱性 V_5	15	3
	威胁 T_5	脆弱性 V_6	13	3

7.7 风险评价

在风险管理领域，风险评价是将风险分析的结果与风险准则相比较，以决定风险和/或其大小是否可接受或可容忍的过程。风险评价有助于风险应对决策。在信息安全中，风险评价具体是指在风险评估过程中对资产、威胁和脆弱性及当前安全措施进行分析评估后，对风险所做的综合分析和评估，将所评估的信息资产的风险与预先给定的准则做比较，或者比较各种风险的分析结果，从而确定风险的等级。风险评价方法是根据组织或信息系统面临的各种风险等级，通过对不同等级的安全风险进行统计和分析，并依据各等级风险所占全部风险的百分比来确定总体风险状况。

7.7.1 风险评价原则

根据风险评估实际情况，通过对风险评估分析得出的风险进行汇总分析，需要给出整体风险评估风险等级结论。结论分为高、中、低三个级别，评价原则如表7-50所示。

表 7-50 风险评价原则

风险等级结论	评 价 原 则
高	评估对象存在安全问题，且会导致关键资产面临高风险威胁
中	评估对象存在安全问题，但不会导致关键资产面临高风险威胁，关键资产面临的中风险威胁占威胁总数的50%及以上
低	评估对象存在安全问题，但不会导致关键资产面临高风险威胁，关键资产面临的低风险威胁占威胁总数的50%以上

7.7.2 不可接受风险评价标准

根据被评估组织要求，结合风险控制成本与风险造成的影响，由被评估组织确认风险评估中可接受风险的风险值范围；超过可接受风险值范围的风险视为组织不可接受风险。组织不可接受风险问题一旦发生，将严重影响被评估组织的正常运作，甚至造成不可挽回的损失，给被评估组织带来较为严重的经济或社会影响。风险评价标准如表7-51所示。

表 7-51 风险评价标准

风 险 类 别	判 别 依 据
可接受风险	风险值为1～20
不可接受风险	风险值为21～25

7.7.3 风险等级统计

根据风险等级判定结果，可以得出关键资产风险等级统计及评估的最终风险等级，如表7-52所示。

表7-52 关键资产风险等级统计表

风险级别	风险统计结果	
	个　　数	占总数的比例
高		
中		
低		
风险等级结论		

7.7.4 风险影响分析

根据风险评估中资产所面临的风险等级不同，开展高风险、中风险和低风险影响分析。

(1) 高风险影响分析

风险评估中资产所面临的高风险主要会给被评估组织带来组织声誉等方面的影响。该类风险问题一旦发生，可能会严重影响被评估组织的正常运作，造成重大经济损失，给被评估组织带来较大范围的负面社会影响。

(2) 中风险影响分析

风险评估中资产所面临的中风险主要会给被评估组织带来组织声誉等影响。该类风险问题一旦发生，可能会在一定程度上影响被评估组织的正常运作，造成一定的经济损失，给被评估组织带来一定范围内的负面社会影响。

(3) 低风险影响分析

风险评估中资产所面临的低风险主要会给被评估组织带来业务无法正常运行等影响。该类风险问题一旦发生，将在一定程度上影响被评估组织工作人员的正常工作，扰乱组织正常工作秩序。

7.8 风险处置

风险处置是为了将风险评估得到的各个安全等级的风险控制到可接受或可容忍的范围内而采取的一系列的计划和方法。

7.8.1 风险处置原则

根据成本控制与平衡的原则，风险的处置依照风险程度和风险等级来采取不同的处置方法，如表7-53所示。

表 7-53　风险程度和处置方法

等级赋值	风险等级	建议处置方法
5	很高	处置成本/目标收益值低，而风险对于组织的影响重大，对组织的根本利益有着决定性影响，若不进行处置，将有严重损失
4	较高	处置成本/目标收益值较低，风险对组织影响大，对组织的利益有着重大的影响
3	中等	处置成本/目标收益值适中，风险对组织影响较大，若不进行处置，对组织的利益有较大影响
2	较低	处置成本/目标收益值较高，风险对组织有一定的影响，若不处置，对组织的利益有轻微的影响
1	很低	处置成本/目标收益值很高，风险对组织的影响不是太明显，可以考虑忽略

7.8.2　风险处置方法

在信息安全领域，比较典型的风险处置措施有四类。

(1) 风险规避：通过变更原有的计划来消除风险或者风险发生的条件，从而避免目标遭受风险的影响。但是风险规避并不意味着风险完全的消除，而是规避了风险可能给目标造成的损失，一方面降低损失发生的概率，另一方面降低损失的程度。

(2) 风险转移：对风险最为实际而有效的应对方式，是指将面临的资产或价值通过合同或者非合同的方式转嫁给另一个人或单位的一种风险处理方式。风险转移可以将风险可能造成的损失进行部分或完全转移。

(3) 风险降低：当风险无法完全规避时，应通过一系列的保护措施来降低风险。例如，采取法律的手段将一些计算机犯罪予以法律制裁。计算机犯罪包括盗取机密信息，攻击关键的信息系统基础设施，传播病毒、不健康信息和垃圾邮件等。

(4) 风险接受：组织自己承担风险造成的损失。在风险明显满足组织方针策略和接受风险的准则的条件下，或者处置该风险所耗费的成本远大于收益时，风险接受是一种合理的选择。

不同的风险会有最合适的处置方式，应该根据已经制定的风险准则选择合适的风险处置方式。风险处置的基本原则是适度接受风险，根据组织可接受的处置成本将残余安全风险控制在可以接受的范围内。在进行具体的风险处置之前需要根据组织实际的情况制定相应的合理的风险处置计划，包括风险类别、风险二级分类、风险描述、处置方式的选择、处置措施的描述、紧急程度、预计完成时间、估算投入的成本以及相关责任人等信息。

7.9　本章小结

随着政府部门、企事业组织以及各行各业对信息系统依赖程度的日益增强，信息安全问题受到普遍关注。运用风险评估去识别安全风险，解决信息安全问题得到了广泛的认识和应用。信息安全风险评估就是从风险管理角度，运用科学的方法和手段，分析信息系统所面临的威胁及其存在的脆弱性，评估安全事件一旦发生可能造成的危害程度，提出有针对性的抵御威胁的防护对策和整改措施，为防范和化解信息安全风险，将风险控制在可接受的水平，最大限度地保障信息安全。信息安全风险评估作为信息安全保障工作的基础性工作和重要环节，贯穿信息系统的规划、设计、实施、运行维护以及废弃各个阶段，是信息安全等级保护制度建设的重要科学方法之一。

习　题

7-1　已知业务 B 的重要性赋值 $B=3$；资产 A 的重要等级 $A=5$；结合资产 A 在业务 B 开展过程中的作用，资产 A 的重要性 $A=4$；威胁 T_1 可能性等级 $L_t(T_1)=1$；威胁 T_2 可能性等级 $L_t(T_2)=2$；脆弱性 V_1 严重程度 I_{v1} 赋值 $I_{v1}=2$；脆弱性 V_2 严重程度 I_{v2} 赋值 $I_{v2}=5$；采取安全措施后，脆弱性被利用的可能性为 3。资产 A 的脆弱性 V_1 被威胁 T_1 利用后发生安全事件损失值为 10，损失等级为 1；资产 A 的脆弱性 V_2 被威胁 T_2 利用后发生安全事件损失值为 21，损失等级为 5。安全事件发生可能性见表 1，安全事件可能性等级见表 2，风险矩阵见表 3，风险等级见表 4。

表 1　安全事件发生可能性

脆弱性严重程度(V)	威胁发生频率(T)				
	1	2	3	4	5
1	2	4	7	11	14
2	3	6	10	13	17
3	6	9	12	17	20
4	$Q_1=?$	11	14	$Q_2=?$	22
5	8	12	17	20	25

表 2　安全事件可能性等级划分

安全事件发生可能性值	1～5	6～11	12～16	17～21	22～25
安全事件可能性等级	1	2	3	4	5

表 3　风险矩阵

安全事件可能性等级	安全事件损失等级				
	1	2	3	4	5
1	3	6	9	12	16
2	5	8	11	15	18
3	6	9	13	17	21
4	7	11	16	20	23
5	9	14	20	23	25

表 4　风险等级划分

风　险　值	1～5	6～10	11～15	16～20	21～25
风 险 等 级	1	2	3	4	5

问题：

(1) 完善安全事件发生可能性矩阵(见表1)。

(2) 用矩阵法计算资产 A 的脆弱性 V_2 被威胁 T_2 利用后发生安全事件的风险值和风险等级。

7-2 业务 B 的重要性赋值 $B=4$，资产 A 的重要等级 $A=3$；威胁 T_1 可能性等级 $L_t(T_1)=3$，威胁 T_2 可能性等级 $L_t(T_2)=4$；脆弱性 V_1 严重程度 I_{v1} 赋值 $I_{v1}=5$，脆弱性 V_2 严重程度 I_{v2} 赋值 $I_{v2}=3$；采取安全措施后，脆弱性被利用的可能性为 2；计算过程中所有值的等级见表5。

表5 安全事件损失等级划分

安全事件损失值	1～5	6～10	11～15	16～20	21～25
安全事件损失等级	1	2	3	4	5

试用相乘法计算资产 A 的脆弱性 V_1 被威胁 T_1 利用后发生安全事件的风险。计算公式使用 $z=f(x,y)=x\times y$，并对 z 的计算值四舍五入取整，得到最终结果。

第8章 安全应急处理

安全应急通常是指一个组织为了应对各种意外事件的发生所做的准备,以及在事件发生后所采取的措施。其目的是减少突发事件造成的损失,包括人民群众的生命、财产损失,国家和组织的经济损失,以及相应的社会不良影响等。

安全应急所处理的问题通常为突发公共事件或突发的重大安全事件,通过由政府或组织推出的针对各种突发公共事件而设立的各种应急方案使损失降到最低。安全应急方案是一项复杂而体系化的突发事件应急方案,包括预案管理、应急行动方案、组织管理、信息管理等环节。其相关执行主体包括应急响应相关责任组织、应急响应指挥人员、应急响应工作实施组织、事件发生当事人。

8.1 安全应急处理概述

安全应急处理是指针对已经发生或可能发生的安全事件进行监控、分析、协调、处理、保护资产安全的活动。其主要目的是对网络安全有所认识和有所准备,以便在遇到突发网络安全事件时做到有序应对及妥善处理。

另外,在发生确切的网络安全事件时,应急响应实施人员应及时采取行动,限制事件扩散和影响的范围,限制潜在的损失与破坏。实施人员应协助用户检查所有受影响的系统,在准确判断安全事件原因的基础上,提出基于安全事件的整体解决方案,排除系统安全风险,并协助追查事件来源,提出解决方案,协助后续处置。

国家对网络安全高度重视,且机构和组织面临越来越多、越来越复杂的网络安全问题,使得应急响应工作举足轻重。应急响应活动主要包括两方面：一是事前准备,例如,开展风险评估,制订安全计划,进行安全意识的培训,以发布安全通告的方式进行预警,以及各种其他防范措施；二是事后措施,其目的在于把事件造成的损失降到最低,这些行动措施可能来自人,也可能来自系统,例如,在发现事件后,采取紧急措施,进行系统备份、病毒检测、后门检测、清除病毒或后门、隔离、系统恢复、调查与追踪、入侵取证等一系列操作。

以上两方面的工作是相互补充的：首先,事前的计划和准备可为事件发生后的响应动作提供指导框架,否则,响应动作将陷入混乱,毫无章法的响应动作有可能引起比事件本身更大的损失；其次,事后的响应可能会发现事前计划的不足,从而吸取教训,进一步完善安全计划。因此,这两方面应该形成一种正反馈的机制,逐步强化组织的安全防范体系。

安全应急处理需要机构、组织在实践中从技术、管理、法律等各角度综合应用,保证突发网络安全事件应急处理有序、有效、有力,确保涉事机构及组织的损失降到最低；同时威慑肇事者。

8.1.1 安全事件损失划分

安全事件损失是指网络安全事件对系统的软/硬件、功能及数据造成破坏,导致系统业务中断,从而给事发组织造成的损失。根据恢复系统正常运行和消除安全事件负面影响所需付出的代价,安全事件损失可划分为以下四种系统损失。

(1) 特别严重的系统损失：造成系统大面积瘫痪，使其丧失业务处理能力，或系统关键数据的安全属性遭到严重破坏，恢复系统正常运行和消除安全事件负面影响所需付出的代价巨大，通常是事发组织难以承受的。

(2) 严重的系统损失：造成系统长时间中断或局部瘫痪，使其业务处理能力受到极大影响，或系统关键数据的安全属性遭到破坏，恢复系统正常运行和消除安全事件负面影响所需付出的代价巨大，但事发组织尚可承受。

(3) 较大的系统损失：造成系统中断，明显影响系统效率，使重要信息系统或一般信息系统业务处理能力受到影响，或系统重要数据的安全属性遭到破坏，恢复系统正常运行和消除安全事件负面影响所需付出的代价较大，但事发组织完全可以承受。

(4) 较小的系统损失：造成系统短暂中断，影响系统效率，使系统业务处理能力受到影响，或系统重要数据的安全属性受到影响，恢复系统正常运行和消除安全事件负面影响所需付出的代价较小。

8.1.2 安全事件分类

安全事件是有可能损害资产安全属性的任何活动。安全事件特指外部和内部攻击所引起的危害业务系统或支撑系统安全并可能引起损失的事件。安全事件可能给组织带来可计算的财务损失和组织的信誉损失。

安全事件可能是人为故意或意外行为引起的，也可能是某些控制失效或不可抗力等引起的。本节将威胁作为主要分类原则，同时适当考虑网络安全事件的产生原因、攻击方式、损害后果等，对网络安全事件进行分类。

网络安全事件分为有害程序事件、网络攻击事件、数据攻击事件、设备设施故障事件、违规操作事件、不可抗力事件六类。

1. 有害程序事件

有害程序事件是指蓄意制造、传播或感染有害程序，从而造成系统损失或社会影响的事件。有害程序是指插入信息系统中的一段程序，可危害系统中的数据、应用程序或操作系统的保密性、完整性或可用性，或影响信息系统的正常运行。有害程序事件包括以下类型。

(1) 计算机病毒：编制或者在计算机程序中插入的一段程序代码。它可以破坏计算机功能或者毁坏数据，并具有自我复制能力。

(2) 网络蠕虫：与计算机病毒相对应，一种利用信息系统缺陷，通过网络自动传播并复制的恶意程序。

(3) 特洛伊木马：伪装在信息系统中的非法远程控制程序，能够控制信息系统，包括从信息系统中窃取或截获数据。

(4) 僵尸网络：指网络上黑客集中控制的一群计算机，可用于伺机发起网络攻击，进行信息窃取或传播木马、蠕虫等其他有害程序。

(5) 混合攻击程序：利用多种方法传播和感染其他系统的有害程序，可以兼有计算机病毒、网络蠕虫、特洛伊木马等多种组合特征。混合攻击程序也可以是一系列不同恶意程序组合运行的结果。例如,一个计算机病毒或网络蠕虫在侵入计算机系统后在系统中安装木马程序。

(6) 勒索软件:一种恶意软件,通过感染用户的操作系统,采用加密用户的数据或拒绝用户访问设备等方式,使用户数据资产或计算资源无法正常使用,以此向用户勒索钱财换取解密密钥或恢复对设备的访问,赎金形式包括真实货币或虚拟货币。

(7) 恶意代码内嵌网页:因被嵌入恶意代码而受到污损的网页,该恶意代码在访问该网站的计算机系统中安装恶意软件。

(8) 恶意代码宿主站点:诱使网站存储恶意代码,导致目标用户下载的站点。

(9) 其他有害程序:不包含在以上子类中的有害程序。

2. 网络攻击事件

网络攻击事件是指通过网络或其他技术手段对信息系统进行攻击(或者利用信息系统配置、协议或程序中的脆弱性,或者强力攻击导致信息系统状态异常或对当前系统运行带来潜在危害),造成系统损失或社会影响的事件。网络攻击事件包括以下类型。

(1) 拒绝服务:因过度使用信息系统和网络资源(如CPU、内存、磁盘空间或网络带宽)而引起,进而影响信息系统的正常运行,如Ping泛滥、电子邮件轰炸等。

(2) 高级可持续性威胁:某组织对特定对象展开的持续有效的攻击活动导致的网络安全事件。这种攻击活动具有极强的隐蔽性和针对性,通常会运用受感染的各种介质、供应链和社会工程学等多种手段实施先进的、持久且有效的威胁和攻击。

(3) 后门利用:恶意利用软件和硬件系统设计过程中未经严格验证所留下的接口、功能模块、程序等,获取对程序或系统的访问权限。

(4) 漏洞利用:发掘并利用诸如配置、协议或程序的信息系统缺陷。

(5) 网络扫描窃听:利用网络扫描软件或窃听软件获取有关网络配置、端口、服务和现有脆弱性的信息。

(6) 干扰:通过技术手段阻碍计算机网络、有线或无线广播电视传输网络或卫星广播电视信号。

(7) 登录尝试:口令猜测、破解或账户信息收集等。

(8) 其他网络攻击:不包含在以上子类中的网络攻击。

3. 数据攻击事件

数据攻击事件是指通过网络或其他技术手段,使信息系统中的数据被篡改、假冒、泄漏、窃取等,从而造成系统损失或社会影响的事件。数据攻击事件包括以下类型。

(1) 数据篡改:未经授权接触或修改数据,如服务请求数据篡改、服务响应数据篡改等。

(2) 数据假冒:非法或未经许可使用、伪造系统数据,如身份数据假冒、网页数据假冒等。

(3) 数据泄露:通过技术手段或恶意操作使得信息系统中的数据对外透露,如社会工程、网络钓鱼等。

(4) 数据窃取:未经授权利用技术手段恶意主动获取信息系统中的数据,如窃听、间谍、位置检测等。

(5) 数据拦截：在数据到达目标接收者之前捕获数据。

(6) 数据丢失：误操作、人为蓄意或软硬件缺陷等因素导致信息系统中的数据缺失。

(7) 数据错误：输入或处理数据时发生错误。

(8) 数据勒索：主动瞄准目标，通过劫持信息系统重要数据或个人敏感信息向目标勒索赎金，从而达到敲诈的目的。

(9) 其他数据攻击：不包含在以上子类中的数据攻击。

4. 设备设施故障事件

设备设施故障事件是指信息系统自身故障或基础设施故障导致的网络安全事件。设备设施故障事件包括以下类型。

(1) 技术故障：信息系统或相关设备故障以及意外的人为因素导致信息系统故障或毁坏造成的系统损失，如硬件故障、软件故障、过载(信息系统容量饱和)、维护性破坏等。

(2) 基础设施故障：支撑信息系统运行的基本系统和服务故障造成的系统损失，如电源故障、网络故障、空调故障、供水故障等。

(3) 物理损害：故意或意外的物理行动造成的系统损失，如火灾、水灾、静电、恶劣环境(污染、灰尘、腐蚀、冻结)、设备毁坏、介质毁坏、设备盗窃、介质盗窃、设备丢失、介质丢失、设备篡改、介质篡改等。

(4) 辐射干扰：因辐射产生干扰造成的系统损失，如电磁辐射、电磁脉冲、电子干扰、热辐射等。

(5) 其他设备设施故障：不包含在以上子类中的设备设施故障。

5. 违规操作事件

违规操作事件是指人为故意或意外地损害信息系统功能造成系统损失的网络安全事件。违规操作事件包括以下类型。

(1) 权限滥用：超出范围使用权限。

(2) 权限伪造：为了欺骗制造虚假权限。

(3) 行为抵赖：否认所做的事情。

(4) 恶意操作：故意执行非法操作。

(5) 误操作：不正确或无意地执行错误操作。

(6) 人员可用性破坏：由人员缺失或缺席而造成。

(7) 资源未授权使用：为未授权的目的访问资源，包括营利冒险，如使用电子邮件参加非法传销的连锁信。

(8) 版权违反：贩卖或安装未经许可的商业软件或其他受版权保护的材料而引起，例如，盗版软件信息假冒是指通过假冒他人信息系统收发信息而导致的网络安全事件。

(9) 其他违规操作：不包含在以上子类中的违规操作。

6. 不可抗力事件

不可抗力事件是指某些突发事件造成的网络安全事件。不可抗力事件包括以下类型。

(1) 自然灾害：如气象灾害、地质灾害、海洋灾害等。

(2) 事故灾难：如煤矿事故、火灾事故、特种设备事故、基础设施和公用设施事故、核与辐射事故、能源供应中断事故等。

(3) 公共卫生事件：如传染病、食品药品安全等。

(4) 社会安全事件：如群体性事件、恐怖袭击事件、涉外突发事件、金融安全事件等。

(5) 其他不可抗力：不包含在以上子类中的不可抗力。

未分类到上述类别中的网络安全事件可以归属为其他事件类别。在上面的分类中可能存在一个具体的安全事件同时属于几类的情况，比如，蠕虫病毒引起的安全事件就可能同时属于拒绝服务类的安全事件、系统漏洞类安全事件和恶意代码类安全事件。此时应根据安全事件特征的轻重缓急来合理地选择应对的技术措施。仍然以蠕虫病毒为例，在抑制阶段侧重采用对抗拒绝服务攻击的措施，控制蠕虫传播，疏通网络流量，缓解病毒对业务带来的压力。在根除阶段采用恶意代码类安全事件的应对措施孤立并清除被感染的病毒源。在恢复阶段主要侧重于消除被感染主机存在的安全漏洞，从而避免再次感染相同的蠕虫病毒。随着攻击手段的增多，安全事件的种类需要不断补充和调整。

8.1.3 安全事件分级

安全事件由高到低划分为特别重大网络安全事件（Ⅰ级）、重大网络安全事件（Ⅱ级）、较大网络安全事件（Ⅲ级）和一般网络安全事件（Ⅳ级）。

(1) 符合下列情形之一的为特别重大网络安全事件。

① 重要网络和信息系统遭受特别严重的系统损失，造成系统大面积瘫痪，丧失业务处理能力。

② 国家秘密信息、重要敏感信息和关键数据丢失或被窃取、篡改、假冒，对国家安全和社会稳定构成特别严重威胁。

③ 其他对国家安全、社会秩序、经济建设和公众利益构成特别严重威胁，造成特别严重影响的网络安全事件。

(2) 符合下列情形之一且未达到特别重大网络安全事件的为重大网络安全事件。

① 重要网络和信息系统遭受严重的系统损失，造成系统长时间中断或局部瘫痪，业务处理能力受到极大影响。

② 国家秘密信息、重要敏感信息和关键数据丢失或被窃取、篡改、假冒，对国家安全和社会稳定构成严重威胁。

③ 其他对国家安全、社会秩序、经济建设和公众利益构成严重威胁，造成严重影响的网络安全事件。

(3) 符合下列情形之一且未达到重大网络安全事件的为较大网络安全事件。

① 重要网络和信息系统遭受较大的系统损失，造成系统中断，明显影响系统效率，业务处理能力受到影响。

② 国家秘密信息、重要敏感信息和关键数据丢失或被窃取、篡改、假冒，对国家安全和社会稳定构成较严重威胁。

③ 其他对国家安全、社会秩序、经济建设和公众利益构成较严重威胁、造成较严重影响的网络安全事件。

(4) 除上述情形外,对国家安全、社会秩序、经济建设和公众利益构成一定威胁、造成一定影响的网络安全事件为一般网络安全事件。

因此,根据安全事件分级依据,网络安全事件预警等级也分为四级,由高到低依次用红色、橙色、黄色和蓝色表示,分别对应发生或可能发生特别重大(Ⅰ级)、重大(Ⅱ级)、较大(Ⅲ)和一般网络安全事件(Ⅳ)。同样,网络安全事件应急响应分为四级,分别对应特别重大(Ⅰ级)、重大(Ⅱ级)、较大(Ⅲ级)和一般(Ⅳ级)网络安全事件。

8.1.4 安全应急处理流程

安全事件应急处理工作应检测、预测、预警,做到早发现、早报告、早处置。安全应急处理流程如图 8-1 所示。

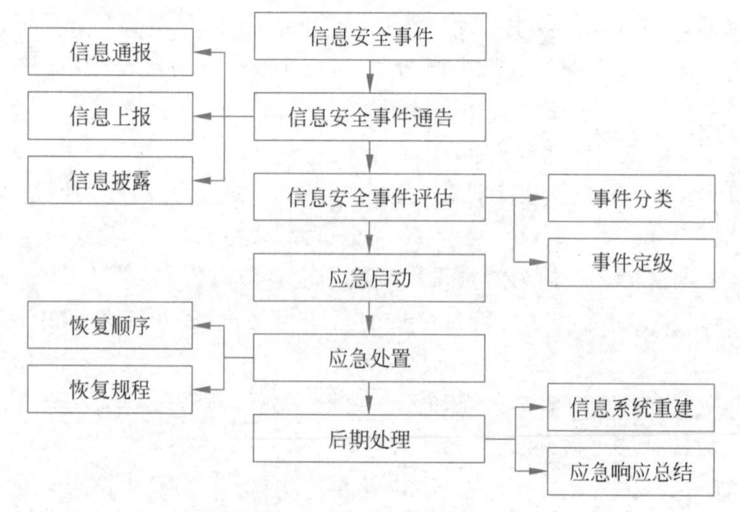

图 8-1 应急响应处理流程

信息通报分为组织内信息通报和组织外信息通报两部分。组织内信息通报的目的是在信息安全事件发生后迅速通知应急响应日常运行小组,并根据评估结果迅速通知所有相关人员,从而快速有序地实施应急响应计划。组织外信息通报目的是将相关信息及时通报给受到负面影响的外部机构、互联单位系统以及重要用户;同时根据应急响应的需要,应将相关信息准确通报给相关设备设施及服务提供商(包括电信、电力等)等外部组织,以获得适当的应急响应支持。值得注意的是,对外信息通报应符合组织的对外信息发布策略。

信息安全事件发生后,应按照相关规定和要求及时将情况上报相关主管或监管单位/部门。

信息发布的目的是避免信息安全事件造成的影响被误传,同时规范组织内人员信息披露,保证信息的一致性。因此,信息安全事件发生后,应根据信息安全事件的严重程度,指定特定的小组及时向新闻媒体发布相关信息,并且指定的小组应严格按照组织相关规定和要求对外发布信息,同时组织内其他部门或者个人不得随意接受新闻媒体采访或对外发表自己的看法。

确定信息安全事件后如何实施应急响应计划,对系统损害性质和程度的评估是非常重要的。这个损害评估应该在能够确保人员安全这个最优先任务的前提下尽快完成。所以,如果可能,那么应急响应日常运行小组应是第一个得到事件通知的小组。损害评估规程对于不同的系统是不同的。

对于导致业务中断、系统宕机、网络瘫痪等突发/重大信息安全事件,通常应立即启动应急。但由于组织规模、构成、性质等的不同,不同组织对突发/重大信息安全事件的定义可能不一样。因此,各组织的应急启动条件可能各不相同。启动条件可以基于以下方面考虑:人员的安全和/或设施损失的程度;系统损失的程度(如物理的、运作的或成本的);系统对于组织使命的影响程度(如保护资产的关键基础设施);预期的中断持续时间等。只有当损害评估的结果显示一个或多个系统启动条件被满足时,应急响应计划才应被启动。

应急处置时,当恢复复杂系统时,恢复进程应该反映出业务影响分析中确定的系统优先顺序。恢复的顺序应该反映出系统允许的中断时间,以避免对相关系统及其应用的重大影响。为了进行恢复操作,应急响应计划应提供恢复业务能力的详细规程。

安全应急处理后期处置,应进行信息系统重建和应急响应总结。在应急处置工作结束后,要迅速采取措施,抓紧组织抢修受损的基础设施,减少损失以尽快恢复正常工作。通过统计各种数据,查明原因,对信息安全事件造成的损失和影响以及恢复重建能力进行分析评估,认真制定恢复重建计划,迅速组织实施信息系统重建。应急响应总结是应急处置之后应进行的工作,具体工作如下。

(1) 分析和总结事件发生原因。

(2) 分析和总结事件现象。

(3) 评估系统的损害程度。

(4) 评估事件导致的损失。

(5) 分析和总结应急处置记录。

(6) 评审应急响应措施的效果和效率,并提出改进建议。

(7) 评审应急响应计划的效果和效率,并提出改进建议。

8.2 安全应急处理阶段

安全事件应急响应工作的特点是强大的压力、短暂的时间和有限的资源。应急响应是一项需要充分准备并严密组织的工作。它必须避免不正确或可能是灾难性的动作,以及忽略了关键步骤的情况发生。它的大部分工作应该是对各种可能发生的安全事件制定应急预案,并通过多种形式的应急演练,不断提高应急预案的实际可操作性。具有必要技能和相当资源的应急响应组织是安全事件响应的保障。参与具体应急响应团队不仅包括应急组织的人员,而且包括安全事件涉及的业务系统维护人员、设备提供商、集成商和第三方安全应急服务提供人员等,从而保证具有足够的知识和技能应对当前的安全事件。应急响应除了需要技术方面的技能外，还需要管理能力、相关的法律知识、沟通协调的技能、写作技巧甚至心理学的知识。

在系统通常存在各种残余风险的客观情况下，应急响应是一个必要的保护策略。同时需要强调的是，尽管有效的应急响应可以在某种程度上弥补安全防护措施的不足，但不可能完全代替安全防护措施；缺乏必要的安全措施会带来更多的安全事件，最终造成资源的浪费。

安全事件应急响应的目标通常包括：采取紧急措施，恢复业务到正常服务状态；调查安全事件发生的原因，避免同类安全事件再次发生；在需要司法机关介入时，提供法律需要的任何数字证据等。

从不同的角度出发，应急响应也有多种参考模型，这些模型都是网络安全工作者结合大量应急响应实践总结出来的，可以有效指导应急响应工作的规划和实施，帮助找准问题，避免疏漏。需要说明的是，这些模型并不是僵化的理论，应急响应的实践工作也不必刻板遵循某一模型展开。这些模型只是为研究问题、分析问题和解决问题提供参考。

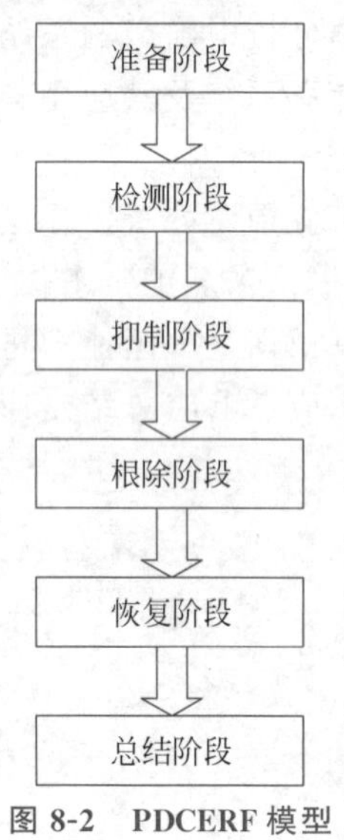

图 8-2　PDCERF 模型

PDCERF 模型是由美国匹兹堡软件工程研究所于 1987 年在关于应急响应的邀请工作会议上提出的。PDCERF 模型将应急响应流程分成准备（Preparation）阶段、检测（Detection）阶段、抑制（Containment）阶段、根除（Eradication）阶段、恢复（Recovery）阶段、总结（Follow-up）阶段 6 个阶段的工作（图 8-2），并根据应急响应总体策略对每个阶段定义适当的目的，明确响应顺序和过程。但是，PDCERF 模型不是安全事件应急响应唯一的方法。在实际应急响应过程中，不一定严格存在这 6 个阶段，也不一定严格按照这 6 个阶段的顺序进行，但它是目前适用性较强的应急响应通用方法。

准备阶段主要是以预防为主。在准备阶段，组织机构需要制定与安全事件应急响应相关的制度文件和处理流程，组建应急响应小组并明确各岗位人员的职责，维护组织资产清单并明确各资产负责人，同时为应急响应过程提前准备所需要的资源。准备阶段的意义在于当安全事件发生时，可以最快的速度安排人员根据制定好的流程进行应急响应工作。在准备阶段应关注：基于威胁建立合理的安全保障措施；建立有针对性的安全事件应急响应预案，并进行应急演练；为安全事件应急响应提供足够的资源和人员；建立支持事件响应活动管理体系。

检测阶段主要是对捕获到的安全事件进行检测工作。检测工作包括：对安全事件的确认，即确认安全事件是否已经发生；评估安全事件的危害和影响范围；对安全事件定级定性；调查安全事件发生的原因、取证追查、漏洞分析、后门检查、收集数据并分析等。例如，当主机发生 CPU 异常高使用率事件时，检测工作需要利用进程检测、网络连接检测等工具确定主机是否已感染病毒，并确定感染的主机数量，病毒是否已经进行横向攻击，以及病毒是利用何种漏洞进行攻击的等。

抑制阶段主要是控制安全事件的影响范围大小。中断安全事件的影响蔓延，以防止它影响到其他组织内的IT资产和业务环境。例如，当发生勒索病毒、蠕虫病毒等安全事件时，受到感染的机器应及时从组织网络环境中下线。需要注意的是，抑制阶段需要综合考虑抑制效果与其对业务影响的平衡。所有的抑制活动都建立在能正确检测事件的基础上，抑制活动必须结合检测阶段发现的安全事件的现象、性质、范围等属性，制定并实施正确的抑制策略。抑制策略包含：完全关闭所有系统；从网络上断开主机或部分网络；修改所有的防火墙和路由器的过滤规则；封锁或删除被攻击的登录账号；加强对系统或网络行为的监控；设置诱饵服务器进一步获取事件信息；关闭受攻击系统或其他相关系统的部分服务。

根除阶段需要对检测阶段中找到的引起安全事件的漏洞或缺陷等进行修复，并对安全事件中遗留的攻击痕迹（如后门漏洞、病毒文件等）进行彻底清除。

恢复阶段是漏洞修补、痕迹清除等工作完成之后，受到影响的业务资产需要进行恢复上线的操作。恢复上线前应该对业务资产进行安全测试和复查等工作，防止因修复不完全而导致恢复上线后再次发生安全事件。

总结阶段通过工具、安全设备等手段监控安全事件是否已经得到有效的处置，确定是否存在其他的攻击行为和攻击向量。同时，还应总结安全事件的处置流程，改进工作中存在缺陷的点，完善应急工作制度，并输出完善的安全事件应急响应报告。该阶段需要完成的原因：有助于从安全事件中吸取经验教训，提高技能；有助于评判应急响应组织的事件响应能力。

安全应急处理包括6个阶段17个主要安全控制点。在整个应急工作期间，应做好应急记录工作，并将详细记录填写进入安全应急处理控制点记录单，如表8-1所示。

表8-1 安全应急处理控制点记录单

阶　段	控制点数量	控　制　点
准备阶段	4	服务需求界定，服务合同或协议签订，服务方案制订，人员和工具准备
检测阶段	3	检测对象及范围确定，检测方案确定，检测实施
抑制阶段	3	抑制方法确定，抑制方法认可，抑制实施
根除阶段	3	根除方法确定，根除方法认可，根除实施
恢复阶段	2	恢复方法确定，恢复系统
总结阶段	2	总结，报告

控制点定义满足控制目标的要点以及支持控制点的最佳实践，其中某些内容可能不适用于所有情况，其他实现控制点的方法更为合适。

8.2.1 准备阶段

在安全事件处理前须签订应急事件授权书。安全应急处理应明确应急需求，根据网络拓扑图了解各项业务功能及各项业务功能之间的相关性，确定支持各种业务功能的相应信息系统资源及其他资源，明确相关信息的保密性、完整性和可用性要求。签订应急服务合同或协议，明确双方的职责和责任，签订保密协议和应急事件授权书。

安全应急处理应在了解应急需求的基础上制定服务方案；根据业务影响分析的结果

明确应急响应的恢复目标，包括关键业务功能及恢复的优先顺序；恢复时间目标和恢复点的范围；服务方案应带有完善的检测技术，至少包含检测目的、工具、步骤等内容。常见的包括 Windows 系统、UNIX 系统、数据库系统、常用应用系统和常见网络安全事件检测技术。

安全应急处理应根据需求准备处置网络安全事件的工具包，包括常用的系统命令、工具软件等。安全应急处理的工具包应保存在不可更改的移动介质上，如一次性可写光盘；安全应急处理的工具包应定期更新，并有完善的版本控制；安全应急处理能随时调动一定数量的应急服务人员，并给出安全应急处理联系清单，获取 Windows 系统安全初始化快照、获取 UNIX 系统安全初始化快照、网络设备安全初始化快照、数据库安全初始化快照、安全加固及系统备份，以及 Windows 系统、UNIX 系统、数据库系统的应急处理工具包。

8.2.2 检测阶段

对网络安全事件做出初步的动作和响应，根据获得的初步材料和分析结果预估事件的范围和影响程度，制定进一步的响应策略，并且保留相关证据。安全应急处理对发生异常的系统进行初步分析，判断是否真正发生了安全事件。安全应急处理应和组织共同确定检测对象及范围，检测对象及范围应得到书面授权，与组织配合确认安全事件等级。

安全应急处理应和组织共同确定检测方案。安全应急处理制定的检测方案应明确安全应急处理所适用的检测规范、检测范围。检测范围应仅限于组织已授权的与安全事件相关的数据，对机密性数据信息未经授权不得访问；安全应急处理制定的检测方案应包含实施方案失败的应变和回退措施；安全应急处理应与组织充分沟通，并预测应急处理方案可能造成的影响。

安全应急处理应按照检测方案实施检测，检测包含但不限于以下几个方面：收集并记录系统信息，特别是在执行备份的过程中可能遗失或无法捕获的信息，如所有当前网络连接；所有当前进程；当前登录的活动用户；所有打开了的文件，在断开网络连接时可能有些文件会被删除；其他所有容易丢失的数据，如内存和缓存中的数据；备份被入侵的系统，至少应备份已确认被攻击了的系统及系统上的用户数据；隔离被入侵的系统。

把备份的文件传到与生产系统相隔离的测试系统，并在测试系统上恢复被入侵系统，或者断开被破坏的系统并且直接在这个系统上进行分析；查找其他系统上的入侵痕迹。其他系统包括同一 IP 地址段或同一网段的系统、处于同一域的其他系统、具有相同网络服务的系统、具有同一操作系统的系统等；检查防火墙、IDS 和路由器等设备的日志，分析哪些日志信息源于以前从未注意到的系统连接或事件，并且确定哪些系统已经被攻击；确定攻击者的入侵路径和方法，分析系统的日志或通过使用工具，判断攻击者的入侵路径和方法；确定入侵者进入系统后的行为，分析各种日志文件或借用一些检测工具和分析工具，确定入侵者如何实施攻击并获得系统的访问权限；安全应急处理的检测工作应在监督与配合下完成，并及时记录操作过程；安全应急处理应配合组织，将所检测到的安全事件向有关部门和人员通报或报告。

利用系统漏洞的拒绝服务攻击，通过利用操作系统漏洞，能对系统进行拒绝服务攻击，受攻击系统将会出现不能正常运行、死机、CPU 占用率过高、内存占用率过高等现象。攻击者利用网络协议某些特性对系统发动拒绝服务攻击，如 SYN-FLOOD 就是利用 TCP 协议三次握手的特点发起的攻击。网络安全事件检测包括以下方法。

（1）共享环境下 SNIFFER 检测：当局域网内的主机通过 HUB 等方式连接时，一般称为共享式的连接。这种共享式的连接明显的特点是 HUB 会将接收到的所有数据向 HUB 上的每个端口转发，也就是说当主机根据 MAC 地址进行数据包发送时，尽管发送端主机告知了目标主机的地址，并不意味着在一个网络内的其他主机侦听不到发送端和接收端之间的通信，只是在正常状况下其他主机会忽略这些通信报文。如果这些主机不愿意忽略这些报文，网卡被设置为 promiscuous 状态，那么对于这台主机的网络接口而言，任何在这个局域网内传输的信息都是可以被侦听到的。

（2）交换环境下 SNIFFER 检测：通过利用 ARP 欺骗手段，能够实现交换环境下的网络监听，发起 Arpspoof 的主机向目标主机发送伪造的 ARP 应答包，骗取目标系统更新 ARP 表，将目标系统的网关的 MAC 地址修改为发起 Arpspoof 的主机 MAC 地址，使数据包都经由发起 Arpspoof 的主机，这样即使系统连接在交换机上也不会影响对数据包的攫取，由此就轻松地通过交换机实现了网络监听。

（3）口令猜测安全事件检测：口令猜测和暴力破解是黑客最常用的，也是最简单直接的攻击方式。为防止并记录这种攻击行为，需要事先做好安全设置和日志记录。通过检查系统的日志记录，可以检测出是否遭到口令猜测和暴力破解攻击。

（4）网络异常流量特征检测：网络的异常流量特征主要是指在网络中出现的数据包的大小异常、协议数据包分布的异常、网络连接状态的异常及网络流量大小的异常。

（5）数据库安全事件检测方法：对数据库的常见攻击主要是口令猜测和溢出攻击（没打补丁），此类攻击可以通过与准备阶段的快照进行对比，发现异常，确定事件的发生原因。

（6）基于事件驱动方式的安全检测方法：通过日常例行检查中发现安全事件的安全检测方法。从操作的角度讲，事件响应过程中的所有动作依赖检测。没有检测，就没有真正意义上的事件响应，检测触发了事件响应。

（7）事件驱动的病毒安全检测：由于互联网技术及信息技术的普及和发展，最具威胁性的是网络传播型的蠕虫病毒，它不仅具有传播性、隐蔽性，而且破坏网络造成拒绝服务，与黑客技术相结合，蠕虫可以在短时间内蔓延整个网络，造成网络瘫痪。一个和互联网相连的组织，最主要的病毒入口就是互联网，主要的传染方式是邮件系统；因此应该控制互联网入口处的病毒侵入，抑制最主要的病毒源。要求网管非常警觉，病毒特征码升级要快速及时，将病毒的传染域隔离到孤立的某一台机器，这样病毒的破坏就会控制到最小范围。要对整个网络进行规范化的网络病毒防范，了解最新的技术，结合网络的病毒入口点分析，很好地将这些技术应用到网络中，形成一个协同作战、统一管理的局面，建立完整、现代化的网络病毒防御体系。

（8）事件驱动的入侵检测安全检测：IDS 通过抓取网络上的所有报文，分析处理后，报告异常和重要的数据模式和行为模式,使安全技术人员清楚地了解网络上发生的事件,并能够采取行动阻止可能的破坏。入侵检测是防火墙的合理补充,帮助系统对付网络攻击,扩展了系统维护人员的安全管理能力(包括安全审计、监视、进攻识别和响应),提高了信息安全基础结构的完整性。它从计算机网络系统中的若干关键点收集信息,并分析这些信息,查看网络中是否有违反安全策略的行为和遭到袭击的迹象。网络型入侵检测系统主要用于实时监控网络关键路径的信息,如同闭路电视录像监控系统,它采用旁路方式全面侦听网上信息流,动态监视网络上流过的所有数据包,通过检测和实时分析,及时甚至提前发现非法或异常行为并进行响应。通过采取告警、阻断和在线帮助等事件响应方式,以最快的速度阻止入侵事件的发生。网络型入侵检测系统能够全天候进行日志记录和管理,进行离线分析,对特殊事件进行智能判断和回放。主机型入侵检测系统是基于对主机系统信息和针对该主机的网络访问进行监测,及时发现外来入侵和系统级用户的非法操作行为。它可以用来实时监视可疑的连接、系统日志检查、非法访问的闯入等,并且提供对典型应用的监视,如 Web 服务器、邮件服务器等。主机型入侵检测的主要优点是不受交换环境、加密环境影响,监测系统内部入侵和违规操作,可以对本机进行防护和阻断。

(9) 事件驱动的防火墙安全检测:防火墙的配置需要充分了解网络结构和应用,针对每个细节做评估,配置安全可靠的策略,当然攻击手段和应用总是在变化,但防火墙的配置不是一成不变的,所以也需要根据实际而调整防火墙配置。针对安全事件检测主要是对日志的分析和策略审计自动报警,有一定滞后性。防火墙的管理权限必须做到分权管理,否则在配置中很容易有疏忽和错误的地方。

经过检测,判断出网络安全事件类型,还要评估突发网络安全事件的影响。采用定量和/或定性的方法,对业务中断、系统宕机、网络瘫痪、数据丢失等突发网络安全事件造成的影响进行评估,确定是否存在针对该事件的特定系统预案,若存在,则启动相关预案;若事件涉及多个专项预案,则应同时启动所有涉及的专项预案。若不存在针对该事件的专项预案,则应根据事件具体情况,采取抑制措施,抑制事件进一步扩散。

8.2.3 抑制阶段

限制攻击的范围,抑制潜在的或进一步的攻击和破坏。安全应急处理应在检测分析的基础上确定与安全事件相应的抑制方法。全面评估入侵范围,入侵带来的影响和损失;安全应急处理所确定的抑制方法和相应的措施应得到认可。在采取抑制措施之前,安全应急处理应与组织充分沟通,告知可能存在的风险,制定应变和回退措施,并与组织达成协议。

安全应急处理应严格按照相关约定实施抑制,不得随意更改抑制措施和范围,如有必要更改,须获得授权;安全应急处理应使用可信的工具进行安全事件的抑制处理,不得使用受害系统已有的不可信文件。

抑制阶段采取以下措施。

(1) 拒绝服务类攻击抑制,包括 SYN 和 ICMP 拒绝服务攻击抑制和根除、ICMP-FLOOD 拒绝服务攻击抑制及根除。

(2) 系统漏洞拒绝服务抑制,包括 Windows 系统漏洞拒绝服务攻击抑制及根除、UNIX 系统漏洞拒绝服务攻击抑制及根除、网络设备 IOS 系统漏洞拒绝服务攻击抑制。

(3) 系统配置漏洞类攻击抑制。要做到漏洞的根除,必须及时打上相应的补丁程序。

(4) 网络欺骗类攻击抑制与根除,包括 DNS 欺骗攻击抑制与根除、电子邮件欺骗攻击抑制与根除、网络窃听类攻击抑制及根除、共享环境下 SNIFFER 攻击抑制及根除、交换环境下 SNIFFER 攻击抑制、数据库 SQL 注入类攻击抑制与根除、恶意代码攻击抑制和根除。

8.2.4 根除阶段

在事件被抑制之后,通过对有关恶意代码或行为的分析找出导致网络安全事件发生的根源,并予以彻底消除。安全应急处理应协助组织检查所有受影响的系统,在准确判断网络安全事件原因的基础上提出根除的方案建议。由于入侵者一般会安装后门或使用其他的方法以便有机会侵入被攻陷的系统,因此在确定根除方法时需要了解攻击者是如何入侵,以及了解与这种入侵相同或类似的各种方法。

安全应急处理应明确告知组织所采取的根除措施可能带来的风险,制定应变和回退措施,并获得书面授权;安全应急处理应协助组织进行根除方法的具体实施。安全应急处理应使用可信的工具进行安全事件的根除处理,不得使用受害系统已有的不可信文件。根除措施应包含但不限于以下几个方面,注意及时截屏。

(1) 改变全部可能受到攻击的系统的口令。

(2) 去除所有的入侵通路和入侵者做的修改。

(3) 修补系统和网络漏洞。

(4) 增强防护功能,复查所有防护措施(如防火墙)的配置,并依照不同的入侵行为进行调整,对未受防护或者防护不够的系统增加新的防护措施。

(5) 提高检测能力,及时更新 IDS 和其他入侵报告工具等的检测策略,以保证将来对类似的入侵进行检测。

(6) 重新安装系统,并对系统进行调整,包括打补丁、修改系统错误等,以保证系统不会出现新的漏洞。

8.2.5 恢复阶段

恢复网络安全事件所涉及的系统,并还原到正常状态。恢复时避免出现误操作导致数据的丢失。安全应急处理应告知组织一个或多个能从网络安全事件中恢复系统的方法,以及每种方法可能存在的风险。安全应急处理应与组织共同制定系统恢复的方案,根据抑制与根除的情况协助组织选择合理的恢复方法。如果涉及涉密数据,那么确定恢复方法时应遵守相关的保密要求。恢复方案涉及以下方面。

（1）如何获得访问受损设施或地理区域的授权。

（2）如何通知相关系统的内部和外部业务伙伴。

（3）如何获得恢复所需的硬件部件。

（4）如何装载备份介质。

（5）如何恢复关键操作系统和应用软件。

（6）如何恢复系统数据。

（7）如何成功运行备用设备。

1. 恢复系统

安全应急处理配合组织维护人员按照系统的初始化安全策略恢复系统，恢复系统时应根据系统中各子系统的重要性确定系统恢复的顺序。利用正确的备份恢复用户数据和配置信息；开启系统和应用服务，将受到入侵或者怀疑存在漏洞而关闭的服务修改后重新开放；将恢复后的系统连接到网络。当不能彻底恢复配置和清除系统上的恶意文件，或不能肯定系统经过根除处理后是否已恢复正常时，安全应急处理应建议组织维护人员彻底重建系统；安全应急处理协助组织维护人员验证恢复后的系统是否运行正常；安全应急处理宜帮助组织对重建后的系统进行安全加固。

2. 重装系统

安全加固及系统初始化，在系统重装完毕后，正式上线以前，必须做好安全加固和安全快照。进行系统的安全加固工作，尤其要注意对引发安全事件的漏洞的修复和加固的处理。在进行安全加固后，做好系统的安全快照。在发生应急处置失败的情况后，应及时应急检查操作记录，和应急方案进行对照，发现不合规或者是不符合规范的操作，记录并更正。当遇到应急处置失败情况时，应检查准备阶段做好的系统快照或备份是否可用，若可用，则恢复到最近的一次备份，并检查业务系统是否运作正常。

8.2.6 总结阶段

回顾网络安全事件处理的全过程，整理与事件相关的各种信息，进行总结并尽可能地把所有情况记录到文档中。安全应急处理应及时检查网络安全事件处理记录是否齐全，是否具备可追溯性，并对事件处理过程进行总结和分析。应急处理总结的具体工作包括但不限于：事件发生原因分析；事件现象总结；系统的损害程度评估；事件损失估计；形成总结报告；相关工具和文档（如记录、方案、报告等）归档。

应急响应文档可分为五类。

（1）应急响应框架类文档。主要描述应急响应事件的总体框架、事件分类、分级和应急专项预案的事件汇总。

（2）应急响应流程类文档。主要描述IDC（互联网数据中心）机房、网络设备、安全设备、主机设备、操作系统、中间件、数据存储等应急响应事件的处理过程。

（3）应急响应技术类文档。主要描述IDC机房、网络设备、安全设备、主机设备、操作系统、中间件、数据存储等应急响应事件的处理方法。

（4）应急响应业务类文档。主要描述业务应用的连续性及其影响，以及业务应用在出现应急响应事件时的处理方法。

(5) 应急响应特殊类文档。主要描述当前主流的病毒处理、数据恢复、抗 DoS 攻击、抗 DDoS 攻击、灾难恢复、重大泄密事件类的应急响应处理过程和处理方法。

安全应急处理应向组织提供完备的网络安全事件处理报告和建议,即应急处置事件报告及建议;同时,安全应急处理应向组织提供网络安全方面的建议和意见,必要时指导和协助组织实施;安全应急处理宜告知组织可能涉及法律诉讼方面的要求或影响。

8.3 安全应急处理中的关键技术

8.3.1 威胁情报

威胁情报是某种基于证据的知识,包括上下文、机制、标示、含义和可行的建议,这些知识与资产所面临已有的或酝酿中的威胁或危害相关,可用于资产相关主体对威胁或危害的响应或为处理决策提供信息支持。某些类型的威胁情报可以输入防火墙、Web 应用程序防火墙(WAF)、安全信息和事件管理(SIEM)系统以及其他安全产品,使它们能够更有效地识别和阻止威胁。其他类型的威胁情报更为通用,可帮助组织做出更大的战略决策。威胁情报还可以分为战术情报、行动情报和战略情报。

战术情报是有关威胁的具体实地细节,它让组织能够具体识别威胁。恶意软件特征码和入侵指标(IOC)是战术情报的示例。特征码是可以识别恶意软件的独特模式或字节序列。与指纹用于识别犯罪嫌疑人的方式相同,特征码有助于识别恶意软件。特征码检测是最常见的恶意软件分析形式之一。为了有效,特征码检测需要不断更新最新的恶意软件特征码。IOC 是有助于识别攻击是否已经发生或正在进行的数据。IOC 就像一件物证,侦探可能会收集它以确定谁在犯罪现场。同样,某些数字证据(日志中记录的异常活动,流向未经授权服务器的网络流量等)可帮助管理员确定攻击何时发生(或当前正在发生)以及攻击的类型。如果没有 IOC,那么可能很难确定是否发生了攻击。而保持不被发现通常有利于攻击者(如果在僵尸网络中使用受感染的设备)。

行动情报描述攻击者使用的战术、技术和程序(TTP),例如,攻击者使用哪些恶意软件工具包或漏洞工具包,他们的攻击来自哪里,或他们通常遵循哪些步骤来发动攻击。一般是指恶意 IP 地址、域名、恶意 URL、恶意样本 MD5 等一些威胁指标。IPS、防火墙等安全防护产品可自动地利用该类威胁情报增强安全防御能力,提高威胁响应速度。该类情报主要供安全产品、安全管理人员和事件响应人员使用。

战略情报描述整体趋势和长期问题,它还包括已知攻击者的动机、目标和方法。一般为行业或领域威胁发展态势评估和预测,如年度情报总结、不同行业内部风险对比、地理政治分析等。该类情报主要供组织高层人员使用。

通过对威胁情报的大类和应急响应阶段的划分,系统化地把威胁情报的大类与应急响应的阶段整合成一个矩阵进行作用分析,见表 8-2。

表 8-2 威胁情报在应急处理中的作用

阶段	战术情报	行动情报	战略情报
准备阶段	引入威胁情报数据并用于SIEM/SOC平台，增加异常告警相关的上下文信息和准确性	明确应对的威胁类型，主要攻击团伙，使用的攻击战术技术特点，常用的恶意代码和工具；针对上述信息分析其攻击面和对应的响应策略	全面了解组织面临的威胁类型及其可能造成的影响；了解行业内同类组织面临的威胁类型及已经造成的影响，决策用于应对相关威胁的安全投入
检测阶段	针对告警提供更丰富的上下文信息，并能聚合其他相关的异常信息，提高安全人员识别的效率	基于威胁情报，明确威胁攻击的类型、来源，针对的目标，攻击的意图	
抑制、根除与恢复阶段	根据相关的IOC集合针对组织内部资产能够加快评估攻击影响面和损失	基于攻击者的攻击战术技术特点的威胁情报信息，能够帮助安全人员判断当前攻击者已实施的攻击阶段和下一步的攻击行动，有针对性地进行相应决策	
总结阶段	发现新的IOC信息作为威胁情报补充到内部威胁情报平台，并用于后续的安全运营工作	帮助完善对整个事件过程的回溯和还原；更新对攻击者的认知，以更好地应对未来同类的攻击；结合威胁情报的共享也能够帮助相关行业相关组织应对同类威胁	

威胁情报应包括与安全威胁相关的五个方面信息，具体如下。

(1) 上下文：也可理解为条件或环境，指具体威胁存在的环境或起作用的场景。

(2) 机制：情报涉及威胁所采用的方法和途径。

(3) 指标：威胁目前正在作用于目标的识别特征。

(4) 可能结果：威胁可能对目标造成的破坏性结果。

(5) 可操作建议：可用于指导安全人员采取措施阻止或避免被威胁影响的有效建议。

根据威胁情报获取的难易程度，威胁情报价值从低到高可分为五个层次(图 8-3)。

第一层，最底层威胁情报由文件构成，主要涉及与恶意网络活动相关的各种恶意代码，如 Trojan、Backdoor、Downloader、Dropper 等。文件样本是整个事件分析的起点和基础性数据。用于标记文件的各种 HASH 是最基本的威胁情报信息，可以方便地用于在目标系统上进行搜索，如果一个木马文件在系统上被发现，对象被感染的可能性就非常大。

第二层，在文件 HASH 之上的是通过分析文件样本得到的直接关联的各类基于主机和网络的特征，这些数据可以用来作为入侵指示器。简单来说，主机特征可能包含恶意代码在机器上运行时产生的有区分能力的数据，如写入的注册表项、文件路径等，网络特征包含组件下载的IP/域名、访问的URL、通信协议等信息。

第三层，通过分析样本间的上下游关系，推断攻击发生时恶意代码的进入渠道，了解攻击手法（工具、漏洞、攻击路径）。

第四层，组织情报层，分辨出多个攻击事件背后的同一个组织，并判定组织的来源、分工、资源状况、人员构成、行动目标等要素。

第五层，人员情报层，是威胁情报分析的最后一环，实现虚拟世界到现实世界的映射，也是最难获取的。因为目标是人，所以采用的手段就可以丰富得多。要得到这类情报，也就不再限于技术分析，可能需要一些非技术的取证手段，比如真实注册信息、社交账号的关联数据、交易数据等。

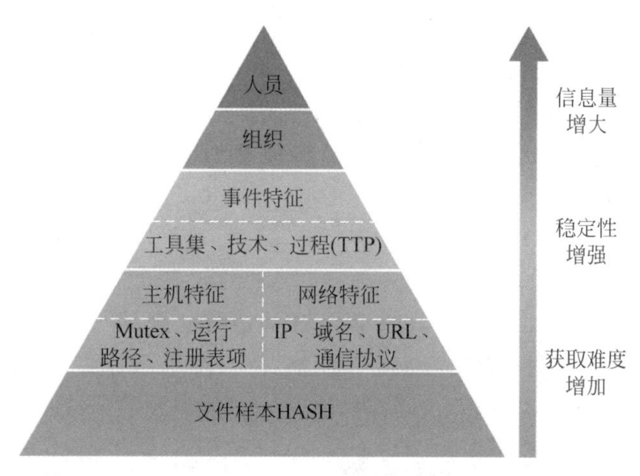

图 8-3　威胁情报层次

威胁情报是态势感知所依据的重要资源，基础威胁情报数据往往数量庞大，这为基于机器学习和深度学习方法安全智能化提供了基础数据源。其应用核心是数据、重点是分析，大量威胁情报数据经过挖掘分析后产生的攻击详细信息（攻击是否已知、攻击意图、攻击手法、攻击目标、如何排查等）可以使防护方因势而动，制定更有效的防护策略，将安全风险拒之门外。能够驱动态势感知系统进行及时且准确的响应，正是威胁情报的价值所在。

8.3.2　态势感知

态势感知是对一定时间和空间内的环境元素进行感知，并对这些元素的含义进行理解，最终预测这些元素在未来的发展状态。网络安全态势感知，即将态势感知的相关理论和方法应用到网络安全领域中。网络安全态势感知可以使网络安全人员宏观把握整个网络的安全状态，识别出当前网络中存在的问题和异常活动，并做出相应的反馈或改进。通过对一段时间内的网络安全状况进行分析和预测，为高层决策提供有力支撑和参考。

网络安全态势感知是一种基于环境动态、整体地洞悉安全风险的能力，它利用数据融合、数据挖掘、智能分析和可视化等技术，直观显示网络环境的实时安全状况，为网络安全保障提供技术支撑。网络安全态势感知系统的工作过程大致分为安全要素采集、安全数据处理、安全数据分析和分析结果展示这几个关键阶段。安全要素采集是获取与安全紧密关联的海量基础数据，包括流量数据、各类日志、漏洞、木马和病毒样本等；安全数据处理是通过对采集到的安全要素数据进行清洗、分类、标准化、关联补齐、添加标签等操作，将标准数据加载到数据存储中；安全数据分析和分析结果展示是利用数据挖掘、智能分析等技术，提取系统安全特征和指标，发现网络安全风险，汇总成有价值的情报，并将网络安全风险通过可视化技术直观地展示出来。

借助网络安全态势感知，运维人员可以及时了解网络状态、受攻击情况、攻击来源以及哪些服务易受到攻击等情况；用户组织可以清楚地掌握所在网络的安全状态和趋势，做好相应的防范准备，减少甚至避免网络中病毒和恶意攻击带来的损失；应急响应组织也可以从网络安全态势中了解所服务网络的安全状况和发展趋势，为制定有预见性的应急预案提供基础。

在对态势感知的研究中学术界和业界提出了多种相关的模型和技术，比较著名的有Endsley、JDL 和 Tim Bass 三个经典模型，这些模型为网络安全态势感知理论和技术的发展提供了参考和借鉴。

Endsley 模型结构(图 8-3)如下。

(1) 要素感知(Level 1)：感知环境中相关要素的状态、属性和动态等信息。

(2) 态势理解(Level 2)：通过识别、解读和评估的过程，将不相关的要素信息联系起来，并关注这些信息对预期目标的影响。

(3) 态势预测(Level 3)：基于对前两级信息的理解，预测未来的发展态势和可能产生的影响。

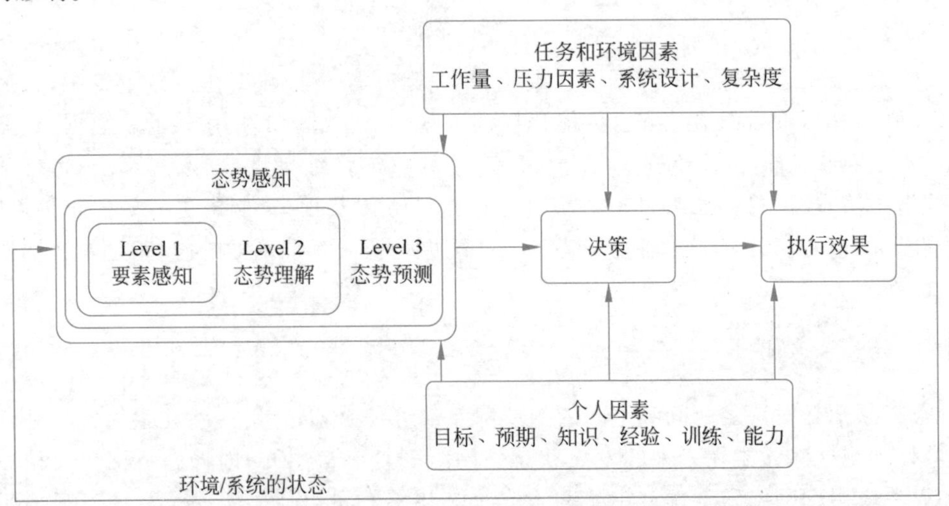

图 8-4　Endsley 模型结构

影响态势感知的要素主要分为任务和系统要素以及个人因素，实现态势感知能力依赖影响要素提供的服务。态势感知系统最终的执行效果将反馈给核心态势感知，形成正反馈，不断提升态势感知的总体能力。

面向数据融合的JDL模型将来自不同数据源的数据和信息综合分析，根据它们之间的相互关系进行目标识别、身份估计、态势评估和威胁评估，通过不断地精炼评估结果来提高评估的准确性。该模型已成为美国国防信息融合系统的一种实际标准。JDL模型结构(图8-5)如下。

(1) 数据预处理(第0级)：负责过滤、精简、归并来自信息源的数据，如入侵检测警报、操作系统及应用程序日志、防火墙日志、弱点扫描结果等。

(2) 对象精炼(第1级)：负责数据的分类、校准、关联及聚合，精炼后的数据被纳入统一的规范框架中，多分类器的融合决策也在此级进行。

(3) 态势精炼(第2级)：综合各方面信息，评估当前的安全状况。

(4) 威胁精炼(第3级)：侧重于影响评估，既评估当前面临的威胁，也预测威胁的演变趋势以及未来可能发生的攻击。

(5) 过程精炼(第4级)：动态监控融合过程，依据反馈信息优化融合过程。

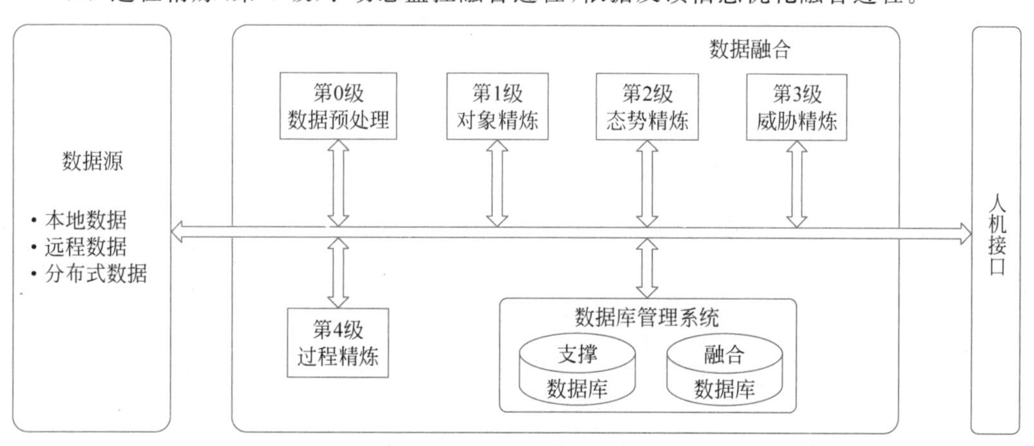

图8-5 JDL模型结构

Tim Bass等在Endsley态势感知三级模型的基础上提出了从空间上进行异构传感器管理的功能模型——Tim Bass模型，模型中采用大量传感器对异构网络进行安全态势基础数据的采集，并对数据进行融合，对知识信息进行比对。该模型以底层的安全事件收集为出发点，通过数据精炼和对象精炼提取出对象基，然后通过态势评估和威胁评估提炼出高层的态势信息，并做出相应的决策，该框架将数据由低到高分为数据、信息和知识三个层面。该模型具有很好的理论意义，为后续的研究提供了指导，但最终并未给出成型的系统实现。该方法的缺点是当网络系统很复杂时，威胁和传感器的数量以及数据流会变得非常巨大而使得模型不可控制。

Tim Bass模型结构(图8-6)如下。

(1) 数据精炼(第0级)：负责提取、过滤和校准原始数据。

(2) 对象精炼(第1级)：将数据规范化，做时空关联，按相对重要性赋予权重。

(3) 态势评估(第2级)：负责抽象及评定当前的安全状况。

(4) 威胁评估(第3级)：基于当前状况评估可能产生的影响。

(5) 资源管理(第4级)：负责整个过程的管理。

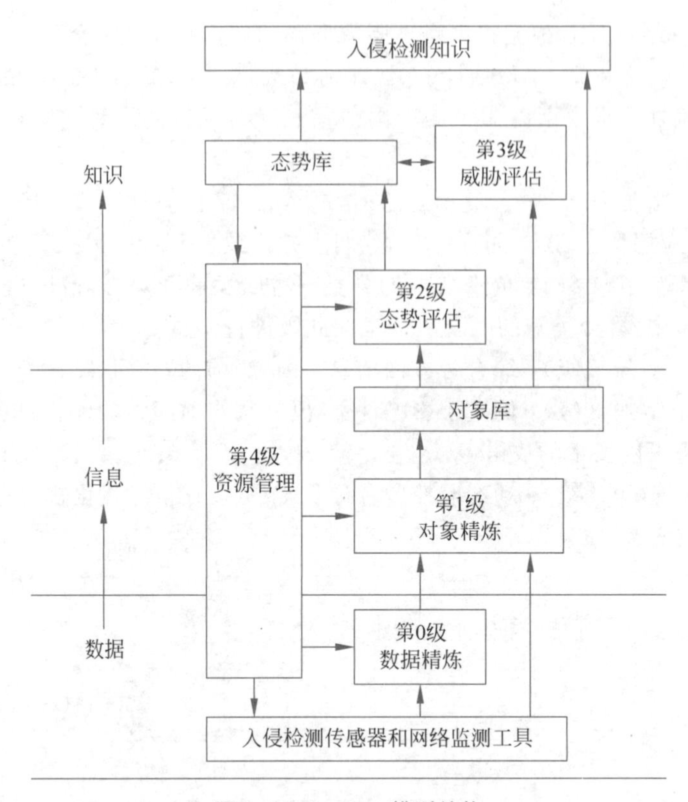

图 8-6 Tim Bass 模型结构

网络安全态势感知技术可以带动整个安全防护体系升级，实现以下三个方面的转变。

(1) 安全建设的目标从满足合规转变为增强防御和威慑能力，并且更加注重对抗性，这对情报技术提出了更高要求。

(2) 攻击检测的对象从已知威胁转变为未知威胁，通过大数据分析、异常检测、态势感知、机器学习等技术，实现对高级威胁的检测。

(3) 对威胁的响应从人工分析并处置转变为自动响应闭环，强调应急响应、协同联动，实现安全弹性。

8.3.3 流量威胁检测

特征检测可以防范已知威胁，基于沙箱的动态行为分析技术可以阻止未知恶意程序进入系统内部，但是对于账号异常登录、敏感数据异常访问、木马隐蔽通道和已经渗透进入系统内部的恶意程序而言，传统的安全设备不能有效地进行检测和防范。因此，安全分析的关键是流量数据。只有对网络链路流量进行采集分析，才能为用户识别和发现攻击提供有效的检测手段，才能对网络的异常行为具有敏锐的感知能力，让数据的检测无死角，解决传统网络安全措施无法解决的网络问题，发现传统网络安全措施不能发现的安全问题。

再高级的攻击都会留下痕迹,这时就能体现出流量分析的重要性。流量分析包括流量威胁检测、流量日志存储与威胁回溯分析。流量威胁检测以网络流量数据为基础,这里的网络流量数据不是简单地依赖设备的日志和某些固定规则,而是以一种高价值、高质量的网络数据表示——"网络元数据"存在。其数据来源有流量数据包、会话日志、元数据、告警数据、附件、邮件、原始还原数据等,也就是网络流量大数据。流量威胁检测能够对网络中的所有行为从多维度进行特征建模,从而设定相应的安全基线,对于不符合安全基线要求的网络行为检测为未知攻击,弥补以往单纯依赖特征的不足。流量日志存储则确保从时间轴、空间轴上实现网络内设备与应用的历史流量关联,从而在网络攻击发生时做到实时检测,在发生后做到溯源取证。威胁回溯分析可随时分类查看及调用任意时间段的数据,从不同维度、不同时间区间,提供不同层级的数据特征和行为模式特征,从而进行数据逐层挖掘和检测,直观、快速、准确地定位各种网络安全事件发生的根源。

可以系统化地把流量威胁检测与应急响应的阶段整合成一个矩阵进行作用分析,如表 8-3 所示。

表 8-3 流量威胁检测技术在应急处理中的作用

应急响应阶段	流量威胁检测技术
检测阶段	可利用流量传感器对网络流量进行解码,还原出真实流量,并提取出网络层、传输层和应用层的头部信息,甚至是重要负载信息。这些信息将通过加密通道传送到分析平台进行统一处理。传感器中应用自主知识产权的协议分析模块,可以在 IPv4/IPv6 网络环境下,支持 HTTP (网页)、SMTP/POP3(邮件)等主流协议的高性能分析。同时,流量传感器预置了入侵攻击库和 Web 攻击库,可检测出常见的扫描行为和常见的远程控制木马行为等攻击行为,也可检测主流的 Web 应用攻击,包括注入、跨站、WebShell、命令执行等。流量传感器检测到此类攻击后会产生告警,并将告警日志加密传输给分析平台,供平台统一管理
分析阶段	使用流量威胁检测工具,可协助用户缩短内部安全检测发现的周期,提升安全事件的持续检测能力。通过工具的自动化和可视化功能,提升安全事件的监控能力
处置阶段	通过流量威胁检测技术不仅能够发现告警机器,而且能够发现其他已经"中招"的设备,同时根据当前发现的新线索不断拓展,进一步挖掘潜在威胁。如果用户没有安装终端管控相关软件,那么可以通过流量威胁检测进一步还原流量信息,从而找到受害者的机器以及所属的人员信息。针对发现的问题采用哪种方式进行处置,这样的处置是否会对系统带来其他影响,都可以通过流量分析给出答案

8.3.4 恶意代码分析

恶意代码分析又称为样本分析,通过恶意代码分析能够提取感染主机中的可疑样本,并分析确定攻击者的行为轨迹及感染特征,为事件的应急响应提供所需的信息。

使用恶意代码分析的主要目的是弄清楚恶意代码如何工作。通过对安全事件涉及的样本进行详细分析,确定恶意代码的目标和功能特性。恶意代码分析分为静态分析和动态分析两大类。

静态分析往往描述恶意代码本身的特征,包括样本的签名信息、特征码、字符串信息、哈希值及特征序列代码段等。这些信息一方面可以提高反病毒软件的查杀能力,另一方面可以根据类似特征写出某些恶意样本家族的专杀工具。同时,静态分析可以快速检测出恶意代码感染的机器。

动态分析往往确认恶意样本的行为特征及使用的技术特征,目的是对恶意样本进行定性描述和类别划分,如将其分为勒索病毒、挖矿木马、远控木马、僵尸网络程序、Rootkit、Bootkit 等。

恶意代码的动态分析能够观察恶意代码在感染系统中的行为轨迹。例如,Windows 系统在感染恶意样本后,该恶意样本的运行会产生主机的动态特征信息,如修改启动进程、修改注册表项、添加计划任务、注册系统服务或释放文件等。它与静态的特征码不同,其针对主机的特征信息关注的是恶意代码对机器做了哪些修改,而不是恶意代码本身的特性。

目前常见的恶意代码动态分析技术有沙箱技术,即通过模拟一个真实的操作系统环境,将恶意样本投入,检测其对操作系统的修改,从而对其行为还原并记录。

在应急响应发生时,往往对应一种或多种类型的安全事件,无论是 Linux 操作系统还是 Windows 操作系统,当攻击者需要持久控制一台或多台机器时,必然需要留下持久控制的代码,这些代码往往就是在应急响应中需要分析的目标。通过分析这些代码,可了解恶意代码的功能与手法,在受感染的机器上快速定位问题,同时根据关联代码特征进行部分溯源工作。

8.3.5 网络检测响应

网络检测响应是指通过对网络流量产生的数据进行多手段检测和关联分析,主动感知传统防护手段无法发现的高级威胁,进而执行高效的分析和回溯,并协助用户完成处置。

网络是一切业务流量及威胁活动的载体。传统的网络安全防护以预设规则、静态匹配为主要手段,在网络边界处对进出网络的流量进行访问控制和威胁检测。随着网络威胁的持续演进,强依赖静态特征检测难以有效应对当前范围更广、突发性更强的网络威胁。

下一代防火墙等应用层安全设备在网络中的广泛部署,使得用户对网络流量中承载的用户、应用、内容等体现网络行为的信息具备了更强的洞察力,为网络的安全防护向积极防御迈进提供了有利条件。结合当前快速发展的威胁情报、异常行为建模分析技术,人们有条件对网络行为数据进行更深入的分析,从而弥补传统静态特征检测仅识别已知威胁的局限性,做到“见所未见”,并进行智能化的处置,提升应急响应的效率。

简而言之,网络检测响应相当于在网络的大门上加装了多种监控装置,对于门卫难以辨识的威胁,可通过“摄像头”对其行为进行持续的观察,并结合外部系统提供的关键信息深入判别,通过行为上的异常来感知威胁的存在,并通知门卫做出更及时的响应。完整的网络检测响应架构一般包括传感器、分析平台和执行器部件。在实际方案中传感器和执行器均部署于网络中，既可以单独部署也可以合二为一部署。

网络检测响应不能只是依赖签名指纹匹配的传统网络威胁检测技术，而应针对原始网络流量进行一定时间的学习、训练和优化，形成相对准确且能动态调整的网络流量行为模型，以行为模型作为网络风险和异常判定的标准基线，再配合其他网络威胁检测技术，进行精细化溯源定位。同时，能够自主采集穿过边界和内网的流量，不依赖防火墙等其他产品组件，并且能够针对原始网络流量进行实时或接近实时的分析，以检测发现流量中的风险和异常，再通过分析结果和取证信息定位到风险和异常的主机对象。

8.3.6 终端检测和响应

终端检测和响应旨在自动保护组织的最终用户、终端设备和IT资产免受突破防病毒软件和其他传统终端安全工具安全防线的网络威胁。

终端检测和响应将从网络上的所有终端（台式机和笔记本电脑、服务器、移动设备、IoT设备等）中连续收集数据，实时分析这些数据，查找已知或疑似网络威胁的证据，并且可以自动做出响应，防止或尽可能减少所识别的威胁造成的损失。

尽管防病毒软件、反恶意软件、防火墙和其他传统终端安全解决方案都会随着时间的推移而不断发展，但它们仍然仅限于检测基于文件或基于签名的已知终端威胁。它们在预防社会工程攻击（例如，诱使受害者泄露敏感数据，或访问包含恶意代码的虚假网站的网络钓鱼消息）方面表现出的效果不太理想。而且，它们对于越来越多的“无文件”网络攻击也无能为力。这类攻击专门在计算机内存中运行，可以完全避开文件或签名扫描。

最重要的是，传统终端安全工具无法检测或消除从它们身边溜走的高级威胁。因此，这些威胁可以在网络中潜伏并漫游数月，收集数据并识别漏洞，为发起勒索软件攻击、零日漏洞攻击或其他大规模网络攻击做准备。

终端检测和响应弥补了这些传统终端安全解决方案的不足。它提供了威胁检测分析和自动响应功能，通常无须人工干预即可识别并遏制各种渗透到网络边界的潜在威胁，从而避免造成重大损失。

终端检测和响应包括以下五个核心功能。

（1）持续终端数据收集。从网络上的各个终端设备中持续收集数据，如流程、性能、配置更改、网络连接、文件和数据下载或传输、最终用户或设备行为的数据。这些数据存储在中央数据库或数据湖中，通常托管在云端。

（2）实时分析和威胁检测。使用高级分析和机器学习算法，在已知威胁或可疑活动发生之前实时识别指示这些活动的模式。一般来讲，终端检测和响应会查找感染迹象（IOC，即与潜在攻击或违规行为一致的操作或事件）以及攻击迹象（IOA，即与已知网络威胁或网络犯罪分子相关的行动或事件）两种类型的迹象。为了识别这些迹象，终端检测和响应会将自己的终端数据与来自威胁情报服务的数据实时关联，而威胁情报服务会提供关于最新网络威胁的持续更新信息——策略、终端或IT基础架构漏洞等。终端检测和响应还可以自行执行侦查，将实时数据与历史数据和已建立的基线进行比较，确定出可疑的活动、异常的最终用户活动以及任何可能指示网络安全事件或威胁的内容。这些算法还可以将“信号”或合法威胁与误报的“噪声”区分开来。

(3) 自动威胁响应。通过自动化技术引入“响应”机制，根据设置的预定义规则(或机器学习算法随时间推移“学习”的规则)，网络检测响应可以自动提醒注意特定威胁或可疑活动；根据严重性对警报进行分类或划分优先级；生成“追溯”报告，以跟踪事件或威胁在网络上的完整轨迹，一直追溯到其根本原因；断开终端设备的连接，或从网络注销最终用户；停止系统或终端进程；阻止端点执行(引爆)恶意/可疑文件或电子邮件附件；触发防病毒软件或反恶意软件，以扫描网络上的其他终端来查找相同的威胁。

(4) 威胁隔离和补救。一旦确定存在威胁，网络检测响应就会提供一些功能，以供组织用来进一步调查威胁。例如，取证分析可帮助查明威胁的根本原因，识别受其影响的各种文件，并确定攻击者进入并使用网络获取认证凭证访问权或执行其他恶意活动时利用的一个或多个漏洞。有了这些信息，分析人员就可以使用补救工具来消除威胁。补救措施可能涉及销毁恶意文件并将其从终端清除，复原损坏的配置、注册表设置、数据和应用文件，应用更新或添加补丁以消除漏洞，以及更新检测规则以防止威胁再次发生。

(5) 威胁搜寻支持：威胁搜寻(也称“网络威胁搜寻”)是一项主动式安全活动，可通过这种活动在网络中搜索未知威胁或者组织自动网络安全工具尚未检测或修复的已知威胁。威胁搜寻者可以使用各种策略和方法，其中大多数策略和方法都依赖网络检测响应在威胁检测、响应和补救时使用的相同数据源、分析和自动化功能。例如，威胁搜寻分析人员希望根据取证分析来搜索特定文件、配置更改或其他文件，或者搜索用于描述特定攻击者方法的数据。

8.3.7 数字取证

数字取证就是科学地运用提取和证明方法，对从电子数据源提取的证据进行保护、收集、验证、鉴定、分析、解释、存档和出示，以有助于进一步的犯罪事件重构或帮助识别某些与计划操作无关的非授权性活动。数字取证主要应用在法律诉讼活动和其他特殊应用中。从法律层面看，数字取证是指在诉讼活动中取证人员依循规定程序，运用计算机科学理论和技术或者专门知识，对诉讼涉及的专门性问题进行提取、鉴定，并提供鉴定意见的法律活动；从应用层面看，数字取证是研究如何对电子数据进行获取、保全、分析和出示的操作规范和科学技术。

数字取证是取证科学的一个分支，专注于对电子数据的处理和分析，是发现、获取、分析和报告可疑电子证据的过程。数字取证过程：首先，取证调查人员搜寻、扣押可能涉及犯罪案件的电子设备；随后，通过对存储在设备中的电子数据进行收集、检查和分析，取证调查人员可以获得相关的电子证据，并以此重新构建犯罪案件的整个过程；最后，取证调查人员将调查过程和可疑电子证据整理为一份完整的报告并提交给检察人员。

(1) 保护是指对电子数据证据源的环境、介质、系统、文档等进行最大限度的保护，以保证证据的充分性。

(2) 收集是指对于电子数据证据的收取、采集和获取等。

(3) 验证是指对于获取的电子数据进行校验和证明,确定其真伪、生成或修改的时间、地点、责任人、工具等,以确定其可采用性。

(4) 鉴定是指鉴定人运用信息学、物理学及电子技术的原理和技术手段,对诉讼涉及的电子数据进行恢复、鉴别和判断,并提供鉴定意见。

(5) 分析是指对于获取的含有电子数据证据的数据,采用适当的统计分析方法进行分类、分层、搜索、过滤、恢复、可视化等,为提取有用信息和形成结论而对数据加以详细研究和概括总结的过程。

(6) 解释是指把电子数据证据及相关的环境和人员等以能够理解的方式表达出来。为了做出正确的解释,需要在获得充分证据的基础上利用已有的知识进行合理的思考。科学结论就是令人信服的解释,它们是专家长期观察、调查、实验、分析、思考,并不断完善的结果。

(7) 存档是指把已经处理完毕的公文、书信、稿件等分类归入档案,以备查考。这里的存档是指电子数据取证过程中对一些重要数据的存档,包括源数据的存档和内容数据的存档。

(8) 出示是指把电子数据证据呈现在需要的场合的行为。一般而言,需要按照法律法规和规章的要求进行呈现。

电子证据是数字取证的基础,与取证流程密切相关。电子证据是指在计算机、智能手机等数字设备中形成的能够反映设备运行状态、活动等事实的各类电子数据,如系统日志、网络流量、音视频文件、电子邮件等。电子证据的来源丰富多样,早期电子证据主要是从计算机、智能手机等设备中收集。随着新型犯罪事件的频繁发生,数字取证领域增加了大量新的数据来源,如云计算、物联网、软件定义网络等,给数字取证领域提出了新的挑战。

数字取证技术在安全应急处理时,一方面通过对应急响应流程进行跟踪取证,为应急响应的合法合规提供必要证明;另一方面对造成应急响应事件的各类违法犯罪活动进行取证分析,通过事中动态取证分析技术和事后静态取证分析技术,追踪定位犯罪嫌疑人,鉴定违法犯罪事实。同时,通过委托司法鉴定机构出具的司法鉴定意见来协助公安机关惩治违法犯罪人员,打击网络和计算机违法犯罪人员的嚣张气焰,维护网络安全。随着应急响应过程的启动,电子数据取证过程启动,对应急响应全过程行为文档进行记录和取证。在检测阶段触发动态取证分析,并在恢复、总结阶段进行事后取证分析,以形成应急响应、事后追责的完整服务链条。

应急响应中的动态取证分析过程与事后取证分析过程是对造成应急事件的恶意行为进行溯源和定责的关键步骤。动态取证分析过程运用了网络取证技术,并与网络监控技术、漏洞扫描技术、入侵检测技术相结合,完成网络入侵过程中的取证分析。一方面由安全设备给出的报警信息触发网络取证,另一方面安全设备日志和网络流量镜像是网络取证的数据源。事后取证分析过程主要是在案发后对涉案的机器进行取证分析,通过对文件、系统信息、应用程序痕迹、日志、内存等进行分析,获取入侵的时间、行为、过程,并评估造成的破坏。通过以上过程实现攻击来源鉴定及攻击事实鉴定。

当然，应急响应需要针对不同的场景采用不同的取证技术，如在云计算环境中需要采用云取证分析技术，在智能终端设备中需要采用智能终端取证分析技术，在证据数据量很大时需要采用大数据取证分析技术等。

8.3.8 容灾备份

容灾备份（简称灾备）是指利用科学的技术手段和方法，提前建立系统化的数据应急方式，以应对灾难的发生。容灾与备份是两个独立的概念：容灾是为了在遭遇灾害时保证信息系统能正常运行，帮助组织实现业务连续性的目标；备份是为了应对灾难来临时造成的数据丢失问题。

灾备行业起源于20世纪70年代的美国费城。1979年，SunGard公司在费城建立了全世界第一个灾备中心，当时人们关注的重点是组织的数据备份和系统备份。后来，IT备份发展到了灾难恢复规划（DRP），在IT备份中加入了灾难恢复预案、资源需求、灾备中心管理，形成了对生产运行中心的保障概念。再后来，人们把灾难恢复从IT角度逐渐转向了业务的角度，用业务来衡量灾备目标，即哪些业务最重要，哪些业务可容忍的恢复时间最短。随着组织规模扩展及信息系统的应用范围日益扩大，信息系统在组织运营过程中的角色越发重要，为防范因为各种因素组织数据遭到毁坏，如地震、火灾、恐怖袭击等，异地灾备建设的需求应运而生。

1. 容灾的定义及分类

1）容灾的意义

容灾，即灾难发生时，在保证生产系统数据尽量少丢失的情况下，保持生产系统业务的不间断运行。容灾技术是信息系统的高可用性技术的一个组成部分。

2）容灾的分类

（1）按照容灾距离，容灾可分为本地容灾和异地容灾。

本地容灾一般指主机集群，当某台主机发生故障时，其他主机可以代替该主机，继续正常对外提供服务。可以通过共享存储或双机双柜的方式实现本地容灾，其中多以共享存储为主。共享存储由活动主节点、不活动备节点和共享存储三部分组成。其中两台计算资源节点提供主备角色服务，通过SAN网络附加型存储作为数据存储的介质。主、备节点共享一份存储，一旦主节点宕机，备节点可基于共享存储实现业务的接管。共享存储的短板在于远距离高可用接管成本较高，存在较大存储故障风险，且只支持一对一架构。

异地容灾是指在与生产机房一定距离的异地建立与生产机房类似的备份中心，并采用特定的技术将生产中心的数据传输到备份中心。传统异地容灾通过磁盘或磁带备份手段，对本地关键数据进行备份，然后运输至生产中心之外的地方进行保存，灾难发生后，可通过磁盘或磁带实现系统和数据的恢复。这种手段成本低、易操作，但是当存储数据大规模增加时，存储介质管理将成为难以解决的问题。现在多采用网络传输的方式进行异地容灾。

（2）按照保护级别，容灾系统可分为数据级容灾、应用级容灾和业务级容灾，如表8-4所示。

表 8-4　保护级容灾系统分类

容灾的分类	范　围	优　点	缺　点
数据级容灾	数据级容灾是最基础的手段，指通过建立异地容灾中心，做数据的远程备份，在灾难发生之后要确保原有的数据不会丢失或者遭到破坏，但在数据级容灾这个级别，发生灾难时应用是会中断的。可以简单地把这种容灾方式理解成一个远程的数据备份中心，就是建立一个数据的备份系统或者一个容灾系统，如数据库、文件等	费用比较低，构建实施相对简单	数据级容灾的恢复时间比较长
应用级容灾	应用级容灾是在数据级容灾的基础上，在备份站点同样构建一套相同的应用系统，通过同步或异步复制技术，这样可以保证关键应用在允许的时间范围内恢复运行，尽可能减少灾难带来的损失，让用户基本感受不到灾难的发生。应用级容灾就是建立一个应用的备份系统，比如一套 OA 系统正在运行，在另一个地方建立一套同样的 OA 系统	提供的服务是完整、可靠、安全的，确保业务的连续性	费用较高，需要更多软件的实现
业务级容灾	业务级容灾是全业务的灾备，除了必要的 IT 相关技术，还要求具备全部的基础设施	保障业务的连续性	费用很高，还需要场所费用的投入，实施难度大

数据级容灾是最基础的手段，指通过建立异地容灾中心，进行数据的远程备份，发生灾难时应用会中断。这种级别的容灾方案实施相对简单、资源投入和后期运维成本低；但系统恢复速度较慢，业务恢复难度高。

应用级容灾主要针对关键应用进行的容灾方案，应用级容灾是建立在数据级容灾基础上，对应用系统进行实时复制，即在备份站点构建一套相同的应用系统，通过同步或异步复制技术，保障关键应用在允许的时间范围内恢复运行。应用级容灾实施难度高、资源投入和后期运维成本较高，需要更多的软件实现；但是系统恢复速度较快，业务恢复难度较低。

业务级容灾是最高级别的容灾手段，它除保障业务连续性外，也提供非系统保障，业务级容灾建立在数据级容灾和应用级容灾基础之上，还需要考虑系统之外的业务因素。如发生重大灾难时，用户的办公场所可能会被损坏，除了恢复原来的数据外，还需要工作人员在备份的工作场所能够正常地开展业务。

2. 备份的定义及分类

1）备份的定义

备份是指数据或系统的备份，它是容灾的基础，是指为防止系统出现操作失误或故障导致的数据丢失，而将全部或部分数据集合从应用主机的硬盘或阵列复制到其他存储介质的过程。数据库的备份与恢复通常基于数据库日志文件进行操作。

2）备份的分类

（1）按照备份数据量可分为全量备份、增量备份和差异备份，如表 8-5 所示。

表 8-5 备份类型及差异

备份类型	原理	优点	缺点
全量备份	对备份集合所有数据进行备份	完全恢复系统需要的时间最短	费时，如果文件不频繁更改，备份内容几乎完全相同
增量备份	对上次备份后改变的数据进行备份	存储的数据最少，备份速度最快	完全恢复系统需要时间比全量或差异备份长
差异备份	对自上次全量备份后改变的数据进行备份	恢复时仅需要最新全量备份和相应的差异备份，速度比全量备份快	完全恢复系统需要时间比全量备份长，如果大量数据发生变化，那么备份所需时间长于增量备份

全量备份是指用存储介质对整个数据及系统进行完全备份。这种备份方式易理解、易恢复；短板是在备份数据中有大量的重复数据，由于需要备份的数据量相当大，因此备份时间较长。

增量备份是指备份自上一次备份(包含全量备份、差异备份、增量备份)之后有变化的数据。增量备份过程中，只备份有标记的选中的文件和文件夹。这种备份的优点是重复数据少，既节省存储空间又缩短了备份时间。

差异备份是指备份上一次全量备份之后有变化的数据，差异备份后不标记为已备份文件，进行恢复时，只需对第一次全量备份和最后一次差异备份进行恢复。增量备份与差异备份的差异是：增量备份判断数据更新标准是依据上一次备份检查点，差异备份是依据全量备份检查点。如没有全量备份，就没有差异备份。差异备份的主要目的是限制完全恢复时使用的介质数量。

(2) 按照备份频率可以分为定时备份和实时备份。定时备份是指有时间间隔的数据备份方式，比如 1 小时一次，1 天一次，定时备份无法保证数据零丢失。实时备份是指无时间间隔的数据备份方式，通过实时数据复制，保证主备两端的数据读写一致，确保数据零丢失。

(3) 按照备份对象，备份可以分为字节级备份、块级备份和文件级备份。字节级备份是指以字节级变量为基本单位，通过捕获生产系统数据的变化，并将变化数据实时传输到备端。块级备份是指以磁盘块为基本单位，将数据从源端复制到备端，即每次备份数据以一个扇区或多个连续扇区为单位来进行备份。文件级备份是指以文件为单位，将数据以文件的形式读出，通过文件系统接口调用备份到另一个介质上。

此外，按照数据备份时服务器是否停机可分为冷备份和热备份，按照数据存储介质之间的距离又分为本地备份和异地备份。

按照备份数据流传输方式可以分为 LAN 备份、LAN Free 备份和 SAN Server-Free 备份。LAN 备份针对所有存储类型都可以使用，LAN Free 备份和 SAN Server-Free 备份只能针对 SAN 架构的存储。

传统的数据备份方式需要在每台主机上安装磁带机备份本机系统，采用 LAN 备份方式，在数据量不是很大时候可采用集中备份。一台中央备份服务器配置在局域网中，将应用服务器配置为备份服务器的客户端。中央备份服务器接受运行在客户机上的备份代理程序的请求，将数据通过局域网传送到与其连接的存储设备(磁带机、磁带库)。这一方式提供了一种集中的、易于管理的备份方案，并通过在网络中共享存储资源实现备份，提高了效率。

LAN-Free备份是备份数据全部通过网络传输到备份服务器，再经由备份服务器备份到存储设备(磁带机、磁带库、虚拟带库)上，是快速随机存储设备(磁盘阵列或服务器硬盘)向备份存储设备(磁带库或磁带机)复制数据的备份方式。由于LAN-Free备份数据流是通过网络进行传输，备份数据在网络上的传输给网络造成很大压力，影响正常的业务应用系统在网络上的传输。因此，在备份时间窗口紧张时网络容易发生拥堵。

SAN技术中的LAN-Free功能用在数据备份上就是基于SAN存储架构的LAN-Free备份。在SAN内进行大量数据的传输、复制、备份时不再占用宝贵的网络交换资源，从而使网络带宽得到极大的释放，服务器能以更高的效率为前端网络客户机提供服务。这种备份服务可由服务器直接发起，也可由客户机通过服务器发起。在多服务器、多存储设备、大容量数据频繁备份的应用需求环境中，LAN-Free备份更显示出强大的功能。因此，LAN-Free备份全面支持文件级的数据备份和数据库级的全程或增量备份。

SAN Server-Free备份是基于SAN存储架构环境下的无服务器备份方式。无服务器备份方式主要解决的是在多个磁盘阵列之间实现数据的相互复制。在复制的过程中，备份数据流通过SAN内部完成，服务器承担发布指令的任务，具体的数据传输过程不需要服务器参与。通过这个命令实现数据从一个存储设备传输到另一个存储设备。此时，应用服务器需要决定对数据进行备份的时间、备份的目标设备、执行完全备份或是差异备份等，具体工作由下层的磁盘阵列来完成。在传输备份数据时可能同时需要完成数据的加密、压缩等，以提高备份数据的安全性，同时节省磁盘阵列的空间。

备份数据流传输方式中LAN备份数据量最小，对服务器资源占用最多，成本最低；LAN-Free备份数据量大一些，对服务器资源占用小一些，成本高一些；SAN Server-Free备份方案能够在短时间备份大量数据，对服务器资源占用最少，但成本最高。建设者可根据实际情况和存储系统环境选择。

3. 云灾备技术

云灾备是将灾备视为一种服务，由用户付费使用，由灾备服务提供商提供产品服务。采用这种模式，用户可以利用服务提供商的优势技术资源、丰富的灾备项目经验和成熟的运维管理流程快速实现其在云端的灾备目的。还可降低用户的运维成本和工作强度，也可降低灾备系统的总体拥有成本。

云灾备与传统的组织单位在本地或异地的灾备模式不一样，云灾备是一种全新的灾备服务模式，主要包括传统物理主机、虚拟机等系统，有向公有云或私有云等云端化灾备发展的趋势，还包括新业务形态下云与云之间的灾备等。在具体的实际场景应用中，云灾备包括传统的数据存储和定时复制，以及数据的实时传输、系统迁移、应用切换，可保证灾备端应急接管业务的应用。

云灾备结合云平台的计算、存储和带宽等诸多优势，相比本地灾备具备更多优点，其主要特点如下。

(1) 减少基础设施。用户不必再采购传统的灾备服务器,可借助云平台供应商提供的计算和存储平台,或者直接采用云灾备灾难恢复即服务(DRaaS)应用服务,即可解决系统崩溃的问题。不再需要采购新的存储,也不再有随之带来的维护需求和成本。甚至可以关闭备份中心,在节省更多的物理空间的同时节省更多的IT资源。

(2) 节约成本,按需付费。云灾备不同于传统的灾备,传统的灾备需要建立架构完全对应的灾备中心,而云灾备可以采用云基础设施,或者采用灾备即服务的模式,允许用户自由选定重要的系统和数据。因为底层架构被其他采用同样云计算解决方案的公司所共有,共同分担成本,所以用户只需为实际使用的资源付费,从而大大减少了资源的浪费,提升了效率。

(3) 高度机动性。云灾备基于虚拟化云计算技术,当主节点已经异常而无法提供服务时,仍然可在云端保持系统的稳定运行。只要能连上网络,员工仍能继续在原有的服务器环境中工作。这种高度机动性为员工从一个办公场所移动到另一个场所,或短期在家办公提供了方便。

(4) 高度灵活性。云灾备使得业务需求更容易评估,可以更准确地预估系统,甚至是子系统是否需要维护。也可以更细粒度地选择关键的数据来优化自身的备份计划,而不是整体备份。基于公有云平台或者开源的私有云技术也可以简便、快速、灵活地构建灾备节点,并将数据迁移或者复制到云端,提升灾难恢复的速度。

(5) 快速恢复。在灾难发生时,不同用户针对自身业务特点可接受的停机时间是不同的,云灾备可以预先准确估计恢复的时间,确保停机时间在一个可接受的合理范围内,从而制定一个准确的、可交付的服务等级协议。

备份是容灾的基石,其目的是在系统数据崩溃时能够恢复数据。容灾不能替换备份,容灾系统会完整地将生产系统的任何变化复制到容灾端,如果误将计费系统内的用户信息表删除,容灾端的用户信息表也会被完整删除。如果是同步容灾,那么容灾端的相关数据同时会被删除;如果是异步容灾,那么容灾端的相关数据在数据异步复制的间隔内会被删除。这时需要从备份系统中取出最新备份,从而恢复被错误删除的信息。因此,容灾系统的建设不能替代备份系统的建设。

4. 灾备指标

灾备指标是用于衡量组织容灾性能的重要参考指标,在这些指标中,恢复时间目标(Recovery Time Objective,RTO)和恢复点目标(Recovery Point Objective,RPO)是两个非常重要的指标。

恢复点目标是指业务恢复后的数据与最新数据之间的差异程度,这个程度使用时间作为衡量指标。这个差异主要与数据的备份频次有关,备份频次越高,业务发生故障时,丢失的数据就越少。恢复点目标值越小,灾备的性能就越好,如果恢复点目标为0,数据就是实时备份,不会出现数据丢失的情况。

恢复时间目标是系统从发生故障到恢复业务所需要的时间,即容许服务中断的时间。恢复时间目标值越小,系统从故障中恢复的时间就越短,说明系统从灾难中恢复能力就越强,如果恢复时间目标为0,那么服务就不会中断。

恢复点目标和恢复时间目标两个指标能从不同的角度反映灾难备份和恢复的能力，恢复时间目标和恢复时间目标都为0是最完美的方案，因为在两个值都为0的情况下，意味着系统永不中断服务，而且完全没有数据丢失。当然，要达到这样的目标，系统建设投入巨大。

在实际的容灾备份系统的建设中，必须根据实际业务系统的使用情况，综合考虑网络条件、投资规模、业务系统长远发展规划等因素，平衡恢复点目标、恢复时间目标指标和成本投入的关系，才能制定合理的、可行的容灾系统设计指标。

因此，网络攻击越来越频繁，就应更加重视服务器中的数据保护。灾备技术在应急响应恢复阶段至关重要。一旦服务器死机或者数据被加密，一套完好的备份系统能起到十分重要的作用。尤其是重要系统一定要有备份机制，以防止系统被攻击后因不能恢复而造成业务中断和财产损失。

8.4 重保安全应急处理

国际会议、国家会议、大型活动、节日庆典等重要时期，往往也是国内外各类攻击组织最为活跃的时期，大量关键信息基础设施、政企机构内外系统都会成为网络攻击的重要目标。一旦发生恶意破坏、恶意篡改、数据泄露、系统停服等重大网络安全事故，不仅会带来严重的经济损失，而且会产生重大的社会影响。《国家网络安全事件应急预案》明确提出“国家重要活动、会议期间要加强网络安全事件的防范和应急响应，确保网络安全。加强网络安全监测和分析研判，及时预警可能造成重大影响的风险和隐患，重点部门、重点岗位保持24小时值班，及时发现和处置网络安全事件隐患”等要求。在此背景下，重要活动或者会议的网络安全保障及重大事件的应急响应也将进入常态化。

8.4.1 重保风险和对象

要顺利完成重保工作，首先应该明确重保的对象，从而对重保工作范围进行确定，并根据重保对象的特点，对其可能存在的安全风险进行分析和识别，进而采取相应措施，为后续重保工作的顺利开展提供必要依据。

重保对象即对重要活动或者会议的顺利举办有帮助的需要保护的信息系统。根据以往的重保经验表明，所有会为重保工作带来风险的相关信息系统都应纳入重保范围，防止疏漏。根据信息系统所属的组织及重要程度，可将重保对象大致分为三类：一是与重要活动或者会议主办方相关的信息系统；二是与负责重保工作的监管机构相关的信息系统；三是与其他重点保障组织相关的信息系统。另外，根据活动或者会议举办方的需求，当临时有新业务系统开发时，也应及时纳入重保整体解决方案中进行保护。

针对上述重保对象，根据各类信息系统所具有的特点可大致从面向互联网开放的信息系统、不面向互联网开放的内部信息系统两大类进行风险识别和评估。针对前者类型的信息系统，重点关注这类系统自身的脆弱性和在重保期间可能面临的外部威胁；针对后者类型的信息系统，重点关注这类系统自身的脆弱性和在重保期间可能面临的内部和外部威胁。对重保对象主要面临的高风险，应重点关注解决。

8.4.2 重保安全应急保障

不同重要活动或者会议的重保工作可存在一定的差异，但都围绕一个共同的目标，即为重保期间网络安全提供有力保障，确保重要活动或者会议顺利圆满完成。

重保安全应急保障主要基于重保期间的威胁特点和保障需求，并结合重要活动或者会议自身的侧重点，以当前安全行业普遍适用的安全模型或防御体系为指导，加强系统生命周期安全管理的实施。采用主动安全运营机制的理念，凭借数据驱动的威胁对抗能力等方面，确保重保保障满足重保工作的需求。

(1) 构建重保期的积极防御体系。基于重保期的威胁特点和保障需求，安全保障体系构建要针对信息系统自身安全打下坚实的基础，并要配套必要的安全防护措施，满足国家网络安全相关法律法规要求，并且要有可持续监测和响应的能力，强化威胁情报的引入，构建一套积极防御体系。

(2) 加强系统生命周期安全管理。为了确保重保期信息系统的安全稳定运行，需要加强应用系统生命周期的安全管理。从应用系统的需求、设计、开发、上线和运行等各个阶段同步进行安全保障工作，从而确保信息系统自身的安全性。

(3) 全面建立主动安全运营机制。重要活动或者会议安全保障工作将基于自适应安全架构的主动安保运营体系，建设积极防御的循环机制，实现由被动安全向主动安全的转化，确保重保时期信息系统的安全稳定运营。

(4) 提升数据驱动的威胁对抗能力。基于云端威胁情报数据，一方面可以将云端的威胁情报信息推送到本地，与本地的原始数据做快速比对，及时发现隐藏在本地的安全威胁；另一方面可以利用互联网端的资源获取与外网强相关的 Web 攻击情报、漏洞情报、DDoS 攻击情报等，形成“云端＋本地”的主动风险发现能力，实时监测和分析网络安全风险，及时进行网络安全应急响应和处置，整体提升威胁对抗的能力。

面对重保期间攻击的强隐蔽性、多样性和高频发性特点，根据重保安全能力需求的分析，重要活动安全保障的总体思路是通过威胁建模，实现对威胁的分析、识别和监测，构建重保期间积极防御体系，加强对信息系统生命周期的安全管理。遵循“同步规划、同步设计、同步运行”的安全原则，建立主动安全运营机制，提升威胁对抗能力，以具备全面安全防护、威胁监测预警、安全事件分析研判、应急处置和追踪溯源等方面的能力，同时完善通告协调机制，建立协同联动的保障机制。

8.4.3 重保安全应急过程

重保安全保障整体工作分成备战阶段、临战阶段、实战阶段和决战阶段。备战阶段、临战阶段是在重要活动或者会议开始前为安全保障工作做准备，主要负责重保期间队伍组建、重保方案设计、重保重要组织安全检查等工作；实战阶段、决战阶段是为重要活动或者会议过程中的安全保障工作提供技术支撑，主要负责重保期间各重要组织网络安全监测、应急值守、应急处置、实战攻防演练等工作。

1. 备战阶段

备战阶段是重保工作的第一个阶段，主要通过互联网资产发现和自动化远程检查等手段为重保过程中的人员、信息系统安全保障提供基础数据和攻击面总体安全态势，为后续重保工作方向提供决策依据，保证重保工作的有序进行。重保队伍组建主要是成立重保领导团队，建设实体指挥中心，成立重保专家组及技术支撑组，与运营商、国家互联网应急中心等外部机构建立联动工作模式。由重保重要组织、安全厂商及第三方监管机构依据重保组织架构和重保工作需要建立相关团队，确保重要活动或者会议期间信息系统网络安全保障工作能够顺利开展。重保方案设计是依据重保期间可能面临的安全风险，并结合实际需求对重保工作过程中所需要的服务内容、人员投入、软/硬件设备使用等进行分析，形成总体的重保安全保障设计方案。业务资产调研是根据重保重要组织的业务系统资产情况、网络情况及业务安全需求等，对其进行技术和管理方面的调研。全面收集相关信息，并根据这些基础信息制作相应的资产信息列表，为后续重保安全检查工作提供支撑。远程安全检查主要是对重保重要组织的信息资产、网络架构、业务流程等以远程渗透测试的方式进行安全测试，对其基本安全情况进行摸底调研，并就测试过程中发现的问题提供整改建议。

2. 临战阶段

临战阶段是重要活动或者会议网络安全保障的第二阶段，通过现场安全检查对备战阶段发现的各种安全问题进行“清零”，根据被检查组织的行业特点，还会通过专项安全检查，有针对性地解决安全隐患。现场安全检查可进行多轮检查，首轮安全检查主要采用现场访谈、人工技术检查等方式对被检查组织(包括机房、网络、基础环境、应用和数据安全各层面安全措施的建设和落实情况)进行安全检查，发现现场存在的安全问题。后续现场安全检查主要是对首轮安全检查中发现的安全问题进行复查，可采用不同组织交叉检查的方式对各组织安全问题整改情况进行验证，并对首轮检查统计的资产信息、网络架构、业务流程等信息进行复核，排查是否出现新的安全问题。专项安全检查是根据重保涉及的重要组织的行业和业务特点，组织专门的队伍，采用针对性的技术检查方法对重保重要组织相关信息系统进行专项安全检查，发现可能存在的安全问题和隐患，并对检查中发现的安全问题提供整改建议。

3. 实战阶段

实战阶段是在重保所有安全检查及整改工作都告一段落后，向各重保重要组织进行重保实战阶段的工作部署，主要通过开展应急预案与演练、实战攻防演练等工作，来检验前期重保检查工作的成效。应急预案与演练是为重要活动或者会议期间保障工作的顺利进行而做的实战准备工作，由重保领导团队组织各重保组织负责人召开安全工作部署会议。要求各重保重要组织根据自身情况制定详细的网络安全应急预案，并根据实际工作情况形成具体的演练方案，开展应急演练工作。实战攻防演练根据重保重要组织实际情况开展，通过组织各类攻击队伍对系统进行攻击，一方面检验临战阶段安全检查工作及整改落实情况，另一方面检验在发生真实网络攻击时，网络安全保障队伍的实战应对能力。

4. 决战阶段

决战阶段是指在重要活动或者会议召开期间的现场安保阶段，本阶段的安全保障工作一般要求 7×24 小时的现场安全服务保障。在重要活动或者会议举办期间，安排专业技术人员进行现场值守，并成立应急响应队伍，能够快速地发现并处置网络安全事件，防止网络安全事件对重要活动或者会议造成影响。其主要工作内容包括安全监测、应急值守、应急处置、总结与报告等。安全监测是指在重保期间通过对重要信息系统进行实时安全监测，及时发现并处理各类告警及系统存在的网络安全问题，在提高重要信息系统安全性的同时，可以减少网络安全事件造成的负面影响。应急值守工作主要是在活动现场配合运维值守人员对保障组织网络、设备、应用系统的运行情况等进行安全监测，对出现的网络安全事件快速响应、快速处置。在发生网络安全事件时，值守人员应在现场通过信息收集、流量分析、日志分析等多种技术手段对事件进行分析，确保网络安全事件能快速得到处置。应急处置是指当发生网络安全事件时，现场值守人员根据上报机制上报网络安全事件情况，由研判专家及时对事件进行分析后将分析结果上报重保领导团队，重保领导团队根据实际情况安排对应的应急处置团队赶赴现场进行应急处置，减少网络安全事件对重保工作造成的影响。总结与报告是指在完成值守工作后，重保工作还不能真正结束，最后还需要对整个重保工作进行总结并形成报告，对重保的整个过程中的经验和教训进行归纳总结，为后续重保工作留下可借鉴的文档与经验。

因此，重保工作具有需保障的对象范围广、情况复杂、威胁多样等特点，因此，需要进行大量人员的投入，以及拥有强大的技术平台作为支撑。

8.5 本章小结

安全应急处理是在特定网络和系统面临或已经遭受突然攻击行为时，进行快速应急反应，提出并实施应急方案。作为一项综合性工作，安全应急响应不仅涉及入侵检测、事件诊断、攻击隔离、快速恢复、网络追踪、计算机取证、自动响应等关键技术，对安全管理也提出更高的要求。本章主要以安全应急处理技术体系为主线，兼顾应急响应的流程和阶段，从应急响应的技术基础、重保安全应急处理，全方面讲解应急响应技术体系和发展，同时理解安全事件的分类、分级和损失划分，重点突出了安全应急处理中的关键技术和重保安全应急处理。

习　题

8-1　某省气象局服务器被挖矿，桌面生成了挖矿程序和暴力破解程序。应急响应团队接到应急响应请求后，立即对服务器进行现场分析排查。发现服务器被暴力破解，安装大量恶意软件、暴力破解程序和挖矿程序，服务器登录密码被篡改，已自行恢复处理。排查发现该终端曾受到内网暴力破解，受影响服务器使用弱口令登录。试给出安全应急处理处置方案。

8-2 应急响应团队接到某组织遭遇 APT 攻击事件的应急响应请求，该组织服务器存在失陷迹象，要求对服务器进行排查，同时对攻击影响进行分析。应急响应团队对内网服务器文件、服务器账号、网络连接、日志等多方面进行分析，发现内网主机和大量服务器遭到 APT 组织 Lazarus 的恶意攻击，并被植入恶意 Brambul 蠕虫病毒和 Joanap 后门程序。经过分析排查，本次事件中的 APT 组织通过植入恶意 Brambul 蠕虫病毒和 Joanap 后门程序，进行长期潜伏，盗取重要信息数据。黑客通过服务器 SSH 弱口令暴力破解，以及利用服务器“永恒之蓝”漏洞对服务器进行攻击，获取服务器权限，并通过主机设备漏洞对大量主机进行攻击，进而植入蠕虫病毒及后门程序，进行长期的数据盗取。试给出安全应急处理处置方案。

视频讲解

第9章 安全集成

安全集成可以帮助信息化建设单位规划自己的安全集成，指导从事信息系统集成单位按照法律、法规、标准和制度开展信息系统相关项目的需求调研、方案设计（物理安全、网络安全、主机安全、应用安全、数据安全等）、建设实施，保障安全集成服务质量，使得信息系统符合国家建设规范和标准，实现信息系统建设目标；也可以帮助信息化建设和应用的管理者，组织本单位的信息化系统建设、施工管理、运行管理，保障信息系统安全、保密、稳定和可靠，保障信息不被破坏，系统不被非法嵌入、非法登录，信息不被篡改、窃取，保障信息系统正常连续性运行。

9.1 安全集成概述

信息安全集成服务可分为信息安全硬件集成、信息安全软件集成和其他信息安全集成服务。

信息安全硬件集成主要是针对需方采购或租赁的信息安全硬件设备，由供方根据已制定的系统集成方案（包含设计方案和实施方案等）明确集成部署方式，按照部署环境搭建、安装配置、功能调试、性能测试等工作流程规范开展集成部署工作，确保各个子系统实现安全互联互通。信息安全硬件集成通常覆盖安全集成需求分析、规划设计，设备采购、集成部署、交付验收等过程，其中，集成部署环境一般有部署在需方本地机房、部署在托管数据中心、部署在云平台的虚拟资源上或者前面几种形式混合部署等。

信息安全软件集成主要是针对需方采购或租赁的信息安全软件、系统（包括软件构件），由供方根据已制定的软件集成方案（包含设计方案和实施方案等），明确部署安装方式，按照部署环境搭建、软件集成实施（包括现场系统开发），现场部署、评测改进等工作流程规范开展集成部署工作，确保信息安全软件、系统实现安全、高效的应用。信息安全软件集成通常覆盖安全集成需求分析、设计、实施与运行、测试与改进和验收等过程。不属于以上服务的就是其他信息安全集成服务类。

信息系统安全集成服务是指从事计算机应用系统工程和网络系统工程的安全需求界定、安全设计、建设实施、安全集成管理安全保证的活动。信息系统安全集成包括在新建信息系统的结构化设计中考虑信息安全保证因素，从而使建设完成后的信息系统满足建设方或使用方的安全需求而开展的活动；也包括在已有信息系统的基础上额外增加信息安全子系统或信息安全设备等，通常称为安全优化或安全加固。安全加固主要是针对需方的网络设备、操作系统、数据库和应用系统等被加固对象，由供方在获得需方允许的前提下，按照已制定的安全加固方案，采取补丁升级、关闭不必要的端口和服务、优化访问控制策略、增加安全机制等措施对被加固对象存在的安全缺陷和漏洞进行弥补和修复，以增强被加固对象的安全性，提高其安全保护能力。

9.1.1 安全集成需求

简单地说，安全集成需求是组织的信息系统需要保护的内容，这些保护的内容是该组织在信息化建设发展过程中运用信息化推动本机构业务发展，实现信息化应用的安全性、连续性、可靠性的目标。安全集成需求一般来自四方面：一是国家法律、法规、政策的要求或者安全监管的要求；二是风险管理的要求，网络威胁的要求；三是组织业务正常运行的要求，信息化发展的要求；四是保守国家秘密的要求，行业上级和保密主管部门保密管理的要求。

因此，通过安全需要分析，明确安全集成需求，做好安全集成准备。安全需求分析是安全集成的依据，通过安全需求分析，全面了解安全项目建设的全部要求，明确国家法律法规对信息安全的规定。可以通过目的性、功能性、操作性和法规性等视角进行需求分析。常见的安全需求分析方法包括对比法规分析法、对比国家规范和标准分析法、风险分析法、强制性规定识别分析法等。

9.1.2 安全集成目标

安全集成目标是指通过安全集成的技术手段、安全管理措施，防止或减少安全事故发生，保证信息系统的保密性、信息的完整性、系统的可用性。根据国家、上级主管部门、保密管理部门的规定及上级发展规划、本机构的信息化发展规划，结合组织的网络安全基础情况、存在的安全风险、保密风险，全面分析，综合评估，确定近期安全集成目标。安全集成还要受到网络基础条件限制、应用系统软件功能限制等因素影响。因此，一次项目建设不可能满足国家标准的全部要求。具体项目建设中的安全集成目标一般是总目标中的部分目标。由于信息安全具有相对性，一个时期的技术保护手段只能满足该时期一段时间的保护能力的要求。安全集成目标确定的主要方法是信息安全需求分析，即通过分析法律、法规、规范和标准、规范性文件、分级保护技术要求、等级保护技术要求，组织信息化发展规划，制定安全集成目标。安全集成目标确定的原则如下。

(1) 既要符合性的基本要求、强制性要求，又要结合已建信息系统基本情况，考虑成本比较适度，能够与财力相适应，与保护对象安全性要求相适应。按照这个原则确定具体项目的安全集成目标。

(2) 保护与应用相适应，根据信息化应用发展水平，确定安全集成的深度和范围，既能实现保护目的，又要考虑成本。因此，开展安全集成必须与规划、计划相适应，必须认真研究组织信息化发展规划，作为开展安全集成的依据。

9.2 安全集成技术

9.2.1 防火墙

防火墙是设置在网络环境之间的一种安全屏障，它由一台专用设备或若干组件和技术的组合构成，网络环境之间两个方向的所有通信流均通过此屏障，并且只有按照本地安全策略定义的、已授权的通信流才允许通过。

防火墙根据所提供的信息实现网络通信访问控制，如果符合安全策略，就允许该网络通信包通过防火墙；否则，不允许通过。防火墙安全策略包括：白名单策略，即只允许符合安全规则的包通过防火墙，其他通信包禁止(默认禁止)；黑名单策略，即禁止与安全规则相冲突的包通过防火墙，其他通信包都允许(默认允许)。通常，防火墙具有如下功能。

(1) 过滤非安全网络访问。将防火墙设置为只有预先被允许的服务和用户才能通过防火墙,禁止未授权的用户访问受保护的网络,降低被保护网络受非法攻击的风险。

(2) 限制网络访问。防火墙只允许外部网络访问受保护网络的指定主机或网络服务,通常受保护网络中的 Mail、FTP、WWW 服务器等可让外部网访问,而其他类型的访问则予以禁止。防火墙也用来限制受保护网络中的主机访问外部网络的某些服务,如某些不良网址。

(3) 网络访问审计。防火墙是外部网络与受保护网络之间的唯一网络通道,可以记录所有通过它的访问,并提供网络使用情况的统计数据。依据防火墙的日志,可以掌握网络的使用情况,如网络通信带宽和访问外部网络的服务数据。防火墙的日志也可用于入侵检测和网络攻击取证。

(4) 网络带宽控制。防火墙可以控制网络带宽的分配使用,实现部分网络质量服务(QoS)保障。

(5) 协同防御。防火墙和入侵检测系统通过交换信息实现联动,根据网络的实际情况配置并修改安全策略,增强网络安全。

防火墙安全机制形成单点故障和特权威胁,防火墙自身的安全管理一旦失效,就会对网络造成单点故障和网络安全特权失控。防火墙无法有效防范内部威胁,处于防火墙保护的内网用户一旦操作失误,网络攻击者就能利用内部用户发起主动网络连接,从而躲避防火墙的安全控制。防火墙效用受限于安全规则,防火墙依赖安全规则更新。

根据安全目的、实现原理,通常可分为网络型防火墙、Web 应用防火墙、数据库防火墙和主机型防火墙等。其中,网络型防火墙部署于不同安全域之间,对经过的数据流进行解析,具备网络层、应用层访问控制及安全防护功能;Web 应用防火墙部署于 Web 服务器前端,对流经的 HTTP、HTTPS 访问和响应数据进行解析,具备 Web 应用的访问控制及安全防护功能;数据库防火墙部署于数据库服务器前端,对流经的数据库访问和响应数据进行解析,具备数据库的访问控制及安全防护功能;主机型防火墙部署于计算机(包括个人计算机和服务器)上,提供网络层访问控制、应用程序访问限制和攻击防护功能。

防火墙技术的发展主要经历了以下历程。

(1) 包过滤技术。在 IP 层实现的防火墙技术(网络层+传输层),根据包的源 IP 地址、目的 IP 地址、源端口、目的端口及包传递方向等包头信息判断是否允许包通过。包过滤防火墙技术具有低负载、高通过率、对用户透明的优点。但是,不能在用户级别进行过滤,如不能识别不同的用户和防止 IP 地址的盗用。如果攻击者把自己主机的 IP 地址设成一个合法主机的 IP 地址,就可以轻易通过包过滤器。包过滤的控制依据为规则集,如典型的过滤规则表示格式由“规则号、匹配条件、匹配操作”三部分组成。一般的包过滤防火墙都用源 IP 地址、目的 IP 地址、源端口号、目的端口号、协议类型(UDP/TCP/ICMP)、通信方向、规则运算符来描述过滤规则条件,实现拒绝、转发(允许)、审计三种匹配操作。表 9-1 展示了过滤规则表示示例。

表 9-1　包过滤规则示例

规则编号	通信方向	协议类型	源 IP	目标 IP	源端口	目标端口	操作
1	in	TCP	外部	内部	≥1024	25	允许
2	out	TCP	内部	外部	25	≥1024	允许
3	out	TCP	内部	外部	≥1024	25	允许
4	in	TCP	外部	内部	25	≥1024	允许
5	in or out	所有的	所有的	所有的	所有的	所有的	拒绝

包过滤设备能够阻断网络协议级的许多种攻击，但它们在阻断利用特定应用程序脆弱性的攻击时不那么有效。因为这种过滤仅能检查数据包的首部（递送信息），而不检查在应用程序之间流动的数据。因此，包过滤防火墙不能防止数据包内容探测或者利用一个既定软件中的缓冲区溢出。

包过滤的这种简单性意味着组织不应该只依靠这类防火墙来保护它的基础设施和资产，但也并非说这种技术不应该被使用。包过滤往往用在网络边缘以阻止比较明显的垃圾流量。由于规则简单，且只分析首部信息，这类过滤速度快而有效。在流量流经一个包过滤设备后，它往往再经由一个更复杂的防火墙处理，该防火墙会深入挖掘数据包内容，从而识别应用程序型攻击。

(2) 状态检查技术。状态检查技术也称为动态包过滤技术，是包过滤技术的延伸。基于状态检测技术的防火墙可以简单理解为在包过滤技术防火墙的基础上增加了对状态的检测。具体工作原理：检测数据包是否是状态表中已有连接的数据包，若是已有连接的数据包而且状态正确，则允许通过；若不是已有连接的数据包，则进行包过滤技术的检查。包过滤允许通过，在状态表中添加其所在的连接。某个连接结束或超时，在状态表中删除该连接信息。

状态检测防火墙的数据包过滤规则是预先设定的，但状态表是动态建立的，可以实现对一些复杂协议建立的临时端口进行有效的管理。如果边界部署的是一个基于包过滤技术的防火墙，就需要将所有端口打开，这将会带来很大的安全隐患。但对于基于状态检测技术的防火墙，则能够通过跟踪、分析控制连接中的信息，得知控制连接所协商的数据传送子连接端口，在防火墙上将该端口动态开启，并在连接结束后关闭，保证内部网络的安全。

从状态检测防火墙的工作原理可发现，状态检测技术不是简单地根据状态标志对数据包进行过滤，而是为每一个会话连接建立、维护其状态信息，并利用这些状态信息对数据包进行过滤。如状态检测可以很容易实现只允许一个方向通信的"单向通信规则"，在允许通信方向上的一个通信请求被防火墙允许后，将建立该通信的状态表，由于该连接在另一个方向的回应通信属于同一个连接，因此将被允许通过。这样就不必在过滤规则中为回应通信制定规则，可以大大减少过滤规则的数量和复杂性，而且不需对同一个连接的数据包进行检查，从而提高过滤效率和通信速度。

(3) 代理服务技术。代理服务是代表内部网络与外部网络进行通信的服务器，通信发起方首先与代理服务建立连接，然后代理服务另外建立到目标主机的连接，通信双方通过代理进行间接连接、通信，不允许端到端的直接连接。各种网络应用服务也是通过代理提供，由此达到访问控制的目的。按照所代理的服务分为应用级代理和电路级代理。

应用级代理也被称为应用级网，工作在TCP/IP模型的应用层。其具体工作原理如下：当接收到客户方发出的连接请求后，应用代理检查客户的源和目的IP地址，并依据事先设定的过滤规则决定是否允许该连接请求。若允许该连接请求，则进行客户身份识别，决定是否需要阻断该连接请求。通过身份识别后，应用代理建立该连接请求的连接，并根据过滤规则传递和过滤该连接之间的通信数据。当一方关闭连接后，应用代理关闭对应的另一方连接，并将这次的连接记录在日志内。

电路级代理也称为电路级网关，是一个通用代理服务器，工作在TCP/IP模型的传输层。电路级代理也可以认为是包过滤技术的延伸，但它不像包过滤技术那样只是基于IP地址、端口号等报头信息进行过滤，还能进行用户身份鉴别。而且对于已经建立连接的网络数据包，电路级代理不再对其进行过滤。

电路级代理与应用级代理相比较，不用为不同的应用开发不同的代理模块，具有较好的通用性；但也对网络数据包进行了复制和转发，因此同样存在占用资源大、速度慢的缺点，而且包过滤技术的缺点在电路级代理中同样存在。

(4) 网络地址转换技术。网络地址转换技术主要用于实现位于内部网络的主机访问外部网络的功能。当内部的主机需要访问外部网络时，通过NAT技术可以将其私网地址转换为公网地址，并且多个私网用户可以共用一个公网地址，这样既可保证网络互通，又节省了公网地址。NAT技术应用于网络安全应用方面，能透明地对所有内部地址进行转换，使外部网络无法了解内部网络的内部结构，从而提高了内部网络的安全性。

实现网络地址转换方式包括静态NAT、动态NAT和网络地址端口转换NPAT三种。

静态NAT实现了私有地址和公有地址的一对一映射。如果希望一台主机优先使用某个关联地址，或者想要外部网络使用一个指定的公网地址访问内部服务器，那么可以使用静态NAT。但是，一个公网IP只会分配给唯一且固定的内网主机，不节省IP地址。

动态NAT是基于地址池来实现私有地址和公有地址的转换。当内部主机需要与公网中的目的主机通信时，网关会从配置的公网地址池中选择一个未使用的公网地址与之作映射。每台主机都会分配到地址池中的一个唯一地址。当不需要此连接时，对应的地址映射将会被删除，公网地址也会被恢复到地址池中待用。当网关收到回复报文后，会根据之前的映射再次进行转换后转发给对应主机。但是，动态NAT地址池中的地址用尽以后，只能等待被占用的公用IP被释放后，其他主机才能使用它来访问公网。

NAPT允许多个内部地址映射到同一个公有地址的不同端口。NAPT方式属于多对一的地址转换，它通过使用"IP地址+端口号"的形式进行转换，使多个私网用户可共用一个公网IP地址访问外网。

(5) Web防火墙技术。Web防火墙技术是一种基于保护Web服务器和Web应用的网络安全机制。根据预先定义的过滤规则和安全防护规则，对所有访问Web服务器的 HTTP 请求和服务器响应，进行 HTTP 协议和内容过滤，进而对 Web 服务器和 Web 应用提供安全防护功能。Web 应用防火墙的 HTTP 过滤的常见功能主要有允许/禁止 HTTP 请求类型、HTTP 协议头各个字段的长度限制、后缀名过滤、URL 内容关键字过滤、Web 服务器返回内容过滤。Web 应用防火墙可抵御的典型攻击主要是 SQL 注入攻击、XSS 跨站脚本攻击、Web 应用扫描、Webshell、Cookie 注入攻击、CSRF 攻击等。

(6) 数据库防火墙技术。数据库防火墙技术是一种用于保护数据库服务器的网络安全机制，主要是基于数据通信协议深度分析和虚拟补丁，根据安全规则对数据库访问操作及通信进行安全访问控制，防止数据库系统受到攻击威胁。它可以获取访问数据库服务器的应用程序数据包的"源地址、目标地址、源端口、目标端口、SQL 语句"等信息，然后依据这些信息及安全规则监控数据库风险行为，阻断违规 SQL 操作、阻断或允许合法的 SQL 操作执行。通过在数据库外部创建一个安全屏蔽层，监控所有数据库活动，进而阻止可疑会话、操作程序或隔离用户，防止数据库漏洞被利用，从而不用打数据库厂商的补丁，也不需要停止服务，可以保护数据库安全。

(7) 下一代防火墙技术。下一代防火墙除了集成传统防火墙的包过滤、状态监测、地址转换等功能外，还具有应用识别和控制、入侵防护、数据防泄露、恶意代码防护、URL 分类与过滤、带宽管理与 QoS 优化、加密通信分析等新功能。

① 应用识别和管控：不依赖端口，通过对网络数据包深度内容的分析，实现对应用层协议和应用程序的精准识别，提供应用程序级功能控制，支持应用程序安全防护。

② 入侵防护：能够根据漏洞特征进行攻击检测和防护，如 SQL 注入攻击。

③ 数据防泄露：对传输的文件和内容进行识别过滤，可准确识别常见文件的真实类型，如 Word、Excel、PPT、PDF 等，并对敏感内容进行过滤。

④ 恶意代码防护：采用基于信誉的恶意检测技术，能够识别恶意的文件和网站。构建 Web 信誉库，通过对互联网站资源(IP、URL、域名等)进行威胁分析和信誉评级，将含有恶意代码的网站资源列入 Web 信誉库，然后基于内容过滤技术阻挡用户访问不良信誉网站，从而实现智能化保护终端用户的安全。

⑤ URL 分类与过滤：构建 URL 分类库，内含不同类型的 URL 信息(如不良言论、网络"钓鱼"、论坛聊天等)，对与工作无关的网站、不良信息、高风险网站实现准确、高效过滤。

⑥ 带宽管理与 QoS 优化：通过智能化识别业务应用，有效管理网络用户/IP 使用的带宽，确保关键业务和关键用户的带宽，优化网络资源的利用。

⑦ 加密通信分析：通过中间人代理和重定向等技术，对 SSL、SSH 等加密的网络流量进行监测分析。

在实际应用中防火墙技术不是单一的，而是根据网络环境和安全策略等需求，结合多种技术构筑防火墙的体系结构，实现一个实用、有效的防火墙系统。

在介绍防火墙的体系结构之前，先介绍堡垒主机的概念。堡垒主机是位于内部网络的最外层，像堡垒一样防护内部网络的设备。堡垒主机是在防火墙体系结构中暴露在互联网上最容易遭受攻击的设备，因此对其安全性要给予特别的关注。

屏蔽路由器结构是一种最简单的体系结构，屏蔽路由器（或主机）作为内外连接的唯一通道，对进出网络的数据进行包过滤，如图 9-1 所示。

双重宿主主机从形态上讲不是路由器，这种主机至少有两个网络接口，一个网络接口连接内部网络，另一个网络接口连接外部网络，因此主机可以扮演内外网的路由器角色，并能从一个网络向另一个网络直接发送 IP 数据包。双重宿主主机的防火墙体系结构围绕双重宿主主机构建，但不允许从一个网络向另一个网络直接发送 IP 数据包，它们的 IP 通信被完全阻断。内部网络与外部网络通过双重宿主主机的过滤、转接方式进行通信，而不是直接的 IP 通信。双重宿主主机上运行防火墙软件（一般是代理服务器），为不同的服务提供代理，并同时根据安全策略对通信进行过滤和控制。

与双重宿主主机结构的防火墙体系结构相比较，屏蔽主机结构的防火墙使用一个路由器隔离内部网络和外部网络，代理服务器堡垒主机部署在内部网络上，并在路由器上设置数据包过滤规则，使堡垒主机成为外部网络唯一可以访问的主机，通过路由器的包过滤技术和堡垒主机的代理服务技术防护内部网络的安全。

与屏蔽主机结构相比较，屏蔽子网结构的防火墙通过建立一个周边网络来分隔内部网络和外部网络，进一步提高了防火墙的安全性。其结构如图 9-2 所示。

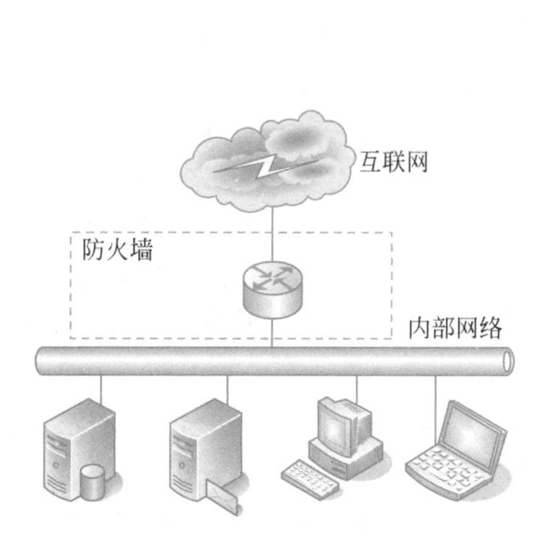

图 9-1 屏蔽路由器结构

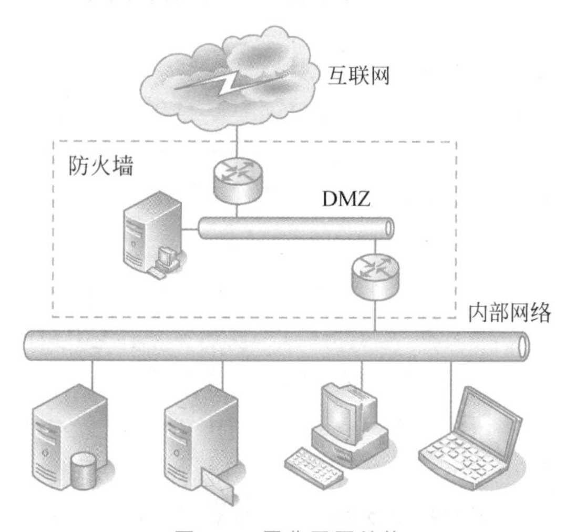

图 9-2 屏蔽子网结构

周边网络是一个被隔离的子网，在内部网络与外部网络之间形成一个“非军事化区”（Demilitarized Zone，DMZ）的隔离带。

屏蔽子网结构防火墙最简单的形式是用两个屏蔽路由器把周边网络分别与内部网络、外部网络分开，一个路由器控制外部网络数据流，另一个路由器控制内部网络数据流，内部网络和外部网络均可访问周边网络，但不允许穿过周边网络进行通信。

在屏蔽子网结构中还可以根据需要在屏蔽子网中安装堡垒主机，为内部网络与外部网络之间的通信提供代理服务，但对堡垒主机的访问都必须通过两个屏蔽路由器。

如果攻击者试图完全破坏屏蔽子网结构的防火墙，那么需要重新配置连接外部网络、周边网络、内部网络的路由器，这大大增加了攻击的难度。如果进一步禁止访问路由器或者只允许内部网络中的特定主机才可以访问,那么攻击会变得更加困难。屏蔽子网结构的防火墙具有很高的安全性,但所需设备较多、费用较高,而且实施和管理比较复杂。

9.2.2 入侵检测和防御

尽管信息系统的脆弱性易被无意或有意地利用、受到入侵和攻击,但是由于业务的需求,组织仍然会使用信息系统并将其连接到互联网和其他网络上,因而需要保护这些信息系统。

随着技术的不断发展,获取信息的便利性也在不断提高,新的脆弱性也随之出现。与此同时,利用这些脆弱性的攻击也在不断发展。入侵者也在不断提高入侵技术。随着计算机知识、攻击脚本和各种工具的普及,实施攻击所必需的技术门槛越来越低。因此,攻击的不确定性和攻击所产生的危害越来越大。

保护信息系统的第一层防御是利用物理、管理和技术控制,主要包括鉴别与认证、物理和逻辑访问控制、审计以及加密机制。但从经济方面考虑不可能总是能够完全保护每一个信息系统、服务和网络。比如,对于全球使用、没有地理界线、内部和外部差别不明显的网络,很难实施访问控制机制。员工与商业合作伙伴越来越依赖远程访问,已无法通过边界防御保护网络。需要进行动态、复杂的网络配置,提供访问系统和服务的多路访问点。此时,需要第二层防御即利用入侵检测和防御系统(IDPS),迅速有效地发现和响应入侵。同时,还可通过IDPS的反馈完善有关信息系统脆弱性的知识,帮助提高组织信息安全整体水平。

入侵检测是检测入侵的正式过程,一般特征为采集:反常的使用模式、被利用的脆弱性及其类型、利用的方式,以及何时发生和如何发生。为了防范恶意活动而监视系统的入侵检测系统(IDS)和入侵防御系统(IPS)的软件应用或设备,IDS仅能对发现的这些活动予以报警,而IPS则有能力阻止某些检测到的入侵。

按照检测方法的不同,IDPS可分为基于特征的IDPS、基于异常的IDPS、状态协议分析IDPS三类。通常,实际使用的IDPS包含多种检测方法(无论是单一的或集成的),以提供更广泛和更准确的检测。

检测方法的分类如下。

(1) 基于特征的IDPS

将观察到的事态与已知的威胁特征相比较来识别事件,其主要用于检测已知威胁,但无法检测未知威胁、已知威胁的变种以及包含多个事态的攻击(原因是无法跟踪和了解复杂通信的状态)。

(2) 基于异常的IDPS

将观察到的事态与已确定的正常活动进行比较,以识别与正常活动的偏差。该方法首先形成配置文件(通过一段时间内的监视典型活动特征形成),后将当前活动的特征与配置文件进行比较。此方法主要用于检测未知的威胁,但因配置文件的问题(可能无意中包含恶意活动,也可能其不够复杂不足以完全反映真实世界的计算活动)易产生误报。

(3) 状态协议分析 IDPS

将观察到的事态与预先设定的配置文件(定义状态协议的相关活动)进行比较,以识别与配置文件的偏差。该方法与基于异常的检测(使用主机或特定网络配置文件)的区别主要是利用通用配置文件(该配置文件规定了特定协议如何使用和不可如何使用),其主要用于检测其他方法无法检测到的攻击,但存在无法完全准确定义状态协议模型、耗费资源,以及无法检测到未违反通用行为特征的攻击等问题。

按照数据来源的不同,IDPS 可分为基于主机的 IDPS(HIDPS)和基于网络的 IDPS(NIDPS),还包括基于应用的 IDPS(AIDPS),它是 HIDPS 的特殊类型并且具有与 HIDPS 相似的特性。HIDPS 位于一台计算机内并为其提供保护,其可检查计算机操作系统日志数据(如审计痕迹/日志)、本地数据、操作系统或应用日志数据等,以此分析相关应用程序发生的事态。NIDPS 主要监视网络中发送给主机系统的流量,其由一系列单用途传感器或位于网络中不同位置的主机组成。这些单元首先对流量进行分析,然后将分析结果汇总到中央管理控制台,以此来监视网络流量。传感器作为 IDPS 的专用部件,应加强对其的保护。同时,为使攻击者难以感知传感器的存在并确定其位置,大部分传感器在网络层之上是不可见的(运行在"隐身"模式下)。

2. 入侵检测和防御的通用模型结构

由软/硬件组成的 IDPS 通过自动监视、收集和分析信息系统或网络中的可疑事态来发现入侵。入侵检测和防御的通用模型主要功能包括数据来源、事态检测、分析、数据存储和响应。这些功能可以由单独的组件实现,也可作为更大系统一部分的软件包来实现。图 9-3 给出了这些功能之间相互关联的方式。

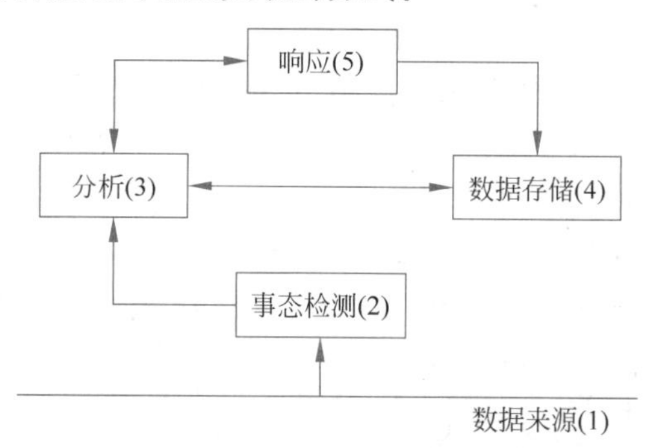

图 9-3 入侵检测和防御的通用模型

1) 数据来源

入侵检测和防御过程的成功依赖入侵信息的数据来源,主要包括以下来源。

(1) 来自不同系统资源的审计数据:审计数据记录包含了消息和状态信息,其范围涵盖了从高层次的抽象数据到显示事态流时间顺序的详细数据。审计数据主要来源于操作系统日志文件(包括由操作系统产生的系统事态日志和活动日志,如审计痕迹或日志)或文件系统、网络服务、访问尝试等记录信息的应用。

(2) 操作系统系统资源的分配:系统监视的参数,如 CPU 工作负载、内存利用率、系统资源短缺、I/O 速率、活跃的网络连接数等。

(3) 网络管理日志：网络管理日志主要提供网络设备的健康程度信息、状态信息和设备状态转换信息。

(4) 网络流量：网络流量提供了与安全相关的参数，如源地址、目的地址、源端口、目的端口等。此外，还需收集通信协议的不同选项，如 IP 和 TCP 状态标记，表示源路由或连接的尝试与确认。数据收集前几乎不会受到攻击，因此可依据 OSI 模型在低层次上收集原始数据，如果仅在 OSI 模型高层次（如一个代理服务器上）上收集原始数据，那么底层的信息将会丢失。

(5) 其他数据来源：包括防火墙、交换机、路由器以及 IDPS 特定的传感器或监视代理。

原始数据来自主机的数据和来自网络的数据。根据 IDPS 位置的不同，其也可同样分为基于主机的 IDPS 和基于网络的 IDPS。基于主机的 IDPS 能检查审计数据和其他来自主机或应用的数据。基于网络的 IDPS 能检查网络管理日志，以及来自防火墙、交换机、路由器和 IDPS 传感器代理的数据。

2) 事态检测

事态检测的目的是检测和提供安全相关的事态数据，以用于分析。

检测到的事态可以是简单事态（包括正常操作过程中发生的攻击或事件），也可以是复杂事态（由简单事态的组合组成，这些事态极有可能表示特定攻击）。然而，事态和事态数据无法直接作为入侵的证据。

事态检测可通过 IDPS 的监视组件实现。根据要检测的事态数据的来源不同，IDPS 的监视组件可安装在网络设备上（如路由器、网桥、防火墙），或特定的计算机上（如应用服务器、数据库服务器）。

由于事态检测过程将产生大量的事态数据，因此事态检测的频率会影响 IDPS 整体的有效性。

3) 分析

分析并处理由事态检测提供的事态数据，以发现正在尝试的、正在发生的或已经发生的入侵。两种通用的分析方法是基于误用的方法（也称作基于知识的方法）和基于异常的方法（也称作基于行为的方法）。

(1) 基于误用的方法

基于误用的方法主要以已知攻击和未授权活动的知识积累为基础，对检测到的事态数据进行分析，从而寻找出攻击证据。具体来说，此方法首先将信息系统的已知攻击以及先前被认为是恶意的或入侵性的行为和活动，建模、编码为特定的攻击特征，然后系统地扫描信息系统以发现这些攻击特征。由于已知攻击的模式或已知攻击的细微变化被称作特征，因此基于误用的 IDPS 也称作基于特征的 IDPS。

需要注意的是，基于误用的方法是基于假设事态数据与攻击特征不匹配时不代表有入侵或攻击。由于某些入侵和攻击在攻击特征建模时还是未知的，因此不匹配的数据仍然可能包含入侵或攻击的证据。目前，基于误用的分析广泛使用的方法有以下三种。

① 攻击特征分析：入侵检测和防御中最常见的方法，主要基于假设信息系统中安全

相关的行为都将能产生相应的审计日志。入侵场景可转换为审计日志序列或特征数据，因此可从计算机操作系统、应用、防火墙、交换机、路由器、特定IDPS传感器或监视器以及网络数据流等产生的数据中发现攻击特征或审计日志序列。协议分析作为攻击特征分析的一种方法，主要利用确定的通信协议结构分析数据包、帧和连接等元素。攻击特征分析首先分析、收集或制定已知攻击的语义描述、攻击特征，然后将其保存在数据库中。对日志进行审计时，当发现与预定义的入侵攻击特征相匹配的特定序列或攻击特征时，就表示有入侵企图。此方法能用于有阈值（单位时间内发生事件的比例、数量或其他的测量指标）或没有阈值的情况。如果未定义阈值，当识别出一个攻击特征时即产生报警。如果定义了阈值，那么会在攻击特征数量超过阈值时才产生报警。此方法的缺点主要是需要不断地更新攻击特征，以便发现新的脆弱性和攻击。

② 专家系统：基于误用的方法的专家系统包含了描述入侵的规则。而基于异常的方法的专家系统生成一系列规则，根据给定时间段内用户行为记录，统计用户的使用行为。所有规则都需要不断更新，以适应新的入侵或新的使用模式。将经过审计的事态转换为表达其语义的事实，输入专家系统，利用这些规则和事实得出结论，以检测可疑入侵或不一致的行为。

③ 状态转换分析：将带有一系列目标和转换的入侵表示成为状态转换图。借助状态转换图中与状态相关的布尔声明进行分析。

（2）基于异常的方法

基于异常的方法根据以往对正常系统行为的观察或者预先定义的配置文件（一个预先确定的事态模式，通常与一系列的事态相关，存储在数据库中用于对比），从预期或预测的常规行为中发现异常行为。需要注意的是，基于异常的方法基于如下假设，即事态数据与攻击特征不匹配时，代表有入侵或攻击。由于某些正常的证据或已授权行为在攻击特征建模时还是未知的，因此不匹配的数据仍然可能包含正常的证据或已授权行为。目前，广泛使用的基于异常分析主要有以下三种方法。

① 识别异常行为：主要匹配用户的正常活动模式，而攻击特征分析则匹配用户的异常活动模式。此方法通过一系列的任务（这些任务由用户通过使用非统计技术在系统上执行，其表现为用户期望的或授权的活动模式，如访问特定文件或文件类型）对用户正常的或已授权的行为进行建模，并将审计中发现的个人行为与预期的或授权的模式相比较，当行为模式与预期的或授权的模式不同时，将产生报警。

② 统计方法：在基于异常的入侵检测方法中最常用的是统计方法。本方法通过随时间采样的多个变量来测量用户行为或系统行为，并将其存储在配置文件中。当前配置文件定期与已存储的配置文件合并，并随着用户行为的变化（如每次会话的登录和退出时间、资源利用的持续时间，以及在会话或给定的时间内消耗的处理器内存磁盘资源量）而更新。主要通过检查当前配置文件和存储的配置文件来确定异常行为，即阈值是否超出了变量的标准偏差。

③ 神经网络：一种算法，用来学习输入-安全集成向量的关系并从中发现普遍规则，以获得新的输入-安全集成向量。对入侵检测和防御来说，神经网络主要用于学习系统内

角色(如用户、后台程序)的行为。使用神经网络的优势是神经网络能够较为简单地表示变量之间的非线性关系,还能够自学习和再训练。

基于误用和基于异常的方法可以结合使用,以便利用彼此的优点。混合方式的IDPS部署允许基于已知攻击特征和未经确认的模式(如特定用户登录尝试的次数)来检测入侵。

此外,检测入侵的其他方式或方法正在探索研究中,例如,Petri网的应用研究和计算机免疫学的研究。

4) 数据存储

数据存储的目的是存储安全相关信息,并用于后续的分析和报告中。存储的数据主要包括:已检测到的事态数据和其他的必要数据;分析的结果,包括已检测到的入侵和可疑事态(后续用于可疑事态分析);收集已知攻击和正常行为的配置文件;安全报警响起时,收集和保存的详细原始数据(作为证据,如为了可追溯性)。需要提供数据保留和数据保护策略,用于处理各种后续事项,如完成分析、数据取证、证据保存,以及防止对安全相关信息的窃听。

5) 响应

响应的目的是向相关人员(如系统管理员、安全负责人)提供合适的分析结果,这些结果通常以图形用户界面的形式呈现,并可通过邮件、短信、电话等方式通知相关人员,以便升级和组织对报警的响应。被动响应仅限于在控制台产生报警,而主动响应(具有主动响应功能的IDS也称为IPS)还能针对入侵提供适当的对策,以限制入侵或将其影响降到最低。响应提供的信息主要帮助评估入侵的严重程度,并决定所采取的对策。此时需要确保评估得到的入侵严重程度及所采取的对策要与组织的信息安全策略和程序相一致。

9.2.3 安全审计

安全审计是对信息系统记录与活动的独立评审和考察,以测试系统控制的充分程度,确保对于既定安全策略和运行规程的符合性,发现安全违规,并在控制安全策略和过程三方面提出改进建议。美国国家标准《可信计算机系统评估标准》(Trusted Computer System Evaluation Criteria,TCSEC)给出的定义:一个安全的系统中的安全审计系统,是对系统中任一或所有安全相关事件进行记录、分析和再现的处理系统。它通过对一些重要的事件进行记录,从而在系统发现错误或受到攻击时能定位错误和找到攻击成功的原因。安全审计记录是事故后调查取证的基础。

从广义上讲,安全审计是指对网络的脆弱性进行测试、评估和分析,以便最大限度地保障业务的安全正常运行的一切行为和手段。安全审计由各级安全管理机构实施并管理,在定义的安全策略范围内提供。安全审计参与对安全事件的检测、记录和分析。

安全审计和报警服务在开放系统互联安全框架ISO/IECl0181-7中有定义,该安全框架只涉及应记录哪些信息,在什么条件下对信息进行记录以及用于交换安全审计信息的语法等,不涉及构成系统或机制的方法。安全审计和报警的实现,需要使用其他安全机制的支持，确保它们正确而有把握地运行。安全审计为安全保护方案中的安全机制提供持续的评估。

安全审计系统的安全功能要求具备数据采集、审计分析、审计结果、管理控制四部分功能。数据采集功能即安全审计系统对网络行为产生的数据进行采集。要求信息系统安全审计系统应能够根据数据目标设置数据采集策略，为审计分析提供基础数据资料。基本级和增强级要求相同。信息安全审计分析是指审计系统对网络上的违规行为采集的数据进行分析和判断，检测是否存在危害主机、网络、数据库应用系统等行为，以及行为可能产生的危害种类及危害程度，通过分析警示网络管理者采取措施，阻止危害行为继续进行；或调整安全策略，防止可能发生的网络威胁。安全审计分析包括安全事件分析和统计分析。安全事件审计分析分为主机事件审计、网络事件审计、数据库事件审计和应用系统事件审计分析。审计统计分析分为审计统计、关联分析、潜在危害分析、异常事件分析和扩展分析接口。安全审计结果应当包含审计记录、统计报表、审计查阅三方面的内容。管理控制功能要求具有形式化配置管理参数接口和事件分级功能。

1. 安全审计的作用

安全审计应为组织提供一组可进行分析的管理数据，以发现在何处发生了违反安全方案的事件。利用安全审计结果，可调整安全政策，堵住出现的漏洞。具体来说，安全审计具有以下作用。

(1) 辨识和分析非授权的活动或攻击。

(2) 报告与系统安全策略不相适应的其他信息，提供一组可供分析的管理数据，用于发现何处有违反安全方案的事件，并可以根据实际情形调整安全策略。

(3) 评估已建立的安全策略和安全机制的一致性，记录关键事件。

(4) 对潜在的攻击者进行威慑或警告。

(5) 提供有价值的系统使用日志，及时发现入侵行为和系统漏洞，以便知道如何对系统安全进行加强和改进。

(6) 为系统的恢复或响应提供依据。

2. 日志审查

日志在系统安全中具有重要的地位。日志文件作为操作系统或应用程序的一个比较特殊的文件，详细地记录系统每天发生的各种各样的事情。用户可以通过日志记录来检查系统运行错误发生的原因，收集攻击者对系统实施攻击时留下的痕迹，在安全方面具有无可替代的价值。日志文件按照所记录的信息来源分为系统日志和应用日志。系统日志是与操作系统运行有关的日志文件，而应用日志是与特定应用程序有关的日志文件。日志文件通常包括大量的记录，系统管理员可以借助日志分析工具，从日志中获取有用的信息，为了解相关系统和应用的运行状态和可能存在的管理问题提供线索；安全管理员可以借助日志分析工具，从日志中获取有用的安全信息，从而快速地对潜在的系统入侵做出记录和预测。安全管理员使用的日志分析工具的主要功能有审计和监测系统的安全状态，追踪侵入者等。

日志文件通常是攻击者用来试图隐藏其操作的首选项。通过以下五步可以提高防御门槛。

(1) 远程日志：当攻击者破坏一台设备时，时常会获得足够的特权来修改或清除该设备上的日志文件。将日志文件放到一个单独的“盒子”里，则需要攻击者也将该“盒子”作为攻击目标，这至少为我们发现并注意到该入侵争取了时间。

(2) 单工通信：一些高安全性的环境在其各个报告设备和中央日志存储库之间使用的是单向(或单工)通信。这可以通过在以太网线上分割“接收”消息来轻松实现，在物理上确保单向路径。

(3) 复制：仅保存重要资源的单个副本作为合并日志的条目永远不是一个好主意。通过制作多个副本，并将其保存在不同位置，特别是在网络上至少有一处位置是无法被移动设备等访问到时，攻击者将难以更改这些日志文件。

(4) 一次性写入介质：如果备份的日志文件位置之一只能被一次性写入，那么攻击者将无法篡改该数据的副本。

(5) 加密散列链：使用加密散列链是一种保证事件的修改或删除能够容易地被注意到的强大技术。在该技术中，每个事件都被附加上该前导事件的加密散列(如 SHA-256)。这就创建了一个链，用以证明其中每个事件的完整性和一致性。

3. 安全审计步骤

安全审计是一个连续不断监控系统状况、改进安全措施、提高安全保护能力的过程。安全审计的重点是评估信息系统现行的安全政策、安全机制和系统监控情况。安全审计实施的主要步骤如下。

(1) 启动安全审计工作。根据安全审计管理制度定期或根据需要启动安全审计工作，制定安全审计计划，申请所需人员、物资和经费，上报主管部门或领导审批。常规性安全审计工作按照制度规定开展，无须专门启动工作。

(2) 做好安全审计计划。一个详细完备的安全审计计划是实施有效安全审计的关键。安全审计计划包括安全审计原因、内容、范围、重点、必要的升级、支持数据和安全审计参与人员、所需物质、经费等，安全措施调整和完善建议的要求。安全审计内容对详细描述、关键时间、参与人员分工等有明确规定。

(3) 查阅安全审计历史记录。安全审计中应查阅以前的安全审计记录，有助于通过对比查找安全漏洞隐患，更好地采取安全防范措施，同时保管好安全审计相关资料和规章制度等。

(4) 进行安全风险评估。安全审计小组制定好安全审计计划，着手开始安全审计核心工作——风险评估，即对日志进行潜在威胁分析、异常行为检测、简单攻击探测、复杂攻击探测、系统漏洞分析等综合评估。

(5) 划定安全审计范畴。安全审计范围划定对安全审计的开展非常关键。范围之间要有一些联系，如数据中心局域网或是商业相关的一些财务报表等。安全审计范畴的划定有利于集中注意力在资产、规程和政策方面的安全审计。

(6) 确定安全审计重点和步骤。在安全审计计划中应明确安全审计的重点、具体步骤和区域。行业专网开展分级统一安全审计时，安全审计期间应将主要精力放在安全审计的重点上，统一行动，避免安全审计的延缓或不完全，使安全审计结果更有价值。

安全审计的目的是通过监督、检查、分析网络运行情况，发现安全问题和安全隐患，追查安全事件发起源，改进和完善安全措施，提高信息系统安全性，因此对安全审计工作的整改意见和建议具有非常重要意义。在安全审计工作最后阶段，根据安全审计情况，针对存在的安全隐患，特别是带有普遍性的违规操作、非法登录、非法接入等行为，提出安全防范的建议，包括设备部署调整、安全策略、安全审计策略、运行安全各项管理制度等。

9.2.4 虚拟专用网络

虚拟专用网络(Virtual Private Network，VPN)是指在公共网络中建立专用的数据通信的网络技术，为组织之间或者个人与组织之间提供安全的数据传输隧道服务。在VPN中任意两点之间的链接并没有传统专网所需的端到端的物理链路，而是利用公共网络资源动态组成的。通过VPN从异地连接到机构的内联网，就像在本地内联网上一样。其中，虚拟是相对于传统的物理专线而言的。VPN是通过公用网络建立一个逻辑上的、虚拟的专线，以实现物理专线所具有的功效。专用是指私有专用的特性，一方面只有经过授权的用户才能够建立或使用VPN通道；另一方面通道内的数据进行了加密和鉴别机制处理，不会被第三者获取利用。网络表明这是一种组网技术，也就是说为了应用VPN，需要有相应的设备和软件来支撑。

VPN具有以下优点。

(1) 安全可靠。VPN对通信数据进行加密和鉴别，有效地保证数据通过公用网络传输的安全性，保证数据不会被未授权的人员窃听和篡改。

(2) 易于部署。VPN只需要在节点部署VPN设备，然后通过公用网络建立起犹如置身于内部网络的安全连接。如果要与新的网络建立VPN通信，只需增加VPN设备，改变相关配置即可。与专线连接相比较，特别是在需要安全连接的网络越来越多时，VPN的实施要简单得多，费用也可以节省很多。

(3) 成本低廉。如果通过专线进行网络间的安全连接，租金昂贵。而VPN通过公共网络建立安全连接，只需一次性投入VPN设备，价格也比较便宜，大大节约了通信成本。

VPN是通过公用网络来传输组织内部数据的，因此需要保障传输的数据不会被窃取或篡改，其安全性的保障主要通过密码技术、鉴别技术、隧道技术和密钥技术等来实现。隧道由隧道协议形成，主要有在数据链路层进行隧道处理的第二层隧道协议，以及在网络层进行隧道处理的第三层隧道协议。

第二层隧道协议是先把需要传输的协议包封装到PPP中，再把新生成的PPP包封装到隧道协议包中，然后通过第二层协议进行传输。第二层隧道协议有L2F、PPTP、L2TP等，其中L2TP是目前的IETF标准。第三层隧道协议是把需要传输的协议包直接封装到隧道协议包中，新生成的数据包通过第三层协议进行传输。第三层隧道协议有IPsec等。第二层隧道协议一般包括创建、维护和终止三个过程，其报文相应地有控制报文与数据报文两种。而第三层隧道协议则不对隧道进行维护。隧道建立后,就可以通过隧道,利用隧道数据传输协议传输数据。

根据隧道端点是客户端计算机还是接入服务器,隧道分为自愿隧道和强制隧道两种。自愿隧道是由客户端计算机或路由器使用隧道客户软件创建到目标隧道服务器的虚拟连接时建立的隧道,属于自愿隧道。自愿隧道是目前使用最普遍的隧道类型。由支持 VPN 的拨号接入服务器创建的隧道属于强制隧道,可用来创建强制隧道的设备有支持 PPTP 的前端处理器(FEP)、支持 L2TP 的 L2TP 接入集线器(LAC)、支持 IPsec 的安全 IP 网关等。因为客户端计算机只能使用由这些设备创建的隧道,所以称为强制隧道。强制隧道可以配置为所有的客户共用一条隧道,也可以配置为不同的用户使用不同的隧道。因此,自愿隧道技术可为每个客户创建独立的隧道。而强制隧道可以被多个客户共享,在最后一个隧道用户断开连接之后才终止隧道。

常见的 VPN 技术简述如下。

(1) MPLS VPN 是一种基于 MPLS(技术的 IP VPN,是在网络路由和交换设备上应用 MPLS 技术),简化核心路由器的路由选择方式,利用结合传统路由技术的标记交换实现的 IP 虚拟专用网络(IP VPN)。MPLS 优势在于将二层交换和三层路由技术结合起来,在解决 VPN、服务分类和流量工程这些 IP 网络的重大问题时具有很优异的表现。实现跨地域、安全、高速、可靠的数据、语音、图像多业务通信,并结合差别服务、流量工程等相关技术,将公众网可靠的性能、良好的扩展性、丰富的功能与专用网的安全、灵活、高效结合在一起,为用户提供高质量的服务。因此,MPLS VPN 在解决互连、提供各种新业务方面也越来越被看好,广泛应用于跨国企业、银行、证券、教育、互联网服务等行业。MPLS VPN 又可分为二层 MPLS VPN(即 MPLS L2 VPN)和三层 MPLS VPN(即 MPLS L3 VPN)。

(2) SSL VPN 是以 HTTPS(Secure HTTP,安全的 HTTP,即支持 SSL 的 HTTP 协议)为基础的 VPN 技术,工作在传输层和应用层之间。SSL VPN 充分利用了 SSL 协议提供的基于证书的身份认证、数据加密和消息完整性验证机制,可以为应用层之间的通信建立安全连接。SSL 协议指定了一种在应用程序协议(如 HTTP、Telnet、NMTP 和 FTP 等)和 TCP/IP 协议之间提供数据安全性分层的机制,它为 TCP/IP 连接提供数据加密、服务器认证、消息完整性以及可选的客户认证。它的特点是无需客户端软件,使用方便,适用于用户安装配置不易或是特定应用情况。

(3) IPsec VPN 是基于 IPsec 协议的 VPN 技术,由 IPsec 协议提供隧道安全保障。IPsec 是一种由 IETF 设计的端到端的确保基于 IP 的数据安全性的机制。它依靠 GRE (IPsec/GRE)及封装安全载荷 ESP 协议,对 IP 数据包进行封装和加密处理。不过,与 PPTP 和 L2TP 相比,IPsec 方案更安全、更可靠,这是由于 IPsec 选择及支持的加密算法。通常采用 IPsec 的 VPN 方案来解决在多个单位间构建稳定的 VPN 的需求。它为互联网上传输的数据提供了高质量的、可互操作的、基于密码学的安全保证。

(4) PPTP 点对点隧道协议是一种支持多协议虚拟专用网络的协议,这类方案采用了通用路由封装 GRE 技术,可以让发往某个网络的数据包经加密后一个包接一个包地发送到可信服务器，然后服务器拆开数据包重新发送到专用网上。微软公司推出的PPTP/GRE方案就利用了GRE，并采用微软的算法对数据进行加密。通过该协议，远程用户能够跨越多操作系统以及其他点对点激活系统安全访问共同网络，并通过拨号本地互联网服务提供商安全链接它们互联网上的共同网络。其优点也是简单易配置，对于初阶应用安全性足以应用。表9-2展示了VPN协议比较。

表9-2　VPN协议比较

协　议	工作层	优　点	缺　点
MPLS	数据链路层与网络层之间	保证服务器质量	核心网络设备上使用
SSL	应用层	简单便捷，不受NAT影响	系统要求高资源开销，不能保证信息的不可抵赖性
IPSec	网络层	安全性高，对上层透明	支持IP协议，受防火墙影响
PPTP	数据链路层	支持其他，网络协议	安全性差，连接数有限

9.2.5　安全存储

1. 存储系统架构

安全存储包括系统的网络架构技术，以及数据在存储体中的读写方式、存储空间位置的分配与利用、存储数据的管理与调用等技术问题。存储系统架构主要是解决以硬件网络架构为主的系统平台建设，数据的存储管理与空间分配主要是利用计算机程序，解决存储执行过程中数据流向、存放位置、数据安全、高效调用数据、存储空间科学与高效利用等技术问题，目标是使统一的、有限的存储空间利用率最大化，实现数据安全和高效利用。

依据网络存储结构，计算机数据存储技术主要分为直接附加存储(Direct Attached Storage，DAS)、网络附加存储(Network Attached Storage，NAS)和存储区域网络(Storage Area Network，SAN)。

直接附加存储是通过服务器、客户机的I/O接口进行数据传输的存储设备。直接附加存储是硬件的堆叠，本身不带任何的操作系统，是计算机系统的扩展。直接附加存储是计算机系统中最常用的数据存储方法，很容易实现大容量存储，存取性能较高，实施也非常简单。由于直接附加存储依赖计算机系统，因此需要占用主机性能，并且当连接的主机发生故障时，存储的数据就无法读取，并且还存在扩展性差、资源利用率低、可管理性差等问题。

网络附加存储不再通过I/O总线将存储设备附属于某个特定的计算机，而是一种直接通过网络接口将存储设备与网络进行连接，以便用户通过网络进行访问。网络附加存储就是一台独立的计算机，有自身的操作系统，因此用户可通过网络访问和管理数据。网络附加存储的优点是易于安装、部署和管理，并且不占用服务器资源，可跨平台使用等。网络附加存储本身能够支持多种协议(如NFS、CIFS、FTP、HTTP等)，而且能够支持各种操作系统。通过任何一台工作站，采用IE或其他浏览器就可以对网络附加存储设备进行直观方便的管理。因此，网络附加存储是真正即插即用的设备，并且部署非常灵活简单。网络附加存储的不足在于性能相对较差，因为数据传输使用网络，可能影响网络流量，甚至可能产生数据泄露等安全问题。并且对数据的访问通过网络附加存储操作系统进行，在某种情况下会严重影响效率，例如像大型数据库等对数据操作要求较高的系统就不宜采用网络附加存储进行存储。

存储区域网络使用光纤通道（Fiber Channel，FC）技术，服务器和存储阵列通过 FC 交换机进行连接，建立专用于数据存储的区域网络。存储区域网络通过同物理通道支持广泛使用的 SCSI 和 IP 协议，这使得存储区域网络允许任何类型的服务器连接到任意的存储阵列中，扩展性也很强，增加存储空间或增加存储空间的服务器都非常方便。由于使用了光纤交换，性能非常高，存取速度很快。存储区域网络技术经过多年发展，已经非常成熟，但由于各个厂商的光纤交换技术不完全相同，其服务器和存储区域网络存储有兼容性的要求。存储区域网络应用的主要局限是成本高，实施复杂，特别是服务器物理位置分散时，实施难度较大。表 9-3 给出了三种存储方式的比较。

表 9-3　三种存储方式比较

存储种类	直接附加存储	网络附加存储	存储区域网络
传输类型	SCSI、SAS、IP、FC	IP	IP、FC、Infiniband
数据类型	数据块	文件	数据块
典型应用	任何	文件服务器	数据库、虚拟化应用
优点	磁盘与服务器不分离，便于统一管理	不占用应用服务器资源；广泛支持操作系统；扩展较容易，即插即用，安装简单方便	高扩展性；高可用性；数据集中，易管理
缺点	连接距离短；扩展性受主机接口数量的限制	不适合存储量大的块级应用；数据备份及恢复占用网络带宽	相比网络附加存储成本较高，安装和升级比网络附加存储复杂

2. 独立冗余磁盘阵列

在计算机中添加容错和系统恢复组件的常见方法是增加冗余磁盘阵列（Redundant Array of Independent Disk，RAID）。RAID 技术是一种把多块独立的硬盘（物理硬盘），按不同的方式组合起来形成一个硬盘组（逻辑硬盘），从而提供比单个硬盘性能更高的存储和数据备份的技术。组成磁盘阵列的不同方式称为 RAID 级别。RAID 是最基本的存储技术，被广泛应用于计算机数据专业存储设备或磁盘存储介质中的数据存储中，如服务器中配置的存储硬盘存储，专用的磁盘阵列、三种存储架构的存储系统等，都是以 RAID 技术为基础写数据。

RAID 技术具备数据备份功能，用户数据一旦发生损坏，利用备份功能可以使损坏数据得以恢复，从而保障了用户数据的安全性。在用户看来，组成的磁盘组就像是一个硬盘，用户可以对它进行分区、格式化等。总之，对磁盘阵列的操作与单个硬盘基本一样，不同的是，磁盘阵列的存储速度要比单个硬盘高很多，而且可以提供自动数据备份功能。

RAID 技术经过不断的发展，现在已拥有了 RAID 0～RAID 6 共 7 种基本的 RAID

级别。另外，还有一些基本 RAID 级别的组合形式，如 RAID 10(又称为 RAID 0+1，即 RAID0 与 RAID 1 的组合)、RAID50 等。不同 RAID 级别代表不同的存储性能、数据安全性和存储成本。但最为常用的是 RAID 0、RAID 1、RAID 0+1(RAID 10)、RAID 3、RAID 5、RAID 0+5 (RAID 50)。

RAID0 又称为条带，它使用两个或两个以上磁盘，提高了磁盘子系统的性能，但不提供容错能力。

RAID-1 又称为镜像，它使用两个磁盘，两个磁盘有相同的数据信息。即使一个磁盘损坏，另一个磁盘仍含有数据，系统仍能继续运行。

RAID-5 又称为奇偶校验，它使用 3 个或 3 个以上磁盘，相当于一个磁盘，其中包含奇偶校验信息。即使单一磁盘损坏，磁盘阵列也将继续运行，但速度会变慢。

RAID-10 又称为 RAID1+0 或条带镜像，是在条带 RAID-0 配置上再配置两个或两个以上镜像 RAID-1。它使用至少 4 个磁盘，但可以支持更多个磁盘，磁盘可添加数应为偶数。即使多个磁盘损坏，只要在每个镜像中至少有一个驱动器继续运行，它就能继续运行。然而，如果在任何镜像集中两个驱动器都损坏，那么整个阵列将无法继续运行。

3. 虚拟化存储

虚拟化存储是将存储系统分为存储组、存储池、存储节点、存储卷和卷，这五个级别的物理单元虚拟成一个存储系统，进行统一管理、分配、随机放置数据的位置，提高存储空间的利用率。从程序层面分析，它是由分层存储、动态精简配置、自动分层存储、动态存储迁移、持续数据回放、精简复制等技术模块构成的虚拟一体化存储系统，形象地称为“流动数据”。

以一个存储组为例进行分析。在一个存储组中有 4 个存储池(可以是多个池)，分为 3 层：第一层存储池由固态硬盘阵列组成，容量较小。该层特点是采用固态硬盘，由于应用芯片电路存储数据，因而存取速度快，适用于快速读取数据，如视频、图片等。利用这一特点，将最常用的、使用频繁的数据存放在第一层，可以大大提高数据读取速度，这对计算机使用者来说是非常重要的，特别是对图像文件、图像照片、视频及其他数据量很大文件的调用非常有现实意义。第二层存储池由 SAS 硬盘阵列组成，容量较大。第三层存储池由 SATA 阵列组成，容量最大。自动分层存储功能会通过程序分析判断，将处于高速存储层的文件变为不常用的数据文件并调整到半活动层或者低速层存放，或将低速层的某些文件变为常用的数据文件并调整到半活动层甚至是高速层，形成动态分层存储。

分配存储空间时，改变过去按计划分配给各种应用的存储空间保持不变的策略，对已经划分但并未使用的存储空间进行动态分配，只利用真正写入的容量，未使用的磁盘空间可以被其他服务器和应用使用。这种将存储空间统一化管理，按照实际应用动态分配空间的方法称为动态精简配置。由于这种策略使存储空间得以充分利用，存储硬件的配置数量减少，大大提高了存储资源利用率，实现了精简配置。

4. 重复数据删除

重复数据删除又称为消重，可对存储容量进行有效优化，它通过删除数据集中重复的数据，只保留其中一份，从而消除冗余数据。这种技术可以很大程度上减少物理存储空间，从而满足日益增长的数据存储需求。重复数据删除技术可以用于很多场合，包括在线数据、近线数据、离线数据存储系统，可以在文件系统、卷管理器、NAS、SAN中实施。重复数据删除也可以用于数据备份、容灾、数据传输与同步，作为一种数据压缩技术可用于数据打包。目前重复数据删除技术大量应用于数据备份与归档系统，因为对数据进行多次备份后，存在大量重复数据，数据量急剧膨胀是存储和备份的主要矛盾。重复数据删除技术可以帮助众多应用降低数据存储量，节省网络带宽，提高存储效率，减小备份窗口，节省成本。

重复数据删除技术数据碰撞概率尽管非常低，几乎与磁盘的故障概率相同，但一旦发生数据碰撞也将产生巨大的经济损失，因此很少用于关键数据存储的场合。

5. 灾备场所

通常灾备场所基于备用场所具有的功能和备战性程度，可分为冷站、温站、热站、移动站和镜像站等类型。表9-4总结了备用场所类型及需求准则。

表9-4 备用场所类型及需求准则

站点	费用	硬件设备	电信	设置时间	位置
冷站	低	无	无	长	固定
温站	中	部分	部分/完全	中	固定
热站	中/高	完全	完全	短	固定
移动站	高	视相关情况而定	视相关情况而定	随相关情况而定	不固定
镜像站	高	完全	完全	无	固定

9.3 安全集成管理

9.3.1 范围管理

范围管理是指界定和控制安全集成中应包括什么和不包括什么的过程。这个过程确保了对安全集成的可交付成果以及生产这些可交付成果所进行的工作达成共识。安全集成范围管理包含五个主要阶段。

(1) 需求收集：定义并记录安全集成最终特点、功能以及过程。

(2) 范围定义：评审根据需求文档和组织过程资产创建范围说明书，并且随着需求的扩展及变更请求得到批准，在规划过程中增加更多的信息。

(3) 创建工作分解：将主要的安全集成可交付成果分解成更细小和更易管理的部分，可以采用使用指南、类比法、自上而下法、心智图法来制作工作分级结构。

(4) 范围核实：将安全集成可交付成果的认可正式化。关键相关者，如安全集成的客户及安全集成发起人，在这一过程中进行审查，然后正式接受安全集成的可交付成果。如果不接受现有的可交付成果，那么客户或安全集成发起人通常会请求做一些变更。

(5) 范围控制：对整个安全集成生命周期内范围的变化进行控制，这对于许多安全集成来说是很有挑战性的。范围变更经常影响团队实现安全集成的时间目标和成本目标的能力。

9.3.2 进度管理

进度管理是确保安全集成按时完成所需的过程。然而，按时完成安全集成绝不是一件容易的事情。进度管理涉及以下六个主要过程。

1. 活动定义

活动定义是指识别安全集成成员和利益相关者为完成安全集成所必须开展的具体活动。活动或任务是构成工作的基本要素，通常能够在工作分解结构中看到。它们往往有预计的工期、成本和资源需求。

2. 活动排序

活动排序是指识别并记录安全集成活动之间存在的关系。紧前关系绘图(PDM)法是创建进度模型的一种技术，用节点表示活动，用一种或多种逻辑关系连接活动，以显示活动的实施顺序。PDM包括四种依赖关系或逻辑关系。紧前活动是在进度计划的逻辑路径中，排在某个活动前面的活动。紧后活动是在进度计划的逻辑路径中，排在某个活动后面的活动。这些关系的定义如下。

(1) 完成到开始(FS)：只有紧前活动完成，紧后活动才能开始的逻辑关系。例如，只有完成装配PC硬件(紧前活动)，才能开始在PC上安装操作系统(紧后活动)。

(2) 完成到完成(FF)：只有紧前活动完成，紧后活动才能完成的逻辑关系。例如，只有完成文件的编写(紧前活动)，才能完成文件的编辑(紧后活动)。

(3) 开始到开始(SS)：只有紧前活动开始，紧后活动才能开始的逻辑关系。例如，开始地基浇灌(紧前活动)之后，才能开始混凝土的找平(紧后活动)。

(4) 开始到完成(SF)：只有紧前活动开始，紧后活动才能完成的逻辑关系。例如，只有启动新的应付账款系统(紧前活动)，才能关闭旧的应付账款系统(紧后活动)。

活动依赖关系可能是强制或选择的，内部或外部的。四种依赖关系如下。

(1) 强制性依赖关系：法律或合同的要求或工作的内在性质决定的依赖关系，强制性依赖关系往往与客观限制有关。在活动排序过程中，团队应明确哪些关系是强制性依赖关系，不应把强制性依赖关系和进度计划编制工具中的进度制约因素混淆。

(2) 选择性依赖关系：又称首选逻辑关系、优先逻辑关系或软逻辑关系，即便还有其他依赖关系可用，选择性依赖关系应基于具体应用领域的最佳实践或安全集成的某些特殊性质对活动顺序的要求来创建。

(3) 外部依赖关系：安全集成活动与非安全集成活动之间的依赖关系，这些依赖关系往往不在团队的控制范围内。

(4) 内部依赖关系：安全集成活动之间的紧前关系，通常在团队的控制之中。

3. 活动资源估计

活动资源估计是指估计团队为完成安全集成活动需要使用多少资源，如人力、设备和原料。在活动资源估计过程中，需要关注以下重要问题。

(1) 在这个安全集成中，完成具体活动的难度有多大?

（2）安全集成中是否有特殊的内容会影响到资源的使用？

（3）组织过去是否开展过类似安全集成的历史，组织以前是否执行过类似的任务？做这些工作的人员水平怎样？

（4）组织是否有可用的人力、设备及材料来开展安全集成？组织中的政策是否有一些会影响到资源的使用？

（5）组织是否需要获得更多的资源来完成工作？可以把一些工作外包吗？当外包可行时，到底是增加还是减少了资源的需求量？

4．活动工期估计

活动工期估计是指估算完成单个活动需要多长时间。活动工期持续时间是根据资源估算的结果。估算完成单项活动所需工作时段数的过程常用的方法如下。

（1）类比估算：使用相似活动或安全集成的历史数据来估算当前活动或安全集成的持续时间或成本的技术。类比估算以过去类似安全集成的参数值（如持续时间、预算、规模、重量和复杂性等）为基础来估算未来安全集成的同类参数或指标。类比估算技术以过去类似安全集成的实际持续时间为依据来估算当前安全集成的持续时间。这是一种粗略的估算方法，有时需要根据安全集成复杂性方面的已知差异进行调整，在安全集成详细信息不足时，就经常使用类比估算来估算持续时间。

（2）参数估算：一种基于历史数据和安全集成参数，使用某种算法来计算成本或持续时间的估算技术。参数估算的准确性取决于参数模型的成熟度和基础数据的可靠性。且参数进度估算可以针对整个安全集成或安全集成中的某个部分，并可以与其他估算方法联合使用。

（3）三点估算：通过考虑估算中的不确定性和风险可以提高持续时间估算的准确性。使用三点估算有助于界定活动持续时间的近似区间。最可能时间（t_M）是基于最可能获得的资源、最可能取得的资源生产率、对资源可用时间的现实预计、资源对其他参与者的可能依赖关系及可能发生的各种干扰等所估算的活动持续时间。最乐观时间（t_O）是基于活动的最好情况所估算的活动持续时间。最悲观时间（t_P）是基于活动的最差情况所估算的持续时间。基于持续时间在三种估算值区间内的假定分布情况，可计算期望持续时间（t_E）为三角分布：$t_E=(t_O+t_M+t_P)/3$。

（4）自下而上估算：一种估算安全集成持续时间或成本的方法，通过从下到上逐层汇总 WBS 组成部分的估算而得到安全集成估算。若无法以合理的可信度对活动持续时间进行估算，则应将活动中的工作进一步细化，然后估算具体的持续时间，再汇总这些持续时间估算，得到每个活动的持续时间。活动之间可能存在或不存在会影响资源利用的依赖关系；如果存在，就应该对相应的资源使用方式加以说明，并记录在活动资源需求中。

5．进度安排

进度安排是指通过活动顺序分析、活动资源估计和活动工期估计，制定出进度。以下几个工具和技术有助于做好进度安排。

（1）甘特图：一种用于显示安全集成进度信息的常见工具。甘特图也称为“横道图”，是展示进度信息的一种图表方式。在甘特图中，纵向列示活动，横向列示日期，用横条表示活动自开始日期至完成日期的持续时间。甘特图相对易读，且比较常用。它包括浮动时间，也可能不包括浮动时间，具体取决于受众。为了便于控制及与管理层沟通，可在里程碑或横跨多个相关联的工作包之间列出内容更广、更综合的概括性活动，并在甘特图报告中显示。

(2) 关键路径分析(PCM)：用于在进度模型中估算安全集成最短工期，确定逻辑网络路径的进度灵活性大小。这种进度网络分析技术在不考虑任何资源限制的情况下，沿进度网络路径使用顺推与逆推法，计算出所有活动的最早开始、最早结束、最晚开始和最晚完成日期。

(3) 关键链进度安排：当编制安全集成进度表时，这种技术主要考虑如何使用有限的资源。关键链进度编制技术认为，资源不能同时用于多项任务，即不能存在多任务化或者尽量避免出现多任务化情况。在采用关键链进度编制技术时，一个人不能在同一个安全集成中同时执行多个任务。同样地，关键链理论认为，安全集成间应该有主次之分，所以同时在多个安全集成中工作的人员应该知道哪个任务是最重要的。避免出现多任务化情况就会避免出现资源冲突，也会减少转移任务时启动时间的浪费。运用关键链进度编制技术保证安全集成按时完工的关键是改变人们估计任务工期的方法。许多人在估计安全集成工期时增加了一个安全时间或缓冲。缓冲是指为保证任务的完成，在考虑了各种因素之后所增加的额外时间。这些因素包括多任务化的负面影响、外界因素干扰和精力分散、消减预算的顾虑和墨菲定律等。关键链进度编制技术去掉了单个任务的缓冲，设置了一个总的安全集成缓冲。安全集成缓冲是指添加在安全集成截止日期前的一段额外时间。关键链进度编制技术也可以使用汇入缓冲或输入缓冲来保证关键链上的任务能够按时完成。汇入缓冲是添加在关键链任务之前和非关键路径任务之后的额外时间。

(4) 计划评审技术(PERT)分析：一种评估安全集成中进度风险的工具。PERT 的主要优点：该技术试图可降低工期估计的风险；现实中有许多安全集成没能按进度开展，PERT 能帮助人们制定更加符合实际的进度。PERT 的不足之处：与 CPM 相比 PERT 需要更多的工作投入，因为它要求使用多个工期估计值。

6. 进度控制

进度控制是指控制和管理进度的变更。通过进度规划制定详尽的计划，说明如何以及何时交付范围中定义的产品、服务和成果，并作为一种用于沟通和管理相关方期望的工具及报告绩效的基础。管理团队选择进度计划方法，如关键路径法或敏捷方法。之后，管理团队将特定数据，如活动、计划日期、持续时间、资源、依赖关系和制约因素等输入进度计划编制工具，以创建进度模型。这项工作的成果就是安全集成进度计划。

9.3.3 成本管理

成本管理重点关注完成安全集成活动所需资源的成本，同时也考虑安全集成决策对安全集成产品、服务或成果的使用成本、维护成本和支持成本的影响。例如，限制设计审查的次数可降低安全集成成本，但可能增加由此带来的产品运营成本。成本管理的另一个方面是认识到不同的相关方会在不同的时间，用不同的方法测算安全集成成本。例如，对于某采购品，可在做出采购决策、下达订单、实际交货、实际成本发生或进行安全集成会计记账时测算其成本。在很多组织中，预测和分析安全集成产品的财务效益是在安全集成之外进行的；但对于有些安全集成，可在安全集成成本管理中进行这项预测和分析工作。在这种情况下，安全集成成本管理还需使用其他过程和许多通用财务管理技术，如投资回报率分析、现金流贴现分析和投资回收期分析等。安全集成成本管理过程如下。

(1) 成本估算涉及找出完成安全集成所需资源的成本的近似值或估计值。成本管理计划应该在安全集成管理下作为安全集成管理计划的一部分来制定。它应该包括估算的准确程度、监控成本绩效的不同标准、报告格式以及其他的相关信息。通常会为大多数安全集成开展几种类型的成本估计。三种基本的估计类型如下。

① 粗数量级估计(ROM)：估计一个安全集成将花费多少钱。ROM 估计也称为大致估计、猜测估计、科学粗略剖析性猜测、大体的测量等。这类估计在安全集成很早时进行，甚至在安全集成正式开始之前进行。使用这种估计来帮助人们做出安全集成选择决定。

② 预算估计/概算：把资金分配到一个组织所做的预算。许多组织会对至少未来两年的安全集成成本进行预算。预算估计会在安全集成完成之前的 1～2 年进行。预算估计的精度通常是－10%～25%，意味着实际费用可能比预算成本低 10%或高 25%。

③ 确定性估计：提供了安全集成成本的精确估计。确定性估计用来估计最终的安全集成成本，并做出许多购买决定，因为购买决定需要精确的估计。

(2) 制定预算涉及将总体成本分配给各个工作包，以建立衡量绩效的基线。安全集成成本预算的内容是将估计的安全集成成本分配到各个具体的工作条目中，这些工作条目都是依据安全集成的工作分解结构设立的，活动成本预算、预算基线、范围基准、安全集成进度表、资源日历、合同和组织过程资产都要输入到成本预算中。成本预算过程的主要目标是为衡量安全集成绩效和安全集成资金需求提供一个成本基线，它也可能造成安全集成文件的更新，例如对范围说明书或安全集成进度表中的条目进行增加、移除或变更。

(3) 成本控制涉及对安全集成预算变更的控制。对易变性高、范围并未完全明确、经常发生变更的安全集成，详细的成本计算可能没有太大帮助。在这种情况下可以采用轻量级估算方法快速生成对安全集成人力成本的高层级预测，在出现变更时容易调整预测；而详细的估算适用于采用准时制的短期规划。挣值管理(EVM)是一个强有力的成本控制技术，将实际进度和成本绩效与绩效测量基准进行比较。EVM 把范围基准、成本基准和进度基准整合起来，形成绩效测量基准。它针对每个工作包和控制账户，计算并监测以下三个关键指标。

① 计划价值(PV)：为计划工作分配的经批准的预算，它是为完成某活动或 WBS 组成部分而准备的一份经批准的预算，不包括管理储备。应该把该预算分配至安全集成生命周

期的各个阶段；在某个给定的时间点，计划价值代表着应该已经完成的工作。PV的总和也称为绩效测量基准(PMB)，安全集成的总计划价值又称为完工预算(BAC)挣值。

② 挣值(EV)：对已完成工作的测量值，用该工作的批准预算来表示，是已完成工作的经批准的预算。EV的计算应该与PMB相对应，且所得的EV值不得大于相应组件的PV总预算。EV常用于计算安全集成的完成百分比，应该为每个WBS组件规定进展测量准则，用于考核正在实施的工作。

③ 实际成本(AC)：在给定时段内执行某活动而实际发生的成本，是为完成与EV相对应的工作而发生的总成本。AC的计算方法必须与PV和EV的计算方法保持一致。AC没有上限，为实现EV所花费的任何成本都要计算进去。

9.3.4 质量管理

质量管理的目的是确保满足它所承载的需要，把组织的质量政策应用于规划、管理、控制安全集成和产品质量要求，以满足相关方目标的各个过程。此外，以执行组织的名义支持过程的持续改进活动。安全集成质量管理包括三个主要过程。

(1) 质量规划：确定与安全集成相关的质量标准及实现这些标准的方式。将质量标准纳入安全集成设计中是质量规划的一个关键部分。对一个IT安全集成而言，质量标准包括考虑系统成长、规划系统合理的响应时间或确保系统提供持续准确的信息。质量标准也适用于IT服务，比如，可以为求助台响应时间的长短设定标准，或在保修期内为安全集成硬件运送替代件花费时间的长短设定标准。质量规划的主要产出是质量管理计划、质量量度、质量清单、过程改进计划、质量基线及安全集成管理计划的更新。量度是一个测量标准。一般量度的例子有生产产品的缺陷率、商品和服务的供货率及客户满意度。

(2) 实施质量保证：定期评估所有的安全集成绩效，以确保安全集成符合相关的质量标准。质量保证过程要负责整个安全集成的生命周期的质量。这一过程的主要安全集成是组织过程资产更新、变更请求、安全集成管理计划的更新及安全集成文件的更新。

(3) 实施质量控制：监控具体的安全集成结果，确保它们符合相关的质量标准，识别提高总体质量的方法。这个过程通常与技术工具及质量管理技术，如帕累托图、质量控制图及统计抽样相关。质量控制的主要安全集成有质量控制测量结果、确认的变更、确认的可交付成果、组织过程资产的更新及安全集成管理计划的更新。

尽管质量控制的一个主要目标是改进质量，但这一过程的主要输出是接受决定、返工及过程。接受决定是指对作为安全集成一部分的产品和服务是予以接受还是予以拒绝。若接受，则认为它们是经过审定的可交付成果。若安全集成的利益相关者拒绝了作为安全集成一部分的一些产品或服务，则必须返工。返工是为了使不合格的安全集成符合产品的要求、规格或利益相关者的期望而采取的行动。返工通常会导致需求变更及经过批准的缺陷修复，而后者来源于建议的缺陷修复以及纠正或预防措施。返工花费巨大，因此，必须做好质量规划和质量保证工作，避免出现返工现象。过程调整是指基于质量控制所做的测量，纠正或阻止出现更多的质量问题。过程调整通常通过质量控制测量来发现，一般会引起质量基线、组织过程资产及安全集成管理计划的更新。

质量控制包括很多流行的质量控制工具、统计抽样及六西格玛等工具及技术，广泛应用测试来确保质量。

（1）因果图：将质量问题追溯至相应的生产运作。换句话说，它能帮助人们找到问题的根本原因。因果图也称为鱼骨图或石川馨图（以创始人石川馨命名）。也可使用著名的“5 whys”法，即5个“为什么”（这是一个很好的经验法则），以发现隐藏在表面下的问题根源。这些表象就是因果图上的枝节。

（2）控制图：实时展示安全集成进展信息的图表。通过控制图可以判断一个过程处于控制之中还是处于失控状态。当一个过程处于控制中时，这一过程产生的所有变量都是随机事件引发的。处于控制之中的过程是不需要调整的。当一个过程处于失控状态时，这一过程产生的变量是非随机事件引发的。当过程失控时，需要确认这些非随机事件的原因，并通过调整过程来修改或清除它们。

（3）运行图：展现一个过程在一段时间的历史和变化情况的模型，是一个按发生顺序画出数据点的线形图表。基于历史结果，使用运行图可以进行趋势分析，预测未来结果。例如，趋势分析有助于分析一段时间内已确认了多少个缺陷，看一下是否有什么变动趋势。

（4）散点图：可以显示两个变量之间是否有关系。一条斜线上的数据点距离越近，两个变量之间的相关性就越密切。

（5）柱状图：变量分布的条状图。每一条形代表了一个问题或情形的属性或特征，其高度代表了其出现频率。

（6）帕累托图表：帮助鉴别问题和对问题进行优先排序的柱状图。这一柱状图描述的变量是按其发生的频率排序的。帕累托图能鉴别和解释一个系统中造成多数质量问题的少数重要因素。帕累托分析有时也称为80-20定律，意思是80%的问题通常是由20%的因素造成的。

（7）统计抽样：从目标总体中选取部分样本用于检查。样本用于测量控制和确认质量。抽样的频率和规模应在规划质量管理过程中确定。

9.3.5 资源管理

资源管理包括识别、获取和管理所需资源以成功完成安全集成的各个过程，这些过程有助于确保在正确的时间和地点使用正确的资源。资源管理包括如下过程。

（1）规划资源管理：定义如何估算、获取、管理和利用实物以及团队安全集成资源的过程。

（2）估算活动资源：估算执行安全集成所需的团队资源，以及材料、设备和用品的类型和数量的过程。

（3）获取资源：获取安全集成所需的团队成员、设施、设备、材料、用品和其他资源的过程。

（4）建设团队：提高工作能力，促进团队成员互动，改善团队整体氛围，以提高安全集成绩效的过程。

（5）管理团队：跟踪团队成员工作表现，提供反馈，解决问题并管理团队变更，以优化安全集成绩效的过程。

（6）控制资源：确保按计划为安全集成分配实物资源，以及根据资源使用计划监督资源实际使用情况，并采取必要纠正措施的过程。

团队资源管理相对于实物资源管理提出了不同的技能和能力要求。实物资源包括设备、材料、设施和基础设施，而团队资源或人员指的是人力资源。团队成员可能具备不同的技能，可能是全职或兼职的，可能随安全集成进展而增加或减少。团队由承担特定角色和职责的个人组成，他们为实现安全集成目标而共同努力。尽管团队成员被分派了特定的角色和职责，但让他们全员参与安全集成规划和决策仍是有益的。团队成员参与规划阶段，既可使他们对安全集成规划工作贡献专业技能，又可以增强他们对安全集成的责任感。

实物资源管理着眼于以有效和高效的方式，分配和使用成功完成安全集成所需的实物资源，如材料、设备和用品。为此，组织应当拥有资源需求（当前和合理的未来的）、资源配置（可以满足这些需求的）及资源供应。不能有效管理和控制资源是安全集成成功完成的风险来源。

9.3.6 沟通管理

沟通是指用各种可能的方式发送或接收信息，可通过沟通活动（如会议和演讲），或者以工件的方式（如电子邮件、社交媒体、安全集成报告或安全集成文档）来进行。

沟通管理包括通过开发工件，以及执行用于有效交换信息的各种活动，来确保安全集成及其相关方的信息需求得以满足的各个过程。安全集成沟通管理由两个部分组成：一是制定策略，确保沟通对相关方行之有效；二是执行必要活动，以落实沟通策略。沟通管理包括如下过程。

（1）规划沟通管理：基于每个相关方或相关方群体的信息需求、可用的组织资产，以及具体安全集成的需求，为安全集成沟通活动制定恰当的方法和计划的过程。本过程的主要作用是为及时向相关方提供相关信息，引导相关方有效参与安全集成而编制书面沟通计划。本过程应根据需要在整个安全集成期间定期开展。

（2）管理沟通：确保安全集成信息及时且恰当地收集、生成、发布、存储、检索、管理、监督和最终处置的过程。

（3）监督沟通：确保满足安全集成及其相关方的信息需求的过程。监督沟通是确保满足安全集成及其相关方的信息需求的过程。本过程的主要作用是按沟通管理计划和相关方参与计划的要求优化信息传递流程。本过程需要在整个安全集成期间开展。

沟通可以为成功完成安全集成建立必要的联系。用于开展沟通的活动和工件多种多样，从电子邮件和非正式对话到正式会议和定期安全集成报告。通过言语、面部表情、手势动作和其他行动有意或无意地发送和接收信息。为了成功管理与相关方的安全集成关系，沟通既包括制定策略和计划以便创建合适的沟通工件和开展合适的沟通活动，也包括运用相关技能来提升计划和即兴的沟通的效果。

成功沟通包括两个部分：一是根据安全集成及其相关方的需求而制定适当的沟通策

略；二是从该策略出发，制定沟通管理计划，确保用各种形式和手段把恰当的信息传递给相关方。安全集成沟通是规划过程的产物，在沟通管理计划中有相关规定。沟通管理计划定义了信息的收集、生成、发布、储存、检索、管理、追踪和处置。最终，沟通策略和沟通管理计划将成为监督沟通效果的依据。

9.3.7 风险管理

安全集成具有不同复杂程度的独特性工作，自然会充满风险。开展安全集成，不仅要面对各种制约因素和假设条件，而且要应对可能相互冲突和不断变化的相关方期望。

安全集成风险管理旨在识别和管理未被其他安全集成管理过程所管理的风险。如果不妥善管理，那么这些风险有可能导致安全集成偏离计划，无法达成既定的安全集成目标。因此，安全集成风险管理的有效性直接关乎安全集成成功与否。

每个安全集成都在两个层面上存在风险。每个安全集成都会影响安全集成达成目标的单个风险，以及由单个安全集成风险和不确定性的其他来源联合导致的整体安全集成风险。考虑整体安全集成风险也非常重要。安全集成风险管理过程同时兼顾这两个层面的风险。

因为风险会在安全集成生命周期内持续发生，所以安全集成风险管理过程也应不断迭代发展。在安全集成规划期间，应该通过调整安全集成策略对风险做初步处理。随着安全集成的进展，需进行监督和管理风险，以确保安全集成处于正轨，且突发性风险也能得到处理。

为有效管理特定安全集成的风险，团队需要知道，相对于要追求的安全集成目标，可接受的风险敞口究竟是多大。这通常用可测量的风险临界值来定义。风险临界值反映了组织与安全集成相关方的风险偏好程度，是安全集成目标可接受的变异程度。应该明确规定风险临界，并传达给团队，同时将其反映在安全集成的风险影响级别定义中。风险管理共包含六个主要过程。

(1) 风险管理规划：定义如何实施风险管理活动的过程。根据范围说明、成本管理计划、进度管理计划、沟通管理计划、环境因素以及组织的过程资产，可以针对特定的安全集成讨论和分析风险管理活动。除了风险管理计划外，还应包括应急计划、退路计划和应急储备。应急计划事先确定了在意外风险事件发生时团队应采取的行动。退路计划是为对实现目标具有很大影响的风险编制计划，如果企图降低风险的措施难以奏效，则该计划可以作为补充。应急储备是组织掌握的预备资源，以防范成本风险或者进度波动超过可接受的水平。

(2) 风险识别：判断哪些风险会影响安全集成并记录其特征的过程。及早识别出潜在的风险至关重要，但是还必须在不断变化的环境下持续地进行风险识别。如果不能先识别出风险，也就无所谓管理风险。通过了解常见的风险源，回顾风险管理计划、成本管理计划、进度管理计划、质量管理计划、活动成本估算、活动时间估算、范围基准等就可以识别出很多潜在的风险。团队会使用不同的信息采集技术来进一步识别风险。常用的信息采集技术包括头脑风暴法、德尔菲法、访谈法、根本原因分析法和 SWOT 分析法。

(3) 定性风险分析：按照发生的可能性和影响程度对风险进行优先排序的过程。在识别风险之后，可以利用各种不同的工具和方法来对风险进行分级，并更新风险登记册里的信息。前十大风险条目跟踪法是一个定性的风险分析工具。除了能识别风险外，它还通过帮助监测风险使人们在整个安全集成周期内保有风险意识。它涉及管理层，有时也选择性地和客户一起，对安全集成中最重要的风险条目进行定期的评审。评审首先要对安全集成的前十大风险源进行一个总结，总结包括：每个风险条目现在和过去的排列等级；它们一定时期内出现在这个登记册上的次数；自上次评审以来这个风险条目有了哪些发展等。

(4) 定量风险分析：已识别风险对整体目标的影响进行定量分析的过程。定量风险分析的主要方法有资料聚集、定量风险分析和模型法。资料聚集法常包括访谈、专家判断和概率分布信息的汇集。

(5) 风险应对计划：采取措施来增加实现安全集成目标的概率，减少风险对实现安全集成目标的威胁的过程。组织在识别和定量化风险之后，就必须对风险做出适当的应对。对风险做出应对，包括要形成选择方案和确定战略，以减少负风险和增强正风险。常见的应对策略如下。

① 风险规避：指采取行动来消除威胁，或保护免受威胁的影响。它可能适用于发生概率较高且具有严重负面影响的高优先级威胁。规避策略可能涉及变更管理计划的某些方面，或改变会受负面影响的目标，以便于彻底消除威胁，将它的发生概率降低到零。风险责任人也可以采取措施来分离安全目标与风险影响产生的后果。规避措施包括消除威胁的原因、延长进度计划、改变安全集成策略，或缩小范围。有些风险可以通过澄清需求、获取信息、改善沟通或取得专有技能来加以规避。

② 风险转移：转移涉及将应对威胁的责任转移给第三方，让第三方管理风险并承担威胁发生的影响。采用转移策略通常需要向承担威胁的一方支付风险转移费用。风险转移需要通过一系列行动才能得以实现，包括但不限于购买保险、使用履约保函、使用担保书、使用保证书等。也可以通过签订协议，把具体风险的归属和责任转移给第三方。

③ 风险减轻：采取措施降低威胁发生的概率或影响。提前采取减轻措施通常比威胁出现后尝试进行弥补更加有效。减轻措施包括采用较简单的流程，进行更多次测试，或者选用更可靠的卖方。还可能涉及原型开发，以降低从实验台模型放大到实际工艺或产品中的风险。当无法降低概率时，也可以从决定风险严重性的因素方面来减轻风险发生的影响。

④ 风险接受：承认威胁的存在，但不主动采取措施。此策略可用于低优先级威胁，也可用于无法以任何其他方式加以经济有效地应对的威胁。接受策略又分为主动方式和被动方式。常见的主动接受策略是建立应急储备，包括预留时间、资金或资源以应对出现的威胁；被动接受策略不会主动采取行动，而只是定期对威胁进行审查，确保其并未发生重大改变。

(6) 风险监控：指在生命周期中，监控已知的风险，识别新的风险，执行风险应对计划，并评估风险对策效果的过程。风险监控涉及的是执行风险管理过程以应对风险事件。执行风险管理过程意味着一直保持风险意识。风险管理并非在最初的风险分析完成后就停止。识别过的风险可能不会发生,或者可以最小化它们发生的概率及其引起的损失。仓促识别的风险可能会有更大的发生概率或预计损失值。类似的是,新的风险将会被看成是取得的进展。最近识别的风险跟在开始的风险评估中识别过的风险一样,都需要经过同样的程序。由于风险暴露出的相关变化,在风险管理中进行资源再分配显得十分必要。

9.3.8 供应链管理

供应链管理包括从外部采购或获取所需产品服务或成果的各个过程。供应链管理包括编制和管理协议所需的管理和控制过程。供应链即通过资源和过程将需求方、供应方相互链接的网链结构,用于将信息技术产品提供给需求方。供应链管理包括如下过程。

(1) 规划采购管理:记录项目采购决策、明确采购方法,及识别潜在卖方的过程。

(2) 实施采购:获取卖方应答、选择卖方并授予合同的过程。

(3) 控制采购:管理采购关系、监督合同绩效、实施必要的变更和纠偏,以及关闭合同的过程。

供应链安全目标是识别和防范供应关系和供应活动中面临的安全风险,提升供应链安全保障能力,主要包括以下内容。

(1) 提升产品或服务中断供应等风险管理能力。识别和防范供应关系建立及供应活动中产品和服务供应中断的管理安全风险,提升供应链的韧性,当供应链中断或部分失效时,能够保障业务持续稳定运行。

(2) 提升供应活动引入的技术安全风险管理能力。识别和防范由供应关系或供应活动变化导致的技术安全风险,提升供应链的可追溯性、安全性,一旦发现上述风险,可以快速有效追溯和修复。

(3) 提升供应链安全风险管理能力。识别和防范供应关系与供应活动中存在的安全风险,提升供应链安全保护能力。

大多数组织根据供应商的失败或暴露对业务的潜在影响来确定供应商的关键性。其他因素包括供应商访问级别、供应商稳定性、供应商可以访问的数据分级以及供应商与采购方业务的战略相关性。总体而言,收购方需要对供应商的运作方式具有实质性了解,以确定其关键性。组织确定供应商关键性的主要方法如下。

(1) 基于潜在业务影响的供应商关键性。根据故障或暴露对潜在业务的影响,向每个供应商颁发关键性评分。业务影响基于产品交付和质量,替代采购的可用性以及不良产品对整个组织的网络安全风险。物理和逻辑访问级别也是确定关键性时要考虑的因素。需要访问组织网络的供应商更关键,并且需要进行持续的安全监控。

(2) 基于稳定性供应商关键性。供应商的稳定性是另一个至关重要的因素,如果关键供应商在未来几年内可能不稳定或不可行,那么组织会寻找替代供应商,改变产品的性质,将供应商提供的组件的生产组合到其他采购方组织中,甚至终止产品的供应。

(3) 基于交付影响的供应商关键性。供应商关键程度还基于供应中断的潜在交付影响以及确保替代采购的成本来确定。需要牢固的供应商关系以广泛了解每个关键供应商的运作方式。通过对这些关系的观察可以深入了解每个供应商的风险状况,然后根据这些风险状况确定每个供应商的相对风险,并确定供应商的关键程度。

成熟的收购方应该建立涵盖整个供应商关系生命周期的供应商监控程序,并监控各种风险,包括安全、质量、财务和地缘政治。监视和检查包括验证供应商是否满足网络安全和其他关键服务水平协议(SLA)要求以及供应商状态(如财务、法律、所有权等)的任何变化。

(4) 衡量网络供应链风险。衡量和报告网络供应链风险是组织需要改进的领域。当前正在收集和报告针对网络供应链风险的有限度量。

(5) 评估和区分供应商风险的优先级。每个组织都根据业务环境关注不同的风险因素,但一致的关注点是最大程度减少供应中断的影响(包括控制与供应中断相关的成本)并减轻风险产品完整性危害。

(6) 与供应商沟通。与供应商的日常沟通是通过电子邮件、电话和门户网站之类的传统工具完成的。组织定期调查供应商,以了解其网络安全状况并监视其对合同要求的遵守情况。

9.4 本章小结

本章主要介绍了安全集成的定义,然后讲解了安全集成技术包括防火墙、IDS、IPS、安全审计。在安全集成管理小节,结合项目管理的方式阐述了范围、进度、成本、质量、资源、沟通、风险和供应链的相关基础知识,指导安全集成相关的项目。

习　　题

9-1 某医院建设有信息化网络,各楼层设有交换机,部署在小型机柜内。某天,全院网络异常缓慢,导致业务系统无法正常工作。检查后发现:清洁人员在打扫卫生时将网线碰掉,并随意插入交换机后导致网络形成环路。试分析安全事件中的问题,并提出整改建议。这个事件给了我们怎样的启示?

9-2 某公司安全集成人员在安装服务器时,首先在机房对服务进行加电测试,将服务器电源线插入机柜插座导致该机柜空气开关关闭,机柜所在的服务器、存储设备宕机导致了数据损失。经测试发现是新服务器的电源模块质量问题导致。试分析安全事件中的问题,并提出整改建议。事件给了我们怎样的启示?

9-3 某组织计划在原有有线网络基础上筹建无线网络,涉及的设备包括智能双频AP、无线控制器、IPS入侵检测系统、交换机、无线管理和认证系统等。试识别与分析该安全集成在安全建设过程中的潜在风险,并提出相应的对策。

第10章 安全运维

安全运维是在信息系统经过授权投入运行之后，确保信息系统免受各种安全威胁所采取的一系列预先定义的活动，包括安全巡检、安全加固、脆弱性检查、渗透性安全运维服务测试、安全风险评估、应急保障等服务。根据安全运维基线，采取运维行为审批、运维操作过程记录、运维工具审核及监视、运维人员适度授权等必要手段和措施，规范安全运维活动，以降低可能带来的风险。

安全运维通常贯穿安全运维策略、安全运维组织、安全运维支撑体系、安全运维规程各个方面。安全运维服务可以包括运维环境、硬件、网络、主机、存储、桌面等对象，以日常操作、应急响应、优化改善和监管评估为重点，使得信息系统运行时更加安全、可靠、可用和可控，提升信息系统对组织业务的有效支撑，实现业务持续运行。

10.1 安全运维概述

10.1.1 安全运维发展阶段

以组织的内外部用户需求为导向，通过一系列流程、技术、方法，确保为用户提供的服务或产品符合一定要求。可通过运用互联网、云计算、大数据、AI等新型信息通信技术，通过监控、作业调度、备份与恢复等手段，结合管理流程手段，维护生产环境以及与生产环境相关的基础设施（包括硬件设备、基础软件、网络等），保障生产环境稳定、高效、安全、低成本运行。

对组织而言，安全运维的价值体现在对业务稳定、运行安全和提效降本三个方面的保障与控制。保障业务稳定、确保信息系统和服务的7×24小时可用性及稳定性是安全运维的基本目标。通常，安全运维通过监控、日志分析、告警、故障处理、服务降级、整体架构调优等技术或方法，保障组织信息系统的稳定运行，从而保障组织工作的顺利运行，这也是安全运维最初的意义所在。

通过提升效率降低组织信息系统的运行成本是安全运维的工作方向。一方面，安全运维通过对信息系统中各类资源的分配与管理，实现了对技术投入产出比和资源利用率的提升，有效减少了组织在成本上的压力。另一方面，安全运维将资源交付与回收、配置管理、持续集成与发布、应用部署等日常运维工作进行集中处理，不断探寻此类工作的自动化解决方案。同时，建立知识库，将需要重复解决的相同问题纳入知识库，实现知识共享。因此，安全运维可以及时、高效地响应信息系统产生的各种事件，减少重复性工作及人为失误，使安全运维能够着手解决新的、更有价值的问题，提升效率，降低成本。

随着组织信息化的深入，信息系统规模逐渐扩大，业务量增长，安全运维经过以下发展阶段。

（1）手工运维阶段：依赖个人知识、技术、经验解决信息系统问题。安全运维通过手工操作来完成。在此阶段，运维工作主要包括机房及服务器选型、软/硬件初始化、服务上下线、配置监控和处理告警等。

（2）流程化、标准化运维阶段：看重流程说明、标准规范等文档的建立与管理。在此阶段，手工运维难以满足系统要求，安全运维管理标准已成体系，步入标准化阶段。一方面，组织借助对 IS0 20000、信息技术基础架构库(Information Technology Infrastructure Library，ITIL)等标准及运维最佳实践的运用，结合自身实际情况，实现局部系统能力提升与部分业务场景可控；另一方面，业务的部署和运维管理逐渐转向工具化，对分散的运维工具逐步进行标准化管理。标准化运维阶段提高了管理效率，降低了人工操作的不确定性风险。

(3) 平台化、自动化运维阶段：聚焦组织运维平台建设，具备自动化运维能力。为保障系统安全稳定运行，解决架构异构、运维方式差异化的问题，组织进行平台化建设，并在信息系统上层进行针对性的工具化建设，提供自动化支撑与管理。一方面，平台化、自动化运维将运维中大量的重复性工作由手工执行转为自动化操作，减少甚至消除运维的延迟，释放重复低价值工作的人力，降低人为失误及人力成本。另一方面，将事件与流程关联，当监控系统发现性能超标或宕机情况时，通过触发事件和流程自动启动故障响应和恢复机制，平台化、自动化运维使组织安全运维集约化，维护人员能够通过界面管理所有运维对象简化运维管理。同时，运维数据的可视化呈现和关联分析为运维人员提供了决策依据。

(4) 研发和运营(DevOps)一体化阶段：助力组织实现软件生命周期的全链路打通，持续运营与优化。组织对云计算、大数据、微服务、容器化等新技术的应用逐渐深入，相关业务架构复杂度提升，产品迭代快速、频繁，安全运维进入 DevOps 阶段。在此阶段，通过对持续集成、自动化测试、持续交付、持续部署等多种相关技术的运用，版本发布周期大幅缩短，效能获得提升。与此同时，安全运维通过监控管理、事件管理、变更管理、配置管理、容量和成本管理、高可用管理、业务连续性管理以及体验管理等技术运营手段，实现了信息系统的质量提升与业务优化。DevOps 将软件全生命周期的工具全链路打通，结合自动化、跨团队的线上协作能力，实现了快速响应、高质量交付以及持续反馈。

(5) 智能运维(AIOps)阶段：尝试将 AI 技术及海量数据应用于运维场景。随着业务的快速变化、海量数据积累以及 AI 技术在安全运维中的应用，安全运维将会进入 AIOps 阶段。AIOps 实际应用及落地时间还很短，目前主要处于运维数据集中化的基础上，通过机器学习算法实现数据分析和挖掘的工作。主要应用场景包括异常告警、告警收敛、故障分析、趋势预测和故障画像等。安全运维正在探索 AIOps 更多的应用场景，并将建设多场景串联的流程化免于干预运维能力。未来，AI 中枢将为组织运营和运维工作在成本、质量、效率等方面的调整提供重要支撑。

10.1.2 安全运维内容

安全运维管理要求如下。

(1) 建设安全运维的运行监控平台，及时发现安全运维运行的故障。保留所有监控记录，以满足故障定位、诊断及事后审计的要求。

(2) 建立有效的事件跟踪机制、问题排查机制、变更管理机制，确保事件和问题能得到及时解决，避免重大隐患的发生。

(3) 设置安全运维资产清单和配置项清单，确保资产和配置项可审核、可追溯。

(4) 设立安全运维的定期审核与验证机制，采用适当的监控手段能够及时发现基础设施和设备运行的故障和问题；应保留所有监控记录，以满足故障定位、诊断及事后审计要求。

(5) 存储介质和数据管理。应建立规范的流程和记录，确保数据的传输与复制过程有章可依，有据可查，保证存储介质和数据的安全，不遗失，不泄露；同时应对存储介质和数据进行定期的检查和验证，保证存储介质和数据的正确、完整、可用。

(6) 事件管理。应制定规范的事件处置流程，规定所有事件的记录、优先排序、业务影响，分类、更新、调整、解决和正式关闭，记录事件处理的全过程；应能够记录并跟踪、统计事件处置的过程和结果，以保证服务能力和服务承诺的实现和改善。

(7) 问题管理。应建立问题管理流程，落实问题分析及解决机制，有效约束和控制重复性故障，主动排除重大隐患。

(8) 变更管理。应制定变更管理流程，以应对常规和紧急状态下的硬件、软件、通信、服务要求和文档流程等方面的变更，减少或避免疏忽、缺少资源、准备不充分等导致变更失败或产生其他的问题。

(9) 配置管理。应建立资产清单和配置项清单，确保资产和配置项可审核、可追溯。

通过持续维护、培训、验证、演练等方式保持业务系统能力在整个生命周期内的有效性，逐步改善并提升运维管理水平和管理效率。当组织的业务模式、管理目标、外围环境、技术架构发生重大变化且对业务系统产生重大影响时，应重新进行需求分析，并根据新的需求进行重新规划，建设、交付和运维，因此业务系统建设与运维管理是一个循环往复不断改进、不断完善的过程。

安全运维内容可以分为日常运维、应急响应、监管评估和优化改善四个方面，具体如下。

1) 日常运维

日常运维是指定期地对信息系统涉及的物理环境、网络平台、主机系统、应用系统和安全设施进行日常维护，检查运行状况，检查相关告警信息，提前发现并消除网络、系统异常和潜在故障隐患，确保设备始终处于稳定工作状态，并对出现的软/硬件故障进行统计记录，减少故障修复时间。

围绕信息系统安全可靠运行和出现故障时能够快速恢复为目标，日常运维的主要思路为:通过积极主动的日常运维将故障隐患消除在萌芽状态;故障发生时，使用恰当的诊断机制和有效的故障排查方法及时恢复系统运行;故障处理后，及时进行总结与改进，避免故障再次发生。

2) 应急响应

应急响应处理是指在信息系统运行过程中发生安全事件时，按照既定的程序对安全事件进行处理的一系列过程。它通常在安全事件发生后，提供一种发现问题、解决问题的快速、有效的响应服务，以快速恢复系统的保密性、完整性和可用性，阻止和减小安全事件带来的影响为服务目标。

应急处置工作中应采取措施限制事件扩散和影响的范围，限制潜在的损失与破坏，同时要确保封锁方法对涉及相关业务影响最小。对事件进行抑制之后,根据对有关事件或行为的分析结果找出事件根源,明确相应的补救措施并彻底清除根源。恢复安全事件所涉及的系统,并还原到正常状态,使业务能够正常进行。恢复工作应避免出现因误操作导致的数据丢失。在应急响应过程中,日常应做好服务的准备工作,编写应急预案和实施应急演练,准备应急响应物资,熟悉应急事件处理流程,及时整理与安全事件相关的各种信息。应急响应服务按照准备、检测、抑制、根除、恢复、跟踪等一系列标准措施为用户提供服务。

3) 监管评估

监管评估是对安全运维对象、安全运维活动以及安全运维流程在运维过程中依据法律、法规、标准和规范并结合业务需求,进行调研和分析,提供运维状态的安全合规性评估。对安全运维的监管评估一般通过检查、考核和惩戒来实现。

安全检查主要依据规范,发现和查明各种危险和隐患并督促整改,检查也可称为合规性检查。检查可以分为自查、抽查和专项检查。考核是针对运维质量管控的有效措施,对运维人员、运维单位考核,是运维评价管理中最重要的环节。惩戒则是指运维人员违反安全管理规定和要求时的惩罚措施。

4) 优化改善

优化改善是指对系统的各要素,如网络基本架构、网络和安全设备、系统服务器及操作系统、数据库和应用软件等的调整,主要涉及设备的增减、配置的改变和系统的升级等情况。

优化改善是协调和控制基础设施自身变化的过程,对系统进行优化改善的来源可以来自突发事件管理、检查中发现的问题、服务级别管理、可用性管理、能力管理及客户要求等。管理者需要过滤所有对系统优化的要求,并根据优先级判断需要尽快处理的请求;对紧急的、影响范围大的优化改善内容做优先处理。

10.1.3 安全运维特点

安全运维具有如下的特点。

(1) 服务层次有待进一步提高。随着信息产业化和服务化趋势的日益显著,安全运维迎来前所未有的发展良机。我国安全运维业发展迅速,产业规模不断增加。然而,安全运维水平还停留在较低层次,仍属于人力密集型的服务行业,组织间的合作力度不大,没有形成规模优势、成本优势和技术优势。

(2) 服务产品化趋势日益明显。在硬件同质化、软件规模化的发展趋势下,服务将成为决定信息系统对业务支撑能力的关键因素。然而由于服务的无形性,且对服务的需求、服务的质量、服务的内容都缺少成熟标准,产品化将是安全运维发展的必由之路。安全运维产品化主要解决的是对服务内容和价值的认定、服务质量的衡量,以及服务定价等问题,主要还在于服务商内部模式、流程、人员和文化方面的挑战。服务产品化颠覆了过去的服务生产模式,未来的服务将越来越成熟,用户的接受度也将大幅提高。

(3) 新技术导致服务模式不断创新。随着软/硬件新技术的不断出现,安全运维将出现越来越多的新业态。例如,云计算以共享基础架构的方法将巨大的系统池连接在一起来提供各种安全运维,其应用与发展促使未来互联网应用上升到一个新的台阶,使得基础架构、存储、软件等应用都可以服务的形式提供给用户。新技术导致越来越多的安全问题,安全运维将获得越来越广泛的认可。

(4) 安全运维多样性和外包化。网络的快速发展,包括互联网的泛化,为服务提供了新的实现手段,也赋予了服务更多的内涵,安全运维业走向多元化发展模式。同时,安全运维专业化程度的提高和安全运维产业的分工细化也引发了产业演进、延伸和调整,催生出日益庞大的服务外包市场。运维外包有助于业主方聚焦本身的核心业务,服务的供方与接受服务的需方之间主要以签订服务协议或者契约的形式来确定相关事项,从而在双方间形成一种委托代理关系。

(5) 高知识和高技术含量。信息安全运维的供方在服务过程中多以技术资本、知识资本、人力资本为主要投入,产出中有密集的知识要素,所以安全运维业把日益专业化的技术、知识加入服务过程中,因此安全运维业具有人力资源、技术、知识密集的特点。安全运维业员工在日常工作中积累了丰富经验和知识,能弥补业主方的不足,帮助业主方制定、实施解决方案,这是安全运维业区别于其他服务业的一个显著特征,即根据需要向需方提供高素质人才,转移高度专业化的知识。

(6) 服务非独立性。运维所提供的是满足需方信息化需求的解决方案,这往往涉及多个领域的知识,因此服务方除了自身具备的知识技术外,还会将其他机构的开发成果相互整合,这是安全运维业比较突出的特征。在信息安全运维活动中,服务对象涉及范围广,安全领域多,涉及各类安全产品,会遇到各种形态的安全事件,服务方需要与信息安全领域的研究机构、产品厂商、院校有广泛的相互合作。

信息安全目标的实现并非一日之功,也不是一蹴而就,而是一个持续运作、长治久安的过程。实现信息系统的安全目标不能仅靠建设阶段的工作,更多地还要依靠系统的安全运维实施。在运维环节中,要保证系统资源安全运行,保护信息的安全,实现系统功能的正常发挥,以维护信息系统的安全运行。

10.1.4 服务质量指标

一项服务的质量是指服务在多大程度上满足了组织的需求和期望,服务是否实现了组织的期望,主要取决于如何以有效的方式与组织就所提供的服务项目达成一致意见。通常,服务提供商与组织协商制定出一套指标,用以检验安全运维服务是否达到组织期望的质量目标。安全运维服务质量指标可分为技术相关指标和技术无关指标两类。技术相关指标是指可以通过技术手段从组织网络或设备上监测到的,能够客观反映基础设施及应用的运行状态的指标。技术无关指标是指除技术相关指标之外的能够反映安全运维服务质量或提供能力的指标。在组织与服务提供商签订的服务级别协议中,既包含技术相关的指标也包含技术无关指标,这些指标约定了安全运维服务应具备的能力,反映了组织期望安全运维服务需达成的目标。通过对服务级别协议中各项指标的统计与分析,组织能够得出安全运维服务符合其期望的程度,用于评判服务提供商实施安全运维服务的质量。

10.1.5 安全运维服务模式

随着云计算、大数据、容器、微服务等新技术的出现以及业务系统复杂度的提升，安全运维正在发生着深刻的变革。从整体来看，安全运维包括组织自有运维团队与安全运维提供商。其中，安全运维提供商可分为安全运维服务提供商和安全运维管理软件提供商两类。

安全运维生态体系总体可分为基础设施层、平台与软件层、服务层和应用层四层。

(1) 基础设施层的主体为基础设施提供商，主要提供网络设备、存储设备、服务器等硬件设备。其中，服务器是提供计算服务的核心设备，也是计算机硬件领域的重要组成部分。

(2) 平台与软件层为上层提供软件产品，可分为基础软件提供商、平台提供商和应用软件供应商。基础软件提供商提供操作系统、数据库、中间件、开发工具等基础软件；平台提供商则为上层提供 DevOps、运营管理支撑系统等平台类软件；应用软件提供商为用户提供 ERP、CRM 等应用系统，其中包括安全运维管理软件。

(3) 服务层由原厂运维服务提供商、第三方运维服务提供商、系统集成商和安全运维解决方案提供商组成。

原厂运维服务提供商即为软/硬件提供商，其在提供软/硬件的同时也搭配提供相应产品的运维服务。

第三方运维服务提供商则可为多个软/硬件提供商提供专业安全运维支持服务。

系统集成商将软/硬件资源集成为满足需求的统一系统作为服务提供给用户，其中也包括数据中心的设计、集成、运维等服务。

安全运维解决方案提供商提供了全面、整体的安全运维解决方案，包括了软/硬件集成与实施，直接为最终用户解决安全运维相关问题。

(4) 应用层，为最终用户提供应用服务，如电信行业、互联网行业、金融行业、工业与制造业等。

当前，安全运维模式主要包括以下四种。

(1) 免运维模式：高度成熟的产品往往具备免运维的特点，例如：除了具备高度的可配置化能力以外，还需具备守护进程实现自监控、日志回收、常见故障处理以及自我优化功能。所以，当购买、安装部署及联调结果后基本不需要提供后续运行维护支持。

(2) 外包运维模式：系统由安全运维服务提供商提供日常监控、运行维护、升级等保障服务。在不同建设场景下，分为安全运维服务外包和购买云服务模式。在单体应用、私有云建设模式下，通常采用运维服务外包模式，大多采取驻场服务，部分会采取定期或者按需到场、远程运维；对于使用公有云服务、部署在公有云的场景，则通常选择购买云服务来解决一站式运维保障。中型以下规模、安全等级不高或受限于行业特性的组织，往往会采取安全运维外包模式。

(3) 自有团队运维模式：系统由内部人员来完成日常监控、运行维护、升级等保障服务。互联网企业、大中型传统企业或者安全等级较高的企事业单位，即使采购了第三方的运维工具，也要求组建自有的运维团队。在这种模式下，随着运维经验、运维团队以及能力建设的提升，通常会持续开发出适配组织自身情况的运维工具。有的组织会将运维前置到需求评审环节，实现开发运维一体化。例如，对于运营商等企业，甚至会考虑跨域的能力规划、平台建设和能力建设，提高安全运维的自主、可控、高效以及集约化运维。

（4）混合运维模式：组织和安全运维服务提供商都参与系统的运维工作中。通常情况下，服务提供商是系统集成商或软件原厂商，项目完成交付时，与组织共同提供运维服务。组织主要任务是运维管理，而安全运维服务提供商的主要任务是运维执行，两者共同目标是提供可持续的运维服务和运维的持续优化。

10.1.6 安全运维生命周期

安全运维服务具有完整的生命周期，包括服务规划与设计、服务实施、服务监测与评估及服务改进四个阶段。

1. 服务规划与设计阶段

服务的生命周期从服务规划与设计阶段开始，服务提供商对将要实施与交付的运维服务进行规划与设计。服务提供商深入了解组织的需求，从可用性、规模/能力、连续性、安全性、成本和风险等方面对服务进行具体设计，定义出能满足组织需求的解决方案。服务的规划与设计阶段至少完成以下工作。

（1）确定服务提供商所提供服务的范围、目标及需满足的要求。

（2）明确管理角色和职责的框架，包括高层负责者、过程所有者及供方管理。

（3）确定将要执行的流程，定义服务管理流程和活动协调方式之间的接口，并规划解决方案。

（4）确定达成既定目标所需的资源、预算，以及在实现既定目标的过程中拟采用的识别、评估和管理问题和风险的方法。

（5）确定管理、审核和改进服务质量的办法。

2. 服务实施阶段

在服务实施阶段，服务提供商按照规划和设计去实施服务管理的目标和计划，包括服务交付、服务的管理和维护。服务实施阶段至少完成以下工作。

（1）根据规划与设计阶段所制定的目标建立支撑系统。

（2）在确保成本和质量的约束条件下，交付新服务或变更服务，并对服务进行管理和维护。

（3）管理风险、预算、团队及设施，定期进行项目实施进度的报告和服务运行状态的报告。

3. 服务监测与评估阶段

在服务提供商将其所提供的服务正式交付给组织使用的同时，服务已经进入了监测与评估阶段。服务监测与评估的目的是检测服务质量，评估结果可以用来帮助服务提供商对服务进行持续改进，以提升组织满意度。在服务监测与评估阶段，服务提供商采用适宜的方法来监视服务管理流程，并在适当的时候测量服务指标，以提供服务评估的基础依据。对服务提供商提供的安全运维服务的服务评估可以由组织或其委托的第三方进行，服务评估应确定服务管理要求是否满足服务需求。

4. 服务改进阶段

服务从开始就进入了持续的改进阶段，通过持续测量服务提供商的性能并对流程、服务和基础设施进行持续改进，提高效率、效力和成本效益。服务改进阶段至少完成以下工作。

（1）建立书面的服务改进策略。

（2）评估、记录、排定优先顺序并授权所有建议的服务改进。

（3）进行一系列的改进活动，包括收集并分析数据，进行咨询，设定质量、成本和使用资源方面的改进目标，评价、报告并传递服务改进情况，在需要时更新服务管理的策略、计划和程序。

10.2 安全运维模型

安全运维体系是一个以业务安全为目的的安全运维运行保障体系，通过该体系能够及时发现并处置信息资产及其运行环境存在的脆弱性、入侵行为和异常行为。安全运维模型如图 10-1 所示。

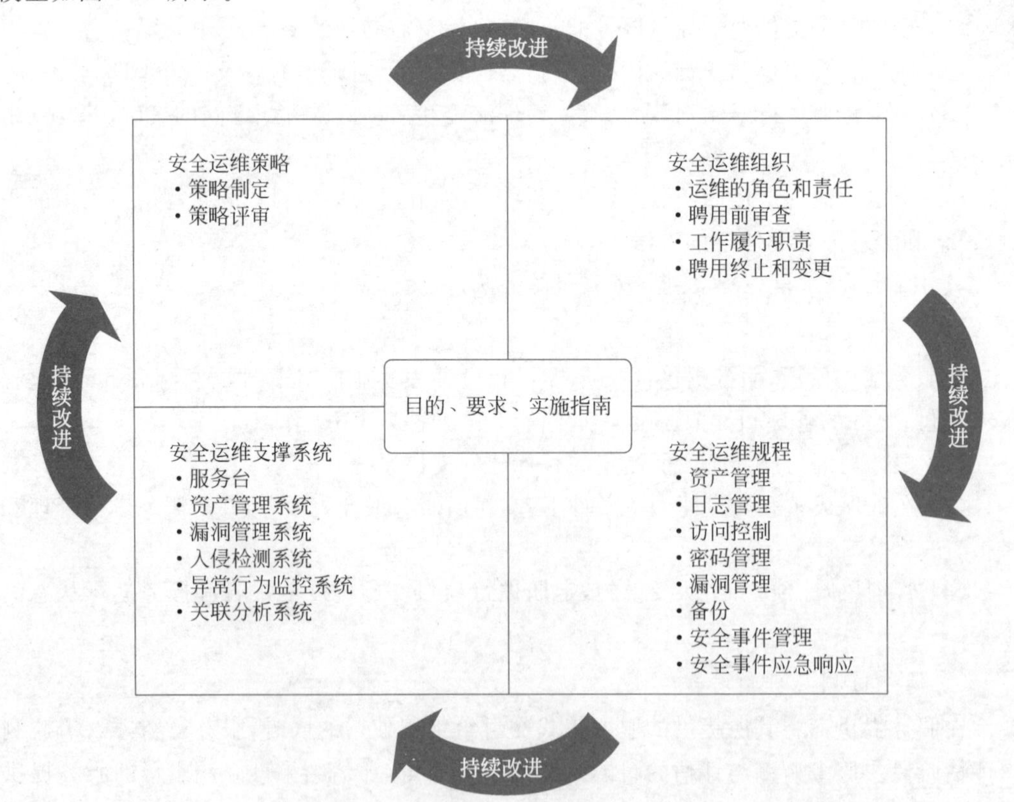

图 10-1 安全运维模型

安全运维体系涉及安全运维策略确定、安全运维组织管理、安全运维规程制定和安全运维支撑系统建设四类活动。安全运维策略明确了安全运维的目的和方法，主要包括策略制定和策略评审两个活动。安全运维组织明确了安全运维团队的管理，包括运维的角色和责任、聘用前审查、工作履行职责、聘用终止和变更。安全运维规程明确了安全运维的实施活动，包括资产管理、日志管理、访问控制、密码管理，漏洞管理、备份、安全事件管理、安全事件应急响应等。安全运维支撑系统给出了主要的安全运维辅助性系统的工具。

为了保证安全运维体系的可靠性和有效性，安全运维体系建设应遵循以下规则。

(1) 基于策划、实施、检查和改进的过程进行持续完善。可以根据信息系统的安全保护等级要求对控制实施情况进行定期评估。

(2) 安全运维体系建设应兼顾成本与安全。根据业务安全需要，制定相应的安全运维策略、建立相应的安全运维组织、制定相应的安全运维规程及建设相应的安全运维支撑系统。

10.2.1 安全运维策略

安全运维策略同组织的安全策略是一致的，安全策略明确了安全运维要实现的安全目标和实现这些安全目标的途径，是经过领导层批准、正式发布和实施的纲领性文件。安全策略为组织提供了基本的规则、指南、定义，在组织中建立一套信息资源保障标准，防止不安全行为引入风险。安全策略就像是一份工程管理计划书，描述了应该做什么而不是如何去做，隐藏了执行的细节，是进一步制定控制规则、安全程序的基础。任何组织无论大小都应该有信息安全策略，并有相应的监督管理措施保证安全策略能够被执行。

具体而言，安全策略为安全运维活动提供了一个框架、一个总体规划，明确了安全保护的对象范围，提供了管理安全的方法，规定组织内部的行为规范及应负的责任，保证后续的控制措施被合理执行，对安全产品的选择及安全管理实践起到指导和约束作用。遵循安全策略的各类安全保障措施将会形成一个统一的安全管理体系，使安全运维有切实的依据。安全运维策略主要涉及以下内容。

(1) 安全运维目标和原则的定义。

(2) 根据已确定的安全运维目标制定相应的安全运维策略，包括分层防护、最小特权、分区隔离、保护隐私和日志记录等。

(3) 把安全运维管理方面的一般和特定责任分配给已定义的角色。

(4) 处理偏差和意外的过程。

一个合理的安全策略可以设计成顶层决策层安全策略、中层管理层安全策略和底层执行层安全策略，三个层次的信息安全策略相辅相成、相互配合，构成完整的信息安全策略体系。

在理想情况下，制定策略的最佳时间应当是系统设计规划时期，与系统同步建设，在系统运维期间定期修定安全策略。实际情况下，在系统生命周期中尽早制定安全策略有利于安全管理员了解什么需要保护，以及可以采取的措施。安全策略的制定需要明确的目的，同时还需要遵循相应的原则和要求，在制定安全策略的过程中需要强有力的组织保障和科学的操作步骤。

10.2.2 安全运维组织

安全运维组织应与安全运维策略相一致，应明确定义信息系统运行安全风险管理活动的责任，特别是可接受的残余风险的责任；同时，还应定义信息系统保护和执行特定安全过程的责任。明确运维人员负责的范围包括下列工作。

(1) 识别和定义信息系统面临的风险。

(2) 明确安全运维责任主体，并形成相应责任文件。

(3) 明确运维人员应具备的安全运维的能力，使其能够履行安全运维责任。

(4) 参照信息技术基础架构库(ITIL)提出的运维团队组织模式，建立三线安全运维组织体系。一线负责安全事件处理，快速恢复系统正常运行；二线负责安全问题查找，彻底解决存在的安全问题；三线负责修复设备存在的深层漏洞。

从整体来看，与安全运维相关的职能团队有以下四类。

(1) 服务交付团队：负责向内外部用户交付安全运维服务。服务交付团队具有多种组织形式，如按照地域、产品线或矩阵形式进行组织。

(2) 技术开发团队：负责服务、产品、支持工具开发和改进等。技术开发团队可以是专门的运维工具的开发团队，也可以是运维产品和运维技术的开发团队。

(3) 质量管理团队：负责安全运维服务质量管理体系的建设和质量管理。质量管理团队一般为独立团队，能够对服务交付和技术开发进行第三方审计和检查。

(4) 人力资源团队：负责安全运维管理的人力资源管理，如人员规划、招聘、储备、培训、绩效考核等。

组织架构会随着安全运维服务业务规划的要求形成不同的分布，如集中式的服务团队或分布式的服务团队。组织架构主要有两种：一种是在管理层下直接有一个统一的运维团队，负责管理整个公司的运维业务，其下拥有资深运维总监分别负责不同领域的运维，包括基础运维和对接具体业务线的应用运维；另一种是基础运维集中统一管理，应用运维团队属于各自业务，并直接汇报给自身所在业务线的管理层人员。

10.2.3 安全运维规程

安全运维规程识别与信息系统相关的所有资产，构建以资产为核心的安全运维机制。将信息系统相关软/硬件资产进行登记，形成资产清单文件并持续维护。资产清单要准确，实时更新并与其他清单一致。

(1) 为每项已识别的资产指定所属关系并分级。

(2) 明确资产(包括软/硬件、数据等)之间的关系，包括部署关系、支撑关系，依赖关系。

(3) 确保实现及时分配资产所属关系的过程。资产在创立或转移到组织时分配其所有权并指定责任者。资产责任者对资产的整个生命周期负有适当的管理责任。

(4) 基于资产对业务的重要性计算资产的价值。基于已发现的安全漏洞或已发生的安全事件总结并形成每一个设备或系统的安全检查清单。安全检查清单需要动态维护。

(5) 建立介质安全处置的正式规程,减小保密信息泄露给未授权人员的风险。包含保密信息介质的安全处置规程要与信息的敏感性相一致。

全面收集信息系统的运行日志,并进行归一化预处理,以便后续存储和处理。应将原始日志信息和归一化处理后的日志信息分别进行存储。原始日志信息存储应进行防篡改签名,以便可以作为司法证据。应将已归一化的日志进行结构化存储,以便检索和深度处理。可对日志信息进行多种分析。

(1) 攻击线索查找分析:在系统受到攻击后,需要通过日志分析找到攻击源和攻击路径,以便清除木马和病毒,并恢复系统正常运行。

(2) 日志交叉深度分析:通过定期的交叉分析,发现并阻断潜在攻击。

(3) 对攻击日志进行历史分析:发现攻击趋势,实现早期防御。

安全运维责任者需要为特定用户角色确定适当的访问控制规则、访问权及限制,其详细程度和控制的严格程度反映相关的信息安全风险。访问控制包括逻辑访问控制和物理访问控制。

涉及密码算法的相关内容按国家有关法规实施,涉及采用密码技术解决保密性、完整性、真实性、不可否认性需要的遵循密码相关国家标准和行业标准。

安全漏洞管理可以全面了解信息系统及其支撑软/硬件系统存在的脆弱性,获取相关信息,评价组织对这些脆弱性的暴露状况并采取适当的措施来应对相关风险。可通过两种方式获取信息系统及其支撑软硬件系统存在的脆弱性或漏洞:一是借助漏洞扫描工具对信息系统及其软/硬件系统存在的漏洞进行扫描,发现存在的脆弱性;二是通过官方渠道及时了解信息系统及其支撑软/硬件系统存在的脆弱性。

及时更新信息系统和相应的支撑软/硬件设备,以保持系统处于安全状态。先对更新进行测试以避免更新出现问题导致业务中断,测试成功后再正式部署系统更新包。

可根据业务数据的重要程度设定相应的备份策略,选择的备份方式有完全备份、差异备份或增量备份,可选择的备份地点有同城备份或异地备份等。对已备份的数据每月进行一次恢复演练,以保证备份的可用性和灾难恢复系统的可靠性。

采用一致和有效的方法对安全运维事件进行管理,包括对安全事态和弱点的通告,并能对安全事件进行快速响应。运维团队有责任尽可能快地报告安全运维事态,并熟知报告信息安全事态的规程和联络点。根据安全运维事态和事件分级尺度评估每个安全运维事态,并决定该事态是否该归于安全运维事件。事件的分级和优先级有助于标识事件的影响与程度。详细记录评估和决策的结果,供日后参考和验证。同时,对安全运维事件的严重程度予以不同的响应,甚至启动应急响应。

10.2.4 安全运维支撑

建立一个集中的信息系统,如资产管理系统、漏洞管理系统、入侵防御系统、异常行为检测系统、关联分析系统、智能感知系统等,运行状态收集,处理、显示及报警的系统,并统一收集与处理信息系统用户问题反馈。安全运维支撑可以能够收集并处理信息系统运行信息、显示安全运维状态和安全事件并对安全运维事件进行报警。安全运维支撑工具和平台非常多,下面简单举例说明几个支撑平台工具。在实际工作中,用户组织结构、规模以及管理体制不同,安全运维支撑平台的具体使用和部署方式也应有所不同,不同的组织可以选择使用不同的平台工具和平台。

1. 服务中台

服务中台是安全运维服务提供者和安全运维服务使用者之间的联系纽带。服务中台设定一个集中和专职的服务联系点,提供服务业务流程与服务管理基础架构。服务中台的主要目标是协调用户和服务部门之间的联系,为服务运作提供支持,从而提高客户的满意度。服务中台是提供信息系统安全运维服务的前台,是为客户提供服务的节点、受理客户咨询的中心。同时,服务中台也是服务综合管理的一个职能部门,为内部服务建立了响应联系。服务中台支持安全运维的核心功能,与各个流程联系密切。所有管理流程都要通过服务中台为用户提供单点联系,解答用户的相关问题和需求,或为用户寻求相应的支持人员。在线技术支持系统、热线电话等都是服务中台所提供的技术手段。

2. 资产管理平台

资产管理是全面实现信息系统安全运维管理的基础,提供了丰富的资产信息属性维护和备案管理,以及对业务应用系统的备案和配置管理。资产管理平台基于关键业务点配置关键业务的基础设施关联,通过资产对象信息配置丰富业务应用系统的运行维护内容,实现各类基础设施与用户关键业务的有机结合,以及全面的综合监控。

3. 资产安全监管平台

安全监管平台能够实现对信息系统运行动态快速掌握,对各类事件做出快速、准确的定位和展现。安全监管平台对关键业务、重要实施的业务可用性和业务连续性进行合理布控和监测,能够实现运行维护管理过程的事前预警、事发快速定位,帮助运维单位更好地实施安全运维操作。

4. 流程管理平台

借助工作流模型参考等标准,开发图形化、可配置的工作流程管理系统,将运维管理工作以任务和工作单传递的方式,通过科学的、符合组织运维管理规范的工作流程进行处置,在处理过程中实现电子化的自动流转,无须人工干预,缩短流程周期,减少人工错误,并实现对事件、问题处理过程中的各个环节的追踪、监督和审计。

5. 安全告警平台

安全告警平台不同于安全监管平台,其更关注安全事件告警,提供多种告警响应方式,内置与事件处理的工单和问题处理接口,可依据事件关联和响应规则的定义触发相应的处理流程,实现运维管理过程中突发事件和问题处理的自动化与智能化。

10.2.5 安全运维技术

安全运维技术可以从自动化运维能力、平台化运维能力、数据化运维能力和智能化运维能力四个阶段循序渐进地落地实践。反之，实现智能化运维能力的前提是具备自动化、平台化、数据化能力，组织应根据自身运维发展阶段和实际运维需求，分阶段实现相关技术能力。

1. 自动化运维能力

在日常安全运维工作中存在着大量重复的工作任务，这些任务有的复杂烦琐数量大，有的严重依赖执行次序，有的需要等待各种条件具备之后方可执行。尽管安全运维管理技术在不断进步，但实际上安全运维人员并未真正解放，目前许多组织的系统开启和关闭、系统更新升级、应急操作等绝大多数工作都是手工操作的。即便简单的系统变更或软件复制粘贴式的升级更新，往往都需要运维人员逐一登录每台设备进行手工变更。尤其是在云平台、大数据和海量设备的情况下，工作量之大可想而知。而这样的变更和检查操作在安全运维中往往每天都在发生，占用了大量的运维资源。通过自动化的作业工具，将运维人员从简单重复的工作中解放出来，减少误操作风险，带来了系统的稳定、安全与效率提升。

(1) 日常巡检自动化：日常巡检工作内容简单却占用了安全运维人员的大量时间。日常巡检自动化可以将硬件状态、设备负载、系统时间、磁盘空间、线路流量、数据库表空间使用率、网络设备的端口状态及流量等进行自动巡检，并形成符合用户要求的巡检报告。

(2) 配置管理自动化：自动从生产环境中提取配置库信息，自动更新到配置库中，保持配置库和生产环境的一致性。实现对配置库的自动更新和同步，需要对应用系统进行标准化改造，如规范化的安装路径、统一版本等，这将有助于工具能提取到应用程序配置项的基本信息，最终实现配置项和属性的自动更新。

(3) 应用部署自动化：使用自动化平台图形化流程编辑器创建组件流程。根据平台提供的插件实现和流行工具的集成，不需要任何编程就能快速定义部署逻辑。可以使用相同的流程将相同的应用程序部署到多个环境。这进一步节约时间并提高效率，对应用程序和部署流程进行尽早验证。自动化平台的分布式代理模型可以在数千台机器上同时运行部署流程。

(4) 容灾切换操作自动化：以容灾作业流程的方式实现容灾切换流程批量自动执行。通过双活数据中心为业务系统建立双活模式，实现自动化切换，尽可能减少宕机时间。

2. 平台化运维能力

运维的工作相当烦琐，包括网络、服务器、操作系统、数据库、发布、变更、监控、故障处理、运营环境信息维护等。同时，面对日益复杂、庞大的组织架构，安全运维需要在不同架构、不同平台之间实现对资源的优化配置和高效管理，保证整个系统的稳定运行，并在满足相应组织业务场景需求时，应对用户量及数据量的迅速膨胀。因此，运维平台化的目标是依据业务形态不同，对组织架构进行针对性的管控、融合化的管理，借助大数据、PaaS化的平台能力对运维技术和业务能力进行底层封装，将重量级的运维技术工具系统轻量化为运维APP场景应用，进行运维工具的逐步集成。

(1) 日志采集平台：收集各应用产生的本地日志数据，进行汇总。一方面，方便定位日志问题；另一方面，通过平台可以挖掘数据潜在价值，并为重要指标的趋势分析提供依据，有效规避风险故障和指导决策。

(2) 应用性能监控平台：包含多级应用性能监控、应用性能故障快速定位以及应用性能全面优化三大模块。它可以借助事务处理过程监控、模拟等手段实现点到点应用监测，对应用系统各个组件进行监测，迅速定位系统故障，并进行修复或提出修复建议，精确分析各组件占用系统资源的情况，及时了解库存、产品生产进度，使效益最大化。

(3) 统一资源配置管理平台：能够集中管理应用不同环境和不同集群的配置，并对配置修改进行实时推送，通过资源与配置的统一管理，确保底层数据配置项准确无误。

(4) 应用部署平台：能够进行容器、物理机部署，支持在线和离线服务、定时任务以及静态文件的部署，提供部署资源管理、运行环境搭建、部署流程定义和部署执行跟踪，可以进行金丝雀发布及蓝绿部署。应用部署平台可以加快业务迭代速度，规避故障发生，提升产品发布节奏。

3. 数据化运维能力

由于用户量、业务量的增长，数据量也随之处于“井喷式”发展的阶段。安全运维的数据化能力因此成为组织能力发展的重要方向。安全运维的数据化是借助数据采集、数据存储、数据处理、可视化等全量的数据体系来评价运维过程，以确认安全运维目标的达成情况与程度。运维的日常场景很多，看似复杂，终究离不开对稳定、安全、高效三项基本价值的更高追求。通过运维数据化能力，安全运维能为组织决策提供有力支撑，实现稳定、安全、效率的提升及对成本的合理把控。

(1) 知识图谱：使用统一的语言来定义运维数据，将运维对象通过实体与实体间的关系来表达，整合运维领域内的实体关系形成知识图谱。运维领域的关系包括但不限于产品、服务、集群、服务器、网络、IDC 等。

(2) 数据仓库：一个面向主题的、集成的、相对稳定的、反映历史变化的数据集合，用于支持管理决策。数据仓库为用户提供了用于决策支持的当前和历史数据，这些数据在传统的操作型数据库中很难或不能得到。数据仓库技术是为了有效地把操作型数据集成到统一的环境中，以提供决策性数据访问的各种技术和模块的总称。目的是使用户更快、更方便地查询所需要的信息，提供决策支持。

(3) 数据中台：建立面向运维域的数据中台，统一纳管资源数据、告警数据、性能数据、业务数据、日志数据、工单数据、指标数据、拨测数据等，面向上层运维分析场景提供统一的数据访问路由、数据服务目录、数据接入管理、数据可视化等功能，以期打破“数据孤岛”，通过整合关联和对外开放来深度挖掘运营数据的价值。识别前台数据需求，整合后台数据，对数据进行加工和输出，建立数据中心级的数据服务共享平台。通过对数据的梳理，数据源的规划，数据流程的整合，对存量数据进行加工整合，达到以数据服务化的方式来实现数据监控和资源使用率分析。

(4) 数据可视化：通过对数据的可视化呈现，帮助运维人员直观、便捷、快速地进行问题分析，还可提供一系列的工具组件让运维人员根据自己的业务情况对海量数据快速进行视图编辑、多维度关联分析、报表编排、横向纵向大盘数据对比等，将传统的运维经验进行数字化转变，大大提升了问题排查、风险发现和问题解决的能力。

4. 智能化运维能力

由于安全运维所支撑的业务规模不断增长，越来越多的运维场景和问题无法用传统运维方式解决。同时，安全运维的效率也逐渐难以满足系统需求。因此，如何解放运维本身效率、解决传统运维方式无法解决的问题成为组织发展、转型的重大挑战。运维的智能化能力是指将人的知识和运维经验与大数据、机器学习技术相结合，开发成一系列智能策略，从而融入运维系统中，通过智能运维平台完成运维工作。

(1) 故障预测：主动容错技术，能够基于对系统历史状态以及当前行为的分析，生成告警预测的结果模型，判断系统是否即将产生故障，协助系统规避故障或尽早采取故障恢复措施。同时，告警信息经过智能关联分析模块的训练，能够发现告警之间的关联关系以及故障的发生概率，对告警进行预测。故障预测可以使运维人员在日常工作中变被动响应为主动响应，提升系统的整体运行质量。

(2) 故障自愈：故障自愈流程包括感知、止损决策、止损三个阶段。其中，感知阶段依赖监控系统的故障发现能力，止损阶段依赖流量调度系统的调度能力。故障自愈可提升组织的服务可用性和降低故障处理的人力投入，实现故障从人工处理到无人值守的变革。

(3) 自动扩缩容：可以根据应用的负载情况自动调整集群容量以满足需求。当集群中出现由于资源不足而无法调度的 Pod 容器时会自动触发扩容，从而减少人力成本。

(4) 智能问答知识库：知识库的最新形态，具有知识挖掘、知识管理、知识关联、知识推理与建模、智能检索、自主学习和训练等功能。智能知识库改变了故障处理模式，既提高了故障上报的准确性，又简化了信息交互的中间环节，有效降低了故障处理时间，提升了工作效率。

(5) 智能发布变更：能够管理海量规模的发布变更过程，具备自动化部署、分级发布和智能变更策略等功能。用户配置整个变更过程的执行策略，由专门的执行系统解析策略并自动执行批量的变更。分级发布将变更过程以实力组为单位划分成多个阶段，每个阶段引入自动化的检查用例，只有检查通过才能执行下一个阶段的变更，因此能有效增强对变更过程的管控，降低异常影响，加快异常恢复速度。此外，通过引入智能模板生成、智能变更检查等智能策略，降低使用门槛，提升复用性，降低人为操作的失误率。

10.3 云安全运维

随着越来越多的组织选择在云上构建和运行核心系统，如何构建云安全运维体系这一问题也日益凸显。构建运维体系的目标，首先是保障业务系统能稳定、高效、安全地运行，还要保证业务需求能快速地交付，包括云上基础环境构建和应用系统代码发布更新。

(1) 基础资源方面，需要统一管理多个云平台下的各类资源，包括计算资源、存储资源、网络资源，需要保障资源可用性，识别繁忙资源、空闲资源。

(2) 应用架构上，云原生技术的广泛使用，应用微服务化、容器化，应用架构变得更加复杂。应用系统调用链路复杂，使用传统的监控技术已经无法满足快速定位根因、快速排障的要求。可观测性理论为复杂系统的根因分析提供了系统化的支撑，现代可观测系统通常具备指标、日志、分布式链路追踪三大核心能力，不仅能发现系统的问题，而且能分析引起问题的根本原因。

(3) 应用交付上，如何构建代码管理和持续集成、持续部署一体化流程，实现系统自动化部署、蓝绿发布和灰度发布，也是运维体系中的一个重要环节。

10.3.1 安全风险

云服务平台的安全不能仅靠技术手段来保证，而且需要管理上的支撑。云服务平台的安全运行离不开有效管理，管理漏洞会造成云服务安全失效，只有减少和避免云运维工作中的管理风险，才能更好地保证云服务的安全。

云安全运维管理是云服务提供商综合利用各种管理手段和方法，确保云服务安全、可靠运行的系列活动。云安全运维管理的范围包括云服务运行保障工作中与安全运行密切相关的管理工作，即组织与人员、策略与规程、资源管控与隔离、应急响应与风险评估、供应链安全业务连续性保障、问题跟踪与证据收集、服务水平协议。

云安全运维管理中的风险是云服务商在运维云服务过程中管理措施不完备带来的风险，主要包括以下类型。

(1) 治理缺失的威胁：虽然在云服务提供商与组织之间有服务级别协议，但是服务级别协议的不明确，导致双方对安全防御的配合和责任出现偏差，从而出现安全漏洞，治理和控制受到损失，影响云服务商完成目标和策略的能力。

(2) 供应链威胁：由于云服务的供应链比较复杂，存在部分任务外包给第三方，其整体性将因此受到影响，其中任一环节的失效，将导致整个云服务的安全性存在风险。

(3) 资源隔离威胁：云计算服务具有多租户和资源共享的特点，存在因其他租户的恶意资源使用活动导致多租户中其他租户遭受影响，甚至租户无法正常使用云服务或对外开展业务的风险。

(4) 特权威胁：由于云计算服务共享一个平台资源，云内部管理人员的管理特权对用户数据隐私具有安全威胁，需要采取有效的管理机制来防止特权的非法使用。

(5) 服务终止或失效威胁：云服务商自身及其合作伙伴的破产或短期服务暂停，会对云服务用户的业务造成严重影响，导致服务交付无法完成或质量的降低。

(6) 事件管控威胁：云服务的用户对服务响应的及时性和安全性均有很高的要求，出现安全事件造成的经济和社会影响也比较严重，需要快速的响应和严格的风险管控措施。

10.3.2 运维任务

云安全运维需保障业务系统稳定、高效、安全地运行，有序交付系统变更。

(1) 问题发现和恢复能力：监控是通过一系列的工具和方法对系统的运行状态、性能、安全等方面进行实时或定期的检测和分析，以及在发现异常或故障时及时报警和处理。传统的监控重在发现系统异常。随着组织对系统稳定性和可用性要求的不断提高，不仅要快速感知系统异常，而且要能快速定位系统产生问题的根源，从而实现快速恢复。可观测性理论体系的出现，能够帮助人们在复杂环境中了解上下文，并快速指出问题现象和问题的根本原因，有助于回答“何时何地正在发生什么”以及“为什么会发生该事件”两个问题。特别是随着微服务和云原生技术的深入应用，业务系统架构的多样化和调用链路更长，就越发需要通过日志、指标、分布式跟踪等机器数据进行关联分析，构建完整的可观测模型，从而实现故障诊断、根因分析和快速恢复。

(2) 事件和问题管理：问题是指在日常运维过程中由客户提出或主动发现的已知产品缺陷或不正确配置等待解决事项。问题管理的核心目的是将已知问题进行统一跟踪管理，杜绝问题遗失，防范存在薄弱环节或缺陷导致事故的发生，进而将对业务产生的负面影响减小到最低。

(3) 故障管理：故障管理的主要目标是规范故障处理机制，提高响应速度，及时有效地解决问题，加强对相关问题的跟进与改善，实现故障上报、处理等流程环节的规范化、标准化、有序化管理。

(4) 变更管理：规范变更的执行制度和流程，避免变更引起故障。信息系统由业务系统程序、中间件、服务器、数据库、网络、存储等组成，同时还有周边关联业务系统和监控系统等，因此任何的变更应提前申请，评估变更内容、涵盖范围、执行方案、参与方等重要信息，保障业务系统和基础环境的稳定。

(5) 应用发布管理：建立一套标准的发布规范与流程，高效管理所有生产环境的发布活动，保证发布以最低代价得以实施。通过规范和标准化发布流程，减少交叉沟通成本；加强应用发布管理，有效控制产品发布过程，将发布风险控制在尽可能小的范围；通过有计划/受控的发布操作，随时掌握软件开发进度和发布计划。规范发布准备工作和发布内容，明确生产环境配置项，提高发布成功率。有效控制和追踪产品版本，确保所有发布操作可监控、可追溯、可回滚。

(6) 安全管控：需要从权限管理，访问控制安全审计，主机和系统安全，应用安全、数据安全等维度构建安全体系。

10.4 远程运维

远程运维技术参考模型包括两个层次要素和一个保障体系，如图10-2所示。横向层次要素的上层对其下层具有依赖关系；纵向保障体系对于两个横向层次要素具有约束关系。横向层次要素和纵向保障体系分别描述如下。

(1) 运维应用层：在运维支撑层的基础上建立的各种远程运维应用，包括设备管理、设备故障处理、设备保养等，为设备生产厂商、组织用户、设备专家等提供整体的运维应用和服务。

(2) 运维支撑层：通过平台、网络及数据支撑，保障远程运维业务的运转。

(3) 安全保障体系：为远程运维系统构建统一的安全平台，实现统一人口、统一认证、统一授权、运行跟踪、应急响应等安全机制。涉及各横向层次要素。

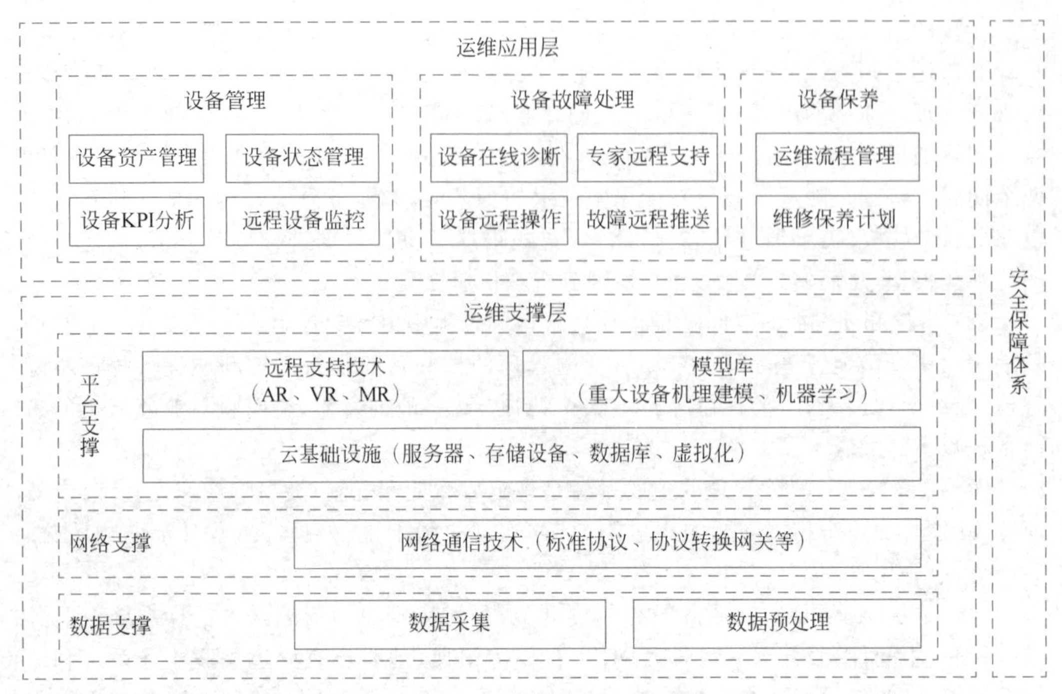

图 10-2　远程运维技术参考模型

10.4.1　设备管理

设备管理是以设备为研究对象，追求设备综合效率，应用一系列理论和方法，通过一系列措施，对设备的运行和维护进行全过程（从使用、保养、维修、更新直至报废）的管理。其应用支撑包括设备资产管理、设备状态可视化，以及运维报表、远程设备监控。

设备资产管理通过对设备管理中各类数据的分析、判断，辅助组织把握故障的规律，提高故障预测、监控和处理能力，减少故障率，为设备管理人员和组织管理者提供决策依据。其包括：建立设备台账信息，记录设备的图纸参数及设备履历信息；保证固定资产的价值形态清楚、完整和正确无误，具备固定资产清理、核算和评估等功能；提高设备利用率与设备资产经营效益，确保资产的保值增值。

设备状态管理通过实时监控设备，采集设备的各种运行数据，结合设备的地理位置等信息，提供设备的运行信息，及时把握设备的整体运行状况。其包括设备的运行信息但不限于设备状态、能耗、位置等信息。

设备关键绩效指标（KPI）分析针对设备维护管理记录的数据进行分析，用以记录设备发生的全部维护管理活动并且衡量关键指标。通过运维报表对故障进行分析验证。

远程设备监控在线获取现场设备的运行状态和故障信息。应实现对设备运行状况、备件磨损状况及耗材使用状况的实时监测，从设备出厂开始进行全方位的生命周期管理；同时应具备预测备件的更换时间及耗材补充时间的能力，实现高效的维护保养，保持备件及耗材的最优库存。

10.4.2 设备故障处理

设备故障处理是针对设备丧失规定的功能做出的一系列恢复操作。其应用支撑包括但不限于设备在线诊断、专家远程支持、设备远程操作、故障远程推送等。

设备在线诊断是通过远程监控对设备运行状态和异常情况做出判断,并给出解决方案,为设备故障恢复提供实时依据。应满足对设备进行远程监测,发现设备故障的能力;对故障类型、故障部位及原因进行诊断的能力并给出解决方案,实现故障恢复的能力。可采用专家远程支持对设备诊断、维修的专家进行在线指导;同时可支持对设备进行的各种远程操作;支持E-mail或者短信、微信等告警的实时通知消息。可按照故障级别、事件类别出具故障的分析报表,便于改善服务。基于设备监控履历及故障处理信息,可在计划期内对设备进行维护保养和检查修理的计划,实施预防保健、健康监测、平衡调整、动态养护维修对策和健康维保制度。

10.4.3 平台支撑

平台应将主机、存储、网络及其他硬件基础设施通过虚拟化等技术进行整合,形成一个逻辑整体,在统一安全的系统支撑下提供计算资源池和存储资源池,实施资源监控、管理和调度,并通过对运维数据模型的抽取实现远程运维功能。平台由远程支持技术、数据库、模型库和云基础设施组成。平台根据远程运维应用的需要,融合来自下层的数据,并具有深度挖掘分析的能力。

云基础设施提供虚拟化的计算资源、存储资源和网络资源,以及基础框架、存储框架、计算框架、消息系统等支撑能力,平台及平台用户在使用远程运维应用时可以调用这些资源和支撑能力;具备计算、存储等资源的弹性扩容,并根据业务负载情况进行弹性的自动伸缩;实现物理机、虚拟机的高可用;当单个的物理、虚拟节点发生故障时,能够保持业务连续性。采用分布式存储技术,具备数据容灾设计,能够实现对全平台存储数据的周期性全量及增量备份机制,并支持多种网络类型,提供灵活高效的组网能力。

10.5 本章小结

本章主要介绍了安全运维的定义、发展阶段、运维内容、运维服务指标和模式等。根据安全运维模型,讲解了运维策略、组织、规程、支撑平台和技术,然后阐述了云安全运维和远程运维两种特殊运维方式和服务。

习　　题

10-1　某组织网站区域拓扑图如图1所示,在更换入侵防御设备后,接到用户反映网站访问慢,该如何判定该问题?针对如上拓扑,提出优化建议。

10-2　某单位用多台交换机组建局域网连接不同房间的计算机(图2),结果发现交换机网络接口灯疯狂闪烁,基本没有办法传输数据。分析产生该问题的原因,并给出解决方案。分析该类型的网络为什么不适合大规模组网?

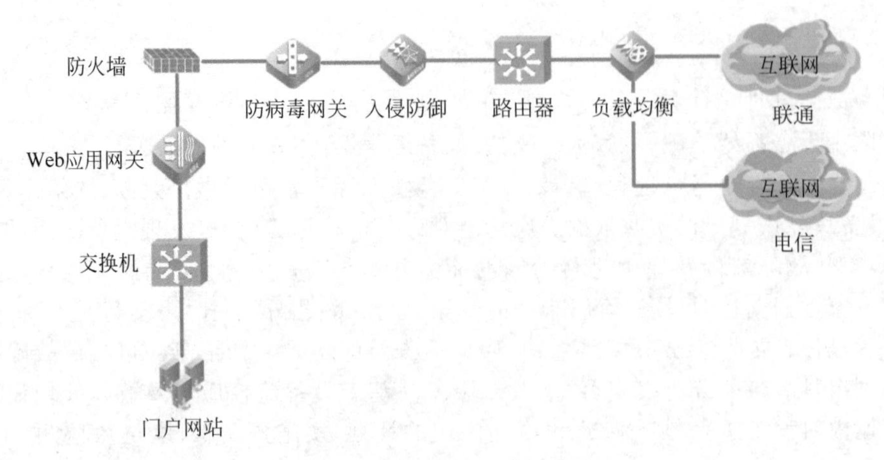

图 1　某组织网站区域拓扑图

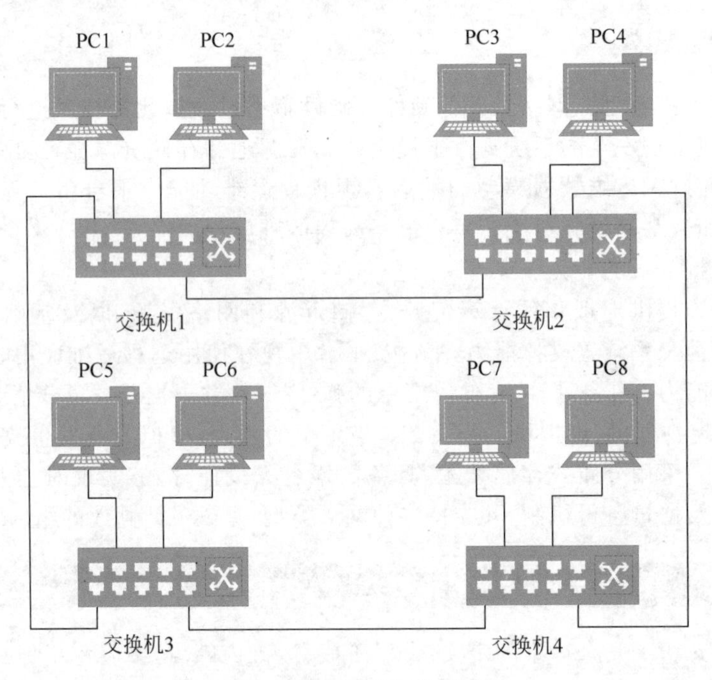

图 2　多台计算机组建局域网

10-3　安全运维需求贯穿整个安全运维的实施过程，是安全运维管理一部分。试分析安全运维需求管理的主要工作。

第11章 云原生安全

视频讲解

云原生是一个组合词,“云”表示应用程序运行于分布式云环境中,“原生”表示应用程序在设计之初就充分考虑了云平台的弹性和分布式特性,就是为云设计的。可见,云原生并不是简单地使用云平台运行现有的应用程序,它是一种能充分利用云计算优势对应用程序进行设计、实现、部署、交付和操作的应用架构方法。

云原生的技术理念始于 Netflix 等厂商从 2009 年起在公有云上的开发和部署实践。2015 年,云原生计算基金会(CNCF)成立,标志着云原生从技术理念转化为开源实现,并给出了目前被广泛接受的定义:云原生技术有利于各组织在公有云、私有云和混合云等新型动态环境中,构建和运行可弹性扩展的应用。云原生的代表技术包括容器、服务网格、微服务、不可变基础设施和声明式 API。这些技术能够构建容错性好、易于管理和便于观察的松耦合系统。结合可靠的自动化手段,云原生技术使工程师能够轻松地对系统做出频繁和可预测的重大变更。

云原生提倡应用的敏捷、可靠、高弹性、易扩展以及持续更新。在云原生应用和服务平台的构建过程中,近年来兴起的容器技术凭借高弹性、敏捷的特性,以及活跃、强大的社区支持,成为云原生等应用场景下的重要支撑技术。无服务、服务网格等服务新型部署形态也在改变云端应用的设计、开发和运行,从而重构云上业务模式。

11.1 云原生安全概述

面对快速开发和部署的迫切需要,基于边界的传统安全保障显得力不从心。传统安全方法偏重对边界进行保护,而更复杂的云原生应用则倾向于识别动态工作负载中的属性和元数据来进行保护,这样才能为应用的模式转换保驾护航。这种方式能对工作负载进行识别和保护,以此适应云原生应用的规模扩展以及快速变化的需要。模式的转变要求使用面向安全的架构设计(如零信任),并且在应用安全生命周期中采用更多的自动化方法。作为云原生环境的典型特征,容器化也需要最新的最佳实践。

11.1.1 云原生特征

Matt Stine 在 2015 年出版的 *Migrating to Cloud-Native Application Architectures* 一书中提出,云原生应该具备如表 11-1 所示的主要特征。

表 11-1 云原生应用的特征

因素	描述
基准代码	一份基准代码,多份部署
依赖	显式声明依赖关系
配置	应用配置存储在环境中,与代码分离
后端服务	将通过网络调用的其他后端服务当作应用的附加资源
构建、发布和运行	严格分离构建、发布和运行
进程	以一个或多个无状态进程运行应用
端口绑定	通过端口绑定提供服务
并发	通过进程模型进行扩展

续表

因　素	描　述
易处理	快速启动和优雅终止的进程可以最大化应用的健壮性
开发环境和线上环境一致性	尽可能保证开发环境、预发环境和线上环境的一致性
日志	把日志当作事件流的汇总
管理进程	把后台管理任务当作一次性进程运行

2017年，Matt Stine对云原生的定义做了一些修改，认为云原生应用架构应该具备六个主要特征，分别为模块化、可观测性、可部署性、可测试性、可处理性和可替换性。Pivotal公司对云原生定义为四个要点，分别为开发和运维、持续交付、微服务、容器。

通常情况下，不同于以虚拟化为基础的传统云计算系统，云原生系统具有如下特征。

(1) 不变的基础设施：在云原生环境中，支撑基础设施通常是容器技术。容器生命周期极短，大部分是以秒或分钟为单位，占用的资源也比虚拟化小得多，所以容器的最大特点就是轻和快。而正是因为容器有轻和快的特点，在实践中通常不会在容器中安装或更新应用，而是更新更为持久化的镜像，通过编排系统下载新镜像并启动相应的容器，将旧的容器删除。这种只更新镜像而不改变容器运行时的模式称为不变的基础设施。从不变的基础设施就能看出，云原生的运营与传统虚拟机运营方式截然不同。

(2) 弹性服务编排：云原生的焦点是业务而非基础设施，而业务的核心是业务管理和控制，如服务暴露、负载均衡、应用更新、应用扩容、灰度发布等。服务编排提供了分布式的计算、存储和网络资源管理功能，可以按需弹性地控制服务的位置、容量、版本，监控并保证业务的可访问性。服务编排对应用层隐藏了底层基础设施的细节，但提供了强大的业务支撑能力，以及让业务正常运行的容错、扩容、升级的能力，使开发者可以聚焦业务本身的逻辑。

(3) 开发和运维：开发和运维是一组将软件开发和IT运营相结合的实践，目标在于缩短软件开发周期，并提供高质量软件的持续交付。虽然开发和运维不等同于敏捷开发，但它是敏捷开发的有益补充，很多开发和运维的开发理念(如自动化构建和测试、持续集成和持续交付等)来自敏捷开发。与敏捷开发不同的是，开发和运维更多的是在消除开发和运营侧的隔阂，聚焦于加速软件部署。当前，云原生应用的业务逻辑需要及时调整，功能需要快速丰富和完善，云端软件快速迭代，云应用开发后需要快速交付部署，因而开发和运维深深地融入云原生应用整个生命周期中。

(4) 微服务架构：微服务既是一种架构也是构建软件的方法。在云原生应用设计中应用体量更小，因而传统单体应用的功能被拆解成大量独立、细粒度的服务。微服务架构使得每个服务聚焦在自己的功能上，做到小而精，然后通过应用编排组装，实现等价于传统单体应用的复杂功能。其优点是后续业务修改时可复用现有的微服务，而不需要关心其内部实现，最大限度地减少重构开销。可以对微服务架构中的每个组件服务进行开发、部署、运营和扩展，而不影响其他服务的功能。这些服务不需要与其他服务共享任何代码或实施。各个组件之间的任何通信都是通过明确定义的API进行的。每项服务都是针对一组功能而设计的，并专注于解决特定的问题。

(5) 无服务模型：无服务模型是一种基于代码和计算任务执行的云计算抽象模型，与之相对的是基于服务器(虚拟机、容器)的模型。无服务在公有云和私有云上都有相应的服务，如 AWS 的 Lambda、阿里云的函数计算、Kubernetes 的 Kubeless、Apache 的 OpenWhisk 等。无服务聚焦在函数计算，隐藏了底层复杂的实现方式，使开发者能够聚焦于业务本身。

总体而言，云原生真正以云的模式管理和部署资源，用户看到的将不是一个个 IT 系统/虚拟主机，而是一个个业务单元，开发者只需要聚焦于业务本身。可以说，微服务的设计、无服务的功能是云原生理念的核心体现，而容器、编排、服务网格均是实现云原生的支撑技术。

11.1.2 云原生安全

云原生安全是指存在于系统和组件之间的安全风险，将风险进行发掘和重构后，设计新的安全功能，最终实现安全机制融合于云原生系统里的应用，确保用户安全访问使用云系统和云应用的流程机制。

较传统的安全模型专注于基于边界的安全性，无法独立保护云原生架构。如采用三层架构的单体式应用部署到私有数据中心，该中心有足够的容量来处理重要事件的峰值负载。具有特定硬件或网络要求的应用被特意部署到通常保留固定 IP 地址的特定机器上。更新的发布频率较低、规模较大、难以协调，因为更新所带来的更改会同时影响应用的许多部分。这会导致应用的生命周期极长，而且更新频率较低，其安全补丁程序的应用频率通常也较低。

然而，在云原生模型中容器会将应用所需的二进制文件与底层主机操作系统分离，使应用更具可移植性。容器是不可改变的，意味着容器在部署后不会更改，因此会频繁重新构建和重新部署。在负载增加时部署新作业，在负载减少时终止现有作业。由于容器会频繁重启、终止或重新调度，因此硬件和网络会得到更加频繁地重复使用和共享。借助通用的标准化构建和分发流程，开发流程更加一致。因此，安全性相关事务(如安全性审核、代码扫描和漏洞管理)可以在开发周期的早期阶段进行。表 11-2 从不同维度进行传统安全与云原生安全的特性对比。

表 11-2　传统安全与云原生安全的对比

维　　度	传统安全	云原生安全
交互端口	应用交互端口较为集中，由此更容易防护	微服务架构呈现出组件化模块化，增加了其在端口防护的难度
设计部署	围绕组织数据中心和终端设计部署	基于数据中心原则部署
工作负载	对于传统组织，其安全防护层级较为清晰，区分到端点、网络、边界	边界模糊，工作承载面临直接威胁；云原生可以在一台机器运行百个程序，提高了服务器的运载密度 10 余倍
隔离粒度	物理设备和虚拟机隔离	容器进程间隔离，多个服务实例共享宿主机操作系统

续表

维　度	传统安全	云原生安全
安全边界	专注于边界的安全性，基于固定 IP，传统防火墙对服务通信端口进行保护	微服务会移动且会部署在不同的环境中；微服务架构呈现出组件化模块化，增加了其在端口防护的难度
全链路	静态扫描识别漏洞弱点；安全工具相对分散，并未系统化	安全工具集中，并使用自动让安全工具化形成流水线

(1) 从基于边界的安全性到零信任安全性。在传统的安全模型中，组织的应用可能依靠围绕其私有数据中心的外部防火墙来防止传入的流量。在云原生环境中，虽然网络边界仍然需要像 Beyond Corp 模型一样受到保护，但基于边界的安全性模型已不再具有足够的安全性。这不会引入新的安全问题，但会让人注意到一个事实：若防火墙无法完全保护网络，则无法完全保护生产网络。在零信任安全性模型中，无法再隐式信任内部流量，需要其他安全控制措施，如身份验证和加密。同时，向微服务的转变提供了重新思考传统安全性模型的机会。当不再依赖单个网络边界(如防火墙)时，可以按服务进一步细分网络，可以实施微服务级细分，使得服务之间没有固有的信任。借助微服务，流量可以具有不同的信任级别和不同的控制措施，不再仅仅比较内部流量与外部流量。

(2) 从固定 IP 地址和硬件到更大的共享资源。在传统的安全性模型中，组织的应用部署到特定的机器，并且这些机器的 IP 地址不会经常发生变化。这意味着安全工具可能依赖以可预测的方式关联应用的相对静态架构映射。但是，在云原生世界中，对于共享主机和频繁更改的作业，使用防火墙来控制微服务之间的访问并不可行，不能依赖特定 IP 地址与特定服务相关联的事实。因此，身份应基于服务而不应基于 IP 地址或主机名。

(3) 从实施特定于应用的安全性到集成在服务栈中的共享安全性要求。在传统的安全性模型中，各个应用分别负责独立于其他服务来满足自己的安全性要求。此类要求包括身份管理、SSL/TLS 终止和数据访问管理。这通常会导致实施方式不一致或安全性问题得不到解决，从而使修复措施更加难以应用。在云原生世界中，服务之间会更加频繁地重复使用组件，并且会有关卡来确保跨服务一致强制执行政策。可以使用不同的安全性服务来强制执行不同的政策。可以将各种政策拆分成单独的微服务，而不是要求每个应用单独实施重要的安全性服务。

(4) 从专门发布更新且发布频率较低的流程到更加频繁发布更新的标准化流程。在传统的安全性模型中共享服务很有限，若代码更加分散并结合本地开发，则意味着很难确定涉及应用的许多部分更改造成的影响，因此更新的发布频率较低并且难以协调。为了进行更改，开发者可能必须直接更新每个组件。总的来说，这会导致应用的生命周期极长。从安全性角度来看，由于代码更加分散，因此审核难度更大，甚至会带来更大的挑战，即在修复某个漏洞后，确保在所有地方都修复该漏洞。迁移到频繁、标准化发布更新的云原生架构以后，安全性在软件开发生命周期中的位置会提前。这样可以实现更简单、更一致的安全性强制执行措施，包括定期应用安全补丁程序。

(5) 从使用物理机器或管理程序隔离的工作负载到需要更强隔离功能的同一机器上运行的封装式工作负载。在传统的安全性模型中,工作负载被调度到自己的实例上,没有共享资源。应用被机器和网络边界有效隔开,工作负载隔离完全依靠物理主机隔离、管理程序和传统防火墙来强制执行。在云原生世界中,工作负载装入容器并封装到共享主机和共享资源上。因此,需要在工作负载之间实现更强的隔离。在使用网络控制和沙盒技术的部分中,工作负载可以分离成彼此隔离的微服务。

云原生与云计算安全相似,云原生安全也包含两层含义。

(1) 面向云原生环境的安全。其目标是防护云原生环境中的基础设施、编排系统和微服务的安全。这类安全机制不一定具备云原生的特性(如容器化、可编排),它们可以是传统模式部署的,甚至是硬件设备,但其作用是保护日益普及的云原生环境。如容器云(Container as a Service,CaaS,容器即服务)的抗拒绝服务,可用分布式拒绝服务缓解机制,而考虑到性能限制,一般此类缓解机制都是硬件形态,但这种传统安全机制正是保障了是面向云原生系统的可用性。此外,主机安全配置、仓库和镜像安全、行为检测和边界安全等都是面向云原生环境的安全机制。

(2) 具有云原生特性的安全。具有云原生特征的安全是指具有云原生的弹性敏捷、轻量级、可编排等特性的各类安全机制。云原生是一种理念上的创新,通过容器化、资源编排和微服务重构了传统的开发运营体系,加速业务上线和变更的速度,因而,云原生系统的各优良特性同样会给安全厂商带来很大的启发,重构他们的安全产品、平台,改变其交付、更新模式。如容器云的抗拒绝服务,在数据中心的安全体系中,抗拒绝服务是一个典型的安全应用,以硬件清洗设备为主。但其缺点是当 DDoS 的攻击流量超过了清洗设备的清洗能力时,无法快速部署额外的硬件清洗设备(传统硬件安全设备的下单、生产、运输、交付和上线往往以周计),因而这种安全机制无法应对突发的大规模拒绝服务攻击。而如果采用云原生的机制,安全厂商就可以通过容器镜像的方式交付容器化的虚拟清洗设备,而当出现突发恶意流量时,可通过编排系统在空闲的服务器中动态横向扩展启动足够多的清洗设备,从而可应对处理能力不够的场景。这时,DDoS 清洗机制是云原生的,但其防护的业务系统有可能是传统的。

虽然形式上将云原生安全分为两类安全技术路线,但事实上,若要做好云原生安全,则必然需要使用“具有云原生特性的安全”技术去实现“面向云原生环境的安全”,因而两者是互相融合的。继续以 DDoS 威胁为例,一方面,可用性是整个云原生系统中重要的安全属性,无论是宿主机、容器,还是微服务、无服务业务系统,都需要保证其可用性；另一方面,在云原生系统中要实现可用性,在物理边界侧要构建按需弹性的 DDoS 缓解能力,在容器、微服务边界侧部署虚拟弹性的 DDoS 机制,这就需要云原生的安全能力。两者相辅相成,缺一不可。

11.1.3 云原生安全维度

云原生安全包括以下五个维度。

(1) 云：一般指数据中心的基础设施。基础设施一般指运行着 Linux 操作系统的宿主机集群,并通过专业的数据交换机进行连接。常见的安全问题主要集中在操作系统本身、Web中间件以及rootfs等方面的漏洞。云是集群中的可信计算基。如果云层容易受到攻击(或者被配置成了易受攻击的方式),就不能保证在此基础之上构建的组件是安全的。

(2) 集群:一般指承载云原生环境的编排引擎集群。当前云原生体系建设所使用的编排引擎主要是以Kubernetes为基础的各种发行版本。对于Kubernetes来说,其本身是由多个组件构成的集群系统。这些组件包括但不限于kubelet、Docker、containerd、cri-o、etcd、kube-apiserver、kube-controller、kube-scheduler及kube-proxy等。这些组件一般是云原生安全领域重点研究的对象。实现其保护的方法通常用包括RBAC授权(访问Kubernetes API)、认证方式、应用程序Secret管理、确保Pod符合定义的Pod安全标准、服务质量(集群资源管理)、网络策略、Kubernetes Ingress的TLS支持等方式。

(3) 镜像:一般指容器运行的基础镜像。镜像安全问题分为静态容器镜像和活动容器镜像。当前,云原生体系上的业务应用是以容器的方式进行部署,容器引擎服务支持使用不同的镜像启动相应的容器。为了提高容器镜像数据的复用度,容器镜像一般采用分层文件系统的方式进行组织。而大部分被复用的数据主要来自互联网或者某些未知的地方。

(4) 容器:一般指容器镜像是以容器的形式运行起来后的状态。与传统的IT环境类似,容器环境下的业务代码本身也可能存在Bug甚至安全漏洞。无论是SQL注入、XSS和文件上传漏洞,还是反序列化或缓冲区溢出漏洞,它们都可能出现在容器化应用中。与此同时,容器中的Web应用容器若对外开放端口,则很有可能被黑客直接利用。容器虽然天然地与主机内核有着一定的隔离,这使得它们有着一定的安全性,但是攻击者可能轻易打破容器的隔离性。

(5) 应用:一般指各类微服务应用。在开发的过程中会不可避免地使用一些开源项目的代码或者组件,这些代码和组件可能存在漏洞;同时,在代码研发的过程中若使用不安全的编码方式,可能给微服务应用引入漏洞,进而造成微服务应用对外暴露漏洞,被黑客远程利用。

11.2 云原生技术

11.2.1 容器

虚拟化和容器都是系统虚拟化的实现技术,可实现系统资源的“一虚多”共享。容器技术是一种“轻量”的虚拟化方式,此处的“轻量”主要是相比于虚拟化技术而言的。例如,虚拟化通常在Hypervisor层实现对硬件资源的虚拟化,Hypervisor为虚拟机提供了虚拟的运行平台,管理虚拟机的操作系统运行,每个虚拟机都有自己的操作系统、系统库以及应用。而容器并没有Hypervisor层,每个容器是和主机共享硬件资源及操作系统。

容器技术是一种内核轻量级的操作系统层虚拟化技术,能隔离进程和资源。容器的基本思想就是将需要执行的所有软件打包到一个可执行程序包中,比如将一个Java虚拟机、Tomcat 服务器以及应用程序本身打包进一个容器镜像。用户可以在基础设施环境中使用这个容器镜像启动容器并运行应用程序，还可以将容器化运行的应用程序与基础设施环境隔离。

容器具有高度的可移植性，用户可以轻松地在开发测试、预发布或生产环境中运行相同的容器。如果应用程序被设计为支持水平扩缩容，就可以根据当前业务的负载情况启动或停止容器的多个实例，其中 docker 是容器技术的事实标准。因为具备轻量级的隔离属性，容器技术已成为云原生时代应用程序开发、部署和运维的标准基础设置。使用容器技术开发和部署应用程序的好处如下。

(1) 应用程序的创建和部署过程更加敏捷。与虚拟机镜像相比，使用应用程序的容器镜像更简便和高效。

(2) 可持续开发、集成和部署。借助容器镜像的不可变性，可以快速更新或回滚容器镜像版本，进行可靠且频繁的容器镜像构建和部署。

(3) 提供环境一致性。标准化的容器镜像可以保证跨开发、测试和生产环境的一致性，不必为不同环境的细微差别而苦恼。

(4) 提供应用程序的可移植性。标准化的容器镜像可以保证应用程序运行于 Ubuntu、CentOS 等各种操作系统或云环境下。

(5) 为应用程序的松耦合架构提供基础设置。应用程序可以分解成更小的独立组件，可以很方便地进行组合和分发。

(6) 资源利用率更高。采用共享操作系统内核完成部署，可以同时运行多个容器，提高资源利用率。

(7) 实现了资源隔离。容器应用程序和主机之间的隔离、容器应用程序之间的隔离可以为运行应用程序提供一定的安全保证。

容器技术大大简化了云原生应用程序的分发和部署，可以说容器技术是云原生应用发展的基石。在过去几年，容器技术获得了越发广泛的应用的同时，三个核心价值最受用户关注。

(1) 敏捷。容器技术提升了组织 IT 架构敏捷性的同时，让业务迭代更加迅捷，为创新探索提供了坚实的技术保障。据统计，使用容器技术可以获得 3～10 倍交付效率提升，这意味着组织可以更快速地迭代产品，以更低成本进行业务试错。

(2) 弹性。通过容器技术，组织可以充分发挥云计算弹性优势，降低运维成本。一般而言，借助容器技术，组织可以通过部署密度提升和弹性降低 50%的计算成本。

(3) 可移植性。容器已经成为应用分发和交付的标准技术，将应用与底层运行环境进行解耦；Kubernetes 成为资源调度和编排的标准，屏蔽了底层架构差异性，帮助应用平滑运行在不同基础设施上。CNCF 云原生计算基金会推出了 Kubernetes 一致性认证，进一步保障了不同 K8s 实现的兼容性，采用容器技术来构建云时代应用基础设施。

11.2.2 镜像

镜像是容器运行的基础，容器引擎服务可使用不同的镜像启动相应的容器。在容器出现错误后，能迅速通过删除容器、启动新的容器来恢复服务，这都需要以容器镜像作为支撑技术。

镜像是由按层封装好的文件系统和描述镜像的元数据构成的文件系统包，包含应用所需要的系统、环境、配置和应用本身等。镜像由开发者构建好之后上传至镜像仓库，使用者获取镜像之后就可以用镜像直接构建自己的应用。

由 Linux 基金会主导开发的开放容器标准(Open Container Initiative，OCI)规范于2017年发布 v1.0 版本，该标准将致力于统一容器运行时和镜像格式的规范。Docker 积极为 OCI 作出重要贡献，开发并捐赠了大部分的 OCI 代码，为项目维护者在定义运行时和镜像规范时做了建设性工作。与虚拟机所用的系统镜像不同，容器镜像不仅没有 Linux 系统内核，在格式上也有很大的区别。虚拟机镜像是将一个完整系统封装成一个镜像文件，容器镜像不是一个文件而是分层存储的文件系统。

分层存储是容器镜像的主要特点之一。每个镜像都由一系列的"镜像层"组成。当需要修改镜像内的某个文件时，只会对最上方的读写层进行改动，不会覆盖下层已有文件系统的内容。当提交这个修改生成新的镜像时，保存的内容仅为最上层可读写文件系统中被更新过的文件，这样就实现了在不同的容器镜像间共享镜像层的效果。

容器镜像使用了写时复制的策略，在多个容器之间共享镜像，每个容器在启动的时候并不需要单独复制一份镜像文件，而是将所有镜像层以只读的方式挂载到一个挂载点，再在上面覆盖一个可读写的容器层。在未更改文件内容时，所有容器共享同一份数据，只有在容器运行过程中文件系统发生变化时，才会把变化的文件内容写到可读写层，并隐藏只读层中的老版本文件。写时复制配合分层机制减少了镜像对磁盘空间的占用和容器启动时间。

在 Docker1.10 版本后引入了内容寻址存储的机制，根据文件的内容来索引镜像和镜像层。对镜像层的内容计算校验和生成一个内容散列值，并以此散列值作为镜像层的唯一标识。该机制提高了镜像的安全性，并在 pull、push、load 和 save 操作后检测数据的完整性。

11.2.3 微服务

微服务是一种软件架构方式，使用微服务架构可以将一个大型应用程序按照功能模块拆分成多个独立自治的微服务，每个微服务仅实现一种功能，具有明确的边界。为了让应用程序的各个微服务之间协同工作，通常需要互相调用 REST 等形式的标准接口进行通信和数据交换，这是一种松耦合的交互形式。微服务基于分布式计算架构，其主要特点如下。

(1) 单一职责：微服务架构中的每一个服务都应是符合高内聚、低耦合以及单一职责原则的业务逻辑单元，不同的微服务通过 REST 等形式的标准接口互相调用，进行灵活的通信和组合，从而构建出庞大的系统。

(2) 独立自治性：每个微服务都应该是一个独立的组件，它可以被独立部署、测试、升级和发布，应用程序中的某个或某几个微服务被替换时，其他的微服务都不应该被影响。

(3) 基于分布式计算、可弹性扩展和组件自治的微服务，与云原生技术相辅相成，为应用程序的设计、开发和部署提供了极大便利。

(4) 简化复杂应用：微服务的单一职责原则要求一个微服务只负责一项明确的业务，相对于构建一个可以完成所有任务的大型应用程序，实现和理解只提供一个功能的小型应用程序要容易得多。每个微服务单独开发，可以加快开发速度，使服务更容易适应变化和新的需求。

(5) 简化应用部署：在单体的大型应用程序中，即使只修改某个模块的一行代码，也需要对整个系统进行重新构建、部署、测试和交付。而微服务则可以单独对某一个指定的组件进行构建、部署、测试和交付。

(6) 灵活组合：在微服务架构中，可以重用一些已有的微服务组合新的应用程序，降低应用开发成本。

(7) 可扩展性：根据应用程序中不同的微服务负载情况，可以为负载高的微服务横向扩展多个副本。

(8) 技术异构性：在一个大型应用程序中，不同的模块通常具有不同的功能特点，可能需要不同的团队使用不同的技术栈进行开发。可以使用任意新技术对某个微服务进行技术架构升级，只要对外提供的接口保持不变，其他微服务就不会受到影响。

(9) 高可靠性和高容错性：微服务独立部署和自治，当某个微服务出现故障时，其他微服务不受影响。

微服务具备灵活部署、可扩展、技术异构等优点，但需要一定的技术成本，而且数量众多的微服务也增加了运维的复杂度，是否采用微服务架构需要根据应用程序的特点、组织的组织架构和团队能力等多个方面来综合评估。

单体架构顾名思义，即将所有的功能放在单个应用程序中，是传统构建应用程序的方式。单体架构通常包括一个用户端界面、一个服务端应用和一个数据库。图 11-1 为单体架构。

相比微服务架构，其将单体应用分解为一个个独立的单元，每个独立单元都可由一个团队来进行开发和维护，不同的单元甚至可以使用不同的编程语言和架构去实现，并且每个单元可以独立更新、部署和扩展。图 11-2 为微服务架构。

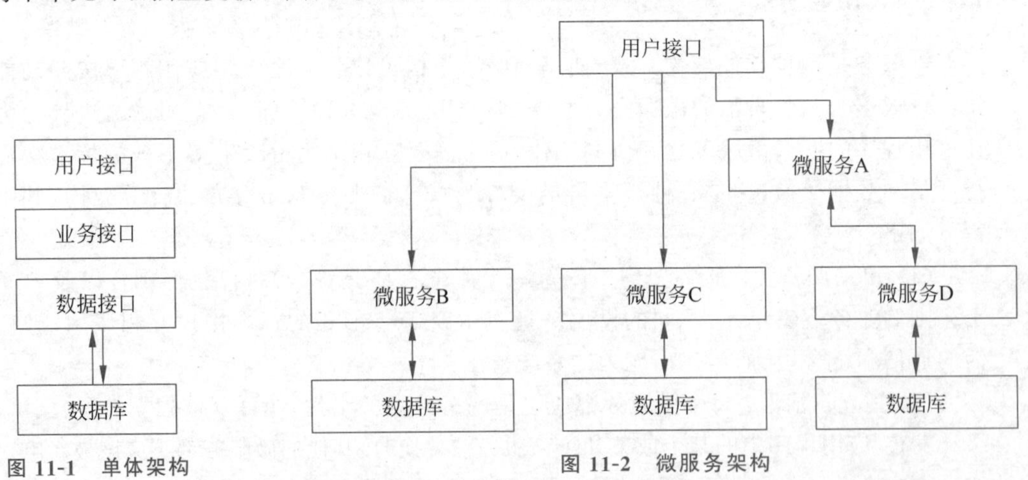

图 11-1 单体架构

图 11-2 微服务架构

通过以上介绍可以看出，微服务架构与单体架构的主要区别如下。

（1）单体架构在设计上具备模块耦合度高、复杂性高的特点；而微服务架构设计原则为高内聚、低耦合。

（2）单体架构下应用部署和运维容易，但随着业务量的增大，可能会伴随一定风险；微服务架构下每个单元独立部署，整体来看部署较为复杂但基本不受业务规模影响。

（3）单体架构因受其设计理念影响，扩展性差；微服务架构扩展性强。

在微服务领域提倡数据存储隔离（Data Storage Segregation，DSS）原则，即数据是微服务的私有资产，对于该数据的访问都必须通过当前微服务提供的 API 来访问。不然，会造成数据层产生耦合，违背了高内聚、低耦合的原则。同时，出于性能考虑，通常采取命令查询职责分离（CQRS）手段。同样地，由于容器调度对底层设施稳定性的不可预知影响，微服务的设计应当尽量遵循无状态设计原则，这意味着上层应用与底层基础设施的解耦，微服务可以在不同容器间被自由调度。对于有数据存取（有状态）的微服务而言，通常使用计算与存储分离方式，将数据下沉到分布式存储，通过这个方式做到一定程度的无状态化。

11.2.4 服务网格

随着微服务逐渐增多，最终会变为由成百上千个互相调用的服务组成的大型应用程序，服务与服务之间通过内部或者外部网络进行通信。如何管理这些服务的连接关系以及保持通信通道无故障、安全、高可用和健壮就成为一个非常大的挑战。

服务网格可以作为服务间通信的基础设施层解决上述问题。服务网格是轻量级的网络代理，能解耦应用程序的重试/超时、监控、追踪和服务发现，并且能做到应用程序无感知。服务网格可以使服务与服务之间的通信更加流畅、可靠和安全，它的实现通常是提供一个代理实例，和对应的服务一起部署在环境中，这种模式称为 Sidecar 模式。Sidecar 模式负责处理网格内部服务之间的通信，并负责服务发现、负载均衡、流量管理、健康检查等功能。

服务网格的基础设施层主要分为控制平面与数据平面，如图 11-3 所示。控制平面主要负责协调 Sidecar 的行为，提供 API 便于运维人员操控和测量整个网络。数据平面主要负责截获不同服务之间的调用请求并对其进行处理。

与微服务架构相比，服务网格具有以下优势。

（1）可观测性：所有服务间通信都需要经过服务网格，所以在此处可以捕获所有调用相关的指标数据（如来源、目的地、协议、URL、状态码等），并通过 API 供运维人员观测。

（2）流量控制：服务网格可以为服务提供智能路由、超时重试、熔断、故障注入和流量镜像等控制能力。

（3）安全性：服务网格提供认证服务、加密服务间通信以及强制执行安全策略的能力。

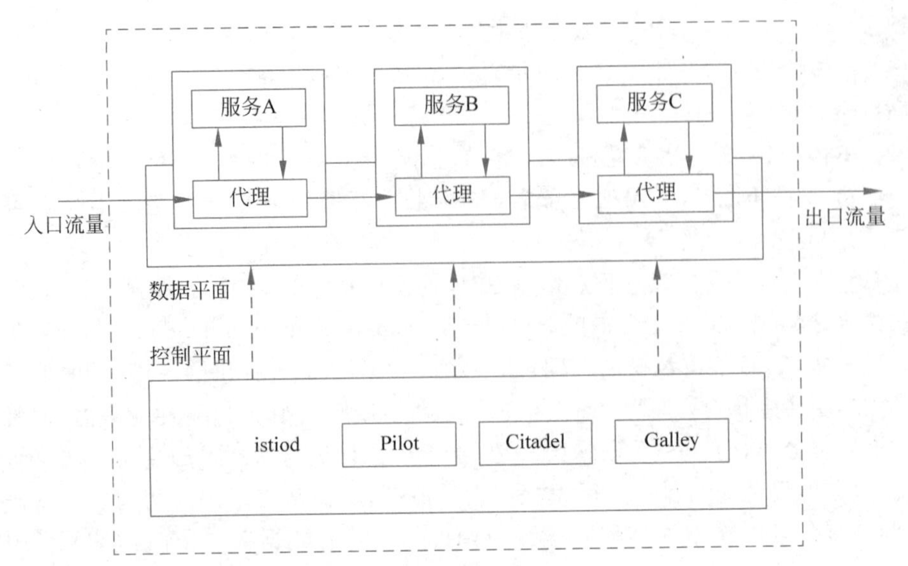

图 11-3　服务网格典型架构

11.2.5　DevOps

20 世纪 80 年代，软件开发主要遵循瀑布式模型，软件开发生命周期被清晰地划分为指定的若干阶段，其带来的好处非常明显，即明确目标，按序执行；但同时也存在致命的缺点，如果在软件开发生命周期后期阶段发现了严重问题，那么排错过程无疑是非常耗时的。为解决瀑布模式中遇到的问题，2001 年，17 位敏捷开发的发起者和实践者聚集发表了“敏捷软件开发宣言”，其中包含了敏捷开发的 12 项原则。简而言之，敏捷开发是以人为核心、迭代、循序渐进的开发方式，遵循在短周期内持续测试和交付软件。其相比于瀑布式模型有着截然不同的理念，实现层面而言，敏捷开发习惯于将软件项目需求拆分为多个迭代项目，并在每个迭代项目上完成开发、测试、部署、交付，从而具备快速响应变化、可集成化、可运行及快速交付等特点；但敏捷开发也暴露了一些不足，例如，迭代式开发造成的开发成本高问题，敏捷开发遵循的“软件运行优先级高于详尽的文档”这一原则将会在团队协作中增添不必要的烦琐沟通环节。由于敏捷开发注重软件开发阶段的同时未兼顾运维阶段，因而易造成开发和运维间协作效率低，为解决此问题，DevOps 的理念应运而生。DevOps 采用容器技术、容器编排、微服务、持续集成和交付软件等促进了开发、运维、测试之间的高效协同，为软件开发生命周期揭开了新的篇章。

DevOps 是软件开发人员和 IT 人员之间的合作过程，是一种工作环境、文化和实践的集合，目标是高效地自动执行软件交付和基础架构更改流程。开发和运维人员通过持续不断的沟通与协作，可以以一种标准化和自动化的方式快速、频繁且可靠地交付应用。

开发人员通常以持续集成和持续交付的方式，快速交付高质量的应用程序。

持续集成是指开发人员频繁地将开发分支代码合并到主干分支，这些开发分支在真正合并到主干分支之前都需要持续编译、构建和测试，以提前检查和验证其存在的缺陷。持续集成的本质是确保开发人员新增的代码与主干分支正确集成。

持续交付是指软件产品可以稳定、持续地保持随时可发布的状态，它的目标是促进产品迭代更频繁，持续为用户创造价值。与持续集成关注代码构建和集成相比，持续交付关注的是可交付的产物。持续集成只是对新代码与原有代码的集成做了检查和测试，在可交付的产品真正交付至生产环境之前，一般需要将其部署至测试环境和预发布环境，进行充分的集成测试和验证，最后才会交付至生产环境，保证新增代码在生产环境中稳定可用。

使用持续集成和持续交付的优势如下。

（1）避免重复性劳动，减少人工操作的错误。自动化部署可以将开发运维人员从应用程序集成、测试和部署等重复性劳动环节中解放出来，而且人工操作容易犯错，机器犯错的概率则非常小。

（2）提前发现问题和缺陷。持续集成和持续交付能让开发和运维人员更早地获取应用程序的变更情况，更早地进入测试和验证阶段，也就能更早地发现和解决问题。

（3）更频繁的迭代。持续集成和持续交付缩短了从开发、集成、测试、部署到交付各个环节的时间，中间有任何问题都可以快速"回炉"改造和更新，整个过程敏捷且可持续，大大提高了应用程序的迭代频率和效率。

（4）更高的产品质量。持续集成可以结合代码预览、代码质量检查等功能对不规范的代码进行标识和通知；持续交付可以在产品上线前充分验证应用可能存在的缺陷，最终提供给用户一款高质量的产品。

云原生应用通常包含多个子功能组件，DevOps可以大大简化云原生应用从开发到交付的过程，实现真正的价值交付。

11.2.6 不可变基础设施

在应用开发测试到上线的过程中，应用通常需要被频繁部署到开发环境、测试环境和生产环境中，在传统的可变架构时代，通常需要系统管理员保证所有环境的一致性，而随着时间的推移，这种靠人工维护的环境一致性很难维持，环境的不一致又会导致应用越来越容易出错。这种由人工维护、经常被更改的环境就是"可变基础设施"。

与可变基础设施相对应的是不可变基础设施，是指一个基础设施环境被创建以后不接受任何方式的更新和修改。这个基础设施也可以作为模板来扩展更多的基础设施。如果需要对基础设施做更新迭代，那么应该先修改这些基础设施的公共配置部分，构建新的基础设施，将旧的替换下线。简而言之，不可变基础设施架构是通过整体替换而不是部分修改来创建和变更的。

不可变基础设施的优势在于能保持多套基础设施的一致性和可靠性，而且基础设施的创建和部署过程也是可预测的。在云原生结构中，借助Kubernetes和容器技术，云原生不可变基础设施提供了一个全新的方式来实现应用交付。

云原生不可变基础设施具有以下优势。

（1）能提升应用交付效率。基于不可变基础设施的应用交付，可以由代码或编排模板来设定，这样就可以使用Git等控制工具来管理应用和维护环境。基础设施环境一致性能保证应用在开发测试环境、预发布环境和线上生产环境的运行表现一致,不会频繁出现开发测试时运行正常、发布后出现故障的情况。

(2) 能快速、可靠地水平扩展。基于不可变基础设施的配置模板,可以快速创建与已有基础设施环境一致的新基础设施环境。

(3) 能保证基础设施的快速更新和回滚。基于同一套基础设施模板,若某一环境被修改,则可以快速进行回滚和恢复;若需对所有环境进行更新升级,则只需更新基础设施模板并创建新环境,将旧环境一一替换。

11.2.7 声明式 API

声明式设计是一种软件设计理念,负责描述一个事物想要达到的目标状态并将其提交给工具,由工具内部去处理如何实现目标状态。

与声明式设计相对应的是过程式设计,在过程式设计中需要描述为了让事物达到目标状态的一系列操作,这一系列的操作只有都被正确执行才会达到人们期望的最终状态。

在声明式 API 中需要向系统声明人们期望的状态,系统会不断地向该状态驱动。在 Kubernetes 中,声明式 API 指的是集群期望的运行状态,如果有任何与期望状态不一致的情况,Kubernetes 就会根据声明做出对应的合适的操作。

使用声明式 API 的好处可以总结为以下两点。

(1) 声明式 API 能够使系统更加健壮,当系统中的组件出现故障时,组件只需要查看 API 服务器中存储的声明状态,就可以确定接下来需要执行的操作。

(2) 声明式 API 能够减少开发和运维人员的工作量,极大地提升工作效率。

11.3 云原生技术安全威胁分析

随着越来越多的云原生应用落地和使用,其相关的安全风险与威胁也在不断涌现。云原生安全事件频繁发生也直接影响了整个云原生系统的安全性。

11.3.1 容器化基础设施

在实现云原生的主要技术中,容器作为支撑应用运行的重要载体为应用的运行提供了隔离和封装,因此成为云原生应用的基础设施底座。云原生架构的安全风险包含容器化基础设施自身的安全风险,容器化部署则成为云原生计算环境风险的输入源。

1. 容器全生命周期的威胁

容器的秒级启动或消失的特性以及持续频繁的动态变化极大程度地缩短了生命周期,也增加了安全保护的难度和挑战。在容器全生命周期(创建、分发、运行)的各个阶段都存在相应的风险和威胁隐患。

1) 容器镜像创建阶段

随着容器技术的普及,容器镜像也成为软件供应链中重要的一环。因此,当业务依赖的基础镜像存在安全漏洞或者包含恶意代码时,其潜在危害比黑客从外部发起攻击要严重得多。

(1) 镜像漏洞利用。"镜像漏洞利用"指的是镜像本身存在漏洞时,依据镜像创建并运行的容器通常也会存在相同漏洞,镜像中存在的漏洞会被攻击者用以攻击容器的情况。这种行为往往会对容器造成严重影响。

(2) 镜像投毒。镜像投毒是一个宽泛的话题,指的是攻击者通过某些方式,如上传镜像到公开仓库、入侵系统后上传镜像到受害者本地仓库以及修改镜像名称假冒正常镜像等,欺骗、诱导受害者使用攻击者指定的恶意镜像创建并运行容器,从而实现入侵或利用受害者的主机进行恶意活动的行为。根据目的不同,常见的镜像投毒有:恶意挖矿镜像、投放恶意后门镜像、投放恶意 exploit 镜像。投递恶意挖矿镜像这种投毒行为主要通过欺骗受害者在机器上部署容器的方式获得经济收益。投放恶意后门镜像这种投毒行为的主要目的是控制容器。通常,受害者在机器上部署容器后,攻击者会收到容器反弹过来的 Shell。投放恶意 exploit 镜像这种投毒行为是为了在受害者部署容器后尝试寻找宿主机上的各种漏洞来实现容器逃逸,以实现对受害者机器更强控制。依照处理病毒镜像的方式方法以及表现的行为特征可以总结如图 11-4 所示的攻防知识图谱。

监控	数据源	事件查看	IoC/IoA	阶段
镜像 安全 扫描	镜像	植入病毒木马 植入Webshell	病毒木马特征 Webshell特征	初始访问、 持久化

图 11-4 "镜像投毒"攻防知识图谱

2) 容器镜像分发阶段

镜像的安全需要重点建设,镜像的安全性会直接影响容器安全,因为容器镜像在存储和使用的过程中可能会被植入恶意程序或修改内容以此篡改。一旦使用被恶意篡改的镜像创建容器后,将会影响容器和应用程序的安全。

在容器镜像分发阶段,可采用基于 ATT&CK(Adversarial Tactics,Techniques,and Common Knowledge)的云原生分析,能深入地了解云原生攻击的 TTP、攻击周期等特性。如图 11-5 所示,在 ATT&CK 框架中,主要包含攻击组织、软件、技术/子技术、战术、缓解措施,每个对象都在一定程度上与其他对象有关,各对象之间的关系可以通过图直观地看到。ATT&CK 容器技术矩阵涵盖了编排层(如 Kubernetes)和容器层(如 Docker)的攻击行为,还包括了一系列与容器相关的恶意软件。ATT&CK 容器矩阵有助

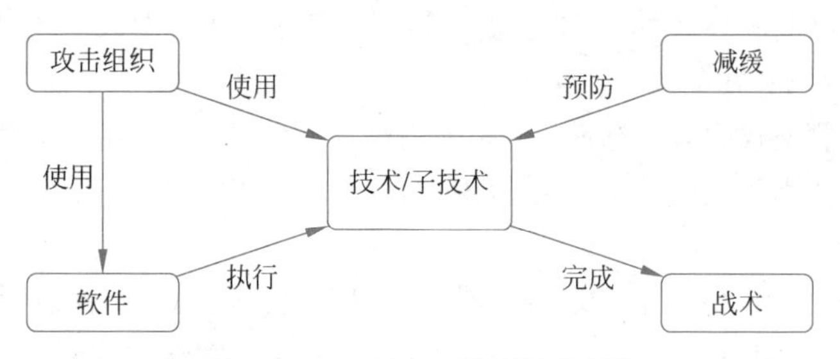

图 11-5 ATT&CK 容器技术矩阵

于了解与容器相关的安全问题，包括镜像安全、镜像仓库完整性问题、容器运行时安全问题、容器网络层安全及配置安全问题。于是，将 ATT&CK 容器技术矩阵的威胁监测能力与云原生安全技术相结合，以此提升云原生安全下的威胁监测水平。

3）容器运行阶段

在容器运行时存在的安全问题中，容器“逃逸”是最具代表性的高风险安全问题。攻击者可通过利用漏洞“逃逸”出自身拥有的权限，实现对宿主机或者宿主机上其他容器的访问，同时带来进行时资源耗尽的风险。

与其他虚拟化技术类似，逃逸是最严重的安全风险，无论是 Docker 容器还是 Kata 类安全容器都暴露过各类逃逸漏洞。逃逸风险对于容器化的云原生场景是一个不可避免的风险面，因为其直接危害了底层宿主机和整个云计算系统的安全。基于对容器的目录开启“文件完整性监控”或“系统进程监控”进行威胁检测方式，可以总结为如图 11-6 所示的容器“逃逸”攻防知识图谱。

监控	数据源	事件查看	IoC/IoA	阶段
进程监控	进程访问	进程名称 子进程名称	异常命令行	执行、探测
文件监控	文件写入	文件操作	异常文件 操作行为	执行、探测

图 11-6　容器“逃逸”攻防知识图谱

根据层次的不同，可以进一步展开为以下类型逃逸。

（1）危险配置导致的容器逃逸。用户可以通过修改容器环境配置或在运行容器时指定参数来缩小或扩大约束。如果用户为不完全受控的容器提供了某些危险的配置参数，就为攻击者提供了一定程度的逃逸可能性，主要包括未授权访问带来的容器逃逸风险以及特权模式运行带来的容器逃逸风险。

（2）危险挂载导致的容器逃逸。将宿主机上的敏感文件或目录挂载到容器内部，尤其是不完全受控的容器内部往往会带来安全问题。在某些特定场景下，为了实现特定功能或方便操作，人们会选择将外部敏感卷挂载入容器。随着应用的逐渐深化，挂载操作变得越加广泛，由此而来的安全问题也呈现上升趋势。例如，挂载 Docker Socket 引入的容器逃逸风险、挂载宿主机 procfs 引入的容器逃逸风险等。

（3）相关程序漏洞导致的容器逃逸。相关程序漏洞指的是参与容器生态中的服务端、用户端程序自身存在的漏洞。

（4）内核漏洞导致的容器逃逸。Linux 内核漏洞的危害大、影响范围广。

（5）安全容器逃逸风险。无论是理论上，还是实践中，安全容器都具有非常高的安全性。

容器在运行时默认情况下并未对容器内进程在资源使用上做任何限制，以 Pod 为基本单位的容器编排管理系统也是类似的。Kubernetes 在默认情况下同样未对用户创建的 Pod 做任何 CPU、内存用限制。限制的缺失使云原生环境面临资源耗尽型攻击风险。

2. 宿主机的威胁

容器与宿主机共享操作系统内核,因此宿主机的配置对容器运行的安全有着重要的影响,比如,宿主机中安装有漏洞的软件可能导致任意代码执行风险,端口无限制开放可能导致任意用户访问风险,防火墙未正确配置会降低主机的安全性,没有按照密钥的认证方式登录可能导致暴力破解并登录宿主机等。安全是一个整体,任何一个环节出问题都会影响到其他环节。应用安全可影响容器安全,容器逃逸可影响虚拟主机及容器集群的安全,虚拟主机逃逸会影响虚拟化基础设施的安全。

3. 容器化开发测试过程的威胁

在网络安全方面,由于K8s默认不做网络隔离,传统物理网络的攻击手段依然有效(如ARP欺骗、DNS劫持、广播风暴等)。同时,攻击者可利用失陷的容器进行针对K8s集群内部、内网主机的横向渗透。容器网络环境也面临着"访问关系梳理难,控制难"的痛点。比如,东西向访问流量庞大,无法感知业务间访问关系;业务访问关系错综复杂,无法制定精细化的访问控制策略;静态策略无法跟随虚拟机自动迁移;容器平台体量巨大,上下线周期短,容器IP地址变化频繁,难以适配容器环境;等等。

DevOps倡导的理念是追求敏捷、协作与快速迭代。开发人员往往为了追求便捷的开发环境与快速的迭代节奏选择将安全系统配置(如权限管理、访问控制等)的优先级降低,为效率与敏捷让步,最终可能使敏感数据权限管理不当而在容易发生泄露、系统资源无防护的内部开放。若研发环境采用传统安全防护措施,一旦边界防御措施被突破,内部数据与资源将会对外部攻击者完全开放,产生不可估量的损失与影响。

11.3.2 容器编排平台

集群化、弹性化和敏捷化是容器应用的显著特点,如何有效地对容器集群进行管理是容器技术落地应用的一个重要方面。集群管理工具(编排工具)能够帮助用户以集群的方式在主机上启动容器,并能够实现相应的网络互联,同时提供负载均衡、可扩展、容错和高可用等保障。

在云原生环境中,编排系统无疑处于重中之重的地位。任何编排系统都会受到一些攻击,这些攻击会影响部署的整体安全性和运行时的持续安全性。而Kubernetes早已成为容器编排系统的"事实标准"。

Kubernetes是一个全新的基于容器技术的分布式领先方案,简称K8s。它是Google开源的容器集群管理系统,其设计灵感来自Google内部的一个称为Borg的容器管理系统。继承了Google十余年的容器集群使用经验,它为容器化的应用提供了部署运行、资源调度、服务发现和动态伸缩等一系列完整功能,极大地提高了大规模容器集群管理的便捷性。

Kubernetes是一个完备的分布式系统支撑平台,具有完备的集群管理能力、多扩展多层次的安全防护和准入机制、多租户应用支撑能力、透明的服务注册和发现机制、内建智能负载均衡器、强大的故障发现和自我修复能力、服务滚动升级和在线扩容能力、可扩展的资源自动调度机制以及多粒度的资源配额管理能力。Kubernetes解决的核心问题如下。

(1) 资源调度：根据应用请求的资源量CPU、Memory，或者GPU等设备资源，在集群中选择合适的节点来运行应用。

(2) 应用部署与管理：支持应用的自动发布与应用的回滚，以及与应用相关的配置的管理；也可以自动化存储卷的编排，让存储卷与容器应用的生命周期相关联。

(3) 自动修复：Kubernetes可以监测这个集群中所有的宿主机，当宿主机或者OS出现故障时，节点健康检查会自动进行应用迁移；K8s也支持应用的自愈，极大简化了运维管理的复杂性。

(4) 服务发现与负载均衡：通过Service资源出现各种应用服务，结合DNS和多种负载均衡机制，支持容器化应用之间的相互通信。

(5) 弹性伸缩：K8s可以监测业务上所承担的负载，如果这个业务本身的CPU利用率过高，或者响应时间过长，那么它可以对这个业务进行自动扩容。

Kubernetes存在的风险如下。

(1) Kubernetes组件不安全配置

Kubernetes编排工具组件众多、各组件配置复杂，配置复杂度的提升增加了不安全配置的概率。不安全配置引起的风险不容小觑，Kubernetes API Server的未授权访问、Kubernetes Dashboard的未授权访问、Kubelet的未授权访问等都可能会使编排工具中账户管理薄弱，或部分账户在编排工具中享有很高特权，入侵这些账户可能会使整个系统遭到入侵。

(2) Kubernetes提权

Kubernetes非法提权是指普通用户获得管理员权限或Web用户直接提权成管理员用户。编排工具可能存在多种漏洞导致此类攻击，Kubernetes权限提升。以Kubernetes的权限提升漏洞为例，允许攻击者在拥有集群内低权限的情况下提升至Kubernetes API Server权限；通过构造一个对Kubernetes API Server的特殊请求，攻击者能够借助其作为代理，建立一个到后端服务器的连接，攻击者就能以Kubernetes API Server的身份向后端服务器发送任意请求，实现权限提升。在多数环境下，为了成功利用漏洞，攻击者本身需要具备一定的权限，如对集群内一个Pod的exec、attach权限。然而，在集群中存在其他扩展API Server的情况下，只要允许匿名访问集群，攻击者就可能以匿名用户的身份完成漏洞利用。

(3) Kubernetes拒绝服务

传统虚拟化技术设定明确的CPU、内存和磁盘资源使用阈值，而容器在默认状态下并未对容器内进程的资源使用阈值做限制，以Pod为单位的容器编排管理工具也是如此。资源使用限制的缺失使得云原生环境面临资源耗尽的攻击风险，攻击者可以通过在容器内运行恶意程序，或对容器服务发起拒绝服务攻击占用大量宿主机资源，从而影响宿主机和宿主机上其他容器的正常运行。

(4) Kubernetes中间人攻击

默认情况下，Kubernetes集群中所有Pod容器组成了一个小型的局域网络，就可能发生像中间人攻击这样针对局域网的攻击行为。假如攻击者借助 Web 渗透等方式攻破了某个 Pod，就有可能针对集群内的其他 Pod 发起中间人攻击，进而进行 DNS 劫持等。攻击者能够潜伏在集群中，不断对其他 Pod 的网络流量进行窃听，甚至可以悄无声息地劫持、篡改集群其他 Pod 的网络通信，危害极大。

11.3.3 云原生应用

编排系统的成熟极大地促进了微服务架构的云原生应用的落地实践，然而这些新型的微服务体系也同样存在各种安全风险。云原生应用源于传统应用，云原生应用也就继承了传统应用的风险。因此，在云原生环境下传统的 Web 攻击手段依然有效。新型的微服务体系（如无服务、服务网格）也催生出更新型的攻击手段。

1. 微服务的威胁风险

首先，随着微服务的增多，暴露的端口数量也急剧增加，进而扩大了攻击面，且微服务间的网络流量多为东西向流量，网络安全防护维度发生了改变；其次，不同于单体应用只需解决用户或外部服务与应用的认证授权，微服务间的相互认证授权机制更为复杂，人为因素导致认证授权配置错误成为了一大未知风险。并且微服务通信依赖 API，随着业务规模的增大，微服务 API 数量激增，恶意的 API 操作可能会引发数据泄露、越权访问、中间人攻击、注入攻击、拒绝服务等风险；最后，微服务治理框架采用了大量开源组件，会引入框架自身的漏洞以及开源治理的风险。

微服务入口点增加导致攻击面增大。单体应用的场景下，入口点只有一个，所有的请求都会从这个入口点进来。在这个入口点建立一组 Filter 或者 Interceptor，就可以控制所有的风险。微服务场景下，业务逻辑并不在一个单一的进程中，而是分散在很多进程中。每个进程都有自己的入口点，导致需要防范的攻击面比原来更大，风险也会更高。

微服务调度复杂增加访问控制难度带来越权风险。在单体应用架构下，应用作为一个整体对用户进行授权；而在微服务场景下，所有服务均需对各自的访问进行授权，明确当前用户的访问控制权限。传统的单体应用访问来源相对单一，基本为浏览器，而微服务的访问来源还包括内部的其他微服务。因此，微服务授权除了服务对用户的授权，还增加了服务对服务的授权。默认情况下，容器网络间以白名单模式出现，如果不对 Pod 间访问进行显式授权，一旦某一 Pod 失陷，将极速扩展至整个集群的 Pod。

微服务治理框架漏洞引入应用风险。Spring Cloud、Dubbo 等常用的微服务治理框架都是基于社区的模式运作，虽然内置了许多安全机制，但默认值通常并不安全，常常引入不可预料的漏洞，如用户鉴权混乱、请求来源校验不到位等。这些漏洞将导致微服务业务层面的攻击变得更加容易，为微服务的开发和使用者带来安全隐患。

2. API 的威胁风险

云原生带来 API 爆发式增长增加滥用风险。云原生化之后，从基础架构层到上面的微服务业务层都会有很多标准或非标准的 API。因为 API 既充当外部与应用的访问入口，也充当应用内部服务间的访问入口，所以数量急剧增加、调用异常频繁。爆发式的增长导致API在身份认证、访问控制、通信加密以及攻击防御等方面的问题更加明显，面临更多潜在的风险。与此同时，面对大量的API设计需求，其相应的API安全方案往往不够成熟，从而引起滥用的风险。API的主要安全风险如表11-3所示。

表11-3　API的主要安全风险

风险类型	风险引入途径
未授权访问	API管理不当
	API设计存在缺陷
数据泄露	安全措施不足
DDoS风险	资源和速率没有限制

11.3.4　无服务

当这些BaaS云服务日趋完善时，Serverless(无服务)因为屏蔽了服务器的各种运维复杂度，开发人员可以将更多精力用于业务逻辑设计与实现，而逐渐成为云原生主流技术之一。Serverless计算包含以下特征。

(1) 全托管的计算服务。用户只需要编写代码构建应用，无须关注同质化的、负担繁重的基于服务器等基础设施的开发、运维、安全、高可用等工作。

(2) 通用性。结合云BaaS API的能力，能够支撑云上所有重要类型的应用。

(3) 自动的弹性伸缩。让用户无须为资源使用提前进行容量规划。

(4) 按量计费。让单位使用成本有效降低，无须为闲置资源付费。

函数计算(Function-as-a-Service，FaaS)是Serverless中最具代表性的产品形态，它把应用逻辑拆分多个函数，每个函数都通过事件驱动的方式触发执行，例如当对象存储(OSS)中产生的上传/删除对象等事件能够自动、可靠地触发FaaS函数处理，且每个环节都是弹性和高可用的，客户能够快速实现大规模数据的实时并行处理。同样的，通过消息中间件和函数计算的集成客户可以快速实现大规模消息的实时处理。目前FaaS这种Serverless形态在普及方面仍存在一定困难，常见的如下。

(1) 函数编程以事件驱动方式执行，这在应用架构、开发习惯方面，以及研发交付流程上都会有比较大的改变。

(2) 函数编程的生态仍不够成熟，应用开发者和企业内部的研发流程需要重新适配。

(3) 细颗粒度的函数运行也引发了新技术挑战，比如冷启动会导致应用响应延迟，按需建立数据库连接成本高等。

以平台即服务为基础，云服务器运算提供一个微型的架构，终端用户不需要部署、配置或管理服务器服务，代码运行所需要的服务器服务皆由云端平台来提供，Serverless使得底层运维工作量进一步降低，业务上线后也无须担忧服务器运维，而是全部交给了云平台或云厂商。对应Serverless的安全风险，一方面包含应用本身固有的安全风险，另一方面包含Serverless模型以及平台的安全风险。应用程序固有的安全风险总体上类似传统应用程序的安全风险内容，包括应用程序漏洞带来的安全风险、第三方依赖库漏洞引入的安全风险、权限控制缺陷带来的安全风险等。

Serverless 模型及平台的安全风险主要包括以下几类。

(1) 函数多源输入导致供应链安全风险资源权限管控不当带来函数使用风险。

(2) 设计使用不规范引入数据泄露风险。

(3) FaaS 平台自身漏洞带来入侵风险。

(4) 平台设计机制缺陷引入账户拒绝服务风险。

(5) 缺乏 Serverless 专有安全解决方案导致风险应对能力不足。

11.3.5 服务网格

服务网格作为一种云原生应用的体系结构模式,应对了微服务架构在网络和管理上的挑战,也推动了技术堆栈分层架构的发展。从分布式负载均衡、防火墙的服务的可见性,服务网格通过在各个架构层提供通信层来避免服务碎片化,以安全隔离的方式解决了跨集群的工作负载问题,并超越了 Kubernetes 容器集群,拓展到运行在裸机上的服务。服务网格与微服务在云原生技术栈中是相辅相成的两部分,前者更关注应用的交付和运行时,后者更关注应用的设计与开发。若未在服务网格中采用双向 TLS 认证,则服务间容易受到中间人攻击。若未做东西向、南北向的认证鉴权,则服务间容易受到越权攻击。

11.4 云原生安全防护体系

11.4.1 开发安全

随着云原生的普及和发展,其技术架构复杂且业务应用越发频繁。作为云原生新基础设施载体的容器实例生命周期也变得越来越短,甚至是秒级;而且存在与操作系统虚拟化环境中现有的物理或虚拟化的安全设备无法有效协同工作的情况。此时,一味地增加系统内的安全投入无助于提高整体的安全水平。因而,在云原生安全建设中业内提出了安全左移的思路,即在云原生安全建设初期将安全投资更多地放到开发安全,包括且不限于安全编码、供应链(软件库、开源软件)安全、镜像及镜像仓库安全等。

安全左移强调在产品上线之前更早地进行安全动作的融合。软件代码的安全漏洞是影响软件最终运行安全性的重要因素。在研发前需要进行安全方面的需求分析与设计,从用户视角优化设计并提供安全功能,引导用户安全地使用各项服务,满足产品的基本安全需求。自有代码产生脆弱性的主要原因是代码开发者缺乏安全经验和安全意识,在编写代码时没有进行必要的安全检查。为了应对代码产生的漏洞,应该在研发阶段对代码进行安全审计,包含关注第三方组件的安全,同时可以通过交互式应用测试等手段进行上线前的安全测试,将安全问题在上线前收敛,实现云安全服务的内生环境。安全左移所投放的资源大多是白盒的,如果可以保证安全性,攻击者在攻击运行实例得手后将更难持久化,云服务原生安全属性的发展也将满足用户的基本安全需求。

开发安全对系统重要业务场景进行风险分析并审计源代码,如转账、查询等涉及资金和用户敏感信息的功能场景,在人工分析的过程中,实施人员会通过源代码安全审计工具对全部代码进行自动化审计,以保证源代码安全审计的全面性。源代码安全审计过程中除源代码脆弱性审计外，还应参照相关标准和规范对业务实现的合规性进行审计。

代码审计工具一般以静态分析为主，常见的代码审计工具有静态应用安全测试(Static Application Security Testing，SAST)和软件成分分析(Software Composition Analysis，SCA)。静态应用安全测试是指不运行测试程序，仅通过分析代码的语法、结果、过程、参数和接口等检查应用是否存在安全风险和程序的正确性。它与人工代码审查相比具有效率高、结果一致等优点，与动态代码分析相比具有覆盖度高、运行时间短的优势。其缺点是实现比较复杂，跟具体的编程语言有关系，很难支持所有的语言。

软件成分分析是一种用于发现某应用程序所包含的开源或第三方组件以及其中已知漏洞的应用安全测试技术。软件成分分析可以发现项目中用到的第三方软件库，特别是开源软件，分析相关代码版本库，与漏洞库比较，如有匹配，则告知存在漏洞。软件成分分析可以有效地缓解开源软件带来的安全风险，但需要知道软件是不断发展的，不断会有新漏洞出现，所以安全检查需要持续进行。

通常，在DevOps过程中，SAST和SCA可以协同地被集成至CI/CD，以分别检查自有代码和第三方代码。预计SAST在整个敏捷开发流程中也会自动化，不仅是自动化代码检查，而且包括发现漏洞后自动修复。

尽管代码审计可以最大程度减少代码漏洞，但通常认为静态应用安全测试只能覆盖10%～20%的代码问题，而运行时检测的动态应用安全测试(DAST)覆盖另外的10%～20%。可见，代码审计并不能解决全部安全问题，要保证程序在全生命周期的安全，安全左移后还需要考虑重新将安全控制右移，通过运行时检测和响应及时发现和处置威胁。

11.4.2 镜像/容器安全

容器的出现直接改变了业务系统的运行方式与交付模式，实现了应用程序运行在容器内而软件的交付变成了容器镜像的打包交付。随着云原生时代到来，容器的采用频率逐年上升。根据Anchore的软件供应链安全报告显示，容器的采用成熟度已经达到较高水平，65%的受访者表示已经在深度使用容器，35%的用户则表示已开始对容器的研究和使用。容器是由容器镜像生成的，如何保证容器的安全在很大程度上取决于如何保证容器镜像的安全。容器镜像安全的保证可以从以下四方面着手，从而提升容器安全镜像构建的效率与安全性。

1. 镜像完整性保护

确保镜像完整性是容器镜像安全的基础工作。云原生系统应为用户提供用于保障镜像完整性的机制或功能，并通过一定的控制手段阻止无法通过完整性校验的镜像部署到容器集群中。例如，可通过签名技术实现镜像完整性保护，并通过与镜像构建的CI/CD流水线工具进行整合，实现镜像构建过程控制，从构建、测试、扫描到完整性检测的全流程管控镜像内容安全。

如果用户构建一个新的镜像，使用镜像签名与CI/CD流水线结合的机制进行镜像安全控制，流水线中每个环节(如漏洞扫描、测试等)完成后均会基于镜像哈希值完成一次签名，最终在容器平台侧需要验证待部署镜像具备CI/CD流水线每个环节的合法签名，容器平台才能够基于该镜像进行容器启动。缺失任何环节的非法镜像或被篡改镜像均无法通过最终的验证环节，从而有效地保障了镜像的全流程控制与内容完整性。

2. 镜像安全基线检查

根据最佳实践的经验制定镜像安全基线检查项，通过安全基线检查机制，针对镜像中的配置——文件进行自动化检查，可及时发现不符合项。镜像安全基线主要包括所创建容器内的必要用户、容器使用可信的基础镜像、容器中必要的软件包、必要的安全补丁，以及启用容器内容信任机制、将健康检查说明添加到容器镜像、已安装的软件包全部经过验证等。同时，云原生系统应为用户提供功能全面的镜像漏洞扫描工具，对镜像仓库中的镜像和工作节点中运行容器的镜像进行定期检测扫描。检测扫描的内容应包括但不限于基于权威漏洞库信息(如 CVE、CNNVD、RHSA 等)的镜像内组件安全漏洞情况、镜像不安全配置信息、镜像是否含有恶意代码、镜像是否感染病毒、镜像是否存在密钥等机密信息的硬编码情况。

3. 镜像访问控制

与镜像仓库之间建立加密的通信通道，防止信息泄露。同时需要对用户的访问进行身份认证、访问权限控制，对镜像变更或者提交代码进行认证，避免用户提权访问其他用户的镜像资源。

4. 容器隔离

云原生系统根据细粒程度划分为网络隔离和微隔离。网络隔离在云原生系统中多指二层子网隔离和以租户划分的隔离，其划分粒度较粗。微隔离主要针对的是东西向流量的隔离，重点是为隔离分区提供基于业务流向的视角，用于阻止攻击者进入网络内部后的东西向移动，能够有效阻止容器逃逸，平台应支持但不限于基于命名空间的隔离、基于容器间的隔离、基于容器和节点间的隔离。具体的微隔离方案包括但不限于基于 Network Policy 实现微隔离和基于 Sidecar 实现微隔离。

11.4.3 工作负载保护

云原生时代的安全防护不能仅关注主机层面的威胁，更要参考云原生应用防护平台(Cloud-Native Application Protection Platform，CNAPP)的防护模型，其基础能力包括 IAC 扫描、容器扫描、云工作负载保护平台(Cloud Workload Protection Platform，CWPP)等。CWPP 以一致的方式保护这些工作负载 CNAPP 的重点在于对云原生应用，跨越开发环境到运行时环境，提供全生命周期的安全防护，因此，CWPP 作为运行时环境中的主要安全能力，是 CNAPP 中非常重要的一环。

工作负载安全必须提供跨越公有云与私有云中的容器和无服务全栈的安全保护。从云工作负载的角度出发，对主机层面、容器层面、应用层面及其上承载的数据等工作负载进行全面的安全防护，自动化获取信息，智能化主动防御，与主机进行联动。一方面自动获取主机内各类资产的信息，另一方面支持自动查杀病毒、木马，主动防御入侵行为，自主完成漏洞、基线修复，构建安全闭环和可感知能力。海量数据的关联分析能力，利用采集到的主机内各类数据，如进程、文件、系统、DNS等的行为日志，结合云平台全网威胁情报数据，基于AI算法，实现多维度、高效的关联分析，提升威胁检测率与准确率。

11.4.4 自动化响应

云时代的应急响应趋势也早已从“被动响应”转变为“主动感知”，传统单点对抗的应急响应已无法满足云时代的复杂攻击形态和规模。如何在攻击前做好预防措施，攻击后快速有效地自动化溯源取证和风险收敛已经成为云时代应急响应技术的核心竞争力。安全从业人员非常清楚，任何高级或者复杂度很高的安全防护系统都不可能给业务提供绝对安全的运行环境。当系统遭到破坏、被意外入侵时，会不可避免地导致业务不可用，业务连续性受到影响。而应急响应的核心价值体现在突发安全事件时能够被快速有效地处理，最大限度地快速恢复业务和把损失降到最低，因此响应和恢复速度将是云上应急响应的核心竞争力。

业内通常使用的PDCERF方法学，将应急响应分成准备、检测、抑制、根除、恢复、总结六个阶段的工作。一次完整的应急响应需要做很多事情。

通过第三方机构的调研，业内大多数组织的应急响应能力一般都可以达到第二阶段，比较好的运营商会达到第四阶段。无论第二阶段还是第四阶段，都是建立在解决问题的角度，远未达到持续性运营和方案优化的地步。在云时代，常规的应急响应方式对人员能力和系统的要求很高，且无法实现“主动感知”的能力。为了更好地在云上做好应急响应，做到“主动感知”，自动化响应是必经之路。通过自动化的响应机制，组织在提升云时代突发事件处理能力的同时，可降低云环境的运营成本，提升用户满意度。

11.4.5 应用与数据安全

如今，数据已经成为组织新的生产要素，并作为重要的支撑依据，助推组织数字化转型。基础设施作为坚实的底座为上层应用提供稳定、可靠的服务，应用系统产生数据，而数据反哺业务产生价值。根据第三方机构统计，数据泄露是目前组织面临的最大的信息安全风险，也是当前组织各种安全防护系统建设的主要目的之一。

从业界的实践来看，数据安全对应的防护主体主要包括资产类数据（代码、算法、模型等）、办公/业务数据（方案文档、用户资料、合同资料等）、公司运营数据（财务数据、人力资源数据等）、生产数据（生产活动、售后活动等）及用户相关数据等。数据安全防护体系的思路已相对成熟，几乎都是围绕数据生命周期展开，从数据的采集、传输、存储、使用、交换、销毁等阶段来针对不同类型数据在不同场景下区别化实施安全防护，从相关法律法规的数据安全要求到各大云服务商的数据安全产品/云产品数据安全能力，都给云计算时代数据安全防护做了不错的指引。

在云计算向云原生架构演进升级的过程中，数据安全面临的威胁以及防护思路本质上没有明显的变化。云原生环境下，随着组织业务迭代及运维效率的提升，势必会对数据安全防护的实施成本与运营效率提出更高的要求。因此，云原生架构下，为了进一步显著释放云计算的效能和特性，需要在数据安全防护所需各个环节的安全能力上与云原生架构结合做升级，比如容器安全登录鉴权与租户组织组织信息映射，密码/凭据安全托管能力内嵌到对应云产品/DevOps基础设施上，基于Sidecar模式做细粒度网络访问控制/API调用异常监测等，以确保数据安全防护方案与业务层更加解耦，方案应用操作方面对上层业务更加透明。

11.4.6 身份安全

在云计算背景下，业务逐渐云化、生态逐渐产业化，混合云的场景已经在组织内生根发芽。以往通过传统边界防火墙的ACL对业务访问进行控制的时代已经一去不复返。在云原生时代，组织已经打通了云上系统与本地系统间的身份认证体系，对内部员工和外部合作伙伴的账号、权限、行为进行统一管控，业务应用之间不再产生孤岛，可以更好地为用户提供顺畅和精准的服务，由此，身份安全成为云原生时代新的安全需求。云原生安全要求认证和访问管理(IAM)具备面向云原生架构的身份管理、用户及服务认证能力，能够对各种对象身份进行管理。同时，根据云原生环境内资产生命周期较短的特性，通过使用临时安全令牌的方式实现应用和服务的访问和鉴权，以满足云原生架构下对身份凭证的短暂性控制需求。利用IAM，组织可以轻松管理和跟踪每个身份并最小化地授权，甚至可以通过IAM识别个人和设备之间的可疑活动，利用大数据+人工智能自动化识别风险。基于零信任理念，云原生内的所有工作负载和服务都需要根据控制策略进行持续的身份认证。

11.5 本章小结

云原生安全实现安全机制融合于云原生系统里的应用，确保用户安全访问使用云系统和云应用的流程机制。本章从云原生特征、云原生安全和云原生安全维度出发，讲解了云原生技术、威胁分享和安全防护体系。随着云原生安全的发展，云的形态将进一步从混合云向分布式云发展，云原生技术将向下延伸，实现IaaS与PaaS的融合，边缘计算场景更加丰富。

习　题

11-1　云原生具有哪些特征？

11-2　传统安全和云原生安全直接的联系与区别是什么？

11-3　谈一谈对防御能力的有效性、安全的左移和工具链的整合等云原生安全关注点的理解。

11-4　什么是容器逃逸、资源耗尽、供应链攻击和微隔离？

参考文献

教材/专著

[1] 张剑,万里冰,钱伟中,信息安全技术[M].成都:电子科技大学出版社,2015.

[2] 任伟.信息安全数学基础算法、应用与实践[M].2版.北京:清华大学出版社,2019.

[3] 朱胜涛,温哲,位华,等.注册信息安全专业人员培训教材[M].北京:北京师范大学出版社,2020.

[4] 贾铁军,侯丽波,倪振松,等.网络安全实用技术[M].北京:清华大学出版社,2011.

[5] 朱海波,辛海涛,刘湛清.信息安全与技术[M].2版.北京:清华大学出版社,2019.

[6] 沈鑫剡,沈梦梅,俞海英,等.信息安全实用教程[M].北京:清华大学出版社,2018.

[7] 李子臣.密码学基础理论与应用[M].北京:电子工业出版社,2019.

[8] HARRIS S,MAYM F. CISSP认证考试指南[M].唐俊飞,译.北京:清华大学出版社,2018.

[9] 郝玉洁,刘贵松,秦科,等.信息安全概论[M].成都:电子科技大学出版社,2011.

[10] 蒋建春,文伟平,焦健副.信息安全工程师教程[M].2版.北京:清华大学出版社,2020.

[11] 萨米·塞达里,网络安全设计权威指南[M].王向宇,栾浩,姚凯,译.北京:清华大学出版社,2022.

[12] 朱建明,王秀利.信息安全导论[M].北京:清华大学出版社,2022.

[13] 刘文懋,江国龙,浦明,等.云原生安全攻防实践与体系构建[M].北京:机械工业出版社,2021.

[14] 谭志彬,柳纯录,周立新,等.信息系统项目管理师教程[M].北京:清华大学出版社 2018.

[15] 徐茂智,邹维.信息安全概论[M]北京:人民邮电出版社,2020.

[16] 张启浩.信息系统安全集成[M].北京:中国建筑工业出版社,2016.

[17] 林宝鲸,钱钱,翟少君.网络安全能力成熟度模型原理与实践[M].北京:机械工业出版社 2021.

[18] 许春香,周俊辉,廖永建.信息安全数学基础[M].北京:清华大学出版社,2015.

[19] 陈恭亮.信息安全数学基础[M].2版.北京:清华大学出版社,2004.

[20] 潘承洞,潘承彪.初等数论[M].北京:北京大学出版社,2003.

[21] 张禾瑞.近世代数基础[M].北京:人民教育出版社,1978.

[22] 张剑,廖国平,汤亮.信息安全风险管理[M].成都:电子科技大学出版社,2018.

[23] 徐云峰,郭正彪.物理安全[M].武汉:武汉大学出版社,2010.

[24] 奇安信服务团队.应急响应——网络安全的预防、发现、处置和恢复[M].北京:电子工业出版社,2019.

[25] 凯西·施瓦尔贝.IT项目管理[M].6版.杨坤,王玉,译.北京:机械工业出版社,2011.

[26] 王薇薇,李崇辉,刘明,等.IT运维服务管理[M].北京:机械工业出版社,2023.

[27] 陈永,池瑞楠,尹愿钧,等.信息安全概论[M].北京:清华大学出版社,2022.

[28] 贾春福,李瑞琪,袁科.信息安全数学基础[M].2版.北京:机械工业出版社,2023.

[29] 李剑.信息安全概论[M].2版.北京:机械工业出版社,2023.

[30] 申志伟,张尼,王翔,等.AI+网络安全——智网融合空间体系建设指南[M].北京:电子工业出版社,2022.

[31] 威廉·斯托林斯.密码编码学与网络安全——原理与实践[M].8版.陈晶,杜瑞颖,唐明,译.北京:电子工业出版社,2021.

[32] 莱斯利·F.西科斯.基于人工智能方法的网络空间安全[M].寇广,等译.北京:机械工业出版社,2021.

[33] 潘森杉,仲红,潘恒,等.现代密码学概论[M].北京:清华大学出版社 2021.

标准

[1] GB/T 20984—2022 信息安全技术 信息安全风险评估方法
[2] GB/T 31509—2015 信息安全技术 信息安全风险评估实施指南
[3] ISO/IEC 27001—2022 信息安全、网络安全和隐私保护—信息安全管理体系要求
[4] ISO/IEC 27002—2022 信息安全、网络安全和隐私保护—信息安全管理实用规则
[5] ISO/IEC 27005—2022 信息安全、网络安全和隐私保护—信息安全风险管理指南
[6] GB/T 20988—2007 信息安全技术 信息系统灾难恢复规范
[7] GB/T 24363—2009 信息安全技术 信息安全应急响应计划规范
[8] GB/T 30279—2020 信息安全技术 网络安全漏洞分类分级指南
[9] GB/T 41479—2022 信息安全技术 网络数据处理安全要求
[10] GB/T 25069—2022 信息安全技术 术语
[11] GB/T 17964—2021 信息安全技术 分组密码算法的工作模式
[12] GB/T 20275—2021 信息安全技术 网络入侵检测系统技术要求和测试评价方法
[13] GB/T 20261—2020 信息安全技术 系统安全工程 能力成熟度模型
[14] GB/T 20281—2020 信息安全技术 防火墙安全技术要求和测试评价方法
[15] GB/T 22240—2020 信息安全技术 网络安全等级保护定级指南
[16] GB/T 37933—2019 信息安全技术 工业控制系统专用防火墙技术要求
[17] GB/T 28454—2020 信息技术安全技术 入侵检测和防御系统(IDPS)的选择、部署和操作
[18] GB/T 20275—2013 信息安全技术 网络入侵检测系统技术要求和测试评价方法
[19] GB/T 20278—2013 信息安全技术 网络脆弱性扫描产品安全技术要求
[20] GB/T 20945—2013 信息安全技术 信息系统安全审计产品技术要求和测试评价方法
[21] GB/T 20279—2015 信息安全技术 网络和终端隔离产品安全技术要求
[22] GB/T 22239—2019 信息安全技术 网络安全安全等级保护基本要求
[23] GB/T 25058—2019 信息安全技术 网络安全等级保护实施指南
[24] GB/T 28448—2019 信息安全技术 网络安全安全等级保护测评要求
[25] GB/T 38645—2020 信息安全技术 网络安全事件应急演练指南
[26] GB/T 35273—2020 信息安全技术 个人信息安全规范
[27] GB/T 21050—2019 信息安全技术 网络交换机安全技术要求
[28] GB/T 37973—2019 信息安全技术 大数据安全管理指南
[29] GB/T 37988—2019 信息安全技术 数据安全能力成熟度模型
[30] GB/T 37939—2019 信息安全技术 网络存储安全技术要求
[31] GB/T 18336.3—2008 信息技术 安全技术 信息技术安全性评估准则 安全保证要求
[32] GB/T 29765—2021 信息安全技术 数据备份与恢复产品技术要求与测试评价方法
[33] GB/T 36957—2018 信息安全技术 灾难恢复服务要求
[34] GB/T 37027—2018 信息安全技术 网络攻击定义及描述规范
[35] GB/T 41389—2022 信息安全技术 SM9 密码算法使用规范
[36] GB/T 39412—2020 信息安全技术 代码安全审计规范
[37] GB/T 18018—2019 信息安全技术 路由器安全技术要求
[38] GB/T 50174—2017 数据中心设计规范
[39] GB/T 2887—2011 计算机场地通用规范
[40] GB/T 34982—2017 云计算数据中心基本要求
[40] GB/T 36626—2018 信息安全技术 信息系统安全运维管理指南
[41] GB/T 39837—2021 信息技术 远程运维技术参考模型

[42] ITSS.1—2015 信息技术服务 运行维护服务能力成熟度模型

[43] GB/T 30285—2013 信息安全技术 灾难恢复中心建设与运维管理规范

论文

[1] 李凤华,苏铓,史国振,等.访问控制模型研究进展及发展趋势[J].电子学报,2012,40(4):805-813.

[2] 王于丁,杨家海,徐聪,等.云计算访问控制技术研究综述[J].软件学报,2015,26(05):1129-1150.

[3] 龙鲲.访问控制模型在EPA网络中的研究与应用[D].杭州:浙江大学,2015.

[4] 屠袁飞.工业云环境中基于属性加密的访问控制研究[D].南京:南京邮电大学,2021.

[5] 刘波,陈曙晖,邓劲生.Bell-LaPadula模型研究综述[J].计算机应用研究,2013,30(3):656-660.

[6] 刘国杰.容器云环境可信关键技术研究[D].南京:北京工业大学,2021.

[7] 张春辉.新型量子密码的方案设计与实验验证[D].南京:南京邮电大学,2017.

[8] 刘惠.基于网络安全滑动标尺的教育考试网络安全体系构建探析[J].数字通信世界,2019,7(124):158-159.

[9] 王群,袁泉,李馥娟,等.零信任网络及其关键技术综述[J].计算机应用,2023,43(4):1142-1150.

[10] 王小云,于红波.密码杂凑算法综述[J].信息安全研究,2015,1:19-30.

[11] 王小云.于红波.SM3密码杂凑算法[J].信息安全研究,2016,11:983-994.

链接/论坛

[1] www.cac.gov.cn

[2] https://github.com/

[3] https://blog.csdn.net/

[4] https://www.zhihu.com/

[5] http://www.itsec.gov.cn/

[6] https://isccc.gov.cn/

[7] https://std.samr.gov.cn/

[8] http://xn-6oqtsz1bba48b68do6cv9hcth0ued0qr5fmurkyc.org/

[9] https://down.waizi.org.cn/

[10] http://www.caict.ac.cn/kxyj/qwfb/bps/

[11] http://www.caheb.gov.cn/

报告/白皮书

[1] 厦门服云信息科技有限公司.云原生安全威胁分析报告[R].2022.

[2] 信众智CIO智力输出及社交平台.中国云原生安全实践白皮书[R].2022.

[3] 华为技术有限公司.云原生2.0白皮书[R].2021.

[4] 云原生产业联盟.云原生架构安全白皮书[R].2021.

[5] 云原生产业联盟.云原生发展白皮书(2020年)[R].2020.

[6] 云计算开源产业联盟.企业IT运维发展白皮书[R].2019.

[7] 艾瑞咨询.企业应用运维管理指标体系白皮书[R].2022.

[8] 全国信息安全标准化技术委员会信息安全评估标准工作组.网络安全态势感知技术标准化白皮书[R].2020.

[9] 中国信息通信研究院安全研究所.网络安全威胁信息研究报告[R].2021.

[10] 安恒信息.应急响应服务白皮书[R].2020.